U0350449

科技部国际合作重点项目(项目编号:2007DFA20910)

国家"十一五"科技支撑计划项目(项目编号:2006BAB01B08)

地电化学集成技术
寻找隐伏金矿的研究及找矿预测

罗先熔　　王葆华　　文美兰　　欧阳菲

胡云沪　　文雪琴　　著

北　京

冶金工业出版社

2010

内 容 简 介

本书系统地论述了金的地球化学特点,地电化学集成技术基本原理、工作方法及特点,对地电化学集成技术条件进行了系统研究,介绍了在国内外7种不同类型厚层覆盖区开展的电化学集成技术找矿可行性试验研究,及在国内外17个矿区外围及深部开展的找矿预测研究,以及所取得的理论成果和找矿效果。

本书内容丰富,资料翔实、论证严密、条理清晰,可供找矿勘探、地球物理、地球化学等地球科学领域和相关学科的科研、生产人员及大专院校有关专业的师生阅读参考。

图书在版编目(CIP)数据

地电化学集成技术寻找隐伏金矿的研究及找矿预测/罗先熔等著 . —北京:冶金工业出版社,2010. 2
ISBN 978-7-5024-5043-4

Ⅰ.①地… Ⅱ.①罗… Ⅲ.①地电—地球化学勘探—应用—金矿床—成矿预测 Ⅳ.①P618.510.1

中国版本图书馆 CIP 数据核字(2010)第 017055 号

出 版 人 曹胜利
地 址 北京北河沿大街嵩祝院北巷 39 号,邮编 100009
电 话 (010)64027926 电子信箱 postmaster@ cnmip. com. cn
策划编辑 张 卫
责任编辑 王雪涛 美术编辑 李 新 版式设计 张 青 孙跃红
责任校对 侯 瑂 责任印制 牛晓波
ISBN 978-7-5024-5043-4
北京盛通印刷股份有限公司印刷;冶金工业出版社发行;各地新华书店经销
2010 年 2 月第 1 版,2010 年 2 月第 1 次印刷
787mm×1092mm 1/16;21.5 印张;516 千字;329 页;1-2000 册
75.00 元

冶金工业出版社发行部 电话:(010)64044283 传真:(010)64027893
冶金书店 地址:北京东四西大街 46 号(100711) 电话:(010)65289081
(本书如有印装质量问题,本社发行部负责退换)

前　言

本书是桂林工学院隐伏矿床预测研究所在"十五"、"十一五"期间承担的国际合作项目、国家科技攻关项目以及中国地质调查局、武警黄金指挥部、山东招金集团、内蒙古自治区有色地质勘查局、广西黄金局等布置的多个科研项目的综合研究成果。项目研究时间为 2002~2007 年，主要工作内容是：（1）在各种不同景观区采用以地电化学为主的多种方法集成技术寻找隐伏金矿可行性试验研究；（2）各方法寻找隐伏金矿技术条件选择性试验研究及建立方法找矿综合模式；（3）在上述找矿可行性试验研究工作基础上，开展地电化学集成技术的深部找矿预测。在五年多的时间里，我们先后在澳大利亚 Challenger 金矿和 Kalkaroo 铜金矿，我国的新疆哈巴河赛都金矿、新疆哈密金矿、山东尹格庄金矿、安徽五河金矿、东北大兴安岭虎拉林金矿、吉林延边杜荒岭金矿、内蒙古巴彦哈尔金矿、内蒙古四子王旗金矿、广西高龙金矿、广西南乡金矿等 10 余个矿区分别开展了以地电化学提取测量为主的三种方法为一体的集成技术找矿试验研究，这三种方法为：（1）地电提取测量法；（2）土壤离子电导率测量法；（3）土壤吸附相态汞测量法。共完成测试剖面 528 条，采集地电提取样品 13565 件，采集土壤样品 13949 个。对所采集的全部样品做了离子电导率、热释汞测试分析，对地电提取样品全部做了金元素分析，部分样品做了 Hg、As、Sb、Cu、Pb、Zn 等元素分析。

通过研究获得了以下主要成果：

（1）掌握了各研究区的地电化学集成技术各参数背景特征，获得了不同景观区已知埋深 100~400m 不等的隐伏金矿上地电化学集成技术异常特征，并对已知隐伏金矿体上所测得的异常进行了综合分析研究；建立了以地电提取测量为主的集成技术综合找矿预测模式，得出了利用地电化学集成技术在南澳第四纪厚层覆盖区、东北原始森林区、西北荒漠戈壁区、内蒙古草原覆盖区、华东第四系外来冲积物覆盖区、华南厚层残坡积覆盖区寻找隐伏金矿是可行的结论。

（2）通过在研究区内反复进行地电化学集成技术参数的选择性试验研究，系统地总结出了一套适合于在各种不同景观区寻找隐伏金矿的最佳集成技术指标，为在各种不同厚层覆盖区的金矿预测提供了一套切实可行的集成技术操作体系。

（3）在地电化学集成技术找矿可行性试验研究、方法技术条件选择性试验研究的基础上，在各种不同景观条件下的厚层覆盖区开展了面积性的找矿预测，先后发现了具有找矿前景的地电化学集成技术异常靶区66个，其中有4个靶区经深部工程验证见到了隐伏金矿，如广西横县南乡泰富金矿在Ⅴ号地电化学集成技术异常带经槽探工程揭露，发现5个金矿体，平均品位 2.063×10^{-6} ，计算金储量1738kg，潜在经济价值达1亿元以上。内蒙古虎拉林金矿经武警黄金部队在地电化学集成技术异常区施工钻孔 ZK6001 验证，发现有多条矿体存在，单矿体厚度最大为12.52m，单样最高品位为 25.23×10^{-6} ，获得新增推断的内蕴经济资源量（331）1291kg，潜在的经济效益1亿元左右。内蒙古自治区有色地质勘查局在地电化学集成技术异常范围内进行工程验证找到了隐伏的金矿体，获得上亿元的找矿经济效益，达到了科研成果及时转化为生产服务的目的。

在地电化学集成技术研究过程中已向科技部、中国地质调查局、武警黄金指挥部、广西黄金局、山东招金集团、内蒙古自治区有色地质勘查局等单位分别提交了单向研究工作报告8个，这些研究报告均被有关部门在生产中采用，及时将科研成果转化为指导找矿运用，解决了实际找矿问题，达到了科研直接为生产服务的目的。

为及时总结地电化学集成技术研究的理论成果，在研究过程中已在国内外刊物上发表了10余篇研究论文，在两个国际会议上发布了两篇方法研究的学术论文和在全国性的学术会议上发布了6篇方法研究学术论文。这些研究成果的发表引起了国内外同行及有关媒体的极大关注，国内《人民日报》、人民日报社网络中心《创新与发展》、《科技日报》、《国土资源报》、《勘查导报》、

《中国有色金属专刊》、《广西日报》、《桂林日报》等媒体先后给予了报道，澳大利亚 Australia Mining Monthly（January 2006 AMM；EXPLORE Newsletter 129 page 19；The Advertiser 8 July 2006）和 CRC LEME Website：http：//crcleme. org. au/NewsEvents/index. html 等多家媒体都做了相关报道，收到了很好的社会效益。

　　本书共分9章，第1~5章由王葆华执笔，第6、9章由罗先熔、文雪琴、文美兰执笔，第7、8章由罗先熔、欧阳菲、文美兰、胡云沪执笔，全书由罗先熔统稿。

　　在方法研究过程中，我院有四届本科生，硕士、博士研究生共20多人参加了野外、室内工作。野外工作得到了澳大利亚 Challenger 金矿和 Kalkaroo 铜金矿、黑龙江东宁县金厂金矿、黑龙江黑河阿陵河金矿、新疆哈巴河赛都金矿、新疆哈密金矿、山东尹格庄金矿、安徽凤阳大庙金矿、安徽五河金矿、东北大兴安岭虎拉林金矿、吉林杜荒岭金矿、内蒙古巴彦哈尔金矿、内蒙古四子王旗金矿、广西高龙金矿、广西泰富金矿等矿山的大力支持和帮助。本方法研究被立为科技部国际合作重点项目（项目编号：2007DFA20910）、中澳政府间国际合作项目（项目编号：20050175）、国家"十五"科技攻关项目（项目编号：2001BA609A-3）、国家"十一五"科技支撑计划项目（项目编号：2006BAB01B08）、武警黄金指挥部项目。方法研究过程中，国家"十五"科技攻关项目办公室、国家"十一五"科技支撑计划项目办公室、科技部国际合作司、中国地质调查局、武警黄金指挥部、山东招金集团、内蒙古自治区地质勘查局、广西泰富金矿以及澳大利亚的南澳大利亚州资源部等部门提供了研究经费。本专著的出版得到科技部国际合作重点项目：矿产资源多元信息勘查技术开发及综合示范研究课题、有色及贵金属隐伏矿床勘查教育部工程研究中心、广西地质工程中心重点实验室等资助。对上述部门给予我们的大力支持和帮助在此表示衷心感谢。

作　者
2010 年 1 月于桂林

目　　录

1 金的地球化学

1.1 概述

金位于元素周期表第 6 周期 IB 族，这一族里还有铜和银。金的原子序数 79，相对原子质量 196.97，密度 19.32g/cm³（20℃），熔点 1063℃，化合价 0、1、3，原子结构为 $1s^2 2s^2 2p^6 3s^2 3p^6 3d^{10} 4s^2 4p^6 4d^{10} 4f^{14} 5s^2 5p^6 5d^{10} 6s^1$。由于外电子层具有充满的 5d 电子亚层，所以 5d 轨道上的电子不易失去，而 6s 电子由于 4f 的屏蔽作用很微弱和电子的钻穿效应，6s 亚层电子也不易丢失，故金的电离能和电负性很大，这就决定了金主要以自然元素状态产出。

金通常有下列三种氧化态：Au(0)（自然金）、Au(Ⅰ)（一价金）、Au(Ⅲ)（三价金）。Au(Ⅱ)（二价金）和 Au(Ⅴ)（五价金）这两种氧化态金也被发现存在于某些复杂结构中（Bergendahl，1975），但相对都不稳定，在自然界中并不存在。

Au(0)（自然金）是各种金属中化学惰性最强的，既不受水和大多数酸的影响，也不被氧和硫酸腐蚀。但在存在氧化剂条件下，能很容易与卤素溶液发生反应，如在王水中生成络合物。金在有空气存在时很容易在碱金属的氧化物中溶解，但很难在碱金属的硫化物中溶解，易溶于含有 MnO_2 之类氧化剂的硫酸溶液和盐酸溶液中。金可以与汞形成一种叫做金汞齐的化合物。

自然金虽然有最强的惰性，这种很强的化学惰性决定了它在自然界中主要以自然金状态产出，但这并不意味着自然金就不活泼，近些年的研究发现当它呈胶体形式和超微细粒弥散形式存在时具有很强的活动能力。这种呈超微细的亚微米和纳米级颗粒的很强活动性的事实已经被发现，但它的机理目前还无法认识，可能是金属小到了纳米级很多性质都发生了本质的变化。

Au(Ⅰ)和 Au(Ⅲ)的化合物中电子构型分别为 d^{10} 和 d^8，并且由于氧化电位高，所以主要显示共价性，金的天然化合物锑化物和碲化物就是具有这种特性。由于氧化电位高，在水中是不稳定的，金的水化学基本上就是络离子化学，它们配合物的稳定性随着配位基原子电负性的增高而降低。例如卤族元素的电负性是 F > Cl > Br > I，金的卤素配合物稳定性依次是 I > Br > Cl > F，同样金与 VA 和 VIA 族原子形成配合物的稳定顺序依次是 Bi > Sb > As 和 Te > Se > S > O，这就说明为什么金的碲化物、锑化物和铋化物足够稳定，能呈矿物在自然界中产出，但却找不到天然存在的金的硫化物、氧化物和砷化物。

金有许多在水溶液中稳定的配合物，常见的有 $AuCl_2^-$、$AuCl_4^-$、$Au(CN)_2^-$、$Au(S_2O_3)^-$ 和 $Au(OH)_4^-$。除此之外，金还可以形成许多有机化合物和螯合物。

金能以三价和一价离子存在于水溶液中，但这两种离子态金具有很高的离子电位：Au^+，9.2eV；Au^{3+}，30eV，所以它们在水中极不稳定，可以与水中各种络合剂形成络合离子。

19 世纪以前，人们将金看作在表生条件下是不溶的金属，呈机械形式搬运。进入 19 世纪人们发现许多现象与这一传统的机械搬运的观点不符。例如，发现有大量的实例表明砂金矿与其供应源有相当大的距离，这和金的机械搬运的事实不符；在砂金中的块金或狗头金比原生金颗粒要大得多，这说明金经历了次生加大；一些次生金的纯度要比原生金高，说明金在搬运过程中，经历了溶解改造；许多次生金具有明显的胶体晕圈结构，并且从颗粒内心到边缘所含的物质成分存在差异，证明金经历了重新溶解、搬运和沉淀。一系列的试验证明金具有可溶性，并在环境改变时重新沉淀下来。Landsweert（1869）用试验证明，金在有机物的还原条件下能从稀的含金卤化物中沉淀出来。随后 Clarke（1908）强调 Cripple Creek 金矿中的金能被铁的硫酸盐、氯化物和硫酸溶解，并在有机物存在的条件下重新沉淀。Smith（1943）和 Krauskopf（1951）都有试验证实，金在低 pH 值和低温下能在氯化钠溶液中溶解和沉淀。这些发现和试验都表明，金在表生条件下具有可溶性，可以呈化学形式分散，打破了长期以来金是惰性的理论，为现代勘查地球化学奠定了理论基础。

金在水体系、Cl 体系和 S 体系的 Eh-pH 值的动力学行为，如图 1-1 所示。

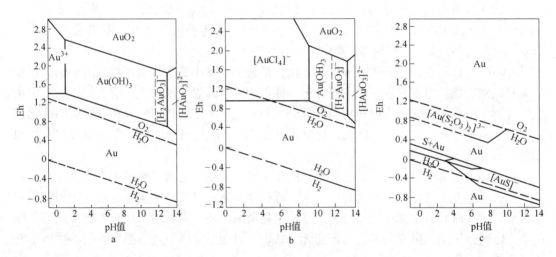

图 1-1　金在水体系、Cl 体系和 S 体系的 Eh-pH 值图

a—Au-H_2O 体系，25℃和 0.1MPa（1 大气压），金浓度 10^{-4} mol/L；b—Au-H_2O-Cl 体系，

25℃和 0.1MPa（1 大气压），Au（Ⅲ）浓度 10^{-2} mol/L，Cl⁻ 2mol/L；

c—Au-S 体系，25℃和 0.1MPa（1 大气压），硫浓度 10^{-1} mol/L

许多研究者认为，金在表生环境中的活动性、溶解、迁移与沉淀取决于硫的配合物、氯的配合物和有机配合物（Butt，1989；表 1-1）。

上述化合物尽管在金的溶解与搬运作用中起着重要的作用，但生物作用对金在表生条件下的溶解和迁移可能起着某种直接或间接的作用。生物体的死亡分解可以产生各种有机质，而有机质可以溶解金；同时生物体，如植物和微生物可以在代谢过程中直接吸收金，使金转化成另外的形式。在各种化合物或生物对金的溶解和转化过程中，金颗粒的大小可能是至关重要的因素之一。极细的颗粒金易于溶解，而相对粗颗粒金却比较稳定，不易溶解和迁移。根据近年来的研究，金的搬运不一定需要上述化学溶解过程，可能超微细状态的金本身具有极强的活动能力，可以呈 Au^0 迁移，并在适当的条件下沉淀。

表 1-1 金的溶解与沉淀机制（Butt，1989）

配合物	反 应
硫的配合物	黄铁矿氧化：高浓度碳酸盐和碱性，中等氧化还原电位 $$2FeS_2 + 4CaCO_3 + 3H_2O + 3.5O_2 = 2FeO(OH) + 4Ca^{2+} + 4HCO_3^- + 2S_2O_3^{2-}$$ 黄铁矿氧化：低到中等浓度碳酸盐，pH 值中等，氧存在 $$2FeS_2 + 3O_2 = 2Fe^{2+} + 2S_2O_3^{2-}$$ 金溶解： $$Au^0 + 2S_2O_3^{2-} = Au(S_2O_3)_2^{2-}$$ 金沉淀：氧化和酸性条件下 $$2Au(S_2O_3)_2^{2-} + MnO_2 + 4H^+ = 2Au^0 + 2(S_2O_3)_2^{2-} + Mn^{2+} + 2H_2O$$ 金沉淀：还原，酸性条件下 $$2Au(S_2O_3)_2^{2-} + 8H^+ = 2Au^0 + 6S^0 + 2SO_4^{2-} + 4H_2O$$ $$Au^+ + Fe^{2+} + 2H_2O = Au^0 + FeO(OH) + 3H^+$$
有机配合物	金溶解：在中酸性，氧化条件下 $$Au^0 + H^+ + 有机酸 + O_2 = Au[胡敏酸]^{3+} + H_2O$$ 金沉淀：还原环境 $$Au[胡敏酸] + Fe^{2+} = Au^0 + 有机酸 + Fe^{3+}$$
氯的配合物	金溶解：酸性，氧化，含盐条件 $$4Au^0 + 16Cl^- + 3O_2 + 12H^+ = 4AuCl_4^- + 6H_2O$$ 金沉淀：稀释，碱性或还原条件 $$AuCl_4^- + 3Fe^{2+} + 6H_2O = Au^0 + 3FeO(OH) + 4Cl^- + 9H^+$$

金在自然界的相互转化过程和循环如图 1-2 所示。这一循环和转化过程只概括了 Au(0)、Au(Ⅰ)和 Au(Ⅲ)之间的转化。事实上这三种形式金的转化是极其复杂的，可以从原生到次生、从深部至浅部、固体—液体—气体之间、岩石—土壤—植物之间相互转化等。

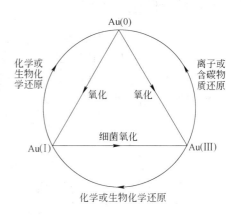

图 1-2 金在自然界中的相互转化和循环

1.2 金矿物简介

在自然界，金主要以自然金产出，或与银、铜和铂族元素形成天然合金，也有几种与碲和锑形成的化合物，最常见的是针碲金矿、碲金矿、碲金银矿和方锑金矿。金的各种最常见的矿物如表 1-2 所示。

金的主要矿石矿物是自然金、方锑金矿和各种碲金矿。自然金能结晶成各种形状，常见的有粒状、鳞片状、网状、树枝状、线状、海绵状等。金的颗粒大小变化很大，一般从小到不足千分之几克，大到数十千克。砂金通常呈试样圆状或片状，大的被称作狗头金。世界上最大的狗头金，名字叫"受欢迎的陌生人"，重达 70.8kg，体积 17cm × 40cm × 70cm，于 1869 年发现于澳大利亚的维多利亚。迄今为止我国发现的最大块狗头金重

2.16kg，于 1963 年发现于湖南。自然金的纯度是用成色来表示的，一般规定成色就是用千分数表示试样中纯金占的比例，如 900 成色表示纯金占 90%；但通常使用的是以 K 为单位的 24 分法表示，如 24K 即纯金，含金 100%，18K 含金 75%。有些矿床自然金是相当纯的，但更普遍的是含有银、铜等元素。微量金也可以呈包裹体和晶格形式分散在造岩矿物中。

表 1-2   常见的金矿物

矿物名称	化学式	颜 色	硬 度	密度/g·cm^{-3}
金	Au	金黄色	2.5~3.0	19.3
银质金	AuAg	黄 色	2.5~3.0	12~19
碲金矿	AuTe$_2$	淡黄色至银白色	2.5	9.4
白碲金银矿	(Au,Ag)Te$_2$	银 白	1.5~2.0	8.0~8.2
叶碲矿	Pb$_5$Au(Te,Sb)$_4$S$_{5~8}$	深灰色	1.0~1.5	6.8~7.2
针碲金银矿	(Au,Ag)Te$_4$			
方锑金矿	AuSb$_2$			
硒金银矿	Ag$_3$AuSe			
铜质金	AuCu			
钯质金	AuPd			
铑质金	AuRh			
铱质金	AuIr			
铂质金	AuPt			
铋质金	AuBi			

1.3 金矿床的主要类型

金矿床可以在广泛的热液条件下形成原生金矿，并能通过表生作用再度富集形成砂金矿，因此，金矿床的类型是相当广泛的。比较流行的金矿床的分类主要有建立在成因基础上的分类和建立在地质环境和地球化学环境基础上的分类。如中国地质学会矿床地质委员会贵金属专业组使用的是前一种分类方案(表 1-3)，而以 Boyle 为代表的地球化学家使用的是后一种。

表 1-3   中国金矿床成因分类

大 类	类 型	亚 类	大 类	类 型	亚 类
内 生	岩浆—热液	重熔岩浆—热液	外 生	风化壳	残余金矿床
		混合岩化—重熔岩浆—热液			残坡积砂金矿床
	火山—热液	潜火山—热液		表生风化沉积再生富积	冲积砂金矿床
		火山—热液			洪积砂金矿床
	沉积—变质	硅铁建造变质—热液			岩溶砂金矿床
	变质—热液	古老绿岩系—热液			冰积砂金矿床
		含碳质碎屑岩系—热液			砾岩砂金矿床
	地下热卤水溶滤	碳酸盐岩系—热水溶滤			
		碎屑岩系—热水溶滤			

注：据中国地质学会矿床地质委员会贵金属专业组，引自《中国矿床》，经简化。

Boyle 的金矿床分类如下：

（1）含金的斑岩岩墙、岩床和岩株；含金的粗粒花岗岩体、细晶岩和伟晶岩。

（2）含金的硅卡岩型矿床。

（3）产在火山岩地层裂隙、断裂、剪切带、叠席带和角砾岩中的金－银和银－金矿脉、网脉、岩筒和不规则的硅化矿体。

（4）产在沉积岩层的断裂、裂隙、层理面不连续带和背斜上的剪切带、拖曳褶皱、压碎带和裂隙中的含金矿脉、矿络、叠席脉和鞍状矿脉，以及化学性质有利的岩层中断裂和裂隙附近的交代型板状矿体和不规则矿体。

（5）产在由沉积岩、火山岩和各种火成侵入岩和花岗岩化岩石组成的复杂地质环境中的金-银和银-金矿脉、矿络、网状脉、硅化带等。

（6）火成岩、侵入岩、火山岩和沉积岩中的侵染状和网脉状金－银矿。

（7）石英卵石砾岩和石英岩中的金矿床。

（8）砂矿：残积砂矿、冲积砂矿、古残积砂矿和古冲积砂矿。

（9）金的其他来源。

以上分类都是含有某种成因意义，而实际上有时成因是很难做出判断的。对于矿业公司或找矿者来说，根据矿床的最显著特征或具有代表性的矿床进行分类用的更为广泛，如石英铀砾岩型金矿、卡林型金矿、穆龙套型金矿、霍姆斯塔克型金矿、绿岩带型金矿和火山岩-次火山岩型金矿等。因为这些典型矿床储量巨大，对于寻找类似的超大型矿床具有重要的借鉴意义。

石英铀砾岩型金矿：这种典型矿床产于南非维特瓦特斯兰德盆地德石英砾岩中，是已知世界上储量最大的金矿床。这一矿床的典型特点是含有工业品位的铀、钍和稀土元素。

卡林型金矿：这类矿床因发现于美国内华达州的卡林地区而得名。矿床产于碳酸盐岩地层中，富含 As、Sb、Hg 和 Te。世界上两大卡林型金矿的密集区，一个是美国的内华达州，另一个是中国的滇黔桂三角区。

穆龙套型金矿床：产于浅变质含碳质碎屑岩中。穆龙套型金矿位于乌兹别克斯坦扎拉夫尚市。除穆龙套以外，这类矿床具有超大规模的还有：大乌子套、考可帕达司、阿玛大伊、宗毫巴和奥林匹亚达等，都位于前苏联境内。我国的南天山有可能存在这类超大型矿床。

霍姆斯塔克型金矿：霍姆斯塔克金矿位于美国南达科他州的利德地区。产于前寒武纪含铁硅质岩建造中。

绿岩带型金矿：这类矿床因产于太古宙绿岩带中而得名，也有人称作花岗岩-绿岩带型金矿。典型的有加拿大的赫姆洛金矿、中国的胶东地区金矿等。

火山岩-次火山岩型金矿：这类金矿具超大型规模的有俄罗斯的达拉松、中国台湾的金瓜石等。

2　金在自然界的含量分布

有关金在自然界各种物质中的含量分布在 Boyle 的经典著作《金的地球化学与金矿床》一书中虽已有系统的总结，但该书著于 1976 年，所引用的数据都是 20 世纪 70 年代以前的成果。而近年来对金的研究，特别是由于现代超灵敏测试技术的发展，原来所获得的结果在很大程度上已不可靠。以前被教科书或著作所引用的经典含量值，普遍高于近些年所获得的结果。造成原结果偏高的主要原因有下列两点：一是 20 世纪 70 年代以前对 ng/g 级金的分析技术尚未出现或不成熟，也就是说使用的金分析方法检出限比较高，故低含量 ng/g 级至亚 ng/g 级的金无法检测出来，这样势必造成本来含量应更低的样品，由于受到检出限的限制，分析出来的数据偏高；二是从事这方面研究的大都是矿床地球化学家，由于他们所研究的目标都是在矿田、成矿带或矿源层范围内，从勘查地球化学的角度来看，也就是说样品采自于地球化学异常范围内，而不是真正的背景含量值。近些年随着勘查地球化学由战术转向战略，勘查规模不断扩大，大量样品采自于真正的背景区，这样使我们有机会获得各种地质体的背景数据，同时高灵敏分析方法的使用使我们可以真正获得地质体中金的真实含量分布的信息。本章将列举金在各种天然物质中含量分布的最新结果，但为了便于读者阅读查询和对比，也将同时列出一些经典著作中所给出的结果。

2.1　金在岩石中的含量分布

金在岩石中的分布在许多著作和文章中都有涉及和描述，在 Boyle（1979）的著作《金的地球化学和金矿床》中、Wedepohl（1974）的《地球化学手册》中有系统的总结。本书只选择一些有代表性的主要大类岩石中金的含量数据列入表 2-1。

表 2-1　金在岩石中的含量分布　　　　　　　　　　　　（ng/g）

岩石类型		Boyle，1979		含量范围（Roslyakova，1975）	鄢明才，1990	
		金平均含量	含量范围		金平均含量	含量范围
岩浆岩	酸性岩	10.6	0.1～2900	1.0～6.0	0.45	0.13～3.4
	中性岩	8.7	0.1～350		0.72	0.20～1.5
	基性岩	20.0	0.1～680		0.65	0.14～3.3
	超基性岩	11.4	0.2～780		1.34	0.45～3.3
	碱性岩	3.4	0.1～13.5		0.93	0.36～1.7
沉积岩	砂　岩	57.0	0.2～430	3.0	0.67	0.07～3.9
	页　岩	8.0	0.1～800		0.85	0.12～2.3
	碳酸盐岩	7.0	0.2～88.9		0.21	0.08～0.9

岩石类型		Boyle，1979		含量范围 (Roslyakova，1975)	鄢明才，1990	
		金平均含量	含量范围		金平均含量	含量范围
变质岩	千枚岩	2.2	0.9~15.0	1.0~5.4	0.87	0.24~3.6
	片麻岩	3.1	0.2~300		0.82	0.24~3.9
	变粒岩				0.65	0.19~1.9
	斜长角闪岩				0.84	0.42~3.1
	其 他				0.34	0.18~3.1
火山岩				0.5~10.0		

但这里需要指出的是各位研究人员所给出的金在岩石里的含量结果相差很大，Boyle（1979）给出的含量普遍偏高。相差较大的原因有以下几个方面：（1）岩石本身的不均匀性；（2）样品的代表性差，所选择的样品并不能代表一个地区的真实全貌，而只是局部的结果；（3）分析方法的差异，有的分析方法灵敏度低；（4）人为因素影响。受研究人员工作内容所局限，往往样品的采集是在矿区周围，即使远离矿体也是在区域异常或地球化学省异常范围内，故结果含量严重偏高，这并不是岩石中金的背景含量。Roslyakova 等（1975）在估计区域背景含量时就已经考虑到矿床的影响，故只计算距已知矿床 10km 以上的样品，最远也不过距已知矿床 50~80km。

中国自 1978 年开展区域化探全国扫面以来（谢学锦，1979），为配合这一使用水系沉积物测量的地球化学全国填图计划，同时也沿路线采集了不同层位的岩石样品。鄢明才等（1990）根据大量分析数据的统计结果，并结合岩石标准样的制备，得出中国各类岩石样品中金的含量分布。鄢明才等（1997）系统地采集了成千上万个不同类型岩石样品，并进行了组合分析，给出了中国东部不同种类岩石中金的含量分布（表 2-2）。这个结果应是目前国内最权威的数据，因为样品的采集具有广泛的代表性；使用组合样进行分析，消除单个样品代表性影响；剔出离群值，不受矿化矿体等影响；每一个组合样品都是使用多种方法进行分析，相互校对；使用标样进行监控。这一结果可以基本代表金在岩石中的真实背景含量分布。

表 2-2　中国东部各类岩石中金的平均含量　　　　（ng/g）

岩石类型			原始样品数	组合样品数	金含量
火成岩	酸性岩（0.53）	花岗岩	7088	880	0.48
		花岗闪长岩	1995	252	0.7
		英云闪长岩	287	42	0.73
		英安岩	288	14	0.35
		流纹岩	857	56	0.42
	中性岩（0.81）	闪长岩	357	58	1.0
		二长闪长岩	505	76	0.62
		安山岩	334	32	0.96
	基性和超基性岩（0.90）	辉长岩	435	49	0.73
		二长辉长岩	38	6	1.0
		橄榄辉长岩	97	10	2.5
		辉绿岩	174	26	0.7
		玄武岩	878	79	0.75

岩 石 类 型			原始样品数	组合样品数	金含量
沉积岩	砂岩（1.0）	石英砂岩	5720	452	1.0
		长石石英砂岩	1373	111	0.8
		长石砂岩	227	21	0.7
		粉砂岩	534	51	1.3
		钙质砂岩	538	42	0.98
		凝灰质砂岩	261	23	0.92
	泥质岩（1.4）	粉砂质泥质岩	359	32	1.2
		钙质泥质岩	255	29	1.3
		凝质泥质岩（页岩）	31	7	3.0
	碳酸盐岩（0.47）	石灰岩	1866	151	0.48
		白云岩	838	55	0.43
		泥灰岩	426	45	0.7
变质岩		板岩	1022	90	1.2
		千枚岩	230	27	0.93
		片岩	753	57	1.2
		片麻岩	1786	201	0.65
		变粒岩	901	82	0.88
		麻粒岩	133	19	1.2
		斜长角闪岩	628	77	1.2
		大理岩	400	38	0.42
		石英岩	189	14	1.5

不同的研究者尽管所得结果相差较大，但一个总的趋势是金在岩浆岩石中的含量，由酸性至超基性岩石有所增加。在沉积岩中的碳酸盐岩中金的含量最低，泥质岩和页岩中含量最高，这与泥质岩和页岩中存在大量有机质对金的吸附作用有关。在各类变质岩中金的差异很小。金在岩石中的赋存状态可能有下列几种：一是呈自然金的形式；二是以中性原子形式分散在造岩矿物中；三是以离子或原子进入造岩矿物晶格中。一、二两种形式的金可以较容易地被活化转移成矿或进入表生介质中。

2.2　金在土壤中的含量分布

金在土壤中的含量资料很有限，但近几年随着寻找隐伏矿的需要，越来越多的有关金在土壤中的分布数据开始陆续有所报道。有关金在土壤中的存在形式和各种形式的含量分布我们将在下面有关章节中进行专门讨论。现就含量分布做一综述。

文献中有关金在土壤中含量数据的报道非常零散。表 2-3 列出了一些金在土壤中含量分布的数据。

表 2-3　金在土壤中的含量分布数据

土壤类型	金含量/ng·g^{-1}	采样地点	资料来源
腐殖土	100	德　国	Goldschmidt 等（1933）
多　种	100	捷　克	Nemec（1936）
多　种	200~600	捷　克	Babicka（1943）
灰色土	10	北极岛	Crocket（1973）
土　壤	<5	加拿大	Boyle（1976）
多　种	1.5	中　国	鄢明才等（1990）
多　种	2.0	中　国	郑春江等（1992）
多　种	2.9	中国山东	王学求等（1994）
沙漠土	1.6	中国新疆	王学求等（1995）
草原土	2.0	中国四川	王学求等（1995）
红　土	3.0	中国广西	王学求等（1995）
砖红土	3.0	澳大利亚	王学求等（1995）
多　种	2.7	美国加州	WXYZ　GEO-TECH（1996）

从表 2-3 可以看出 20 世纪 40 年代以前所获得的数据明显偏高，偏高达两个数量级，这是由于过去不可靠的金分析造成的。郑春江等（1992）研究中国全国范围内土壤中金的背景值是 2.0ng/g。鄢明才等（1990）在辽宁、江西和山东采集了 83 件组合样品，测得金的含量在 0.19~4.0ng/g 之间，剔除 3 倍离差后得出金的平均值为 1.5ng/g。王学求等（1993）在山东全省（约 160000km^2）采集了 212 件土壤样品，其中分析了北部冲积平原 89 件样品得出金的平均含量约是 2.9ng/g。王学求在广西喀斯特地区采集的 120 余件样品，金的背景含量约是 3.0ng/g。川西北若尔盖草原金的背景含量约是 2.0ng/g。新疆沙漠区金的背景含量约是 1.6ng/g。美国 WXYZ GEO—TECH 公司对美国加利福尼亚州北部约 120000km^2 所做的 350 余件土壤样品统计结果显示，金的平均含量约是 3.0ng/g。土壤的背景值，尽管在不同的景观条件下有所差异，但基本上应在 2.0~3.0ng/g 左右。

2.3　金在水系沉积物中的含量分布

金在水系沉积物中的含量分布资料在过去已有大量报道，但大都是一些局部地区的资料，这些局部的数据由于受到矿化、高背景值岩体等局部因素影响所得到的金的含量分布并不能代表金在水系沉积物中的总体分布规律。这里我们只引用中国区域化探全国扫面计划所得出的一些大范围、全国性的资料。因为这些数据是非常可靠的，分析方法不仅灵敏度高，而且有严格的质量监控。

鄢明才等（1990）根据 7 个 1∶20 万化探图幅 7784 个组合样的统计得出金的含量范围在 0.2~7.6ng/g 之间，剔除 3 倍离差以后，平均值为 1.2ng/g。王学求（1990）根据全国 416 个 1∶20 万图幅，每个图幅取一个平均值（每个图幅面积大约 7000km^2，平均约有 12000 个组合样金的分析数据），得出这些图幅的平均值最低的是海南省的某图幅，其金的平均值只有 0.5ng/g，最高是山东省某图幅，其金的平均值是 16.8ng/g。剔除大于 3 倍离差以后，最低是 0.5ng/g，最高是 3.7ng/g，平均值为 1.3ng/g。任天祥等（1993）根据全国 400 余万平方千米的统计，金的背景值为 1.3ng/g。从不同研究人员所做的统计结果来看，金在水系沉积物里的背景含量非常一致。因此认为中国水系沉积物金的丰度应是 1.2～1.3ng/g（表 2-4），这一结果可以用作水系沉积物测量时衡量金的富集或贫化的标准。

表 2-4　中国水系沉积物中金的背景值　　　　　　　　　　（ng/g）

资料来源	鄢明才等（1990）	王学求等（1990）	任天祥等（1993）
样品数	7 个 1：20 万图幅 （7784 个样品）	416 个 1：20 万图幅 （约 50 万件分析样品）	400 余万平方千米 （约 60 万件分析样品）
平均值	1.2	1.3	1.31

根据区域化探全国扫面资料还统计了中国不同景观地区，金的背景含量分布（表 2-5）（谢学锦等，1996）。从表中可以看出岩溶地区金的背景含量最高，森林沼泽地区金的含量最低。

表 2-5　中国不同景观区水系沉积物中金的背景值　　　　　（ng/g）

景观条件	湿润低山丘陵	高寒山区	干旱荒漠	森林沼泽	岩　溶
样品数	12048	9327	3114	2134	2995
背景值	1.66	1.21	1.23	1.02	1.67

我国几大河流和浅海沉积物中金的含量与水系沉积物中金的含量比较接近（表 2-6）（鄢明才等，1997）。可以看出中国三大水系中金的含量从北向南逐渐增高，这和金在土壤中的含量由北方到南方逐渐增高是一致的，与南方热带淋滤作用使金富集有关。

表 2-6　中国几大河流沉积物和浅海沉积物中金的含量　　　（ng/g）

沉积物	长江沉积物	黄河沉积物	珠江沉积物	浅海沉积物
含　量	0.9	1.1	1.5	1.1

2.4　金在植物中的含量分布

金在各种植物中的含量分布在下列著作中有比较广泛的介绍。Jones（1970）列举了 100 多种植物中金的含量，Brooks（1982）对这些数据进行了换算，换算成植物干体中的含量（表 2-7）。

表 2-7　植物干体中金的含量

序　号	植物种属	类　型	器　官	产　地	样品数	金含量/ng·g⁻¹
1	多叶菁	草本植物	全　部	苏　联	1	<0.1
2	舟形乌头	草本植物	全　部	奥地利	2	15～60
3	小糠草	草	全　部	苏　联	1	0.09
4	纤细翦股颖	草	全　部	英　国	1	1.7
5	芒翦股颖	草	全　部	苏　联	1	0.12
6	葱	草本植物	全　部	奥地利	2	7～20
7	矮恺木	树	全　部	苏　联	1	0.1～27

序　号	植物种属	类　型	器　官	产　地	样品数	金含量/ng·g^{-1}
8	蝶　须	草本植物	全　部	苏　联	1	120
9	峨　参	草本植物	全　部	捷克斯洛伐克	1	870
10	熊　果	草本植物	根	加拿大	1	2.5
11	arctotus erythrocarpa small ptarmiganberry	草本植物	全　部	苏　联	1	0.4
12	野　艾	草本植物	全　部	苏　联	1	0.2
13	野　艾	草本植物	全　部	苏　联	1	4250
14	欧细辛	草本植物	全　部	捷克斯洛伐克	1	500
15	astragene ochotensis pall（clematis）	草本植物	全　部	苏　联	1	26
16	塔瓦琼楠	树	叶	新西兰	4	15~21
17	丛枝桦	树	叶	苏　联	1	<0.1
18	杂种桦	树	细　枝	苏　联	17	0.1~85
19	小叶桦	树	细　枝	苏　联	17	0.1~125
20	矮　桦	灌　木	叶	英　国	5	0.8~9.1
21	白　桦	树	细　枝	苏　联	7	0.1~65
22	白　桦	树	细　枝	苏　联	?	0.002~0.13
23	小乌毛蕨	灌　木	叶	新西兰	1	35
24	短舌菊	灌　木	叶	新西兰	3	12~65
25	蓝点拂子茅	草	全　部	苏　联	9	3.4~34
26	拉拍拂子茅	草	全　部	苏　联	14	0.1~275
27	炳状苔草	藁属植物	全　部	苏　联	3	10.2~408
28	曼吉苔草	藁属植物	全　部	苏　联	1	0.5
29	cosilleaminiate gougl	草本植物	根	加拿大	1	2.3
30	卷　耳	草本植物	叶	英　国	1	6.4
31	沼　蓟	灌　木	叶	英　国	1	26
32	白铁线莲	灌　木	全　部	捷克斯洛伐克	5	350~30000
33	亮叶可波茜	灌　木	叶	新西兰	2	15~30
34	粗状可波茜	灌　木	叶	新西兰	7	15~65
35	牡丹叶紫堇	草本植物	全　部	苏　联	2	33
36	山楂属植物	灌　木	叶	苏　联	1	2.9
37	双生隐盘片	草本植物	全　部	苏　联	1	112
38	灰叶榛	灌　木	全　部	捷克斯洛伐克	3	0.1~1000
39	桦叶榛	灌　木	叶	英　国	1	9.9
40	刺头菊	灌　木	全　部	苏　联	1	50
41	金老梅	草本植物	全　部	苏　联	1	60

序　号	植物种属	类　型	器　官	产　地	样品数	金含量/ng·g^{-1}
42	曼陀罗	草本植物	全　部	捷克斯洛伐克	1	468
43	糙树蕨	蕨类植物	叶	新西兰	11	8 ~ 70
44	异果芥	树	叶	苏联	2	0.25 ~ 13
45	多瓣木	草本植物	叶	英国	1	1.6
46	欧洲鳞毛蕨	草本植物	叶	英国	1	3.5
47	亚洲岩高兰	灌　木	全　部	苏联	5	0.1 ~ 50
48	细叶柳叶莱	草本植物	全　部	苏联	15	0.1 ~ 120
49	问　荆	草本植物	全　部	美国	12	18 ~ 58
50	问　荆	草本植物	全　部	加拿大	11	1 ~ 8
51	问　荆	草本植物	全　部	加拿大	16	<0.8
52	木　贼	草本植物	全　部	美国	1	64
53	淤泥木贼	草本植物	全　部	美国	2	56
54	滨海木贼	草本植物	全　部	美国	1	33
55	大问荆	草本植物	全　部	捷克斯洛伐克	1	372000
56	大问荆	草本植物	全　部	苏联	2	0.1 ~ 27
57	草问荆	草本植物	全　部	苏联	4	0.1 ~ 10
58	草问荆	草本植物	全　部	美国	2	24 ~ 38
59	木贼的一种	草本植物	全　部	加拿大	4	28 ~ 56/2392
60	林下木贼	草本植物	全　部	美国	1	26 ~ 65
61	兴安木贼	草本植物	全　部	美国	2	54
62	四基石南	灌　木	叶	英国	1	2
63	姜软飞蓬	草本植物	全　部	苏联	1	<0.1
64	小花小米草	草本植物	叶	英国	1	4.3
65	紫羊毛	草	全　部	英国	1	1.4 ~ 95
66	对叶盐蓬	草本植物	叶	苏联	6	260
67	粗壮云香草	草本植物	叶	苏联	1	600
68	泽常春藤	灌　木	叶	英国	1	6.3
69	刺稃野大麦	草	全　部	苏联	1	232
70	刺稃野大麦	树	细枝	圭亚那	1	8
71	刚毛鸢尾	草本植物	全　部	苏联	1	<0.1
72	欧洲刺柏	树	细　枝	加拿大	8	1 ~ 20
73	沙地柏	树	细　枝	苏联	1	0.2 ~ 0.5
74	兔唇花	灌　木	叶	苏联	1	3000
75	落叶松	树	全　部	苏联	8	0.1 ~ 130
76	喇叭茶	灌　木	全　部	苏联	39	0.1 ~ 250
77	南鳞子莎	灌　木	叶	新西兰	4	10 ~ 65

序 号	植物种属	类 型	器 官	产 地	样品数	金含量/ng·g⁻¹
78	雪花水仙	草本植物	全 部	捷克斯洛伐克	1	750
79	北极花	草本植物	全 部	苏 联	4	0.1~300
80	蓝果忍冬	灌 木	全 部	苏 联	6	0.1~175
81	铜钱叶忍冬	灌 木	全 部	苏 联	2	14~34
82	宽叶羽扇豆	草本植物	叶	英 国	1	1.7
83	舞鹤草	草本植物	叶	苏 联	1	105
84	水薄荷	草本植物	叶	英 国	1	50
85	薄 荷	草本植物	全 部	捷克斯洛伐克	1	15000
86	小 蓬	灌 木	叶	苏 联	1	50
87	北蜂斗莱	草本植物	全 部	苏 联	1	<0.1
88	四叶重楼	草本植物	叶	苏 联	1	<0.1
89	拉不拉多马先篙	草本植物	全 部	苏 联	1	60
90	欧洲云杉	树	针 叶	英 国	2	0.6~4.1
91	西伯利亚云杉	树	针 叶	苏 联	4	0.1~42
92	蜜蜂花	灌 木	根	加拿大	1	3.1
93	旋转松	树	细 枝	加拿大	3	<0.1
94	西黄松	树	细 枝	加拿大	3	<0.1
95	偃 松	树	细 枝	苏 联	3	0.1~40
96	辐射松	树	针 叶	新西兰	4	10~60
97	西伯利亚红松	树	全 部	苏 联	1	0.1~60
98	欧洲赤松	树	全 部	苏 联	46	0.1~45
99	丝花花葱	草本植物	全 部	苏 联	1	64
100	美花花葱	草本植物	根	加拿大	1	2.5
101	西栖蓼	草本植物	叶	英 国	1	47
102	polytrichum commune hedw	草本植物	根	英 国	6	1.6~3.8
103	欧洲山杨	树	叶	苏 联	22	0.1~42
104	大问荆	树	细 枝	加拿大	2	21~23
105	五指参	树	叶	新西兰	8	8~50
106	美洲黄杉	树	细 枝	加拿大	4	0.1~15
107	欧洲蕨	蕨类植物	全 部	英 国	7	0.7~3.0
108	红花鹿蹄草	草本植物	全 部	苏 联	1	0.1
109	水毛茛	草本植物	叶	英 国	1	8.3
110	水葡萄茶子	灌 木	细 枝	苏 联	1	<0.1
111	大叶蔷薇	灌 木	全 部	苏 联	16	0.1~110
112	狗蔷薇	灌 木	全 部	捷克斯洛伐克	1	<0.1
113	狗蔷薇	灌 木	叶	苏 联	1	11

序 号	植物种属	类 型	器 官	产 地	样品数	金含量/ng·g⁻¹
114	极地悬钩子	灌 木	全 部	苏 联	3	0.1 ~ 500
115	库页岛悬钩子	灌 木	全 部	苏 联	6	0.1 ~ 140
116	石生悬钩子	灌 木	全 部	苏 联	1	11
117	黄花柳	树	细 枝	苏 联	2	0.7
118	崖 柳	灌 木	细 枝	苏 联	2	0.1 ~ 0.3
119	可林柳	灌 木	细 枝	苏 联	1	<0.1
120	黑 柳	灌 木	叶	英 国	1	5.1
121	多蕊柳	灌 木	细 枝	苏 联	12	0.1 ~ 1.0
122	篙 柳	灌 木	细 枝	苏 联	1	<0.1
123	崖 柳	灌 木	细 枝	苏 联	1	<0.1
124	树状沙蓬	草本植物	叶	苏 联	1	50
125	龙骨沙蓬	草本植物	叶	苏 联	1	20
126	硬叶沙蓬	草本植物	叶	苏 联	1	2400
127	地 榆	草本植物	叶	苏 联	1	36
128	尖叶景天	草本植物	叶	英 国	1	1.2
129	西伯利亚花揪	灌 木	细 枝	苏 联	2	2.2 ~ 3.3
130	金丝桃叶乡线菊	灌 木	叶	苏 联	1	41
131	欧亚乡线菊	灌 木	全 部	苏 联	1	<0.1
132	艾 菊	草本植物	全 部	苏 联	5	0.1 ~ 55
133	欧 椴	树	全 部	捷克斯洛伐克	1	500
134	红车轴草	草本植物	全 部	苏 联	1	80
135	小叶山荆豆	灌 木	叶	英 国	1	4.1
136	桃金娘越橘	灌 木	叶	英 国	1	4.2
137	桃金娘越橘	灌 木	全 部	苏 联	2	0.1 ~ 10
138	笃斯越橘	灌 木	细 枝	苏 联	18	0.1 ~ 92
139	越 橘	灌 木	全 部	苏 联	17	0.1 ~ 40
140	尖萼藜芦	草本植物	叶	苏 联	1	85
141	卫门茜	树	叶	新西兰	3	13 ~ 65
142	玉蜀黍	草	全 部	捷克斯洛伐克	3	75 ~ 100
143	洋 松	树	茎	加拿大	94	1.15
144	灌 木	灌 木	枝 叶	中国青海	6	1.47
145	杨 树	树	叶	中国华北	6	1.55
146	茶 叶	树	叶	中国浙赣	6	1.79
147	灌 木	灌 木	枝 叶	美国暖房	6	0.9 ~ 2.6
148	多种灌木	灌 木	枝 叶	西澳大利亚	31	0.5 ~ 1.0

注：AT—Atropova 等（1996），B—Babicka（1943），BRK—Brooks 等（1981），BY—Boyle（1979），CSB—Cannon 等（1968），D—Dunn（1980），GPM—Girling 等（1978），GPW—Girling 等（1979），KHS—Kaspar（1972），KLK—Khatamov 等（1966），KP—Krendelev 等（1977），L—Lungwitz（1900），RR—Razin 等（1966），TGLN—Talipov 等（1975），WB—Ward 等（1976），DN—Dunn（1989），YMC—鄢明才 等（1991），SM—Stewart 等（1995），LBS—Lintern 等（1997）。

从表中可以看出各个研究者得出的含量值相差极大。除了植物种属之间的差异和采样地区地质条件（有无矿化）的差异以外，分析方法的可靠性值得推敲。20 世纪 80 年代以后 Dunn（1989）和鄢明才等（1991）所发表的数据非常接近，这一含量可能接近植物中金的真实背景含量水平。

2.5 金在动物体中的含量分布

发表的金在动物体里的含量测试数据相当有限，而且都是 20 世纪 70 年代前发表的资料，数据的可靠性有待于证实。这里所列举的数据仅供参考（表2-8）。

表 2-8 金在某些动物体中的含量

动物种类		金含量/ng·g^{-1}	资料来源	说 明
海生动物	海 绵	10	1	干体内
	海绵（多种）	18~126	2	干体内
	海 胆	7	1	壳 内
	海 星	30	1	干体内
	海 参	24	1	干体内
	水 母	7~10	1	干体内
	蛤	5.7	3	软体干体内
	对 虾	0.28	3	软体干体内
	鲐 鱼	0.12	3	肌肉干体内
陆生动物	甲壳动物	0	4	壳 内
	昆虫类			
	金龟子	5000	4	灰 内
	蜂	400	5	灰 内
	水甲虫	0	5	灰 内
	白 蚁	0	5	灰 内
鸟 类	多 种	0~1500	5	灰 内
兽 类	多 种	0~14000	4,6	干、湿
人 类		0.06~0.8	7	血 液
		2.7~43	8	人 发
		2.5	9	人 发

注：1—Noddack 等（1939）；2—Bowen（1968）；3—Fukai 等（1962）；4—Babicka（1943）；5—Razin 等（1966）；6—Jones（1970）；7—Bagdavadze 等（1965）；8—Bate 等（1965）；9—鄢明才等（1991）。

2.6 金在天然水体中的分布

金在各种天然淡水（地下水、泉水、河水及湖水）中的含量一般很少。据 Boyle（1979）的统计淡水中的金含量平均值约 0.03ng/g。Mchugh（1988）给出天然水中金的背景值为 0.001~0.005ng/g，平均值为 0.002ng/g。

王学求（1992）利用灵敏度极高的激光单元子测试技术对河北廊坊地区地下水（井水）中金的分析结果为金的含量在 0.03 ~ 0.045ng/g 之间，这与 Boyle 的统计结果非常一致。

天然淡水中金的这一正常分布大部分来源于岩石及风化产物。有许多研究者研究了金矿周围的河水，发现金的含量高。Mchugh（1988）采自矿体水系测得金含量在 0.01 ~ 2.8ng/g，平均值 0.101ng/g。也有报道采自矿体周围水系，金的含量可达几 ng/g 至上千 ng/g（Boyle，1979），这些高含量无疑为使用水化学方法寻找金矿提供了依据。但这些高含量数据都是来自已开采的金矿区，难免存在矿区废水的污染，所以在未知存在金矿区水体中是否有如此高的金含量还有待于进行更多的研究。

文献报道的金在海水中的含量并不多，而且结果出入较大。英国化学家森斯塔特（1872）首次报道了金在海水中的含量小于 65ng/g。德国 F. Haber（1927，1928）经 8 年的研究发现海水中的金含量低于前人的报道结果，他测得的海水中金的含量范围在 0.003 ~ 4.8ng/g。Yasuda（1927）测得日本海湾里金的含量在 3 ~ 20ng/g。Chernyayev 等（1969）统计海水金的平均值 0.006ng/g，Wood（1971）为 0.001 ~ 0.025ng/g，Levinson（1974）为 0.004ng/g，Brooks（1981）为 0.005ng/g。近些年借助选择性萃取和中子活化分析所进行的大量海水研究工作表明，金含量的平均值约 0.0112ng/g，银约为 0.3ng/g，Au/Ag 比值为 0.04（Boyle，1979）。

2.7　金在气体中的分布

金在气体中的含量极少见到报道，目前能够查到的唯一一份金在大气中的含量数据是 Peirson 等人 1973 年发表的，有关他们在英国各个不同地点用中子活化法测得的金在雨水和大气中的金含量。他们测得的雨水金含量为 0.01μg/L；空气中的金含量小于 0.003ng/g（0.004ng/L）。这一数据在以后的各种文献中被广泛引证。

近些年随着地气中微量金属测量用于寻找隐伏矿的开展，特别是在中国山东 16 万 km^2、安徽 8 万 km^2、四川 3 万 km^2、广西 2 万 km^2、新疆 1500km 路线，乌兹别克 1000km 路线和澳大利亚 3000km^2 的大规模测量工作，广泛地测定了土壤气体（用密封螺旋采样钻抽取地下 60cm 深处的气体）中的金（王学求等，1993，1995，1996；王学求，1996）。表 2-9 列出了各地地下气体中金的含量。

表 2-9　金在地下气体中的背景含量　　　　　　　　　　（ng/g）

气 体	地 下 气 体							大 气
地 区	山 东	安 徽	四 川	广 西	新 疆	穆龙套	奥林匹克坝	英 国
样品数	212	186	120	117	150	86	36	
平均含量	0.01	0.013	0.013	0.021	0.017	0.035	0.035	0.004

注：测试方式：中子活化，山东部分样品使用激光单原子分析。

这一平均含量的计算是剔除了 3 倍离差以上的数据，也就是说排除了由金矿引起的异常点，这一数据代表了土壤气体中金的背景含量。从这组数据我们可以看到绝大部分地区土壤中气体金的含量是 0.01 ~ 0.02ng/L。这与 Peirson 等测得的大气中金的含量为 0.004ng/L 相比，是大气中的 2.5 ~ 5 倍。

Boyle（1979）推测大气里的金几乎全部都呈分散粒状存在，有一些可能作为挥发性的甲基金存在；也可能作为某些微生物所产生的挥发性有机金化合物。我们尽管没有对大气中的金做过研究，但从我们对土壤中气体中金的初步研究发现，金有少部分是作为化合物（配合物）存在，约占 20%；大部分约占 80% 是作为独立的超微细粒（小于 $0.4\mu m$，我们在进行气体采集时使用的是 $0.4\mu m$ 的微孔滤膜，所以只有小于 $0.4\mu m$ 的颗粒才能通过）存在或气溶胶体存在。这种超微细粒金是独立的分散颗粒、气溶胶，还是吸附在其他气体的表面，目前还无法证实，但我们认为这几种形式都会存在。作为气溶胶理所当然可以悬浮在气体中；吸附在其他气体表面也是可能的，因为微气泡表面有很强的吸附能力，完全可以将一些微小的颗粒吸附在它的表面；作为独立的超微细分散颗粒也是可能的，现代纳米科学技术已经证实当物质颗粒小到纳米级时，它的性质就完全发生了变化，具有类气体性质。

2.8 金的地壳克拉克值与地表丰度

金的地壳丰度在地球化学研究和金矿勘查中是一个用途广泛的关键参数。金的地壳丰度自 20 世纪 20 年代 Clark 给出第一个地壳克拉克值以来，有许多学者相继给出了不同的地壳丰度值（表 2-10）。

表 2-10 不同学者给出的金地壳丰度值 （ng/g）

	Clark (1924)	Goldschmidt (1937)	Ферсман (1939)	Rankaman (1950)	Виноградов (1962)	Taylor (1964)	Mason (1966)	Wedepohl (1969)	黎彤 (1976)	鄢明才 (1997)
x	1	5	5	4.3	4	4	4	4	1

目前最广泛使用的是 20 世纪 70 年代以前给出的 4ng/g 的金地壳丰度。自 20 世纪 80 年代以来由于痕量金分析方法和技术的突破性进展，使检测到亚 ng/g 级的金成为可能，中国区域化探全国扫面先后规定金分析的检出限为 1ng/g 和 0.3ng/g（谢学锦，1979）。随着这一计划的进行不断积累了大量高质量的数据，发现金的区域丰度比惯用的地壳克拉克值低得多。如果使用现有的 4ng/g 的地壳克拉克值作为衡量标准去判断某一区域金的富积与贫化，就会得出许多金矿带处于贫化区。这种矛盾的现象和中国大量区域化探所获得的结果，使中国的勘查地球化学家首先认识到 20 世纪 70 年代以前的金地壳丰度值明显偏高。这种 20 世纪 70 年代以前根据不先进的分析技术所获得的结果显然已经不是金的真实地壳丰度。那么金的地壳丰度到底应该多大呢？

鄢明才等（1997）根据中国东部岩石样品的实际测试得出地壳丰度为 1ng/g。这一丰度是通过几千件样品的实际测试，采用多个国家标准样品进行监控，并按地壳岩石组成统计计算获得的。这一金地壳丰度应接近金的真实地壳丰度。中国和国外的勘查地球化学工作者已先于理论地球化学工作者越来越多地广泛接受这一丰度。这是因为勘查地球化学工作者在实际工作中早已发现原金的克拉克值明显偏高，与实际勘查工作金异常的解释相矛盾，只是没有实际测试结果去更正过去的结论，所以现在这个资料一发表就立即获得响应。

金的地壳克拉克值是根据对地壳岩石的组成，选择有代表性的样品进行分析测试所获得的统计数据。地壳的组成岩石并不都是出露地表的,事实上人类对地壳的认识和对找矿具有决定意义的对象大都只不过仅限于地表几百米深度,所以更具有实用意义的是金的地表丰度,而不是地壳丰度。出露于地表的岩石是各种成分岩石的混合体,即包括地表沉积岩石盖层,代表地壳成分的硅铝质和硅镁质岩石,以及代表地幔成分的超镁质岩石。对地表岩石丰度的研究就要按不同的岩石类型在地表出露面积来进行统计。这不仅工作量极大而且代表性也是难以保证的,但幸运的是自然界为人们提供了天然的较为均匀的混合样品——水系沉积物和泛滥平原沉积物。中国的区域化探全国扫面计划已覆盖了全国 500 余万平方千米的面积,获得了 120 余万个高质量金的分析数据,对这 120 余万数据的统计结果得出中国全国水系沉积物中金的丰度在 1.3ng/g 左右。我国几大河流沉积物中金的丰度为 0.9 ~ 1.3ng/g,而混合更为均匀的全国泛滥平原沉积物中金的平均值是 1.7ng/g 左右(谢学锦,1995)。根据这些大量不同学者所获得的分析统计数据使我们有理由相信金的地表丰度应在 1.0 ~ 1.7ng/g。使用 1.3 ~ 1.5ng/g 作为金的地表丰度较为合理。在实际矿产勘查应用中使用最多的是金在各种地表介质中的丰度,而不用地壳克拉克值作为异常评价和推断金矿矿源层的衡量标准更为客观实用。

综上所述,将金的各种丰度值列入表 2-11。

表 2-11　金的各种丰度值

地　壳	地表岩石	水系沉积物	泛滥平原沉积物	浅海沉积物	土　壤	植　物	水	壤中气	大　气
1	1.0 ~ 1.5	1.3	1.7	1.0 ~ 1.6	2.0 ~ 3.0	1.0 ~ 2.0	0.01 ~ 0.03	0.01 ~ 0.02	0.004

注:单位:气体中 ng/L,其余 ng/g。

从表中可以看到有趣的现象。在固体地球物质中从岩石到土壤金的含量是逐步增高的,即从原生到表生介质是增高的,而水系沉积物相当于是介于原生和次生介质之间的过渡类型,金的含量也是处于原生岩石和次生土壤之间,说明金具有次生富积作用;而在液体和气体介质中从水体至壤中气至大气中金的含量在逐渐减少。

3 金的存在形式

金在内、外生环境下的存在形式、运移与沉淀机理，不仅是地球化学所关注的重要理论问题，而且也是勘查地球化学所关注的重要理论问题。因为勘查地球化学工作者找矿所研究和利用的是地球化学异常，而异常的形成是金的分散、迁移与富积的直接结果。在一定的环境下对欲寻找金矿床中金的特性、存在形式、分散和富积方式的了解是金矿勘查能否取得成功的关键因素之一（Nichol，1989）。

地球化学更关注的是金的内生迁移与沉淀机理，因为对这一问题的研究有助于了解金矿床的成因。与地球化学所不同的是，勘查地球化学更关注的是金由内生向表生转化的机制和金的表生地球化学行为，因为勘查地球化学工作者所研究和利用的大部分都是表生介质，而且随着勘查工作逐渐向隐伏区推进，这种对金的表生行为的研究就显得更重要。而表生环境又最为复杂，金从内生环境迁移进入表生环境后经历了各种复杂的表生作用，使其发生了重新分布和分配、富集与分散。这种复杂的过程给勘查地球化学工作者对异常的有效发现和解释推断带来很大困难。而对金各种存在形式在不同表生景观条件下的活动性，物理、化学和生物行为，各种存在形式的比例与彼此之间的消长关系，以及迁移机制的了解对寻找隐伏矿为目的的地球化学勘查样品采集，分析方法的选择，数据的解释推断起着至关重要的作用。

3.1 金的内生存在形式、迁移与沉淀

对于金的内生迁移理论虽然研究和发表的文章很多，但依然还是停留在假说或根据少量实验室的模拟数据进行的理论推测。对金的内生行为的研究其实包含着两方面的内容：一是金的来源；二是金的迁移与沉淀。地球化学对金的迁移与沉淀的研究，要多于对金来源的研究，勘查地球化学在过去同样也是重视对迁移与沉淀的研究，只不过侧重点不同，地球化学研究侧重的是成矿前和成矿过程中金的迁移和沉淀机理，而勘查地球化学研究侧重的是成矿过程中和成矿后金的分散与迁移。因为地球化学是要用地球化学理论解释矿床的成因问题，而勘查地球化学更关心的是矿床形成过程和形成后的再分散所形成的异常进行找矿。不论是地球化学还是勘查地球化学都对金的来源给予较少的关注。而实质上金的来源可能对找矿或者寻找巨型金矿更具有意义。Sillitoe（1993）指出："巨型矿床所在地点巨大供应的金是形成巨型矿床的最基本要求。"近些年对这一问题的研究越来越显得重要。因为迁移与沉淀都是找矿过程和环境，而物质来源才是能否形成大矿和特大矿的本质因素。

3.1.1 内生金的来源

对于金的内生来源的实质还存在争议。因为金的来源实在太复杂，它涉及到地壳下部

或地幔中的金、深部超变质区的金、地壳岩浆房及其周围岩石中的金。

认为金来于地壳深部或上地幔的主要理由有：（1）从玄武岩浆分异出来的岩石和矿石中含有大量的金，而玄武岩岩浆明显来自于上地幔（戈德列夫斯基等，1970）；（2）很多金矿成矿带在空间上与地壳中的全球深大断裂有关；（3）下地壳和上地幔中存在明显的比上地壳高的金含量。

关于超变质作用生成的深源含金溶液的推断是建立在对花岗岩化研究的基础上。高变质岩石中原来分散的金在变质作用过程中，被活化迁移，进而富积成矿（施奈德洪，1955）。这一假说的证据是：（1）许多金矿床形成于富含金的高背景的原岩为偏酸性的沉积-火山岩区，而且这些岩石都是经过变质作用；（2）与变质作用有关的金矿占有相当大的比例，如绿岩带型金矿、含金铀砾岩型金矿等；（3）室内高温高压试验证明，高温下金的活动性增加。

金在岩浆作用中的来源可以是岩浆分异过程中富积金，也可以是岩浆从围岩中汲取金，还可以是岩浆沿通道从地壳下喷气流中汲取金。证据是：（1）许多金矿与岩浆岩有关；（2）金与造岩元素一起分散在整个岩体中；（3）金呈原子态被硅酸盐矿物晶格所捕获；（4）同位素证据。

3.1.2 内生金的迁移与沉淀

金的内生迁移有两种概念颇为流行：一种认为金是呈真溶液迁移，另一种则认为金是呈胶体搬运。

在内生条件下金在热液中能以真溶液形式迁移是被普遍接受的观点。在内生条件下作为金的化合剂或络合剂的主要有卤素和硫。

卤素包括 F、Cl、Br 和 I 能与金形成配合物，而尤以氯与金形成配合物的搬运研究为最多。金能以 $\{AuCl_3\}$ 和 $\{AuCl_4\}$ 配合物形式迁移，但必须是在强酸性介质中。

在热液中金一般以硫化物、硫氢化物或硫化物-砷化物-锑化物-硒化物配合物形式搬运的可能性更大。在低温下金能溶于碱金属硫氢化物，形成 $Au(HS)$ 配合物；在高温下金还能溶于碱金属硫化物和多硫化物溶液中，形成 AuS^-、AuS_2^- 等络合离子。pH 值在 6～10 之间时，金的硫化物和多硫化物配合物是稳定的。鉴于许多热泉水是碱性的，围岩蚀变类型也表明矿液是碱性的，所以金以可溶的碱金属硫化物配合物搬运引起人们越来越多的认同，并认为这是内生金矿床形成时金的主要搬运机制。

含金硫化物的沉淀受所流经的岩石中矿物的作用、硫化氢的逸散、大气水的稀释、温度压力的降低等制约。围岩可以使含铁矿物蚀变为黄铁矿而降低硫化物和多硫化物的浓度。硫化氢的逸散和水的稀释降低硫化物的浓度将使上述平衡被打破，产生金的沉淀。

Boydell(1924)在胶体溶液在矿床形成中的作用的经典著作中曾提到金矿床中存在许多微粒石英、玉髓、蛋白石和非常微细的硫化物。他认为，这些现象说明金和二氧化硅是以胶体形式搬运的，絮凝作用使胶体形成凝胶，最后凝胶成分的再结晶作用形成现在我们见到的石英（硅化）和金。Lingren（1933）提出相似的观点。兹希尔诺夫（1972）描述前苏联马里克矿田金矿床胶体中的球状、褐色金的胶体颗粒（0.1μm 或更小）。他认为这些金颗粒最初是被二氧化硅胶体溶液保护着，而后在脉体边缘因温度的急剧降低，在黄铁矿的作用下胶体金凝结而沉淀。

在酸性溶液中，金可能以真溶液存在，当初始酸性溶液变为中性或碱性时，部分或所有的金盐能作为电解质在溶液中被吸附在二氧化硅胶体上，金以被二氧化硅胶体保护着迁移。已经证明金能以相当高的浓度分散在溶液中呈稳定的胶体存在，因而金在热液中以胶体形式搬运的模式很快就被提出。Friedensburg（1953）对热液条件下胶体金的试验发现，二氧化硅的胶体保护着金使之免受电解质的影响和温度升高而引起的自发凝聚作用。被保护金胶体的稳定性随温度增高而增强。

在内生高温高压环境下，存在大量气体，如 CO_2、H_2O、H_2、S 和 CH_4 等，这些气体对金的活化和迁移可能发挥很大作用。Walker 等（1969）做过这样的试验，将黑色页岩加热至 300~400℃时，得到了强活动性气体混合物，这种气体混合物对金属的运移可能起着重要的作用。Boyle（1979）认为，呈气体状态或呈离子和分子状态的组分沿着颗粒边界和裂隙以及穿过岩石的孔隙和其他间断面而发生迁移。迁移作用伴随部分表面扩散作用，并出现某种程度的物质搬运作用。

越来越多的证据表明，烃类流体和气体对金的搬运可能起着至关重要的作用。任何单一的作用都无法解释金在内生矿床中的运移机制，人们今天看到的金矿床可能是各种作用的综合结果。

3.2 金的表生存在形式

金在表生条件下的存在形式是极其复杂的，20 世纪 70 年代以前对金的表生存在形式的研究几乎都是基于理论推测。正像 Boyle（1979）所述："至今我们还没有什么能得出可靠的结论和令人满意的数据，因为我们也还不具备任何可用的试验设备来确切测定金是如何在天然物质里存在的。"但自 20 世纪 80 年代以后，一些先进提取方法和测试技术的应用为超微量金的分离和测试提供了强有力的手段，使我们有可能从实际获得金存在形式的数据。但表生介质是极其复杂和多样的，目前对金存在形式的研究大都还只限于对土壤和水系沉积物中金的研究。结合前人的理论研究和他人的实际测试，并根据我们的研究结果，考虑实际勘查地球化学应用的需要，我们将金的表生存在形式划分为以下几类：

（1）自然金颗粒；

（2）水溶形式金；

（3）胶体金；

（4）不溶有机物结合金（腐殖酸、富里酸）；

（5）吸附和可交换金；

（6）氧化物包裹金；

（7）硫化物包裹金；

（8）碳酸盐包裹金；

（9）石英硅酸盐晶格中的金；

（10）水中悬浮物金；

（11）气体中或气溶胶体金；

（12）微生物中的金；

（13）各种动植物组成部分中的金。

3.2.1 自然金颗粒

由于金的电离势极高，难以氧化，与所有化合剂形成化合物的不稳定性，决定了它在自然界主要呈自然金属状态存在。所以人们习惯将金列入惰性元素之中，而大量的研究又发现金是很容易迁移与沉淀的，看来这两种观点在一定程度上都是正确的。粗粒金具有化学上的稳定性，不宜溶解与迁移；而呈高度分散形式存在的超微细金不仅在化学上是活动的，能被溶解与迁移，在物理上这种极小的颗粒也会被水和气体等其他物质所搬运。所有金既有惰性的一面，又有活动性的一面。由于自然界中大量自然状态金的存在，所以对这部分金的研究和了解就更为重要。在本节中将利用大量实际测试数据来阐述这一研究进展。

这里为了勘查地球化学的实际应用，将自然金单体按粒径大小划分为：

粗粒金（ >74μm（200 目））

颗粒金 （ >5μm）

细粒金 （74 ~ 5μm）

超微细金 （ <5μm）

微粒金 （5 ~ 1μm）

胶体金 （ <1μm）

亚微米金 （1 ~ 0. 1μm）

纳米金 （ <0. 1μm）

离子金 （ <0. 144nm）

上述划分可以用一个图谱的形式表示（表 3-1）。

表 3-1 自然金的分类图谱

颗粒金		超微细分散金			离子金
粗粒金	细粒金	微粒金	胶体金		离子金
			亚微米金	纳米金	
74μm (200 目)	5μm	1μm	0. 1μm	0. 144nm (金的原子半径)	

这一分类方法与一般的矿物学分类有所不同。主要考虑几种因素：一是物理概念的几个关键尺度；二是使用现有的技术能够将其区分；三是便于实际应用。我们采用的是这样几个技术界限来划分颗粒金：

74μm（200 目）。这是采用 74μm（200 目）筛孔区分的，因为这一技术参数是地球化学样品金分析中最广泛使用的碎样粒度。使用 74μm（200 目）筛能够容易地将其与细粒金区分开来。

5μm。这是目前使用光谱矿物量分析技术所能检测到的最小粒度。

1μm。这一尺度在通常情况下，是胶体与颗粒物质的分界限，可以通过微孔滤膜将大于和小于这一粒径的金分开。

0. 1μm。这是纳米科学的重要尺度概念，小于 100nm（0. 1μm）的物质被称为纳米物质。

0.144nm。金的原子半径，这是金的最小单体，小于该尺度的金将是离子金。

3.2.1.1 超微细金的概念

随着勘查地球化学研究和应用的深入、现代测试技术的使用，人们已经发现地球化学样品中大量存在颗粒极小呈弥散状态的金，而这种极小颗粒的金的地球化学行为，与一般具有很强的稳定性的较大颗粒金完全不同，所以有必要将这两种形式的金区分开来。我们将颗粒极小的那部分金称为超微细金。但多大颗粒算作颗粒金，多小颗粒称作超微细金是一个很难定义的尺度。从理论上讲，超微细金应是颗粒极小具有很强的活动性的金，这一理论概念实际应用起来却不易操作。根据颗粒测试技术目前所能区分的能力，并结合实际的应用，将粒径小于 $5\mu m$ 的自然金称作超微细金（包括微粒金、胶体金和亚微米至纳米级的各种金颗粒）（王学求，1989；谢学锦等，1991；王学求等，1995，1996）。这种金的特点是可以呈游离自然金状态单独存在，也可以呈各种形式分散、结合、吸附或包裹在其他载体上或其中；具有极强的活动性，几乎能被各种介质结合和搬运；对样品取样和分析代表性没有任何影响。

3.2.1.2 颗粒金与超微细金的区分方法

以前对金颗粒大小的测试通常是用显微镜观测。这种直接的观测方法存在许多缺点，因为是对金颗粒某个侧面或截面的观测不可能很全面，观测到的金颗粒大小是近似的，并且主要是对较粗颗粒金（大于 $30\mu m$）的观测，也很难计数数出金颗粒的数目。

电子探针、扫描电镜甚至高分辨率透射电镜的使用使观测与分析相结合，可以测得更小颗粒的金。但这种测试手段具有很大的局限性，不可能将样品中每粒金都一一测试出来，如一个待测样品中有 500 粒金，人们不可能将这 500 粒金都一一查找出来。

为了克服上述方法的缺点，化探人员则使用过筛分离分析计数的方法。但使用这一方法也存在两个缺点：用过筛分离分析计数只能测得较大颗粒的金（Day 等，1986，大于 $53\mu m$（270 目）；Shelp 等，1987，大于 $63\mu m$）；用过筛分析的方法只能假设在该筛孔粒级中所有的金颗粒都一样大，其实能通过该筛孔的金颗粒的大小是非常不一致的，所以无法测得金颗粒的真实分布情况。

为了精确地了解地球化学样品中金颗粒的真实分布情况，需要一种特殊的方法去研究地球化学样品中金颗粒的大小分布。光谱矿物定量分析方法是由沈瑞平在研究稀土元素时首先提出的（沈瑞平，1977）。这一方法是基于数学上的排列组合原理，把样品磨碎到某一合理的粒级时，分成若干份。根据理论计算，当把一个样品分成的份数是样品中实际含有金颗粒数目的 5 倍时，每一份中含有两粒或两粒以上金颗粒的概率只有 1.5%。对每一份逐一摄谱，就可根据含量换算出金颗粒的大小，用一台计算机与发射光谱仪相连就可将每一粒金的粒径自动打印出来。图 3-1 是一个 50g 样品中实际测试出所有金颗粒大小分布的计算机自动记录结果。

目前这一方法检出限是 0.2ng/g，也就是只有粒径大于 $5\mu m$ 的金才能被检测出来。我们将所有大于 $5\mu m$ 的金含量累加起来得出大于 $5\mu m$ 金的总量，用样品中金的含量减去大于 $5\mu m$ 颗粒金的总量就得出超微细金的含量。

3.2.1.3 颗粒金、超微细金所占的比例

使用上述方法实际测出了不同地质地理环境中超微细金与颗粒金各自所占的比例。

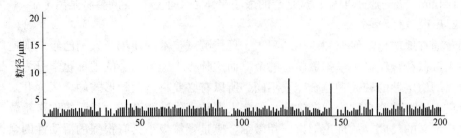

图 3-1　一个 50g 样品中实际测试出金颗粒大小分布的计算机自动记录结果
（截取前 200 次测试）

由表 3-2 可以看出，无论是岩石、土壤还是水系沉积物都大量存在小于 5μm 的超微细弥散金，比例一般 30% ~ 90%。这一发现圆满地解释了地球化学样品代表性问题，并在理论上回答了大规模区域金异常和地球化学省的形成机理，为区域化探使用低异常下限奠定了理论基础；这一发现初步解释了金从深部隐伏金矿运移至地表的可能方式，即被地球气搬运的机理，为厚覆盖区隐伏矿的寻找提供了新的途径。

表 3-2　颗粒金与超微细金各自所占的比例

样品号	全金/ng·g^{-1}	颗粒金（>5μm）		超微细金（<5μm）		样品类型
		含量/ng·g^{-1}	比例/%	含量/ng·g^{-1}	比例/%	
NM-R1	0.8	0.6	74	0.2	26	内蒙古岩石样品
NM-R2	1.6	0.2	12	1.4	88	
NM-R3	44.4	30.5	69	13.9	31	
NM-R4	21.1	1.4	7	19.7	93	
NM-R5	329	42.6	13	286.4	87	
NM-R6	2920.0	428	15	2429.0	85	
ZK6-1	7.9	1.1	14	6.8	86	山东岩石样品
ZK6-2	20.8	3.1	17	17.7	83	
ZK7-1	4.8	1.4	29	3.4	71	
ZK7-2	913	110	12	813	88	
ZK7-3	4200.0	470	59	1730.0	41	
ZK8-1	5.2	3.8	73	1.4	27	
ZK8-2	726.7	480	66	246	34	
ZK8-3	3200.0	1540.0	48	1660.0	52	
ZK6-s	2.6	0.4	15	2.2	85	山东土壤样品
ZK7-s	2.5	1.1	44	1.4	56	
ZK8-s	2.2	0.4	18	1.8	82	

样品号	全金/ng·g⁻¹	颗粒金（>5μm）		超微细金（<5μm）		样品类型
		含量/ng·g⁻¹	比例/%	含量/ng·g⁻¹	比例/%	
AC-Sa	37	19.7	47	17.3	53	新疆土壤样品
AC-Sb	27.8	3.4	12	24.4	88	
AC-Sc	830	8.3	1	821.7	99	
SD-D1	155.8	15	10	140.8	90	山东水系沉积物样品
SD-D2	25	5.3	21	19.7	79	
SD-D3	5.2	0.9	17	4.3	83	
AC-D1	18.5	11.9	64	6.6	36	新疆水系沉积物样品
AC-D2	6.4	4	63	2.4	37	

3.2.1.4 颗粒金的大小分布与变化

王学求等人利用上述颗粒金测试技术，测试了几个不同地区不同金含量级次的岩石、水系沉积物、土壤中金颗粒的大小分布情况。表 3-3 是内蒙古喀喇沁旗金矿和山东尹格庄金矿矿体及地表岩石中金颗粒的大小分布。

NM-R1 的含量小于 1ng/g，NM-R2、ZK6-1、ZK6-2 的含量为 1~10ng/g，ZK8-1、NM-R3 和 NM-R4 含量为 10~100ng/g，NM-R5、ZK7-2、ZK8-2 的含量为 100~1000ng/g，NM-R6、ZK7-3、ZK8-3 的含量大于 1000ng/g。由表 3-3 可以看出低含量的样品中没有大于 10μm 的颗粒金，在中等含量的样品 NM-R5 中开始出现较大的颗粒金，在高含量的样品 NM-R6 中金颗粒进一步增大，大颗粒金的数目也增多。可见，在低含量的围岩中金主要呈超微细粒分散状态存在。

表 3-3 矿石与地表岩石中金颗粒的大小分布

样品号	金 颗 粒 大 小/μm								地点
	5~10	10~20	20~30	30~40	40~50	50~60	60~70	70~80	
NM-R1	61								内蒙古
NM-R2	25								
NM-R3	485	2			1				
NM-R4	130								
NM-R5	410	14	6		1				
NM-R6	12	26	17	5	1	2		1	
ZK6-1	17								山东
ZK7-1	8	1							
ZK8-1	7	1							
ZK6-2	78	1							
ZK7-2	68	59	11	1					
ZK8-2	138	57	11	2					
ZK7-3	159	44	13	3		1			
ZK8-3	100	45	20	3					

表 3-4 是山东尹格庄金矿上方土壤 A 层中和新疆阿希金矿上方土壤 A、B、C 层中颗粒金的分布情况。

表 3-4　颗粒金在土壤中的分布

样品号	金颗粒大小/μm		样品号	金颗粒大小/μm	
	5～10	10～15		5～10	10～15
ZK6-s	9		AC-Sa	145	2
ZK7-s	11		AC-Sb	48	1
ZK8-s	20		AC-Sc	67	3

ZK6-s、ZK7-s、ZK8-s 含量均小于 10ng/g；AC-Sa、AC-Sb 金含量在 10～100ng/g；AC-Sc 金含量大于 100ng/g。由表 3-4 可以看出，在这两地的土壤中颗粒金都不大，最大不超过 15μm。

表 3-5 是山东尹格庄金矿和新疆阿希金矿周围水系沉积物中颗粒金的大小分布情况。SD-D1 是上游水系沉积物样品，金的含量较高（155.8ng/g），有较大颗粒金的存在。SD-D2 是中游水系沉积物样品，金的含量为 25.0ng/g，没有发现大于 15μm 以上金颗粒的存在。SD-D3 是另一条水系的样品，金含量为 5.2ng/g，金的颗粒非常小。AC-D1、AC-D2 和 AC-D3 分别是阿希矿区同一水系的上、中、下游样品。

表 3-5　颗粒金在水系沉积物中的分布

样品号	金颗粒大小/μm			样品号	金颗粒大小/μm		
	5～10	10～15	15～20		5～10	10～15	15～20
SD-D1	46	2	2	AC-D1	42	9	2
SD-D2	30	6		AC-D2	130		
SD-D3	45			AC-D3	96		

注：50g 样品。

由表 3-5 可以看出，在靠近矿体的上游水系沉积物中颗粒金较大，而中、下游水系沉积物中金颗粒都非常小。

由上述试验测试发现，在低含量（小于 10ng/g）样品中不存在大颗粒金。下面再从理论计算上看低含量样品中是否会出现大的颗粒金。表给出了不同粒径大小 1 粒金重量，并假设 10g 子样中含有 1 粒金，换算成样品中金的含量。

从表 3-6 中可以看出，对于含量在 1ng/g 的样品绝不可能出现 10μm 以上的金颗粒，如出现 1 粒 20μm 的金颗粒，金的含量就是 6.4ng/g。同样对于金含量小于 10ng/g 的样品，也不可能出现大的颗粒金，如出现 1 粒 50μm 的金颗粒，含量就是 100ng/g。况且在 10g 子样中金的颗粒数目远不止 1 粒，所以在低含量样品中绝不可能出现较大的颗粒金。

表 3-6 不同粒径大小金颗粒 1 粒金的重量

金颗粒粒径/μm		12	5	10	20	50	100
1 粒金重量/ng	0.008	0.064	1	8	64	1000	8000
10g 子样中含有 1 粒金的含量/ng·g⁻¹	0.0008	0.0064	0.1	0.8	6.4	100	800

为了查明颗粒金从矿体至矿体周围的晕、至背景上方围岩、最终至地表土壤和水系沉积物中的分布与演化规律，研究人员选择了山东尹格庄大型盲矿区 76 号勘探线剖面，系统地采集了钻矿岩芯样品，并将样品进行了分段组合（图 3-2）。

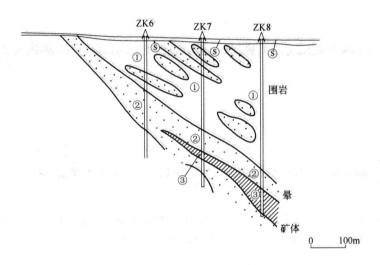

图 3-2 样品分段组合点位图
①—围岩样品；②—晕中样品；③—矿体中样品；Ⓢ—地表土壤样品

为了研究土壤不同层位中颗粒金的变化规律，研究人员选择了新疆阿西金矿上方土壤剖面进行了系统取样研究。土壤剖面发育完整，A、B 两层主要为风成土，土壤 A 层含有大量有机质，厚度在 0.5~0.7m；B 层厚度在 1~2m；C 层主要为残积土和风化岩石碎屑，厚度 0.5m 左右。我们沿着经过矿体周围的一条水系，系统地采集了上、中、下游水系沉积物样品，研究金颗粒大小的变化情况（图 3-3）。

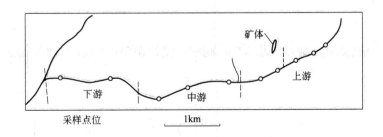

图 3-3 新疆阿希金矿水系采样点位图

图 3-4 ~ 图 3-6 分别是尹格庄金矿钻孔 6、7 和 8 中矿体、晕、上方围岩和土壤样品中颗粒金大小和数目分布图。图中每条竖线代表 1 粒金的大小。

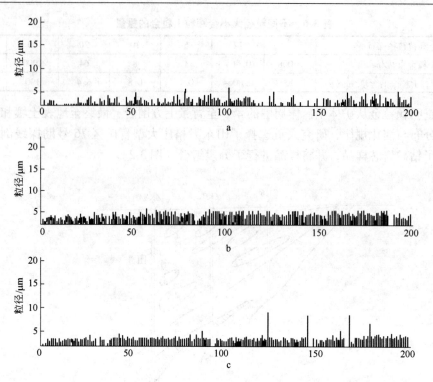

图 3-4　钻孔 6 中矿体、晕、上方围岩和土壤样品中颗粒金大小和数目分布图
a—样品：ZK6-s；b—样品：ZK6-1；c—样品：ZK6-2

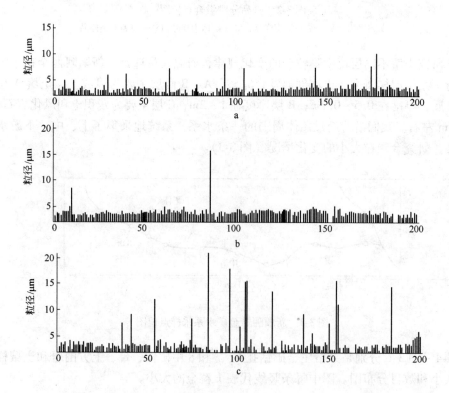

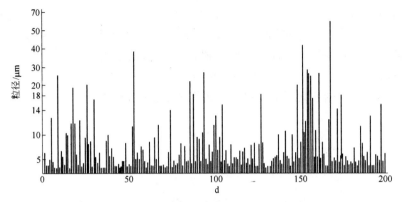

图 3-5　钻孔 7 中矿体、晕、上方围岩和土壤样品中颗粒金大小和数目分布图

a—样品：ZK7-s；b—样品：ZK7-1；c—样品：ZK7-2；d—样品：ZK7-3

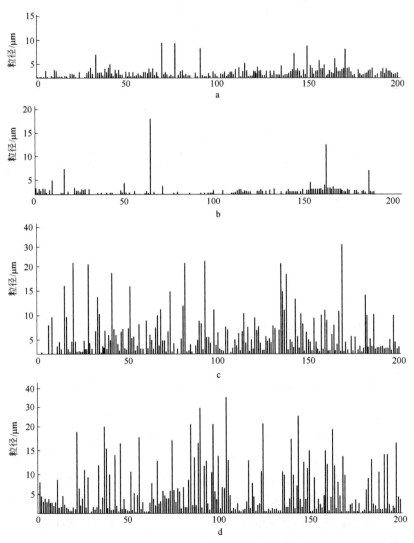

图 3-6　钻孔 8 中矿体、晕、上方围岩和土壤样品中颗粒金大小和数目分布图

a—样品：ZK8-s；b—样品：ZK8-1；c—样品：ZK8-2；d—样品：ZK8-3

　　由图中可以看出，矿体样品中金颗粒最大，晕中样品金颗粒相对变小，到了围岩和土壤中金的颗粒最小，而且没有发现大于 $20\mu m$ 的颗粒金，大于 $5\mu m$ 的颗粒金也不多，可见随着远离矿体金颗粒越来越小，而且主要呈超微细分散状态存在。

　　图 3-7 是阿希金矿上方土壤剖面中 A、B、C 层中金的颗粒大小分布。在风成土覆盖区土壤不同层位中颗粒金的变化不大，没有发现大于 $5\mu m$ 的颗粒金。

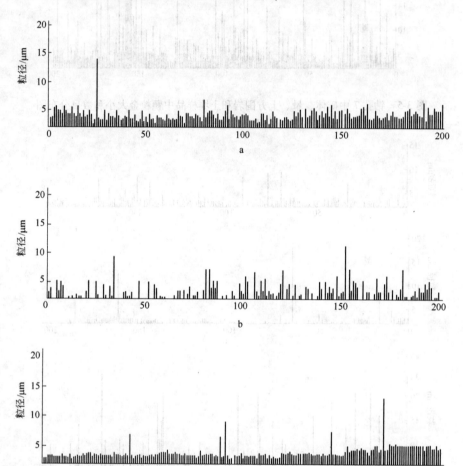

图 3-7　新疆阿希金矿上方土壤 A、B、C 层中颗粒金的分布情况

a—样品：AC-Sa；b—样品：AC-Sb；c—样品：AC-Sc

　　图 3-8 中 AC-D1、AC-D2 和 AC-D3 分别是阿希矿区同一水系的上、中、下游样品中颗粒金的大小分布情况。在靠近矿体的上游水系沉积物中颗粒金较大，而中、下游水系沉积物中颗粒金都非常小。靠近矿体的上游水系颗粒金可能是由于继承了矿体中的金颗粒的结果，而水动力不足以将较大颗粒金搬运得更远，当水动力减小时只有更小的金颗粒才能向下游更远处迁移。虽然此次我们在下游水系中没有检测到大颗粒金，但根据分析误差和理论推断，在下游应存在比中游更大的颗粒金，因为超微细分散金在迁移过程中，由于胶体和微生物的作用会使得某些分散状态的超微细金产生次生加大。金在水系中是一个复杂的

机械作用和生物化学作用相结合的过程，一方面在机械作用下，它会更加趋于分散；另一方面在胶体和生物化学作用下会更加聚合。

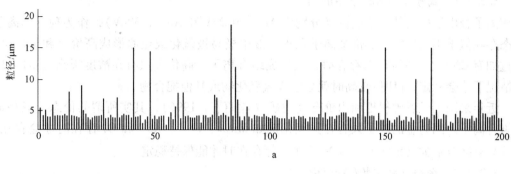

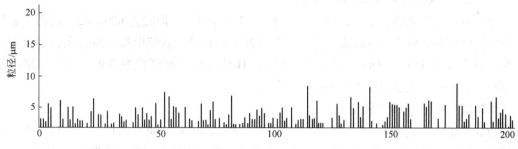

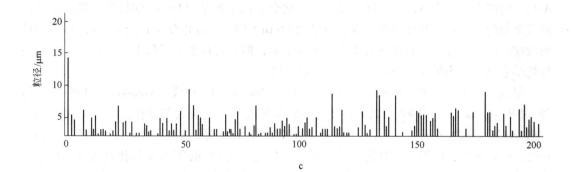

图 3-8 新疆阿希金矿周围水系沉积物中颗粒金的大小分布

a—样品：AC-D1；b—样品：AC-D2；c—样品：AC-D3

3.2.2 水溶形式金

水溶形式金是指能溶于水中的金，包括：

离子金（Au^+ 和 Au^{3+}）

化合物和配合物金

　氢氧化物

　卤盐和卤素配合物

　硫酸盐和硫代硫酸盐配合物

　硝酸盐和硝酸配合物

氰化物和硫氰配合物

可溶性有机化合物

3.2.2.1　离子金（Au^+和Au^{3+}）

离子金由于极高的离子电位（分别为 Au^+，9.2eV 和 Au^{3+}，30eV），作为独立的离子状态存在似乎不大可能。低价金离子在水溶液中极易被氧化或还原形成高价金和单质金。不过如有 CN^- 之类的配位基存在时，能形成络合离子。高价金只有在酸度很高（pH < 2）的情况下才会稳定；pH 值较高时就会形成氢氧化物或其他配合物。

近年来国内学者曾提出利用价态金找矿（熊昭春，1996），其实所谓的价态金只是金的络合离子。因为金的离子只有在强氧化剂如 MnO_2、Fe^{3+}、As^{5+} 和 O_3 存在时才会存在，并且只有络合剂如 $(S_2O_3)^{2-}$、CN^- 和 Cl^- 等存在时才能保持稳定。

3.2.2.2　金的氢氧化物（$Au(OH)_3$）

金的氢氧化物能略溶于水，溶解量为 3.1×10^{-6} mol/L，即接近 600ng/g，这种氢氧化物因为同时具备酸碱性，所以表观溶解度在酸性溶液和碱性溶液中都增高。在含有卤素的酸性溶液中发生 $4HCl + Au(OH)_3 = HAuCl_4 + 3H_2O$ 反应；在碱性溶液里，金形成络离子 $[AuO_2]^-$、AuO_3^{3-} 及其水合物 $HAuO_2^{2-}$、H_2AuO_3。

3.2.2.3　卤盐和卤素络合物

当金卤盐 $AuCl_3$、$AuBr_3$、AuI_3 在水中溶解时，即形成 $AuCl_4^-$、$AuCl_3(OH)^-$、$AuCl_2(OH)_2^-$、$AuCl(OH)_3^-$ 等络离子。高价金随着溶液 pH 值和氯离子浓度的改变，能形成 $Au(OH)_4^-$ 到 $AuCl_4^-$ 的四重配位所有形态。这实际上三氯化金的水溶液是 $HAuCl_3(OH)$ 络合物，溴和碘形成类似的配合物，其稳定性的强弱顺序为 I > Br > Cl。三氯化金同 P、Se、Si、Sb 等也能形成配合物，尽管人们对这些络离子还缺少了解，但它们在金的迁移中可能具有一定的地球化学意义，因为像 Si 和 Sb 与金总是一起出现。

早期有许多研究者（Lenher，1909，1912；Brakaw 等，1917；Krauskopf，1951；Kelly 等，1961；Shabynin，1966）认为，经过金矿床地表水中的金大部分作为络合的卤化物形式搬运的。但许多研究人员（Boydell，1924；Tyurin 等，1960；Goni，1967；Goleva，1968；Goleva 等，1970）也对此表示怀疑，原因是：（1）必须有强氧化剂如 MnO_2 的存在，才能使金氧化成 Au(Ⅲ)，而许多矿床都不存在这种强氧化剂；（2）这些配合物在 pH 值大于 4 时不稳定；（3）这些配合物容易被还原剂如金属矿物和有机物所还原；（4）大多数表生水体中卤素元素都比较贫乏。

所以 Boyle（1979）得出结论：金作为卤素配合物在溶液和表生的水体中搬运与其他迁移方式比较起来是微乎其微的。

3.2.2.4　硫酸盐和硫代硫酸盐络合物

金在含有氧化剂如 O_2、MnO_2 等存在条件下能形成硫酸盐和硫代硫酸盐配合物 $Au(SO_4)_2^-$，$Au(S_2O_3)_2^{3-}$，作为硫酸盐配合物的稳定性是值得怀疑的，尤其是有还原剂存在时。而硫代硫酸盐配合物在从弱酸性、中性至弱碱性，即 pH 值为 4~9 时，都是相当稳定的。

3.2.2.5　硝酸盐和硝酸络合物

三价金能形成硝酸盐、络合硝酸盐和亚硝酸盐化合物或配合物，但这些硝酸盐在水里由于水解得太彻底，在水里是不稳定的。不过在自然界，由于这些配合物可以被腐殖质的有机组分所稳定，金可以以混合的有机硝酸盐、亚硝酸盐和氨配合物形式存在。

3.2.2.6 氰化物和硫氰配合物

金极易与氢化物、硫氢化物溶解形成氢化物配合物和硫氰根配合物 $Au(CN)_2^-$，$Au(CN)_4^-$、$Au(CN)_2^-$、$Au(CNS)_4^-$。自然界许多植物和种子核、真菌和昆虫含有氰基配糖类形式的氰化物，如一种常见的氰基配糖就是杏仁素，即杏仁里的苦味素。植物、真菌和昆虫死后腐烂分解，氰基就会分离出来，这些物质能使金溶解。

3.2.2.7 可溶性有机化合物

金能形成许多可溶有机配合物，如一价金能与烷基、异氰化物、碳烯等形成配合物而且十分稳定；三价金能与烷基和螯合的联肼、膦等形成稳定的配合物。Shcherbina（1956）提出，金在有机环境中可能同腐殖酸反应形成可溶性化合物。Steelink（1963）也认为，金在有氧存在时很可能可以同腐殖酸反应形成可溶性化合物，他认为溶解和沉淀反应的方程式如下：

溶解：$\quad$ Au + H$^+$ + 腐殖酸 + O$_2$ $=$ [金的腐殖酸盐]$^{3+}$ + H$_2$O

沉淀：$\quad$ [金的腐殖酸盐]$^{3+}$ + R $=$ Au + 腐殖酸 + R$^+$

式中，R 为一种还原剂，如 Fe$^+$ 或有机化合物之类。

3.2.3 不溶有机物结合和吸附的金（腐殖质）

金在许多土壤富含有机质的 A 层中及泥炭沼泽土壤里有显著富积的事实表明，金有被有机质强烈吸附或结合的倾向。这种结合的机理尽管还不大清楚，但有机质，特别是腐殖酸（包括胡敏酸和富里酸）具有活泼的官能团（—COOH，—OH）能将金结合到它们的结构里形成螯合物是毋庸置疑的。在自然环境中有机质是极端复杂的，除了腐殖酸和富里酸外，还含有大量动植物分解的产物等。

但近年来的研究更倾向于所谓金的天然有机配合物，其实是金的胶体被有机分子保护层稳定化。

Ong 等（1969）经过研究证明，金既不被有机酸溶解形成配合物，也不被其氧化，而是在溶液中作为氯化金被酸类还原成金属金的带电荷胶体，这种胶体是被金元素周围的有机分子保护层稳定化。他们通过从泥煤、腐殖酸盐胶结的砂土和棕色湖水里提取的 3 种有机酸与各种形式的金，如片状、粗颗粒、胶体和络离子（AuCl$_4$）等相互作用的试验表明：有机质浓度在 3～30μg/g 范围时，氯化金配合物有被有机质还原成胶体的能力；有机酸的浓度在 30μg/g 时，有机酸能将金还原成胶体，还原过程是通过亲水的有机分子围绕厌水的金溶胶形成一层保护膜完成的，使金非常稳定，可以保持 8 个月之久。这样形成的金溶胶，粒径小于 10μm。当有机酸的浓度在 3μg/g 时，因有机酸浓度太低，不能形成保护膜，胶体金沉淀下来。

王学求（1989）在新疆西天山有机质发育的草原覆盖区阿西金矿上方土壤 A 层的研究也证明，多达 60%～90% 的金都是以被有机质稳定化的胶体形式存在。王学求等（1996）在川西北若尔盖草原覆盖区的 A 层土壤中，也发现大部分金以有机质保护的胶体的形式存在。（Wang Xueqiu 等，1996）

3.2.4　胶体金和胶体吸附金

胶体被定义为一种极细的物质颗粒可以分散在另一种连续的物质中，是介于悬浮液和真溶液之间的颗粒物质。粒径大小一般在 1 ~ 1000nm 之间。胶体颗粒包括气溶胶（aerosols）、液溶胶（emulsions）和固体胶（sols）。

金能形成一种胶体，"金锡紫"已被发现几百年了；法拉第曾广泛研究了用丹宁和其他有机化合物使稀的金溶液还原得出的红色的金溶液（Boyle，1979）。Boydell（1924）在其有关胶体在矿床形成过程中的作用的经典著作里，提到金矿床里有许多细粒的石英、玉髓和蛋白石出现，并有呈极细分散状态的硫化物和金的存在。他认为，这些现象表示：（1）金和氧化硅是被胶体搬运的；（2）胶体凝集后形成凝胶；（3）凝胶重结晶后形成现在我们见到的石英和金。

金的胶体在 pH 值为 4 ~ 8 时，带负电荷。金溶液在 pH 值为 1 ~ 3 时，发生水解作用形成带正电荷的水解产物——$Au(OH)_3$。含水的氧化金 $Au_2O_3 \cdot xH_2O$ 和氧化亚金 $Au_2O \cdot xH_2O$，也有形成胶体的倾向。

Boyle（1979）认为金胶体的形成在自然界中可以有许多方式：（1）通过反复磨蚀使金粒被磨得极细；（2）通过多种无机质和有机质使溶解的化合物被还原；（3）通过溶解的金的化合物或配合物的水解；（4）配合物的离解；（5）通过氧化作用使金的矿物晶格里含有的金或各种硫化物和砷化物的固溶体里所含的金析出。

金胶体的稳定作用是通过许多无机化合物和有机化合物，尤其是胶体氧化硅、含水氧化铁和氧化铝、腐殖质化合物完成的。

Bastin（1915）用金的胶体做了试验，结果常常在金矿床氧化带里发现暗紫色、很细的金。他指出在金矿床氧化带里，有起保护作用的胶体氧化硅之类的溶胶存在时，金有在胶体溶液中被搬运的可能。

Mering 等（1953）观察到，带负电荷的金溶胶是作为表面阳离子交换过程的结果由高岭土固定的。

Goni（1967）通过试验研究了金的胶体在地表循环中的稳定性、搬运作用和絮凝作用。他们发现离子态金和单质金能生成稳定的胶体悬浮液，使得其可以作长距离迁移。从化学角度看，胶体悬浮液是由溶解的金被腐殖酸和富里酸分别在酸性和碱性溶液中还原而形成。从力学角度看，金的胶体是通过金颗粒的长期被磨蚀而形成的。在这两种情况下，都发现胶体是由于有胶体氢氧化铁和胶体氧化胶存在而被稳定的。金的胶体许多方式被凝聚成绒毛状而沉淀，这些方式有：（1）pH 值和 Eh 值的改变；（2）有机质的相互作用；（3）含盐度不同水的相互混合；（4）黏土矿物的吸附，等。

Curtin 等（1970）对含金黑泥土（森林腐殖层）受净化水淋滤的试验研究发现，大部分活动的（可溶性的）金是作为极细的胶体颗粒（直径小于 0.05μm）存在于淋取液中。

Gosling 等（1971）的研究认为，科罗拉多州天然水体中的某些金是在具有一层有机酸保护膜的细粒胶体形态中存在的，络合的金颗粒有用来测定"溶质"金和"散粒"金的 0.1μm 的滤膜的能力。

在使用纯水（去离子水）直接淋取矿体上方土壤样品中的金，并通过 0.4μm 的滤膜过滤，对金进行测试实验时发现（王学求，1993，1995，1997），当对淋取液中的胶体不进行处理时，金的含量很低，最多在 $1 \sim 2ng/g$，但对提取液中的胶体使用氢氟酸处理后，金的含量显著提高，最高可达几十 ng/g，这特别在土壤有机质发育地区尤为突出，所以推测被水提取的金主要呈金溶胶或被其他胶体吸附的微粒形式存在。

我们对胶体金（亚微米和纳米金）的性质研究得较少，但这部分金具有极强的活动性却是毋庸置疑的。首先胶体金的表面能极大，粒度为 $0.01\mu m$（10nm）的胶体颗粒表面能约 $800J/cm^2$，而小到1nm时表面能将达到 $8000J/cm^2$，这意味着胶体金具有可以与其他物质结合的极大能力，或溶解成真溶液或胶体溶液形式。其次现代纳米科学研究表明，纳米级颗粒具有不同于常规物质的一系列特性，包括具有类气体性质。

3.2.5 黏土吸附和可交换金

尽管金与黏土确切的结合方式还不能断定，但通过使用柠檬酸铵溶液可将金淋滤出来，表明金可能以吸附状态为主。土壤中的黏土矿物有高岭土、蒙脱石、伊利石、绿泥石、水云母、蛭石等层状硅酸盐矿物，还有硅、铁、铝的氧化物和水合氧化物。由于黏土矿物巨大的比表面积，如蒙脱石的总比表面积是 $752m^2/g$，云母类黏土矿物比表面积是 $76m^2/g$，可能是吸附金属或离子的主要原因。范宏瑞（1991）曾做了各种黏土矿物对金的吸附实验，结果表明高岭土、膨润土、海泡石、凹凸棒石等对金的吸附率都在90%以上。由此可看出，土壤中黏土矿物对金具有强烈的吸附作用。

3.2.6 氧化物表面吸附和包裹金

土壤中的氧化物，在整个土壤中所占的比例尽管非常有限，但这部分氧化物由于它们对金属的吸附特性和研究人员找矿重点向热带和亚热带的转移，土壤中的氧化物特别受到研究人员的关注。土壤中的氧化物主要有铁、锰、铝、钛、硅的氧化物及其水合物（表3-7）。

表3-7 土壤中的主要氧化物及其水合物

氧 化 铁	赤铁矿、磁铁矿、针铁矿、纤铁矿、水铁矿
氧 化 锰	软锰矿、水锰矿、硬锰矿、锰土
氧 化 铝	三水铝石、一水软铝石、一水硬铝石、羟基铝
氧 化 钛	金红石、锐钛矿、板钛矿、白钛矿、氢氧化钛凝胶
氧 化 硅	石英、方英石、鳞石英、蛋白石、氧化硅凝胶

这些氧化物中，对那些成土过程形成或成土后经氧化作用形成的矿物颗粒氧化膜的意义最大，而成土过程继承原生岩石或矿床的氧化矿物对找矿的意义不大。对于后生氧化物主要是无定形的氧化物，因为无定形物质是结构中原子的排序无周期性，即不产生X射线衍射谱的胶体物质，这种胶体物质具有极大的表面积和表面电荷，因此它们具有对重金属离子的吸附特性。

3.2.7 硫化物包裹金

硫化物包裹金是指在原生硫化物矿物中的金，像黄铁矿、黄铜矿等。在此条件下，土壤中这部分金主要是继承了矿体或岩石中的组分。对于运积物覆盖区，这种形式的金存在的可能性极小，即使存在，由于其代表的是外地搬运而来的，故对指示深部矿体的意义不大。

3.2.8 碳酸盐包裹金

碳酸盐包裹金指的也是原生矿物碳酸盐中的金，不包括次生碳酸盐中的金，次生碳酸盐很容易溶解于水中，次生碳酸盐中的金应归纳在可溶性金一类中。原生碳酸盐，像方解石、白云石等在运积物地区极少存在，因为碳酸盐矿物是不稳定的，在岩石或矿体风化搬运过程中，将大量流失，所以在运积物地区，特别是干旱地区的碳酸盐中可能是金的主要赋存体，但这种碳酸盐主要以次生碳酸盐为主。

3.2.9 石英硅酸盐晶格中的金

土壤石英硅酸盐中的金是岩石或矿床在风化过程中，石英硅酸盐的耐风化使得金仍然得以保存在其矿物晶格中。对于运积物地区，这部分金由于是随着运积物从别处搬运而来的，故无法用其指示深部矿体。但在残积物地区，利用这部分金找矿可能具有更大的可靠性，因为它直接继承了矿体的石英和硅酸盐矿物。Moort 等（1995）利用这一部分酸不溶物质在澳大利亚的原地深风化壳一些金矿的试验中取得了相当好的效果。

3.2.10 水中悬浮物金

Fischer(1966)报道了德国萨尔河悬浮的粉砂里金的含量达到 $0.1\mu g/g$。Razin 和 Rozhkov 等在苏联阿尔丹地盾中地下水和溪水里，发现"浮金"和悬浮体里的金占有很大比例，金的含量可达 $0.037\mu g/g$。Razin 等（1963）在雅库特金矿附近的水系里，测得水中溶解金平均值是 $0.001\mu g/g$，而悬浮体中的金平均含量为 $0.009\mu g/g$，是水中溶解金的 9 倍。Godling 等（1971）在科罗拉多天然水体中发现悬浮体中金的含量范围从检测不到至最高达 $9.6\mu g/g$，大多数在 $0.1\sim0.7\mu g/g$ 之间。

人们对金在水中悬浮物中的存在形式还缺乏了解，其可能是作为细粒粉砂或黏土的吸附形式，或胶体形式，或超微细金的颗粒形式存在。

3.2.11 气体中或气溶胶体金

气体中含有金，这在第 2 章金在气体中的分布一节已经讨论过。金存在于气体中并不意味着金本身就是以气体形式存在的，它可能是超微细的纳米级颗粒、气溶胶或原子团等。气溶胶的成分相当复杂，它可能是金原子的胶体或者各种类型的金的化合物；也可能是被吸附到水合二氧化硅或水合氧化铝胶体上等。Goleva 等（1970）发现千岛群岛 Ebeko 火山喷气里金的含量在 $0.8\sim1.6ng/g$。他们的结论是，这种金主要是作为氯的配合物 $AuCl_4^-$ 存在。

3.2.12 微生物中的金

Williams（1918）和 Hatschek（1919）最先注意到真菌和细菌对金在自然界中的循环可能起着重要作用。他们将灰绿青霉（pennicillium）和乳粉孢（oidiumlactis）的顶端芽孢置入含有鞣酸或阿拉伯胶的胶体金溶液里，发现它们长大期间把金从溶液里清除了。

莫斯科《情报所新闻》（1969）报道，霉真菌能从溶液里提取金，在 $15\sim20h$ 内提取了98%。Pares 等（1864）对细菌在金循环中的作用研究发现，从红土和其他含金物质里得来的金可以被固氮菌之类的自养细菌变成可溶性。Lyalikova 等（1969）发现在金矿床氧化过程中，许多异养细菌都有溶解金的能力，而且在硫化物受细菌氧化期间，各种硫的化合物有利于金的溶解。Mineev（1976）通过研究微生物对金地球化学循环的影响，得出结论：金的溶解、形成胶体和沉淀都是在各种微生物参与下发生的。

Mayling（1976）申请了专利利用细菌保持充气的三氯化铁溶液在氧化态淋滤金矿石，适用的细菌是 ferrobacillus ferrooxidans 和 thiobacillus ferrooxidans。经过二十几年的研究后，近些年利用微生物提取金矿石已经开始大量投入使用。

4 地电化学集成技术基本原理、工作方法及特点

从研究地电化学成晕机制问题可知，地电化学现象是在地球中发生的电化学过程，而研究这种过程发生、发展的地球电化学，可定义为研究地球内部自然和人工激发电化学现象的一门学科。其研究内容：一是研究地球内部在流动的自然电流或人工电流作用下，自然电场的产生和存在以及新物质的生成作用。二是研究电流流经地球内部，造成物质地电化学溶解、迁移、富集等作用。这些内容是地电化学成晕机制的理论基础，与成矿、交代、热液作用等学说有关，并已构成新的矿床普查勘探方法的理论基础，组成一套独立的地电化学集成技术体系。

由于在区域、局部天然电场或人工电场作用下，隐伏矿体中元素组分自深部向地表进行电化学迁移，利用地电提取装置直接提取成矿元素或采集这种隐伏矿体上方土壤等介质，对该土壤离子电导率进行测定，这种以电化学迁移为原理的地球电化学测量系统就叫地电化学集成技术。图4-1为地电化学集成技术结构框架图。

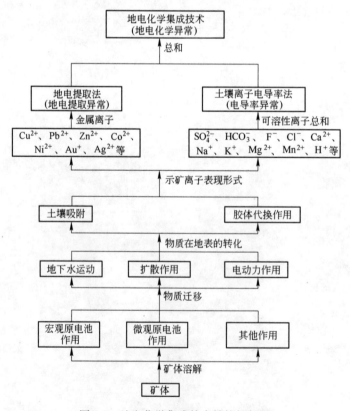

图4-1　地电化学集成技术结构框架图

研究工作投入了以地电提取为主的三种方法（地电化学提取测量、土壤离子电导率测量和吸附相态汞测量）为一体的集成技术，下面简单介绍地电化学集成技术的基本原理和工作方法。

4.1 地电化学提取测量法

4.1.1 离子晕形成机制以及地电提取测量法的基本原理

地电提取测量技术是矿体周围围岩和周围松散覆盖层存在离子晕，在存在外加电场的情况下，离子在电极处发生聚集，并进行一系列电化学反应。

4.1.1.1 离子形成机制

矿物溶解方式通常分为机械溶解、化学溶解、生物溶解、电化学溶解、氧化溶解，其中，埋藏深度浅的矿体主要以氧化溶解为主，而埋藏深度深的矿体，常以电化学溶解为主，由于矿体深埋，或为潜水面切割，加上风化程度低，矿体上部围岩溶液和矿体下部围岩溶液的氧化还原性质差异，而形成一个宏电池。若矿体为多金属矿体，各种矿物的稳定电位差形成一系列微电池，并发生以下一系列电化学反应：（1）矿体发生电化学溶解；（2）宏电池的自然电流形成自然电场，为离子迁移形成离子晕提供动力来源之一。此外，扩散作用、毛细管作用、地下水循环等也是离子迁移形成离子晕的重要途径。

4.1.1.2 离子的迁移与成晕机制

在不受外加电场的作用时，离子的迁移途径有以下几种：地下水运动、毛细管作用、离子扩散、氧化作用引起的电化学梯度、风化过程中元素的化学释放、气载迁移等。其中，地下水运动、扩散作用、原电池产生的电动力是造成离子迁移的主要因素。而离子迁移过程则是各种因素共同作用的结果。

（1）在矿体形成原电池后，矿体发生电化学溶解时，由于产生了正负电荷带，促使正负离子相向运动。当存在宏电池和微电池时，宏电池的电荷带可作为外加电场，影响离子的迁移。当存在电子导体时，由于导体内存在过多电子，对离子产生吸附作用，促使离子发生运动。

（2）当地下水系发育时，则发生渗滤作用。由于矿体多存在于破碎带、层间滑脱带等一系列构造中，产生了地下水运动动力，物质在水中以各种形式进行迁移：1）以真溶液形式进行迁移，矿体中可溶解的物质随水迁移，在一定条件下发生沉淀。轻物质迁移相对远一些，重物质则在附近赋存，剩下的则以离子状态继续迁移。2）以机械形式进行迁移，一些难溶物质由于粒径小，可以随水发生运移，到一定部位进行沉淀，在不同的环境下可能发生溶解形成新的离子。3）以胶体形式进行运移。4）以配合物形式进行运移，如金离子常与氯离子形成络合阴离子随水迁移。

（3）扩散作用：矿体周围由于存在溶解的离子，故浓度相对较大，离子自发向周围进行迁移扩散。过去常认为引起扩散的原因是浓度差，其实是由于浓度差导致物质的化学位不同，使得离子发生迁移。在扩散边缘，离子的化学位达到一致，则扩散作用减弱或停止。促使离子迁移的动力有氧化还原电场、热液及岩浆活动、土壤吸附带电离子或胶体时产生的电荷力等。其中影响离子迁移及分布的因素主要有氧化还原环境及 pH 值，如铁、锰、铜等弱碱性元素在低价状态易于在水中迁移，因此还原环境有利于该类元素的迁移；

而另一类元素如铀、钼、砷等低价离子具有两性，易水解沉淀；高价离子则形成络合离子酸根进行迁移，因此氧化作用导致这类元素活化。

（4）在潜水面以上，离子迁移动力主要有构造应力和毛细管作用等。构造应力主要表现为升降运动导致矿体上升出露或下降、平移；而毛细管作用在干旱地区或湿润地区的干旱季节则较为明显，由于蒸发作用，毛细管水带着可溶解的离子向上持续不断地迁移，其上升高度取决于岩石空隙或土壤粒度的大小。

其他作用引起的离子迁移。研究表明，地球内部气体量比表面大气圈高千百倍，经过漫长作用，其主要成分为 N_2、O_2、CO_2 和 CH_4 等，在温度差、压力差条件下形成的上升气流容易和深部矿体周围的金属元素的纳米级微粒结合，具有特殊的迁移能力，向上迁移。

离子的成晕机制：矿体溶解后产生的离子受综合作用并以各种形式迁移至周围溶液中，伴随各种化学反应，形成离子动态平衡。当离子进入土壤中，则发生表生化作用，部分离子被土壤吸附，部分离子发生置换，部分离子受 Eh 值的影响形成高价离子。由于各个矿体本身所含元素不同，矿物性质不同，形成的周围环境不同，故离子的分布赋存、迁移形式不尽相同，形成自己的离子晕。

矿体上有不同厚度覆盖物，而矿体的成矿元素及其伴生、指示元素经溶解成为离子，在宏电池、矿体内部形成微电池、扩散作用及地下水等共同作用下，向上迁移，在矿体周围的围岩以及近地表的松散层中，形成相应的离子晕。当存在外加电场时，离子在外加电场的作用下发生迁移并在接收电极附近富集，离子在电极处析出，电极附近的离子浓度降低，离子晕局部离子平衡被破坏，为保持物质平衡特性，下部离子向上迁移，提供离子补给以达到上部离子的平衡特性，但是下部离子向上迁移后，该上迁离子源又遭受平衡破坏，必须依靠深部离子的补充以达到新的平衡，如此一级一级从深部向上补充离子，直至深部的矿体，这样，离子能源源不断地向电极附近迁移，下部的离子又不断向上迁移，直到重新达成平衡，就形成平衡—失衡—平衡这样一个动态平衡（图4-2）。地电提取深部找

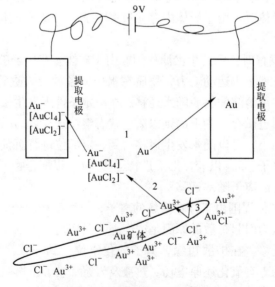

图 4-2　地电提取基本原理示意图

1，2，3箭头—地电提取过程中离子迁移流程

矿方法就是基于动态平衡原理利用人工电场提取深部的离子，分析其异常及其与矿体的关系，从而确定是否存在隐伏矿体，进行成矿预测。

4.1.2 金离子晕形成机制以及地电提取过程中金的元素行为

4.1.2.1 金离子晕形成机制

金一般在自然界以自然金和单质状态赋存于金属硫化物中，性质比较稳定，金在自然条件下很难被溶解，但在电化学条件下就易发生溶解。例如，当金与黄铁矿共生时，由于金的标准电极电位在 H_2O、KCl 中要低于黄铁矿的稳定电位，形成无数微电池，金发生电化学溶解，金离子浓度不断增大，金电极的电极电位不断增大，当其电位值无限趋近于黄铁矿的稳定电位时，两极电动势趋近于零，则电化学反应停止。而金的电极电位低于黄铁矿的稳定电位，在电化学溶解过程中，金只能作为负极，在其周围介质中金的阴离子或络阴离子，如在 KCl 溶液介质中，微电池金电极富集有 Au^{-1}、$[AuCl_4]^{-1}$、$[AuCl_2]^{-1}$，为金离子晕形成提供离子来源，通过离子迁移，形成金离子晕。

金地电提取过程中，在阴极提取能提取到金离子，是因为在外加电场下，金络阴离子发生分解形成金配位形成体（金阳离子）和配位体。金阳离子在电场力作用下迁移到阴极附近被还原成金原子，但离提取电极太远（$R = U/E_0$，其中，U 为供电电压，E_0 为金络阴离子电离时的电压）的络阴离子无法分解而向正极移动，金离子只能来源于本征提取区域，也就是以电极为中心点，半径为 R 的半圆球状区域。

4.1.2.2 提取区域

配阴离子的运动分为 4 个区（图 4-3）：1 区为配阴离子化学及电化学离解区，它是有效提取域的一部分，是一个半径为 R_1 的半球体；2 区为配阴离子被电场力离解区，它也是有效提取域的一部分，是一个厚度为 R_2 的半球壳；3 区为配阴离子被离解了的、但金离子无法作定向运动的非漂移区，金的阳离子和阴离子只做热运动，不发生漂移，这个区是厚度为 R_3 的半球壳；4 区为本征提取域以外的区域，在这个区内配阴离子在电场力的作用下向阳极运动或者做热运动。

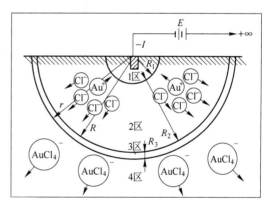

图 4-3 离子提取本征区示意图

4.1.3 地电提取工作方法、应用条件、地电异常特征

4.1.3.1 地电提取基本工作方法

地电提取基本工作方法分为深部提取法和浅部提取法两种，这两种基本方法采用大功率供电电源提供能源，与野外实际工作存在着一定差异。

A 深部提取法

深部提取法多采用剖面测量的形式，沿垂直于主控矿构造或地层布设测点，具体操作步骤如下：

（1）建设测站。在剖面中段的一平地架设帐篷，平稳安置电场控制仪，并在帐篷附近的平地安置发电机。

（2）布线。单个测点在测站单独架设供电导线，做好保护措施。

（3）回路检查。各测点与公用正极间都构成一个电路回路，通过检测各道接地电阻值来检查。若阻值太大，则采取浇水或移动测点位置；若阻值太小，采取措施避免仪器烧毁；若阻值为无穷大，则为断路，需检查断头，并予以处理，接头用绝缘胶布包好。

（4）接受阴极埋设。"液态型"元素接收器较常用，工作前一天作渗漏检查，渗漏速度不宜太快。埋设接收器，应先在测点挖 $30 \sim 40cm$ 的坑，将套上外保护网套和内保护棒的元素接收器置于坑中，用挖出的细土埋紧，抽出保护棒，加入已配置好的酸性提取液，并用塑料袋盖好防止雨水污染。

（5）公用正极的埋设。埋设选择低洼潮湿的地点，接地电阻较佳，垂直剖面约 $300 \sim 600m$，将 $2m \times 0.5m \times (1 \sim 2)mm$ 的公用正极平置于槽底，接好引线，适量浇水埋实即可。

（6）供电提取。通电半小时后各道电流趋于稳定，把各道电流控制在 $100 \sim 300mA$ 之间，定期检测各道电流和电压变化，尽量使各道电流大小一致。

（7）时量曲线观察。时量曲线是对原子迁移过程中含量变化的一种粗略检测方法，供电时间内按一定时间间隔取样，并作室内含量分析，从而得出提取含量随时间变化的规律。第一次进行提取地段，通常选择地质及其他物化条件的成矿部位，同时选择一背景值作对比。

（8）采样与分析。供电达到最佳时间后可断电抽取液样装入编号的样瓶中，送室内化验。常用分析方法有原子吸收、化学光谱或极谱分析等。

（9）成图，深部提取法成果图常配有地质剖面。

B　浅部提取法

浅部提取法可采用长剖面法或者面积测量形式，具体步骤如下：

（1）布线。沿剖面线布设一条供电导线，在测点处留下一小段裸露段，用于连接提取电极，并用绝缘胶布包好。

（2）提取电极埋设。提取电极用"固态型"的泡塑电极或吸附剂电极。埋设电极时，挖一个 $20 \sim 30cm$ 的坑，先将电极在稀王水中浸泡，然后置于坑底，留出引线，用土回埋。埋好后将各测点引线和供电导线连接，并用绝缘胶布包好。无穷远处布置在 $30 \sim 60m$ 即可。

（3）供电提取。用万用表对线路总电流、电压进行不定期监测，保证提取正常进行。

（4）采样与分析。供电达最佳时间后断电取样并编号，送入室内分析。分析手段为原子吸收、化学光谱或极谱分析等。

（5）成图（同深部提取法）。

C　地电提取技术操作流程

野外工作采用的浅部提取方法与上述方法相比，更具可操作性，以双极提取技术取代以往单极（阴极）提取，以搅拌底土加速土壤离子充分溶解取代以往单纯浇酸，这是野外工作的两个技术亮点。

工作步骤如下：

（1）选择地质和（或）其他物化探资料显示有利成矿的地段布置剖面，剖面方位应

图 4-4 野外提取电极埋设

垂直测区主控矿构造或地层，剖面长度一般为 500 ~ 1500m；

（2）沿剖面布设测点，一般为 20 ~ 40m，剖面间距为 100m；

（3）在测量剖面的每一测点位置挖深 30 ~ 40cm、半径 30cm 的坑，将制好的离子接收器（泡塑电极）置于坑中，间隔 30cm，倒入配置好的酸性提取液，然后用挖出的土回填压紧，用电极导线将 9V 干电池的正、负极与离子接收器相连，电池置于坑外，如图 4-4 所示。

（4）将离子接收器及电极安置好后，隔 48h，从采样坑中取出离子接收器。作为离子接收器的载体物质（泡塑），在提取过程之前预先被装入提取电极，这种载体物质本身是纯净的，在电提取之后，从提取器中取出的载体物质被作为电提取样品。

（5）将载体物质（泡塑）从离子收集器中取出、晾干并编号，装入袋中送化验室分析。

（6）将样品送矿产研究院做 Au、Ag、Cu、Pb、Zn 分析。

（7）处理分析数据，做 Au、Ag、Cu、Pb、Zn 五个元素的平剖面图。

（8）分析解释异常。

4.1.3.2 应用条件

地电提取应用条件包括矿体电化学溶解能力、矿体上方离子通道条件、地表改成条件、气候、接地条件等。

（1）矿体电化学溶解能力：金属矿体矿物越复杂，硫化物越多，在成晕条件和水文地质条件较好的情况下，矿体电化学溶解能力较强，电提取的异常相当清晰。反之，则不然。

（2）离子通道条件：矿上构造发育，地下水垂直循环发育的地区，具有较好的离子通道，此时，电提取的异常相当清晰。

（3）覆盖层条件：地电提取比较适合厚且较均一的外来运积物或厚层残坡积物覆盖区，厚度在几米到上百米均适用。

（4）气候条件：一般在湿润地区取得的效果较好。

（5）接地条件：植被发育、根系较多、土质类型变化较大的地段，接地条件差异较大以及接地电阻太大等，将会影响地电提取效果。

4.1.3.3 地电提取异常特征

氧化型溶解和电化学溶解很难区分；载体矿物的地电提取异常曲线和金矿基本同步；金地电异常曲线常出现狭窄且峰值较高的双峰或者多峰，难以连片；地电提取异常峰值正对矿体位置，异常清晰，衬度值高（图 4-5）。

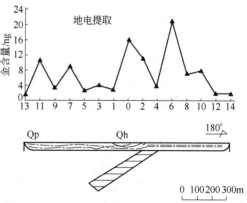

图 4-5 新疆 210 金矿地电化学异常剖面图

4.2 土壤离子电导率测量法

4.2.1 方法的基本原理

土壤离子电导率测量是地电化学测量法的一种。该方法主要依据以下原理设计：当隐伏的矿体位于潜水面或岩石之下，在裂隙水发育或土壤饱和水条件下，相当于把一个惰性电导体置于电解液中，从电导体的一端（矿体的底部）流向电位高的一端（矿体的顶部），这样围绕矿体的阴离子必须完全向上迁移，阳离子完全向下迁移（图4-6），以保持电中性。正是由于这种电化学溶解作用，促使矿体和疏松沉积层中的阴阳离子按一定规律迁移和分布，形成一个扰乱电场，使岩石和土壤中原有物理化学参数发生变化，如各种阴阳离子的浓度增大，这些离子的电导率也随之增高，可见土壤离子电导率能较好地反映出土壤中所有可溶性离子的浓度。由此可以推出，电导率异常应是多种离子成晕作用的总产物，是一个示矿较强的物理化学综合指标，反映矿化信息远比单元素反映的多，一般在常规物化探方法难以突破找矿的复杂地区，电导率测量能显示特殊作用。

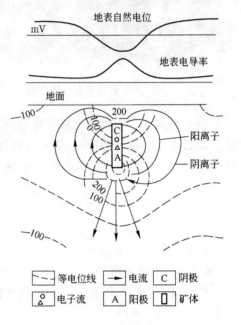

图 4-6 矿体周围元素电化学分散模式

4.2.2 离子电导率异常的形成过程

土壤离子电导率异常的形成是一个相当复杂的物理化学过程，经过模拟实验和对典型矿体研究并参照一些理论分析，大致可以认为土壤离子电导率的形成经历了这样四个过程：矿体产生溶解—溶解物质迁移—物质在地表的转化—形成离子电导率异常。

4.2.2.1 矿体的溶解

促使矿体溶解的原因是多方面的，在不同的条件下，起主导作用的因素不同：

（1）普通的溶解作用是矿体产生微观原电池溶解的作用。当矿体埋藏较深时，产生这种电化学溶解主要是由相邻矿物间的电极电位差造成的，因此，在不同电极电位矿物组分的金属矿体中不可避免地形成原电池。如果一种矿物的电极电位与另一种矿物相比为负，则当两种矿物接触时，多余的电子将从第一种矿物向第二种移动，这就使得离子导电介质中的两种矿物界面上物质交换的平衡遭到破坏。为了恢复失去的平衡，在第一种矿物界面上不是离子介质中的某种组分发射电子，就是由于固态组分的破坏而释放电子，即发生氧化电极反应，使第一种矿物的组分或周围空隙的组分氧化。在多种情况下，正电荷都从第一种矿物流向周围介质，第二种矿物界面附近平衡的破坏，或者使正离子放电并以固态形成，沉淀在矿物上，或者使矿物的粒子破坏而负电荷通过边界并在离子介质中形成负离子，即发生还原电极反应，使电流的正电荷从空隙水流向第二重矿物。与此同时，在离子介质中正离子将从第一种矿物的边界移向第二种矿物的边界，负离子则反之，这样在矿体的某一部位便构成了一个微观原电池。众所周知，矿体是由多种不同的矿物组成。由于不同的矿物都具有不同的电极电位，所以在矿体各部分，只要在相邻的矿物间存在着电位差，就会自然形成一个微观原电池，如果相邻两种矿物电极电位差值很大，则产生的微观原电池电流强度就大。矿体的电化学溶解作用就强烈。在一个简单的硫化物电化学体系中具有较高电化学电位的矿物形成阴极，而电位较低的矿物形成阳极。其产生电化学溶蚀作用，使得阳极硫化物被溶解，形成矿物的金属离子，在阴极硫化物被分解析出硫离子，电化学反应式：

阳极：$$MeS \longrightarrow Me^{2+} + S + 2e$$

阴极：$$MeS + 2e \longrightarrow Me + S^{2-}$$

在这个微观原电池体系中，从矿物分解出来的阴阳离子，在地下水循环作用下不断从矿物表面被带走，而保证矿物不断产生电化学溶解作用。

（2）宏观原电池的溶解作用主要发生在两种情况：1）是矿体跨越两个不同的 Eh 环境，如矿体跨越深部缺氧和浅部富氧的环境，或矿体跨越砂岩层与炭质层环境。2）矿体中的矿物成分分带很明显存在宏观电位差。这两种溶解是有条件的，矿体两端极性随条件而定。

（3）矿体的另一溶解作用是氧或二氧化碳进入底下，增强了浅部地下水的溶解能力，当矿体埋藏浅时，这种含氧或二氧化碳的水对矿体的溶解比其他任何溶解作用都明显。

4.2.2.2 溶解物质的迁移

溶解物质在不同作用力下向地表迁移。一般情况下，有三种迁移方式：（1）地下水运动；（2）由浓度差造成的扩散作用；（3）由电动力产生的离子迁移。在一个完整的体系中主要分以下几个程序：

1）在矿体附近，元素浓度大，扩散迁移起主导作用，在有多个微观原电池存在或存在明显的宏观原电池时，则以电动力产生的电化学离子迁移为主，但在实际过程中，试图将电化学迁移产生的异常与其他迁移方式产生的异常区分开是不可能的，它们是在同一个体系中，几乎是在同时发挥其各自的作用，所以绝对不能忽视其他作用对电导率异常的影响，这不仅仅是单纯的电化学作用所致。

2）在扩散边缘，元素浓度为极不饱和状态，扩散力显著减弱，促使元素在地下水中继续迁移的动力将是大地氧化-还原场的作用。在这种作用控制下，向上不迁移的物质主要是阴离子、络离子、阳离子。促使元素向上迁移的可能性有如下因素：裂隙承压水、逸散气流、化学热和地热扩散等。

3）当矿体周围存在多个微观原电池或明显的宏观原电池时，矿体的溶解以电化学作用为主。此时，电化学溶解后的各种成晕离子主要是在电动力作用下迁移到上部土壤介质中。在实际中，试图将电化学迁移产生的异常与其他迁移方式产生的异常区分开来，是不可能的。除此之外，促使元素向上迁移的因素可能还有裂隙承压水、逸散气流、化学热和地热扩散等。

4）潜水面以上毛细管水上升作用成为主要的迁移动力。在干旱地区以及湿润地区的干旱季节，由于蒸发作用的结果，毛细管水上升迁移持续不断，迁移速度相当快，毛细管水上升高度取决于岩石孔隙和土壤粒度的大小，孔隙较小或毛细管水一般可达到地表，干旱地区由于潜水面较低或土壤粒度粗，毛细管水通常不能达到地表。

5）毛细管水上升极限至地表这一段，水溶元素的迁移主要靠蒸发作用，不同元素的迁移能力是有差别的。从硅酸盐岩体风化的元素序列看到，由于 S、Ca、Mn 迁移速度大于 Cu、Pb、Zn、Fe、Mg 等元素，在矿体埋藏较深的情况下，地表能够发现前一组元素（来自矿体的部分）将比后一组元素的含量高得多。

4.2.2.3　表生带转化

通过上述各种作用，各种元素组分迁移进入一全新的阶段，许多元素原来的迁移形式遭到破坏以后，一部分组分被土壤吸附，另一部分与土壤胶体发生离子交换反应，组成电导率的各种离子组分也随之发生变化。据 1970 年比得尔曼研究，Cu、Pb 等离子被土壤吸附的能力比 Ca、Mg、Na、K 强，因此当离子溶液进入胶体扩散层，例如：

$$胶粒\text{-}Ca + Cu^{2+} \Longleftrightarrow 胶粒\text{-}Cu + Ca^{2+}$$

水溶液中成矿金属大大减少，对电导率的贡献明显降低，Ca、Mg 等元素逐步增加，对电导率贡献增高，致使电导率的组分发生改变，形成电导率异常。

4.2.2.4　形成电导率异常

在上述三种作用过程结束后，电导率异常的形成过程基本结束，组成电导率异常的成晕离子自然在地表某一部位高度聚集，而形成示矿信息较强的电导率异常。

4.2.3　离子电导率异常形成的理想模式

根据上述探讨的电导率异常形成过程及其离子组成特征的研究，在总结了土壤离子电导率异常形成过程基础上，参照 Govett（1977）潜水面下导电硫化物矿体周围元素和自然电位异常的理想模式，经修改、整理、归纳成为一个粗略的电导率异常形成理想模式，如图 4-7 所示。模式图用文字和图示表示出来，说明矿体经过多种溶解作用后，在多种动力作用的驱使下使物质向地表迁移，然后在地表土壤中发生一系列变化，最后形成电导率异常。从模式图中可以看出，矿体产生电化学溶解作用后，在矿体周围聚集着高浓度的 Cu、Pb、Zn 等成矿元素及与矿体有密切相关的电化学成晕离子，当远离矿体进入岩石层时，成矿元素相对降低，而电化学成晕的可溶性离子相对增高，这些离子在各种动力作用下通过各种渠道向地表土壤层迁移，当这些离子进入土壤层时，很快被带有电荷的土壤胶粒吸附聚集起来。从土壤底部到潜水面的整个地段中，由于下层土壤吸附离子逐渐达到饱和，离子的富集带将继续向上层扩散，其各成矿元素及电化学成晕离子对电导率的贡献大小，可用如下公式计算出：

$$C_i = 103\lambda NFR/\kappa \times 100\%$$

式中　C_i——某元素对电导率的贡献系数；

　　　λ——稀溶液中的离子电导；

　　　N——该元素的摩尔浓度；

　　　F——活度系数；

　　　R——该元素与电导率的相关系数；

　　　κ——溶液的实测电导率。

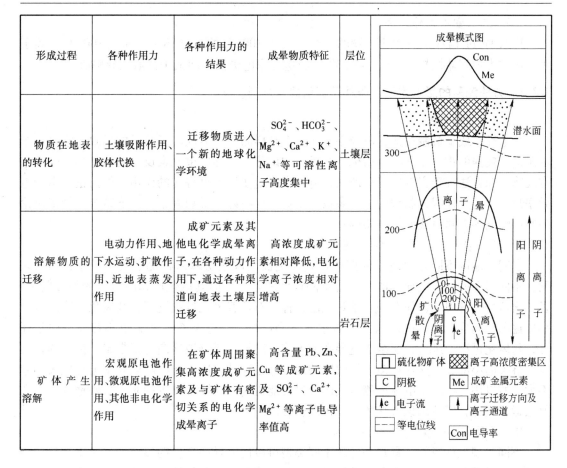

形成过程	各种作用力	各种作用力的结果	成晕物质特征	层位
物质在地表的转化	土壤吸附作用、胶体代换	迁移物质进入一个新的地球化学环境	SO_4^{2-}、HCO_3^{2-}、Mg^{2+}、Ca^{2+}、K^+、Na^+等可溶性离子高度集中	土壤层
溶解物质的迁移	电动力作用、地下水运动、扩散作用、近地表蒸发作用	成矿元素及其他电化学成晕离子,在各种动力作用下,通过各种渠道向地表土壤层迁移	高浓度成矿元素相对降低,电化学离子浓度相对增高	岩石层
矿体产生溶解	宏观原电池作用、微观原电池作用、其他非电化学作用	在矿体周围聚集高浓度成矿元素及与矿体有密切关系的电化学成晕离子	高含量Pb、Zn、Cu等成矿元素,及SO_4^{2-}、Ca^{2+}、Mg^{2+}等离子电导率值高	

图 4-7 土壤离子电导率异常形成理想模式

4.3 土壤离子电导率的工作方法及测量因素

4.3.1 工作方法

4.3.1.1 野外工作方法

A 采样网度

由于电导率异常范围一般比较宽,可按常规次生晕的方法采取样品,在普查阶段可按250m×50m采样网度,详查阶段按100m×20m网度即可达到找矿精度要求。

B 采样深度

一般采取B层样,B层样比A层样的电导率值要高,异常形态也更清晰。因为A层样已经接近地表,由电化学作用运移上来的离子易被淋滤带走而造成A层样电导率低于B层样,因此取样不宜太浅,一般在腐殖质底部取B层土壤较适合,可视所测剖面的土壤发育情况,取30~40cm深的土壤即可达到测量找矿目的。

C 样品加工粒度

一般选择147μm(100目)网作为统一加工粒度标准,按此标准加工的样品进行测试分析,保证不会漏掉异常。

4.3.1.2 室内工作方法

称取 1g 过 147μm（100 目）筛的土样，放入 100mL 的玻璃杯中，加入 100mL 去离子水，用磁力搅拌器搅拌 1min，静置 30s，将电导率电极插入溶液中读取电导率值。

4.3.2 方法测量的影响因素、条件及真假异常判别

4.3.2.1 影响因素

从电导率成晕机制可知，电导率值实际上是样品中可溶性离子总量的反映。它是一个示矿信息较强的物理化学综合指标，其反映的矿化信息远比单元素反映的信息强，因而在常规物化探方法难于突破的复杂地区，电导率测量便显示出特殊的作用。然而正是由于电导率是一个受多种因素制约的综合参数，难免也存在许多影响因素。以下结合实例来讨论一些影响电导率测量找矿的主要因素。

A 不同岩性具有不同的电导率值

在同一地区不同岩性地段的探槽短垂向剖面上取三层基岩样测定其电导率，结果表明：不同岩性的基岩电导率值存在着不同程度的差异，但其风化产物的电导率差异较小，显示出这样一种规律，即在同一景观地区各种岩石随着风化过程进行，其风化产物的电导率值逐渐趋向均一化。这是因为基岩本身不会产生电化学溶解作用，也不存在电化学迁移，随风化过程的进行，能组成电导率的可溶性离子大部分被逐渐淋滤带走，留下的是不易被淋失的小部分，这样在覆盖层较厚的地区，各种基岩风化产物的电导率值与地表相差不大。所以用土壤离子电导率测量找矿应尽可能避免在土壤不发育的基岩景观地区，而在厚层运积覆盖物区运用该方法才能发挥其长处。

B 不同土壤类型具有不同的电导率值

不同景观条件或同一景观条件的不同类型可以使电导率产生明显差异。土壤类型产生的背景差异有时会不同程度地掩盖矿异常。在土壤类型变化的地区，往往会形成由土壤类型变化所造成的假异常，这是因为不同土壤类型所含离子背景不一样的缘故。因此，土壤类型的显著变化是影响电导率法的一个不可忽视的因素。

C 土壤湿度

长期处于低凹潮湿的地区或黏土矿物较多的地区，土壤湿度较大，即所含水分较高。然而这些水并非是纯净水，其不同程度地含有一定量的各类离子。显然这种潮湿土壤离子浓度应比干燥地方的离子浓度高，将这种湿度较大的土壤取回分析，结果比较干燥的土壤有更高的电导率值（表 4-1）

表 4-1 土壤不同湿度电导率值的比较

土壤类型	干燥的山地土壤	半潮湿耕地土壤	潮湿耕地土壤
样品数/个	5	5	5
电导率平均值/$\mu S \cdot cm^{-1}$	5.3	8.4	15

D 采样季节

在同一地区、同一剖面、不同季节采取样品进行分析，会出现高低不同的电导率值。造成这种因季节而变化的原因是由于春季雨水多，土壤湿度增大。由于雨水作用离子的活动能力增强，潮湿土壤相对富集了来自各处的可溶性离子，造成电导率值增高，异常范围扩大，影响了异常的清晰度。因此野外采样最好选在雨水较少的冬季或秋季。

E　有机质

富含有机质的土壤有时具有与其他类型土壤不同的电导率。在土壤类型复杂的地区，它将作为不同背景的土壤类型而对该方法有影响，但是在整个富含有机质土壤中，有机质对电导率值没有明显的控制作用，即电导率值与有机质没有固定的相关性，说明电导率不随有机质局部含量的变化而变化。

4.3.2.2　应用条件

任何一种找矿方法都有一定的最佳适用条件，对土壤离子电导率测量亦是如此。在什么样的地质环境，什么样的情况才能充分发挥方法的找矿作用？经过分析总结认为，该方法并非在所有地区都能取得良好的效果，就目前的认识水平而言，在下列情况下应用往往可以取得良好的找矿效果：

（1）矿体位于潜水面之下，地下水较稳定的地区较为有利。这类地区地电化学作用明显，矿元素或示矿元素产生电化学溶解迁移致使地表土壤中有足够的各种阴、阳离子群，形成能够指示矿体赋存位置的清晰电导率异常。

（2）地表覆盖层较厚（几至几十米）的地区往往效果好。经过在各种厚层覆盖区（厚层坡积物、厚层残积物、厚层冲积物）的找矿实践证明，覆盖层较厚的地区找矿效果往往比覆盖层较薄的地区好，如我国的东北平原、华北平原、西北黄土高原、新疆戈壁覆盖区和长江中下游平原。因为覆盖区厚有利于经电化学作用及有关作用迁移到表层的各种阴、阳离子的长期保存。覆盖层太薄则这种"保护层"的作用失去了，因而无法清晰地反映电化学成晕的最后产物——电导率异常，从而影响了找矿效果。

（3）矿体埋深中等（200~400m），陡倾斜产出，金属矿物成分复杂，构造发育的地方效果较好。因为这种情况电化学溶解迁移的条件理想，离子迁移有良好的通道，所以找矿效果明显。

（4）土壤类型简单，壤质黏土、亚黏土地区更有利于开展此方法找矿普查。在沙土、砂砾土、亚沙土地区开展电导率法效果比前者都要差，因为黏土地区对离子的吸收能力较强，土壤中离子含量亦相对较高，电导率值亦最高。

地形或土壤类型变化复杂地区，高山极薄残积土地区以及工业矿山污染严重的地区，不宜开展本方法的找矿应用。

4.3.2.3　真假异常判别

经研究表明，土壤离子电导率测量受岩性、土壤类型、温度、气候等诸多因素的影响，往往由于上述因素会造成一些假异常，使得在无矿的背景地段也测出清晰的电导率异常，掩盖了矿致异常。由于难于区分出真假异常，而把应该获得的找矿有利信息丢失掉。

A　野外实地调查法

在工作区内地形条件、土壤类型等显著变化，工业污染严重，废矿堆及局部岩石裸露物理风化明显等都可以引起假异常，这些影响因素在野外可明显观察到，因此对面积性扫面发现的异常，可在野外进行实地调查评价，若发现由上述因素引起的异常，应首先筛去这些假异常。例如，我们在广西平桂珊瑚某测区扫面时发现的三个电导率异常，经野外实地调查发现，其中的3号电导率异常正好位于珊瑚选矿厂排出的尾矿砂，明显属于假异常，因此在采样过程中，应该注意进行野外实地调查，避免假异常的出现，引起不必要的损失。

B 不同背景的异常下限圈定判别法

在野外有些现象不能明显地分辨出来，或者很难重新进行现场调查，可采用不同背景的异常下限圈定电导率异常。当测区内由土壤类型及其他因素引起的电导率值突变造成假异常，可按土壤类型逐段统计土壤中电导率背景和异常下限，以此为指标来划分圈定异常浓集带，便能控制由此产生出来的假异常。

C 用电导率衬度值圈定异常

首先按土壤类型将测量数据分类统计电导率背景值，然后分别求出各观测点衬度值。

D 多元素测量判别法

单从电导率这个参数评价本身的性质是有限的，在评价异常时，可以抽取各高电导率值的样品，利用其他一些手段进行更准确的判断是真异常还是假异常。

5 土壤吸附相态汞测量法

一些挥发性的化学元素和化合物在地壳中呈气态迁移是很普遍的现象，其中汞元素因原子结构上的特殊性使它成为在常温下呈液态且具有显著蒸气压的唯一金属元素，因此，汞气测量是目前所有在金属矿床上应用最有效的方法。气态汞与固相汞及溶液中的汞有活跃的相互转化关系，现在所测出的汞气异常都是在汞矿体、原生汞异常、土壤异常及水化学异常的基础上，经过气体产生与迁移而新生的异常。汞气异常的来源可归纳为：硫化物矿床、氧化物矿床、富汞岩石（地质体）、地热田、油气田及人工污染等，所以汞气测量不仅用于直接找矿，而在构造地质填图、地热勘查、地震预报和环境质量评价等方面也得到了广泛应用。

5.1 汞的物理化学性质

5.1.1 汞的物理性质

汞又称水银，是一种银白色的液态金属，在 $-38.9℃$ 凝成固态，密度大（$20℃$ 为 $13.55g/cm^3$），蒸气有剧毒。常被用于混汞法提取金和铊，在仪器上用于水银灯、汞银电池、温度计、血压计等；化工上用做电极、颜料、防腐剂等。汞铟合金是良好的牙科材料。

5.1.2 汞的化学性质

汞在元素周期表中位于第六周期第二副族，原子序数为 80；相对原子质量为 200.6，有 9 种同位素，其相对原子质量和质量分数如表 5-1 所示。

表 5-1 汞同位素的相对原子质量与质量分数

相对原子质量	202	200	199	201	198	204	196	197	203
质量分数/%	29.27	23.77	16.45	13.67	7.39	6.85	0.1	0.01	0.006

汞在地壳中的平均含量约为 80×10^{-9}，可呈自然元素或以 Hg^{2+} 的化合物形式存在，具有强烈的亲硫性，最典型的矿物为辰砂（cinnabar，HgS），此外为黑辰砂（metacinnabar，(Hg, Zn, Fe)(S, Se)）、锌黑辰砂 [guadalcazarite,(Hg, Zn)S] 等。汞亦可和其他金属形成合金，如汞金矿（weishanite，AuHg）、银汞矿（oschellandsbergite，Ag_2Hg_3）等。汞也是一种亲铜元素，可形成汞黝铜矿（schwatzite,$(Cu, Hg)_{12}Sb_4S_3$）和硫汞锑矿（livingstonite，$HgSb_4S_8$），但不稳定，易转变成简单的硫化物。

5.1.3 汞的地球化学性质

汞与金在元素周期表中紧密相邻，电离势、离子半径和电价等地球化学参数颇为接近，因而汞与金的地球化学性质有很多共同之处。自然金中含汞，自然汞中含金，汞矿化与金矿化伴生，金矿床与汞矿床相邻，这充分说明内生成矿过程中汞与金的成因联系。汞矿化或汞异常对金矿的勘查有着重要的指示意义。由于汞及其化合物特殊的地球化学性质，汞作为金的重要远程指示元素在金矿勘查中已被广泛应用。

汞及其化合物主要的地球化学性质，有两个方面的重要特征：一方面，汞是重要的亲硫元素，因此它在内生成矿作用中，大都以类质同象或呈机械混入物的形式进入其他的硫化物中或呈硫汞络阴离子形式与其他亲硫元素一起存在于成矿溶液中，使汞呈高度分散状态；另一方面，汞及其化合物均有很高的蒸气压，与其他金属元素相比，汞是最易挥发的金属元素。汞的硫化物与汞一样有很高的蒸气压。因此，汞易于从各种自然的化合物还原成自然汞。自然汞在相当宽的氧化还原电位和酸碱介质内是稳定的。汞具有较强的穿透力，一般说由地下深部上升的汞蒸气，沿着构造断裂和破碎带上升，从地面以下几百米甚至几千米，可以一直到地表，即使疏松覆盖物较厚，地表土中仍有汞的异常显示。土壤汞异常往往指示断裂构造顶部的投影位置。

5.2　汞的赋存和迁移形式

5.2.1　汞的赋存形式

汞在地壳中的丰度低，按元素丰度值大小排列为第 70 位。计算表明，地壳中呈富集状态的汞只占全部汞的 0.02%，99.98% 的汞是以极端分散状态分布。汞在各类岩石中的丰度也不一样，不同学者发表的数据变化范围大，甚至得出相反的结论。但汞在碱性岩和碳质沉积岩类中富集是公认的，这与汞在碱性环境中易呈 Hg^0 和碳质岩石沉淀时对汞的吸附有关。

自然界中，汞的矿物有 25 种以上。与汞结合的元素有 S、Se、Te、Sb 和 Cl 等。在碱性溶液中，汞与硫结合为辰砂，在酸性溶液中则呈黑辰砂析出。辰砂是常见的稳定汞矿物，而黑辰砂则不稳定，易转化为辰砂，因此少见。还有许多其他矿物，但产出的数量很少。在许多矿物中还发现汞替代其他元素作为次要组分形式存在，因为汞的离子半径与 Cu、Ag、Au、Zn、Cd、Bi、Pb、Ba、Sr 等元素都比较接近，所以使得汞有可能进入到这些元素组成的矿物中。研究人员认为，根据离子半径，Hg^{2+} 还可以类质同象替代 Ca^{2+}（0.106nm），虽然这种替代作用极其有限，他举出了汞矿区的氟石中就含汞，含量可达 7×10^{-6}。此外汞还可以与钡、钾产生类质同象，如在汞矿区的重晶石中，汞含量达 20×10^{-6}。S. R. 泰勒认为汞容易进入锌的硫化物中，而已知闪锌矿是唯一含汞的硫化物。在汞的主要硫化物辰砂的构造中，汞与硫是 6 次配位，这是硫化物中唯一的例子，于是引发了一个问题，到底汞是存在于 ZnS 矿物的晶格中还是呈辰砂微粒含于闪锌矿中。辰砂易还原成汞，因此是否还能以金属汞的微粒存在是个问题。汞在许多金属硫化物中呈气液包体、细分散状辰砂、类质同象、杂质混入物和游离吸附等形式存在，因此汞是一种理想的通用指示元素。地球化学的探矿资料表明，汞与 20 余种金属硫化物矿床（B、Ni、Cu、Zn、As、Se、Sr、Mo、Pb、Ag、Cd、Sn、Sb、Te、Ba、Pt、Au、Hg、Tl、Bi、Fe、U 等）和多种非金属矿床（重晶石、萤石、煤、石油）共生。

5.2.2　汞的迁移形式

汞的矿床学理论认为，汞的迁移形式有：$[HgS_2]^{2-}$、$Hg(HS)_2(H_2O)_2$、$Hg(HS)_3H_2O^-$

和 $Hg(HS)_4^{2-}$ 等氢硫化汞的络合物；汞的卤化物和气态形式。

过去一般认为，辰砂及其伴生矿物是从碱性热液中沉淀出来的，这个假设的依据是一些实验结果和美国索尔佛班克矿床等实例，认为汞是呈可溶性络盐 $NaHgS_2$ 状态存在于碱性溶液中。由于汞硫化物的溶解度随着 Na_2S 浓度的增加而增加，硫离子浓度的下降就是引起硫化物沉淀的原因，热液与围岩反应引起溶液酸化，热液与地表水混合使硫化物的硫氧化成为汞沉淀的外部条件。但硫同位素的研究结果表明，大多数汞矿床中的硫都是来自地下水，溶液以中偏酸性为主，所以认为 Hg 以 $NaHgS_2$ 形式搬运的可能性很少。

此外，在汞矿床围岩中的蚀变作用有高岭土化、泥质化、明矾石化。实验证明，这些蚀变可以在酸性溶液与围岩相互作用时形成。应当认为，在含 H_2S 的弱酸性和酸性溶液中，不会有足够高的 HgS_2^{3-} 浓度，这时能使汞进行迁移的是另外一种络合物，即 $Hg(HS)_2\cdot(H_2O)_2$、$Hg(HS)_3H_2O^-$、$Hg(HS)_4^{2-}$ 等氢硫化汞的络合物。

汞的卤化物也是一种有利的迁移形式，实验证实（Ca、Hg）F_2 可存在于热水溶液中，当（Ca、Hg）F_2 分解时，即可形成辰砂和萤石的共生。

汞以气态形式迁移的可能性被认为特别重要，因为汞有很高的蒸气压，而且已证实汞可在汞矿床上空形成汞的气圈，在一些火山地区的喷气及热水中都发现有丰富的气态汞。研究人员在勘察加的矿泉时记录到气态汞的最高含量为 $7.5\times10^{-5}g/m^3$，这个含量比大气圈的汞高 3 个数量级。对汞矿床的观察已证实汞可以气态形式迁移（如汞矿床发育有延伸很宽的汞的原生分散晕，其范围比一般只能以溶液形式迁移的亲铜元素的分散晕大得多）。在某些矿床中还广泛分布有自然汞，其沉积作用除以溶液迁移外，也包含气态迁移的部分（例如具有汞矿化的盐丘构造和年轻火山区及活化带的热液汞矿床都受深大断裂的控制，这是深部的汞（可能来自地幔）呈气态迁移的结果）。

气态汞从含汞地质体中释放出来，穿透围岩，进入第四纪覆盖层，这一过程已没有疑问，但是对于进入第四纪覆盖层后，尤其是进入厚层土壤中，对汞的迁移形式还没有一致的解释。研究人员认为深部的土壤气体没有必须的动力能够促使气态汞垂直上升到地表，而且地表汞气的异常特征与汞气通过扩散作用形成的异常也不一样，气态汞必定具有另外的迁移方式；在厚层土壤中只有水才具备连续且垂直向上迁移的特点，因此设想汞气是以水为载体进行迁移的，水通过毛细作用将汞气带到地表。很多文献报道了汞在水中有很大的溶解度的试验，进一步证实了汞在水中能够逐渐富集；汞随水到达地表后，水蒸发进入大气后，汞气因为密度大而与水汽分离开来，残留在壤中气中，随着时间的推移，在土壤层形成第二次富集，也就成了我们所测得的汞气异常。

在表生作用过程中，汞的硫化物辰砂化学性质稳定，与 O_2、CO_2、H_2O、H_2SO_4 作用很慢；有解理，性脆不耐磨，因此可形成重砂或机械分散晕或在地表径流中多呈悬浮物迁移，但迁移不远，在细砂中汞的含量高于淤泥。

5.3　汞气测量法的原理

不同气候与地质环境中的实践证明，只要母岩受到矿化，这种岩石风化形成的残积土中，只要采样和分析方法使用恰当，几乎总可以发现成矿元素及与之紧密共生的一系列元素的异常。

自岩浆侵入作用开始后，因汞的熔沸点低而存在于残留液中，并随着岩浆分异作用和热液作用的进行不断被浓集。在岩浆作用和伟晶作用的高温还原阶段，汞呈挥发分存在于残留液中，或者沿深大断裂到达地表，或者持续到中温热液阶段；在中温热液阶段，汞仍难以富集成矿（或者浓度足够，但它的化合物并不稳定），或者以混入物等形式进入各种硫化物中形成共生，或者沿地质构造到地表；只有到低温阶段，才可能形成汞的矿床。在汞矿床或其他含汞的硫化物矿床形成后，汞仍然从中释放出来进入第四纪的覆盖物中，部分汞就被吸附下来形成汞的异常。

　　总之，来自深部的汞以各种可能的形式和各种可能的通道向地表迁移。不管是通过断裂到达地表的汞，还是经过矿床储存过的汞对地质工作都有深远的意义，前者可以用来寻找断裂构造，而后者则成为人们找矿的一种重要的指示标志。我们用加热土壤样品释放汞的方法来测量其含量，通过在已知剖面上的对比试验，建立土壤吸附汞找矿模式，汞量异常就可以用来寻找深部的隐伏矿床。这就是汞气测量法的原理。

5.4　气晕的形成机制

5.4.1　土壤中汞的来源

　　土壤母质中的汞是土壤中汞最基本的来源。原生岩石中汞元素的含量，直接决定着土壤中的汞含量（不考虑人为引入的部分）。在不同的原生岩石中，汞的含量不一样。已有资料表明，汞在各种侵入岩和喷出岩中的丰度比较低。研究人员用中子活化法测得的丰度是：大陆拉斑玄武岩为 7×10^{-9}、大洋拉斑玄武岩为 13×10^{-9}、碱性玄武岩为 5×10^{-9}、酸性花斑岩为 26×10^{-9}。这些丰度值显然比 A. A. 萨乌科夫计算的火成岩中汞的丰度值 64×10^{-9} 低得多。研究人员还发现那些可能代表地壳深处或上地幔的样品，即分布在深层金伯利岩和碱性玄武岩岩管中的捕掳体，它们都有较高的汞含量（如南部非洲金伯利岩岩管中的石榴石、橄榄岩的捕掳体中含汞 780×10^{-9}，榴辉岩捕掳体中含汞 640×10^{-9}）。在新南威尔斯特碱性玄武角砾岩岩管中的榴辉岩捕掳体中含汞为 1480×10^{-9}，二辉石麻粒岩捕掳体中含汞为 1230×10^{-9}。根据这些数据，他认为整个地球汞的丰度显然比过去只根据地表岩石计算出的丰度值要高得多。对于花岗岩中汞的分布，科研人员研究了前苏联叶尼塞地区的 7 个前寒武纪花岗岩类的杂岩体，总的看来，汞的分布比较均匀，属于对数正常分布，含汞为 $(22 \sim 40) \times 10^{-9}$，平均值为 39×10^{-9}。与其他地区的花岗岩相比（例如俄罗斯地台的前寒武纪花岗岩类中，含汞 47×10^{-9}，高加索花岗岩类中为 23×10^{-9}，阿尔泰山花岗岩类中为 27×10^{-9}，中塔吉克斯坦花岗岩类中为 30×10^{-9}），花岗岩类岩石中汞的含量相当接近。至于碱性岩中汞的含量比较高，研究人员对前苏联科拉半岛的希宾碱性岩体的研究表明，无论是希宾岩体中的岩石还是矿物，汞的含量高于它的地壳丰度值 77×10^{-9}，且多数样品高于地壳丰度的 $1 \sim 2$ 倍，个别样品甚至高出 $4 \sim 5$ 倍，希宾岩体中汞的平均值为 530×10^{-9}。作者还分析了希宾岩体中约 30 个矿物，结果所有矿物中都含汞（如锰闪叶石中为 22×10^{-6}，钙层矽铈钛矿中为 90×10^{-6}，楣石中为 100×10^{-6}，闪锌矿中为 16×10^{-6}，土状星叶石中为 22×10^{-6}），因此认为楣石和钙层矽铈钛矿中的汞和钙有类质同象的关系。由于在闪锌矿中汞的原子半径与锌（0.187nm）比较接近，因此替代作用可以进行。对于沉积岩中汞的分布，许多研究者都认为：黏土页岩是比较富含汞的（如涂里干测定的数值是：页岩中为 400×10^{-9}，砂岩为 30×10^{-9}，碳酸盐岩为 40×10^{-9}）。但 A·奥谢罗娃则认为：沉积岩中的汞并没有向任何一种岩石中富集的现象，测出的数值是,砂眼及粉砂岩中为 39×10^{-9},黏土岩中为 35×10^{-9},碳酸盐岩中为 31×10^{-9}。以上皆为汞在各种岩石中的分布情况,在汞的矿床或其他含汞的热液硫化物矿床和原生晕中,汞的含量自然就更高了。在岩石或矿床的成土过程中,产生各种微量重金属元素在发生层中的再分配,可使汞元素部分损失,而另一部分则富集起来进入它们的残积土中,成为土壤中总汞量的重要组成部分。

近些年的研究表明,大气沉降也是土壤汞的一个重要来源。据调查,在北纬30°~70°地区,汞沉降量为 $15.8\mu g/(m^2 \cdot a)$;北纬10°~30°地区,汞沉降量为 $19.8\mu g/(m^2 \cdot a)$。研究人员在测定贵州省不同地区大气汞的沉降量时发现,遵义地区的汞沉降量最大可达 $195\mu g/(m^2 \cdot 月)$。据研究,土壤汞含量与大气汞浓度的相关系数为0.741,相当显著,可见大气汞含量对土壤汞污染的作用较大。大气汞进入土壤后,因土壤中黏土矿物和有机物的吸附作用,绝大部分迅速被土壤吸持或固定,富集于土壤表层,造成土壤汞浓度的升高。由此,在应用吸附汞测量法时应该注意大气汞对测量结果的影响。

汞输入土壤的途径还包括工业生产废料和城市生活垃圾的堆放,农田耕作中不合理地施用含汞的肥料和农药,以及污水灌溉等。据调查,这几项汞源对土壤汞的贡献较大,通过实地监测,发现欧美各国垃圾中汞含量高达 $2 \sim 5g/t$;西安郊区 $200km^2$ 以上的6个污灌区的土壤汞含量均处在 $0.52 \sim 0.90mg/kg$ 之间;另外一些化学肥料的汞含量也很高,如磷肥的平均汞含量为 $0.25mg/kg$,这些都是汞的来源。

5.4.2 气晕的形成机制

汞从深部上升至近地表的过程和迁移的形式,在前面的内容已经介绍了,在这一节里,主要讨论的是汞气气晕的形成过程。

汞矿床和其他含汞的热液硫化物矿床,在其形成的前后,均有大量汞蒸气挥发,可沿构造裂隙和围岩孔隙迁移至远离矿体的地方,在矿床周围形成比矿床本身大很多的原生晕。一个大型的汞矿的周围往往有数平方公里的辰砂异常。在多金属矿床中,汞的原生晕的发育程度是极不相同的:有的在侧向从矿体向外延伸数百米甚至数公里;有的则仅在矿体附近发育。在大多数情况下,汞的原生分散晕比其他亲铜元素的分散晕大,并比围岩蚀变带宽。原生晕中汞的含量与矿石中汞的含量有着明显的相关性,晕中汞的浓度变化与距离矿体的远近有关,同时也与成矿时或成矿前的构造裂隙有关。

各种含汞的矿床是土壤中汞的重要来源,汞具有很高的电离势,它的重要性质之一是汞离(原)子之间可进行不均衡反应,这使得在某种情况下,不活动的汞在条件允许的情况下再度活化。淋滤地下水中含有足量的亚铁离子和有机质,它们能使原生硫化物中的高汞转变为亚汞。根据不均衡反应,亚汞可生成游离汞和高汞,前者可逃逸,后者在还原离子作用下又可生成亚汞,这样汞就可以从矿床或原生晕的矿物中不断析出。

汞进入土壤中后,主要是以水为载体,通过水的毛细作用带到地表,水蒸发进入大气后,汞气因为密度大而与水汽分离开,残留在土壤中气中,经过一段时间的积累,就形成了气晕,我们认为这是汞在土壤中最主要的迁移方式。另外,植物的吸收作用也可以把汞带到地表。大量的研究表明,土壤中的汞可以部分地被植物吸收。据山添之雄等研究,不同形态的汞化合物被植物吸收的顺序是:氯化甲基汞(CH_3HgCl)>氯化乙基汞(C_2H_5HgCl)>升汞($HgCl_2$)>氧化汞(HgO)>硫化汞(HgS),这个顺序显然是与化合物的溶解度相一致；不同的植物对汞的吸收能力是：针叶植物＞落叶植物，水稻＞玉米＞高粱＞小麦，叶菜类＞根菜类。

土壤中汞的存在形态一般分为有机态和无机态两种，也可分为不溶态、交换态（碳酸盐结合态）、铁锰氧化态、有机结合态和残渣态。在一定条件下，各种形态汞之间可以相互转化。大量研究表明，这种转化特征是与土壤质地和土壤环境紧密相关，其中包括土壤 pH、Eh、有机质含量、微生物等因素。汞在土壤中的转化模式如图 5-1 所示。

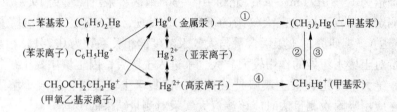

图 5-1 汞在土壤中的转化模式

①—酶的转化（厌氧）；②—酸性环境；③—碱性环境；④—化学转化（需氧）

土壤中的无机汞有 $HgSO_4$、$Hg(OH)_2$、$HgCl_2$ 和 HgO，它们因溶解度相对较低，在土壤中的迁移能力很弱，但在土壤微生物的作用下，可向甲基化方向转化；汞甲基化的最佳条件是梭状芽孢杆菌在 pH 值为 4.5，Eh 为 $50\sim300mV$ 时，使 $HgCl_2$ 的转化速率比 HgO 高 1000 倍；微生物合成甲基汞在需氧或厌氧条件下都可以进行：在需氧条件下主要形成甲基汞，它是脂溶性物质，可被微生物吸收；在厌氧条件下主要形成二甲基汞，在微酸性环境中，二甲基汞又可转化为甲基汞。

汞在土壤中以各种可能的方式迁移运动的结果就是形成土壤中的总汞量，由此形成了土壤中的汞量异常和汞气异常。

5.4.3 汞的理想异常模式

根据模型试验和野外试验的结果，汞气晕扩散的最大特点是垂直向上，因此水平方向上扩散的距离就小了，垂直扩散的距离大。一个埋深 4m 的游离汞源，仅能在它的正上方半径 15cm 的范围内测出异常。所有试验矿区的壤中气汞异常与矿体在地表的投影吻合。汞是标型的前缘异常元素，在矿体的头部发育，在尾部相对不发育。研究显示，矿体理想得到异常模式主要有以下几种。

5.4.3.1 倾斜矿体的壤中气汞异常模式

倾斜矿体含矿构造在地表的出露位置，一般有异常反映，沿矿体的倾斜方向也有异常反映，其异常强度和矿体形态及埋深和构造裂隙有关。矿体底部的岩层中一般无异常反映。倾斜矿体汞的理想异常模式如图 5-2 所示。

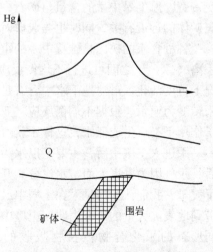

图 5-2 倾斜矿体汞的理想异常模式

5.4.3.2 水平矿体壤中气汞的异常模式

由于汞气晕的上述特点形成了下列壤中气汞异常的模式：水平产出的矿体，控矿构造的产状也是水平的，汞气晕的分布应该比较均匀。但考虑到构造的因素，情况就不一样了，由于构造裂隙分布的不均匀性，汞气沿裂隙扩散形成的异常也是跳跃和不连续的，但异常的范围基本与矿体的分布范围吻合。它的理想异常模式如图5-3所示。

5.4.3.3 直立矿体壤中气汞的异常模式

直立矿体的壤中气汞异常一般强度大，衬值高，异常范围窄。理想模式如图5-4所示。

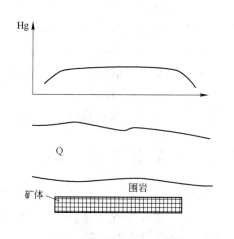

图 5-3　水平矿体汞的理想异常模式

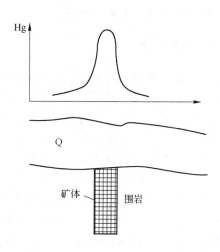

图 5-4　直立矿体汞的理想异常模式

5.4.4 吸附相态汞测量与汞气测量的区别

吸附相态汞测量法和汞气测量法的区别主要有以下三点：

（1）所测量的汞存在形式不同。如前面所述，汞可以呈独立矿物富集成矿，可以呈细分散状态存在于硫化物和硅酸盐矿物的晶格中，这样，当它们遭受风化作用后，在残积土壤的固相颗粒中理所当然存在相应形式的汞；汞也可以呈离子或络合物形式存在于水中，存在于土壤的液相物质中或经蒸发作用后转化为固相物质；汞还可以呈蒸气吸附形式存在于岩石孔隙和土壤中。汞的各种存在形式和它们的成因是相关联的。吸附相态汞测量法采用高温热释的办法释放土壤中的汞。在高温条件下，常温下稳定的汞的各种存在形式变得不稳定了，它们的结构被破坏，汞从中析出变成游离态，再用于分析。而汞气测量的对象是土壤气相中的游离汞，它不需要热释，因为本身已经是游离态了。

（2）所测量到的汞量不同。由（1）可知吸附相态汞测量法测量到的是土壤中各种形式汞的总和，包括全部固相和液相的汞，以及部分气相的汞；而汞气测量法只是测量气相的汞。在一般情况下，吸附相态测量法测得的汞量要大于汞气法的汞量。

（3）工作方法不同。吸附相态汞测量法的取样工作和普通化探取样一样，B层土壤样品，过 $147\mu m$（100目）筛，然后在室内，用电炉高温加热土壤样品释放汞，再进行分析；而汞气测量法的野外工作是：在测点上用钢钎打 $30\sim60cm$ 深的孔，拔出钢钎后，尽快将锥形采样器旋入孔内，使之密封。将采样器、过滤器、捕汞管和大气采样器用胶管连好，开动采样泵，以 1L/min 的流量抽气至所需的样量。将捕汞管卸下存放于密封容器内，待送回室内分析。

5.5　工作方法

土壤吸附相态汞测量法的主要工作分野外工作和室内工作两项。野外工作主要包括地表踏勘、测网的确定、取样方法确定、样品的加工方法和包装运输方法确定等环节。为室内工作做准备；室内工作主要是对野外所采的样进行检测、分析，预测所测地区矿体情况。具体的工作方法步骤如下。

5.5.1　野外工作

土壤吸附相态汞测量法的野外工作主要是进行野外地质踏勘和取样工作。野外踏勘是了解一个区域地质情况最主要的途径之一。踏勘能够使工作人员对研究的区域有进一步的了解，也是进行后续工作的前提。而取样工作则是为后续工作提供研究的材料。吸附汞测量法的取样网度和普通的化探取样工作一样。

测网的布设一般没有固定的规格，其疏密与勘查目的和勘查矿种有关。总体上，布设测网应该遵循的原则如下：

（1）测网的密度应以能真实反映研究目标体的信息为原则。在区域异常评价中，需反映的对象是确定有利靶区，主要采用剖面法，点距以 50～100m 为宜。在矿区有利部位定位预测研究中，反映的对象是矿体的具体和延伸特征，多采用范围面积测量法，以线距100m，点距 20～40m 为宜。

（2）以重点区加密，背景区放稀为原则。

（3）脉状矿体点距根据需要适当缩小（5～20m），层状或似层状矿体则应适当放宽（40～80m）。

（4）在第四系覆盖区取样时，尽量按规格网取样；而在岩石裸露区或地下坑道取岩石样时，则可以不受规格点距的制约，应尽量根据地质体变化特征确定取样位置，如按矿体中心→矿体边缘→矿化围岩→强蚀变围岩→无蚀变背景区的变化规律在相应地点采样。

我们取样的网度是200m×20m，即线距 200m，点距 20m。土壤中吸附相态汞的含量在土壤的不同层位上含量不同。通常情况下，由于 A 层富含有机质，能够吸附汞，故 A 层土壤中汞量较高，但在矿体上情况就不一定会这样。土壤中汞量在土壤各层中存在着差异，为了排除这种干扰，应尽量采集 B 层样品，而不采集 A 层样品。取样的过程中要记录土壤的颜色、性质、湿度等，并标明点号，然后将样品放在通风的地方自然风干，压碎，过 147μm(100 目)筛。（注意样品在晾晒加工过程中很容易受到污染，要小心；同时样品一定要自然风干，不能人为烘干）。

5.5.2　室内工作

室内工作又分测量前的准备工作和测量工作，具体方法步骤如下：

（1）测量前的准备工作：野外采集到的土壤样品不能直接用于热释汞测试，必须经过一些前期处理才能成为测试样品。首先，将土壤样品自然晾干或烘干，要注意的是温度过高会使土壤中的汞散逸出来，因此如果选择烘干，其温度不要高于60℃，然后将土样破碎过筛。土壤中吸附相态汞量的高低与土壤粒度有关，由于土壤吸附汞的能力与自身颗粒的表面积有关，所以通常情况下，土壤粒级愈小，汞量愈高。但在土壤粒级趋小的加工过程中也存在汞的散逸问题。经过试验证明，测试的样品粒级在 $175 \sim 122 \mu m$（$80 \sim 120$ 目）之间为宜。其次，称量热释汞测试的土壤样品质量也是必须进行的准备工作之一。最后是制作过滤气筒。样品热释气体中存在非金属元素的氧化物，这些成分在吸收室中产生非共振吸收，严重影响测量结果的可靠性。我们用 NaOH 可以吸附所有水分和酸性气体，用 Na_2O_2 吸附所有还原性气体。采用此项选择性化学吸附技术，排除了所有非共振吸收的影响，使测量结果仅与吸收室中的汞原子浓度有关。过滤气筒靠电炉的一端装 NaOH，靠分析仪的一端装 Na_2O_2，两种药品之间以及药品与两端的导气孔之间都要用滤纸隔开。

（2）吸附汞热释测量工作：

1）分析仪设置：开启分析仪后，电炉开始加热，通过分析仪面板上的"炉温设定"和下面的旋钮将温度设定在800℃，然后通过"T%"的旋钮将透过率设定在 1850 ~ 1950 之间，启动气泵后将抽气速度设定为 300mL/min。

2）软件设置：确定分析仪和电脑已经连接上了后，启动分析软件。采用"使用默认值"进入软件系统。在"初始设置"对话框内的"透过率选择"编辑框输入 85 ~ 100 的任意数值，同时用鼠标选定连接测汞仪接口卡的通讯口（COM1 或 COM2）并单击"确认"按钮，初始化开始应能听到气泵启动的嗡嗡声（约持续2s），并能听到一声短促清脆的蜂鸣声。同时，在分析仪的透过率显示窗口内的透过率值有规律地变化，说明工作正常。否则，应当单击"退回"按钮，进行检查。主控界面左面为系统功能模块操作选择按钮，单击"固体热解"，程序转入"固体样品热解测量"模块，进行固体样品测量的各种操作。软件测量对话框内包含下列功能按钮：状态设置，标准测定，标准输入，绘标准曲线，样品测定，精度计算，灵敏度校正，存储文件，打印文件。用户根据实际情况，在"状态参数"对话框内重新设置，其中，"分析时间"为计算机的实际采样时间，设置为50s；"采样间隔"为两次采样的时间间隔，设置为50s；"泵延时"为启动测量至启动气泵的时间，设置为2s；"分析延时"为启动气泵后至开始采样的时间，设置为2s；"抽气时间"为气泵开启至关闭的时间，设置为70s；"抽气流量"由于计算机无法控制气泵抽气流量，此处的设置只为显示用。在"标准测定"对话框中选择"内置"。

3）灵敏度校正：点击"固体样品热解灵敏度校正"，在对话框内，输入被测标样的编号、推荐值和样量。首先选中"校正样品测量"按钮，启动主机测量的样品，汞含量值将在该列表中显示。测量的校正样品数目不得少于两个，一般为三个。样品测量过程中，同时显示吸光度曲线。单击"计算校正系数"按钮，峰值校正系数和积分校正系数将在相应的编辑框内显示。为了解校正是否达标，测试者需另外测量几个标样样品，根据测量结果，决定是否再做校正。结束校正后，单击"返回"按钮，返回"RG-1测量"对话框。

4）固体样品测量：点击"固体热解样品测定"，在对话框内，输入被测样品的线号、点号和样量。按下测汞仪的启动开关，启动固体热解样品测定模块，就可进行样品汞量值测量。

5）测试结果存储：点击"存储文件"按钮，在"输出文件路径对话框"内指定存储文件路径，单击"确认"，完成标准测定和样品测试文件的存储。

经过以上步骤即完成了初次的样品测试，接下来就是重复步骤 4）即可测试余下的样品。

5.6　仪器的工作原理

测试的仪器为 RG-1D 测汞仪。RG-1D 型热释测汞仪属于单光束单波长冷原子吸收型仪器，该仪器采用单波长原子吸收测汞仪直接热解样品的抗干扰气体新原理。使用了"化学选择性表面吸附"方法，排除固体样品热解产生的干扰气体，从而保证进入仪器的气体中只有汞及不构成干扰的气体，而且仪器在测量含硫化物矿石中的汞含量等性能方面也有大大的改善。抗干扰原理装置示意图如图 5-5 所示。仪器的功能方面，除抗干扰能力有较大进展外，其基线稳定性也有显著改善，并实现了与微机的连接，开发了配套的专用软件。这使仪器的整体性能大大提高，计算机几乎可以完成除了进样以外的所有控制与运算。例如实时处理仪器的输出及人工输入的全部数据、标准曲线的编制与拟合、输出峰值与积分汞浓度、汞热释谱相态曲线、数据统计、操作提示、过程帮助。在计算机及测汞软件支持下，测试操作过程简单快速，仪器正常工作参数见表 5-2。

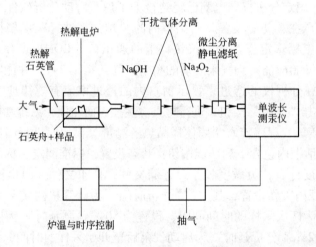

图 5-5　化学选择性表面吸附干扰气体原理装置示意图

表 5-2　RG-1D 测汞仪的工作参数

项　目	要求条件	备　注
电源电压	AC220V + 10%（50 ~ 60Hz）	工作时检查
仪器灵敏度	≤4 × 10^{-12}g（Hg）	工作时检查
炉温/℃	0 ~ 1000	根据实验设定
泵延时/s	0、2、5	脱汞加热时间
抽气流量/mL·min^{-1}	0 ~ 600	根据实验设定
室内温度/℃	10 ~ 30	工作时检查
相对湿度/%	≤85	工作时检查
微机环境	内存大于 32MB、硬盘大于 50MB、存储器大于 1MB	Windows 95（或 98）操作系统

按化探样品分析质量检验和误差要求方法,重分析抽查样比例符合规范要求。

样品的监控方法是:从样品中随机密码抽样9%,进行重测检验。每个样品的重测结果均按定量分析的误差δ(%)计算公式:

$$\delta = 2 \times |C_1 - C_2| / (C_1 + C_2) \times 100\%$$

式中 C_1——第一次测定汞的汞值结果;

C_2——第二次测定汞的汞值结果。

相对误差$\delta \leqslant 33\%$,合格率$W \geqslant 80\%$为检验质量合格。W计算公式为:

$$W = 未超差的样品数 / 重测样品数 \times 100\%$$

5.7 方法测量的影响因素

该方法寻找矿体受到外部的一些因素影响,主要有地质因素、气候因素、废石废矿影响因素和样品加工测试过程的影响因素。

5.7.1 地质因素

5.7.1.1 矿床类型和矿种因素

汞在各类金属矿床和单矿物中的含量远高于各种岩石的丰度。低温热液矿床及表生氧化矿床汞含量高于高温热液矿床;硫化物矿床含汞高于非硫化物矿床。在同等条件下,汞在不同类型矿床和矿种中的汞量差异,可导致相应壤中汞量异常强度的不同。

5.7.1.2 岩性因素

许多研究资料表明,汞在各种地质体中的丰度差异很大,碳质和沥青质页岩(437×10^{-9})及片岩(100×10^{-9})含汞较高;超基性岩(168×10^{-9})及碱性岩(450×10^{-9})含汞也较高;而灰岩(40×10^{-9})及砂岩(55×10^{-9})含汞较低,富汞岩石的风化产物可以出现汞值异常,给异常评价带来困难,所以应注意岩性汞量差异形成的干扰异常。

5.7.1.3 构造因素

试验表明,断裂构造有利于Hg^0和$HgCl_2$的迁移,故构造裂隙发育,壤中汞量异常也发育。通常在多组断裂交汇部位,壤中汞量异常出现膨胀现象;反之,异常呈狭窄条带状。在同一断裂带上,富矿地段的异常强度和宽度往往比无矿地段大。总之,汞量异常的强度、规模和形态均受构造发育程度的控制。

5.7.1.4 土壤因素

土壤层的厚度对汞量的高低也有影响。当土壤层厚度小,且呈粗粒状时,对汞的吸附和贮存均不利,壤中汞量异常不如土壤层发育处清晰。

5.7.1.5 土壤覆盖类型因素

壤中汞量异常发育程度与第四系土壤覆盖类型有一定的关系。通过对第四系坡积、残坡积、冲积物等土壤覆盖类型的壤中吸附相态汞测量,发现壤中汞量异常随土壤覆盖类型的变化而变化,如水田冲积物覆盖地段可使壤中汞量异常强度增大,并扩大异常范围,特别是从旱坡地的坡积物向水田冲淤积物转变时,壤中汞量的增高尤为明显,这可能是因水田中富含有机质、微生物等有利于吸附汞造成的。

5.7.2　气候影响因素

壤中汞量测量比壤中汞气测量受气候因素影响小，特别不受季节性气候变化的影响，即使大雨前后测量，异常仍较清晰。如宣城铜山矿区 26 线连续三天大雨后取样测量与雨前取样测量的异常基本吻合，重现性达 98.8%。雨后测量的异常向南稍有位移，可能是由于地形北高南低，土壤表层水径流作用使原汞量异常地段的吸附相态汞发生短距离迁移所致。可见，气候因素的影响极小。

5.7.3　废石、废矿堆影响因素

矿区人工废石、废矿堆分布地段，对壤中汞测量有一定的干扰。这些废石、废矿堆的风化物中含有较多的吸附相态汞，因受地形和水流作用的影响，可形成较大范围的机械分散晕和盐晕。有时沿水系迁移很远，形成较大规模的干扰异常，在平面上，其形态由异常源沿水系呈树枝状分布。因此，在进行壤中汞量测量时，应尽量避开地表废石和废矿堆的干扰。异常评价对壤中吸附相态汞测量影响因素的初步探讨时，也应注意区分这类干扰异常，如观察冲积物中是否含矿石组分的重砂矿物等。

5.7.4　样品加工测试过程的影响因素

5.7.4.1　热释温度、时间的影响

土壤的性质不同，对汞的吸附和释放能力也不同。因此，吸附相态汞的热释温度和热释时间应根据土壤的性质而定，在新测区开展工作时，一定要通过试验确定。热释温度和时间选择的合理程度，直接影响测汞效果的好坏，因此必须认真对待。

5.7.4.2　样品干湿的影响

样品潮湿时，热释出的水蒸气有时附在金丝捕汞器管壁上凝成细水珠；当室温低和空气湿度过大时，也会出现这种现象，如金丝捕汞器内的水分不排除，在加热脱汞测定时，水蒸气将随汞气一起进入仪器吸收池形成假吸收，从而产生干扰异常。因此，在热释样品时，发现金丝捕汞器管壁出现细小水珠时，在测定前应及时用吹风机吹干，或将金丝捕汞器放在阳光下晒干，尔后测定。

5.7.4.3　样品存放时间的影响

壤中汞量测量发现，样品随存放时间的延长，其汞含量会逐渐降低，其中高含量样品降低更为明显，如铜陵马山 25 线，当初测定壤中汞量在矿体上方出现清晰的高浓度异常，但样品存放 14 个月后测定，发现原来背景地段汞量变化不大，而异常地段汞量变化很大，比当初减小 2 ~ 19 倍，只有弱异常显示。而金口岭 76 线的土壤样品存放两年多，异常地段的汞量则降低 6 ~ 10 倍，不过隐伏矿体上方的汞量异常仍较清晰。样品中汞量降低的速度与土壤介质、汞的存在形式不同有关；此外，还和样品与存放环境的汞量差异大小有关，如土壤介质的吸附能力小，或汞以 HgO、$HgCl_2$ 为主要存在形式，或样品与存放环境的汞量差异大等因素，均会破坏样品中汞的动态平衡，导致汞的大量逸出；反之汞的逸出不明显。因此，测汞样品应及时分析，存放时间不宜太长，或者装入塑料瓶中密封

保存。

　　总之，试验结果表明，含黄铁矿化的碳质页岩、煤系地层、地表废矿堆以及水田等，都能够引起壤中汞量的干扰异常，在异常评价时应特别注意；壤中汞量异常特征，除受矿床类型、矿种容矿构造的产状、矿体埋深等因素影响外，还受地形影响而产生一定的位移，在评价异常时，应注意地貌景观条件的变化；样品测定条件的关键是热释温度的选择和对热释条件的严格控制；壤中汞量测量较壤中汞气测量优越，基本不受气候条件变化的影响；在测区土壤覆盖类型变化较大的情况下，圈定壤中汞量异常往往受土壤介质差异的影响。

6 地电化学集成技术
—— 技术条件的选择性试验研究

6.1 地电提取测量法技术条件选择性试验

为了摸索地电提取测量法的最佳工作技术条件，特选择在已有工程控制的山东招远尹格庄金矿 64 线剖面为例进行地电提取方法技术条件选择性试验研究，包括不同提取时间、不同提取液用量、不同提取液浓度、不同电极距离、不同提取材料、单极提取、双极提取等条件的提取效果对比研究及对地电提取法与常规化探效果进行了对比试验研究。

（1）不同提取时间（24h 与 48h）的效果对比试验研究，结果如图 6-1 所示。金的背景值为 1×10^{-9}，异常下限为 2×10^{-9}，24h 提取时有两处异常，分别位于 34～42 号点和 46～76 号点之间，在主要矿体上方（40～60 号点之间）异常反应较弱。48h 提取时在整条剖面上顺次出现了四个异常，呈现多峰状，分别位于 60～72 号点之间、40～54 号点之

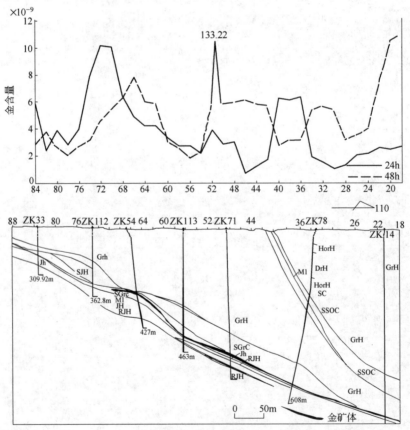

图 6-1 山东招远尹格庄金矿 64 线 48h 与 24h 提取对比图

间、28~34 号点之间和 18~24 号点之间，其中 40~54 号点之间的异常与该剖面的矿体最富集部位（40~60 点之间）十分吻合，很好地反映出了矿体的赋存位置，其他三个异常也都分别对应于细脉状金矿体。

从异常与矿体的对应效果看，48h 提取的效果明显好于 24h。另外，从提取量上看，24h 提取时，最大值出现在 74 号点，为 15.06×10^{-9}，平均值为 3.73×10^{-9}；48h 提取时最大值出现在 53 号点，为 133.22×10^{-9}，平均值达到 8.54×10^{-9}。无论从最大异常点的提取量还是平均提取量上看，48h 提取的效果都优于 24h 提取效果。因此，综合以上两点看，适当地延长提取时间有利于增加离子的提取量，使更多的成矿元素被收集，在实际工作中应采取 48h 提取。

（2）不同的提取液用量（500mL 与 1000mL）对比试验研究，结果如图 6-2 所示。试验采用 500mL 和 1000mL 的硝酸进行对比，如图 6-2 所示。500mL 提取时在整条剖面上出现了两个异常，即 36~48 号点之间的双峰异常和 56~62 号点之间的小单峰异常。这两个异常基本反映了该剖面的主要含矿位置，但是位于主要矿体左右两侧细小的脉状矿体未能体现出来。而 1000mL 硝酸提取时异常出现在 34~42 点、46~56 点之间，虽然未能完全覆盖主要矿体，但却能正确地指示矿体的位置，并且在 64~78 号点之间出现了一个比较大的单峰异常，位于矿体的尾部，推测其下部可能有隐伏矿体存在。从提取量上看，1000mL 提取液用量提取时金的提取平均值达到 3.73×10^{-9}，最大值为 15.06×10^{-9}，而500mL 提取时，金提取平均值为 2.92×10^{-9}，提取最大值为 8.81×10^{-9}，无论最大值，还

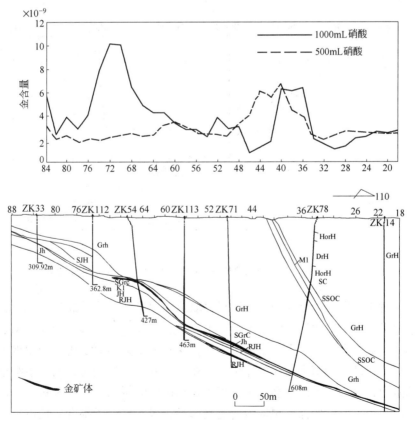

图 6-2 山东招远尹格庄金矿 64 线 500mL 与 1000mL 硝酸提取对比图

是平均值，1000mL 提取的金量都大于 500mL。因此，从综合效果上看，1000mL 的提取效果优于 500mL。

（3）不同的提取液浓度（15% 和 30%）的对比试验研究，结果如图 6-3 所示。试验分别采用浓度为 15% 和 30% 的硝酸溶液作为提取液进行对比，结果如图 6-3 所示，30% 的硝酸溶液提取在主要矿体上方没有出现异常，只是在左侧出现了一个比较大的双峰异常，位于 56~76 号点之间虽然可以指示部分脉状矿体，但是对于该剖面的主要矿体没能显示出来，示矿效果不明显，产生这种结果的原因是提取液的浓度过高会引起阴极附近的 H^+ 浓度增高，从而阻碍了 Au^+ 向阴极迁移和富集，这样就使得提取器中收集到的离子数量减少，从而影响了提取效果。因此，应当采用浓度稍低的 15% 的硝酸作为提取液。

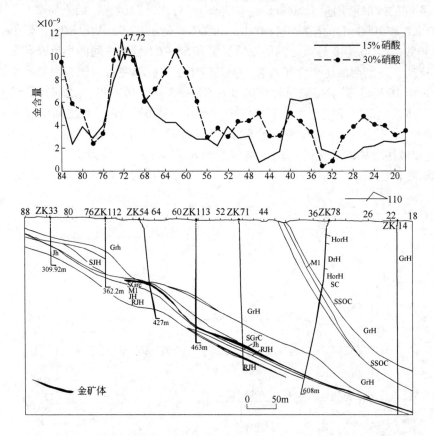

图 6-3　山东招远尹格庄金矿 64 线 15% 与 30% 硝酸提取对比图

通过以上对比，在实际工作中应当注意提取液的用量和浓度，总的来说，在不同浓度的提取液条件下，效果对比说明低浓度溶液中离子总数越少，金属离子在运动过程中所受阻力就越小，溶液中金属离子的离子浓度增加，这有利于金属离子更快地向电极运移。提取液的作用只能起到辅助离子运移的作用，但在提取液加入的同时，增加了酸根离子对金属阳离子的阻力，多余的阳离子会对金属离子在电极中的析出产生不利影响。因此，我们可以由此得出结论，一定要保证提取液的适当用量，多了或少了都会对地电提取的异常形态有影响，在保证提取液适当用量的同时，最好能尽量降低提取液浓度。

　　（4）不同电极距离（100cm 与 50cm）的对比试验研究，结果如图 6-4 所示。试验采用的是 100cm 与 50cm 进行比较，从提取量上看，100cm 电极距离的提取量明显高于 50cm 提取，如表 6-1 所示。

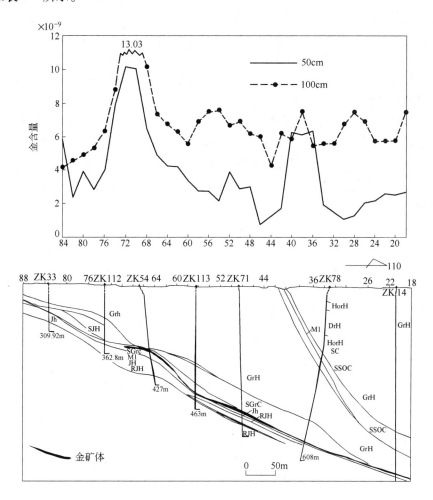

图 6-4　山东招远尹格庄金矿 64 线 50cm 与 100cm 电极距离提取效果对比图

表 6-1　不同电极距离提取时的提取量对比

电极距离/cm	金提取总量	金平均值	金最大值
100	232.91×10^{-9}	6.85×10^{-9}	17.99
50	126.83×10^{-9}	3.73×10^{-9}	15.06
100/50	1.8×10^{-9}	1.83×10^{-9}	1.2

　　100cm 提取时提取元素总量为 50cm 的 1.8 倍，提取平均值达到 50cm 的 1.83 倍，这些都说明增加电极之间的距离，可以有效地提高阴、阳两极的作用范围，从而使电场的作用空间加大，有利于收集到更多的与成矿有关的元素信息，因此 100cm 电极距离的提取效果要好于 50cm 电极距离的提取效果。

　　下面从异常与矿体的对应效果上来分析两者的不同：100cm 提取时在主要矿体上方（36~60 号点之间）出现一系列金峰异常，虽然异常的衬度不大，但却能很好地反映出矿体的出露位置，示矿效果很明显；在 24~32 号点之间的单峰异常指示了右侧的细小脉状矿体，66~74 号点间的金异常值达到了 13.03×10^{-9} 的高单峰异常，证明在该处下方深部可能有隐伏矿体存在。在 50cm 电极距离提取时，异常比较分散，且只在右侧小矿体（34~42 号点）和左侧的矿体边部有异常出现，而该剖面的主要矿体上方则没有异常显示，揭示矿体的效果很不明显。综合以上考虑，在野外电提取过程中应采取 100cm 的电极距离，以达到更好的找矿效果。

　　（5）不同吸附材料（泡塑与脱脂棉）作为负极元素接收材料的对比试验研究，结果如图 6-5 所示。由图可知，两种材料提取时，无论从异常形态、提取量、异常与矿体的对应效果方面都无明显差异，只是在用脱脂棉提取时在 76 号点处出现了金最高值，达到 54.26×10^{-9}，高出附近点 5~6 倍，而且只有这一点数据很高，引起这一点的高异常值原因有待查明。

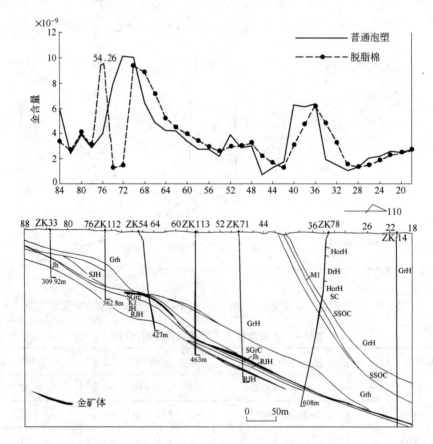

图 6-5　山东招远尹格庄金矿 64 线泡塑提取异常图与脱脂棉提取效果对比图

　　试验采用不同材料作为接收装置主要是考虑到泡塑和脱脂棉都有比较好的吸附性，对比的目的是看哪种材料的吸附效果更好，但是，从所得到的结果看，二者的效果差别不大，考虑到方便和经济的原因，建议在工作中采取泡塑作为负极接收材料。

（6）常规泡塑与经过特殊处理泡塑的提取对比试验研究，结果如图6-6所示。常规的泡塑在生产过程中会有一些金属元素的杂质混入，使得在电提取过程中有更多的干扰因素存在，这样影响了提取的效果。而试验采用的特殊加工的泡塑，就是在普通泡塑的基础上，试图通过用化学试剂浸泡的方法，剔除泡塑中的金属元素，从而排除干扰。通过分析金属元素在泡塑中的存在状态，我们采用了浓度为20%的HCl溶液对泡塑进行浸泡，浸泡时间为12h，以达到剔除干扰的目的。

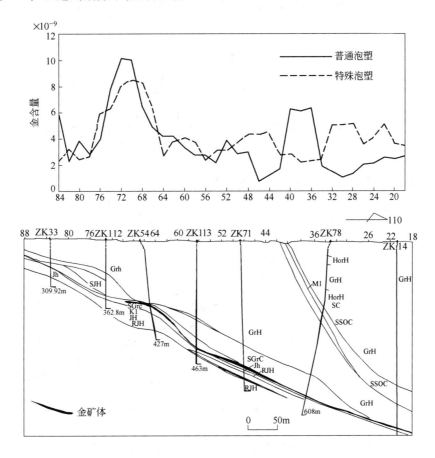

图6-6　山东招远尹格庄金矿64线常规泡塑与特殊处理泡塑提取效果对比图

从图中可以看出，特殊加工泡塑提取时，在42～62号点间有范围比较大的双峰异常出现，异常宽度达到了200m，这个异常很好地指示了主要含矿层位的位置，与矿体的吻合程度很好，而且左右两侧的脉状矿体上方也都有相应的异常与其对应，而且异常的宽度明显大于未经过处理的普通泡塑。因此，用20%的稀盐酸浸泡过的泡塑的提取效果好于普通泡塑。

（7）地电化学提取与次生晕的对比试验研究，结果如图6-7所示。在64线已知剖面同一点位上采集次生晕进行对比研究，从图6-7可以看出：

1）富矿部位在地表的垂直投影处，对应于地电提取异常的峰值，但次生晕异常的峰值与之相差20m。虽然在矿体上方也有异常显示，但它不能真正地反映矿体所在的位置。

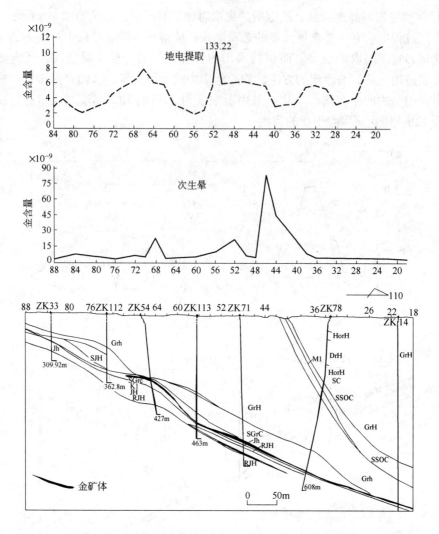

图 6-7   山东招远尹格庄 64 线地电提取与次生晕对比图

2）次生晕测量只是在富矿体附近部位显示出非常狭小的异常，而地电提取测量在隐伏矿体上方均有较宽异常显示，且连续性好，异常较稳定。

（8）供电与不供电提取对比试验研究，结果如图 6-8 所示。在 64 线进行了供电与不供电提取对比试验研究，从图 6-8 可以看出，供电提取在隐伏矿体上方有明显的异常，异常位于剖面的 65~72 号点和 40~54 号点之间，很好地对应了剖面的主要矿体和左侧的隐伏矿体。

不供电提取的异常形态比较混乱，异常呈锯齿状，连续性较差，整体规律性不强，与矿体的空间对应关系不密切。

不供电提取可以这样解释测量结果，在提取过程中，当没有外加电场的时候，金属元素以活动态的形式存在地表，没有明显的分布规律和运动规律，所测得的金属元素含量异常形态自然就会显得杂乱无章，毫无规律。当施加外加电场以后，金属元素严格受矿体控制，按照矿体大小和赋存的位置分布，所测得的含量就可以反映矿体的赋存状态。

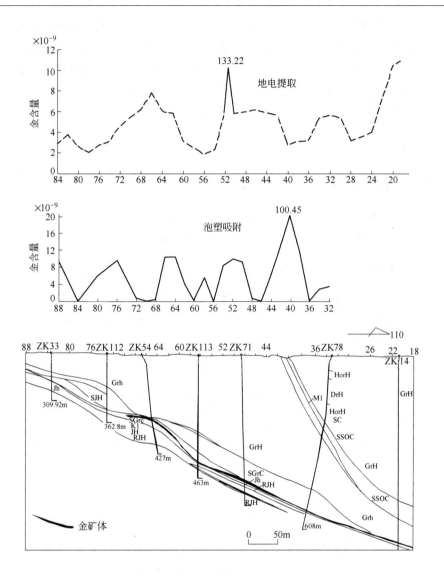

图 6-8 山东招远尹格庄金矿 1 号矿体 64 线泡塑吸附与地电提取效果对比图

（9）地电提取方法技术条件选择性试验研究结论。通过在山东招远尹格庄金矿开展地电提取方法技术 8 种条件（不同提取时间、不同提取液浓度、不同提取液用量、不同电极距离、不同提取材料、常规材料与特殊处理材料、地电提取与次生晕、供电提取与不供电提取）的试验对比研究，得出如下结论和认识：

1）地电提取技术条件的选取。在开展地电提取方法寻找隐伏金矿时其技术条件选定为：提取时间 48h、供电电压 9V、提取液浓度 15%、提取液用量 1000mL、提取电极距100cm，提取材料为经处理过的泡塑、双极提取。只要严格按照上述技术条件开展地电提取方法寻找隐伏金矿的研究，就能取得良好的找矿效果。

2）地电提取法与次生晕对比分析结果。从地电提取法与化探次生晕对比试验结果可看出，地电提取测得的金异常范围宽，峰值稳定，不管是富矿体还是贫矿体，是深部矿还是浅部矿上方地电提取法均测出清晰的金异常，而化探次生晕仅在埋深相对较浅的富矿体上方测出单点狭小异常,异常反应矿体的清晰度远不如地电提取测出的异常。结合过去在其他矿区所做的大量找矿试验可得出这样的结论,地电提取测量法能解决常规化探方法所不能解决的寻找隐伏盲矿问题,特别是在一些特殊的厚层覆盖区,用常规的化探方法难以达到寻找隐伏矿的目的,而用地电提取法便能发挥独特的找矿效果。

3)供电提取与不供电提取的试验结果。供电提取在隐伏金矿体上方有明显的异常,不供电提取在隐伏矿体上方测出杂乱无章的异常,与矿体的空间没有很好的对应关系。不能确切指示隐伏金矿体的赋存位置。

6.2　土壤离子电导率测量技术条件选择性试验

为了获得土壤离子电导率测量法寻找隐伏金矿的最佳工作技术有效指标,我们在吉林延边杜荒岭金矿做了系统的测量方法技术条件选择性试验。

6.2.1　采样深度试验

经在吉林延边杜荒岭金矿区 10 个垂直土壤剖面深度(层位)采样分析得出结果,见表 6-2:深部 C 层采样分析的电导率不如浅部采样分析的电导率高,前者反映的异常清晰度也不如后者。因此取样不需要太深,一般在腐质层底部取样较合适,从试验结果看出一般取 B 层土壤样较好。

表 6-2　吉林延边杜荒岭金矿不同深度采样电导率对比表

样品/个	取样深度/cm	层　位	土　质	电导率变化/$\mu S \cdot cm^{-1}$	平均值/$\mu S \cdot cm^{-1}$
18	表土层	A	亚砂砾土	2.1～5.8	3.98
18	30	B	亚黏土	4.2～6.4	5.5
18	接近基岩	C	砾石土	2.6～4.4	3.8

6.2.2　样品加工粒度试验

我们在吉林延边杜荒岭金矿区的背景区和异常区分别采集了 10 个土壤样分别做了不同粒度分析试验,从分析的 370～175μm(40～80 目)、175～147μm(80～100 目)、小于 147μm(100 目)的几种粒度试验结果看出 (表 6-3),几种样品粒度的电导率值都较接近,样品粒度较细电导率值稍高一点,但变化不太明显,考虑到样品的通用性,我们选择了 147μm(100 目)作为统一加工粒度标准。

表 6-3　吉林延边杜荒岭金矿样品几种粒度电导率试验结果

区　域	样品粒度/μm（目）	样品数/个	电导率变化/$\mu S \cdot cm^{-1}$	平均值/$\mu S \cdot cm^{-1}$
背景区	370～175（40～80）	10	2.2～3.2	3.8
	175～147（80～100）	10	2.5～3.8	4.2
	<147（100）	10	3.6～4.5	4.1
异常区	370～175（40～80）	10	3.8～5.8	5.2
	175～147（80～100）	10	5.2～6.5	5.8
	<147（100）	10	6.6～7.5	7.2

6.2.3 分析样量选择试验

在吉林延边杜荒岭金矿0线将过147μm(100目)筛的10个样，分别取样品0.5g、1g、2g进行测试分析对比，结果是后两种分析样量的电导率值高（表6-4）。这是因为样品越多，其离子含量越高，因而电导率值也就越高，考虑到经济、快速，我们采用1g样量进行分析。

表6-4　吉林杜荒岭金矿0线1~10号点不同重量样品电导率测量对比结果

点　　数	样品数/个	样品重量/g	电导率变化/$\mu S \cdot cm^{-1}$	平均值/$\mu S \cdot cm^{-1}$
1/0~10/0	10	0.5	1.6~2.1	1.6
1/0~10/0	10	1	2.4~4.2	3.8
1/0~10/0	10	2	4.5~6.7	5.6

6.2.4 样品搅拌溶解时间试验

对吉林延边杜荒岭金矿0线1~5号点的样品分别做了搅拌时间为1min、2min、3min的对比试验，其测量结果是：三种时间搅拌分析出来的电导率基本一样，只是搅拌时间长，电导率值稍高一点（表6-5），但整个曲线形态不产生变化，所以选用1min的搅拌时间为宜。

表6-5　吉林延边杜荒岭金矿0线1~5号点样品不同搅拌时间分析结果对比表

点　　数	样品数/个	搅拌时间/min	电导率变化/$\mu S \cdot cm^{-1}$	平均值/$\mu S \cdot cm^{-1}$
1/0~5/0	5	1	2.5~4.4	3.6
1/0~5/0	5	2	2.6~4.8	3.8
1/0~5/0	5	3	2.7~5.1	4.2

6.2.5 分析流程

称取1g过147μm(100目)筛的土壤样品放入100mL去离子水，用磁力搅拌器搅拌1min，静置30s，将电导率电极插入溶液中读取电导率值，便能得到满意的测量结果。

6.3　土壤吸附相态汞测量方法技术条件的选择性试验

在大兴安岭虎拉林金矿68线做了吸附相态汞测量系列技术条件的选择性试验，摸索出了土壤吸附相态汞测量法找矿的最佳有效技术参数。

6.3.1 样品粒度试验

土壤吸附相态汞量的高低与土壤粒度有关，如对虎拉林金矿68线320~352号点的土壤粒度试验发现：小于147μm(100目)的比175~147μm(80~100目)的含汞量高，而且异常也清晰（表6-6）。

表 6-6　虎拉林金矿 68 线 320～352 号点不同土壤粒度汞量测试结果

样品数/个	样品粒度/μm（目）	含汞范围	平均值
10	175～147（80～100）	$(70.8～258) \times 10^{-9}$	186×10^{-9}
10	<147（100）	$(98.9～493) \times 10^{-9}$	283×10^{-9}

6.3.2　热释温度试验

吸附相态汞的热释温度取决于土壤性质、组分和汞的存在形式，所谓吸附相态汞，主要指 Hg^0 和部分 $HgCl$，故热释温度应低于或等于 220℃，通过在虎拉林金矿 68 线进行不同热释温度的试验表明：当温度为 220℃时，不管是背景点还是异常点均出现较高的一个热释峰（表 6-7），所以得出热释汞的温度应定为 220℃。

表 6-7　虎拉林金矿 68 线不同热释温度汞量测量结果

区　域	温度/℃	含　量	区　域	温度/℃	含　量
背景点	100	67×10^{-9}	背景点	280	140×10^{-9}
	160	69×10^{-9}		340	256×10^{-9}
	220	89×10^{-9}		400	130×10^{-9}
异常点	100	136×10^{-9}	异常点	100	114×10^{-9}
	160	149×10^{-9}		160	128×10^{-9}
	220	259×10^{-9}		220	307×10^{-9}

6.3.3　热释时间试验

在热释温度不变的情况下，试样热释时间的长短直接影响汞量的高低，时间过长影响工作效率。通过虎拉林金矿 68 线试验，发现热释 2min、3min 和 4min 汞量异常不明显，而热释 5min 和 6min 则清晰，同时发现热释时间大于 5min 后，如继续增加时间汞量异常变化不大。因此，热释时间以 5min 较合适。

6.3.4　试样重量试验

试样重量取决于仪器灵敏度的高低和区内汞含量的多少。通过对虎拉林金矿 68 线不同样品重量的试验表明，采用 0.1g 样测出的异常较清晰。

7 不同类型覆盖区地电化学集成技术寻找隐伏金矿可行性试验研究

7.1 南澳大利亚第四系覆盖区

7.1.1 Challenger 金矿地电化学集成技术可行性试验研究

7.1.1.1 Challenger 金矿矿区地质简况

Challenger 金矿是近年南澳资源部与矿业公司合作，以地电提取为主，土壤离子电导率、吸附相态汞为一体的地电化学集成技术在南澳州南部成功发现的一个金矿床。南澳资源部在 1991 年进行的南澳基岩钻探计划实行过程中，在这一地区钻孔首先获取了含金约 0.2g/t 的岩芯样品，并于 1992~1993 年投入的航磁精测工作获得了高异常带。Dominio 矿业公司于 1993 年用地表常规化探方法在这一地区开始了进一步的调查，并圈出若干高金异常范围；1995 年实行的钻探验证打到了厚达 10m、含金 5.8g/t 的矿体。由于这一地区有着较好的工作基础，所以被选作此次合作的主要试验区。

Challenger 金矿位于由太古代和元古代花岗闪长岩、片麻岩及绿岩组成的 Gawler 克拉通的 Christie 地区，这一地区是以被花岗闪长岩（2450Ma）侵入的太古代的沉积岩和绿片岩为特征。年代学研究表明，这些岩石形成于 2550Ma，并经受了麻粒岩相变质作用（在 2440Ma 左右达到变质高峰）。

Challenger 金矿的赋矿围岩主要是以 Mulgathing 杂岩为基础的 Christie 片麻岩。它是一个富石榴石的共生组合，典型矿物还有斜长石、条纹长石、石英、黑云母、堇青石、斜方辉石和尖晶石，时见有零星的石墨。片麻岩主要由石榴石与黑云母构成。露天采坑揭示了这一岩性在变质前曾为较偏砂质的建造。

该岩类在变质过程中经受了混合岩化的熔融变化，形成浅色、中色和深色体。金矿化可见金主要与浅色物质共生。典型矿石含 5%~10% 的硫化物，主要为磁黄铁矿和毒砂（斜方砷铁矿），少量铋矿物、黄铜矿、闪锌矿、碲化物、辉钼矿和镍黄铁矿。部分金与绿泥石共生，这一组合被解释为受后期岩浆活动影响的退变质作用所形成。

矿体主要是以钻孔岩芯的化学分析为依据所圈定。根据钻孔及露天坑的填图资料，这些矿体仍在相当程度上保留了变质前的原始构造特征，为沿脆性裂隙充填、发育的矿脉，而现在多呈紧密褶皱状，构成所见的较宽的矿化带。已探明的有近似 30°倾向，30°倾角方位展布的 M1、M2 和 M3 三条矿化带。矿化带宽约 5~20m；南西端靠近地表，向北东倾伏，最大延伸约 800m。矿石中金的平均品位为 5.6g/t，已探明金矿储量为 15.5t。

7.1.1.2 Challenger 金矿已知剖面 B 线地电化学集成技术可行性试验

Challenger 金矿区 B 线剖面已被工程揭露有 M1、M2、M3 等 3 条金矿体，投入的地电化学集成技术在这些金矿体上方均有不同程度的异常反映（图 7-1）。

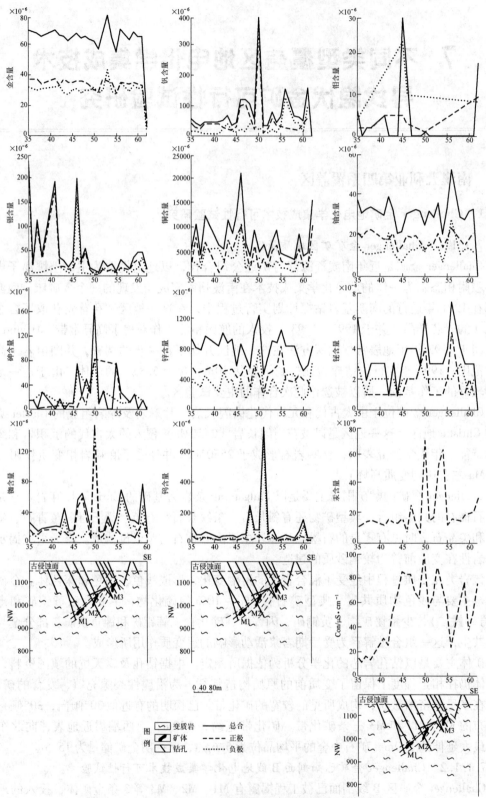

图 7-1 Challenger 金矿区 B 剖面地电化学集成技术异常特征图

A M1 金矿体上方地电化学集成技术异常特征

在 M1 金矿体上方测出了土壤离子电导率（Con）、土壤吸附相态汞（Hg）、地电提取 Ag、As、Mo、Rb、Bi、Cu、W、V 异常。地电提取的几种参数的异常集中分布在剖面的 46~48 号测点之间，异常宽度为 40m，异常峰值同步出现在 46~48 号测点之间。Con 异常呈倒挂钟形态分布，最高峰值为 83.3μS/cm。土壤吸附相态汞异常呈单峰形态分布，最高峰值为 23.96ng/g。地电提取 Ag、As、Mo、Rb、Cu、W 异常呈单峰形态分布，最高峰值分别为 96μg/L、36μg/L、6.5μg/L、32μg/L、10260μg/L、117.5μg/L。地电提取 Bi、V 异常呈倒挂钟形态分布，平均值的最高峰值为 2μg/L、59μg/L。地电化学集成技术异常在矿体上盘较发育，吻合程度较好。

B M2 金矿体上方地电化学集成技术异常特征

在 M2 金矿体上方测出了土壤吸附相态汞（Hg）、Con、地电提取 As、Rb、Zn、W、V 异常。几种参数的异常集中分布在剖面的 49~51 号测点之间，异常宽度为 40m，异常峰值同步出现在 49~51 号测点之间。Con 异常呈单峰形态分布，峰值为 98.8μS/cm。汞异常呈单峰形态分布，最高峰值为 64.6ng/g。地电正、负两极提取的 As、Rb、Zn、W、V 异常也呈单峰形态分布，最高峰值分别为 82μg/L、76.5μg/L、610μg/L、376μg/L、186μg/L。地电化学集成技术异常均在矿体上盘较发育，吻合程度较好。

C M3 金矿体上方地电化学集成技术异常特征

在 M3 金矿体上方测出了 Hg、Con、地电提取 Au、As、Rb、Bi、Cu、Zn、U、V 异常。地电化学集成技术异常集中分布在剖面的 53~56 号测点之间，该异常宽度为 60m，异常峰值同步出现在 53~56 号测点之间。汞异常呈驼峰形态分布，最高峰值为 60.46ng/g。Con 异常呈单峰形态分布，峰值为 88.6μS/cm。地电提取的 Au、As、Rb、Bi、Cu、Zn、U、V 异常呈单峰形态分布，平均值的最高峰值分别为 39.5μg/L、74μg/L、34μg/L、3.5μg/L、4650μg/L、520μg/L、16.5μg/L、75μg/L。地电提取集成技术异常在矿体上盘较发育，吻合程度较好。

7.1.2 Kalkaroo 铜金矿地电化学集成技术可行性试验

7.1.2.1 研究区地质概况

矿区位于 Broken Hill 以北（约 90km）的 Curnamona 克拉通内。在该矿区和相邻地段花岗岩岩浆活动强烈，已发现多个 Cu-Au 和 Pb-Zn 矿床与异常带，估计形成于寒武纪。Kalkaroo 铜金矿化作用产在元古界 Wilyyama 超群中，原生矿化为顺层分布的含黄铜矿和黄铁矿透镜体或切层的黄铜矿-辉钼矿脉，矿石铜含量介于 0.25%~0.8% 之间；金含量为 0.17~0.33g/t，矿化带厚达百余米，向北西倾伏，沿走向已控制约 1200m。赋矿岩石为具较强磁性的含钠长石、磁铁矿变粉砂岩。在原生矿带与风化基底之间产有若干由自然铜与辉铜矿为主的次生矿化层，含铜、金分别达 1.6%、0.93g/t，局部次生富集带也影响到原生矿化带的上部，部分层控矿体中的黄铜矿被辉铜矿取代，矿化带上部通常具有较厚的、约 100 余米的覆盖层，覆盖层的典型组成如下所示：第四系沙土 2~10m→第三系黏土 40~60m→腐殖土 40~60m→风化基岩 5~20m→基岩，含矿层的强磁性在区域航磁测量中有较好的反映，在航磁图中呈弧形分布。

7.1.2.2　Kalkaroo 铜金矿区 A 剖面的电化学集成技术异常特征

为了解地电化学法寻找铜金矿的效果，在 Kalkaroo 铜金矿区选择了长 460m A 剖面，按不等距布置 17 个测点，开展地电提取、土壤离子电导率、土壤吸附相态测量为一体的电化学集成技术找矿试验研究，结果在该剖面测出了多处的电化学集成技术异常（见图7-2）。

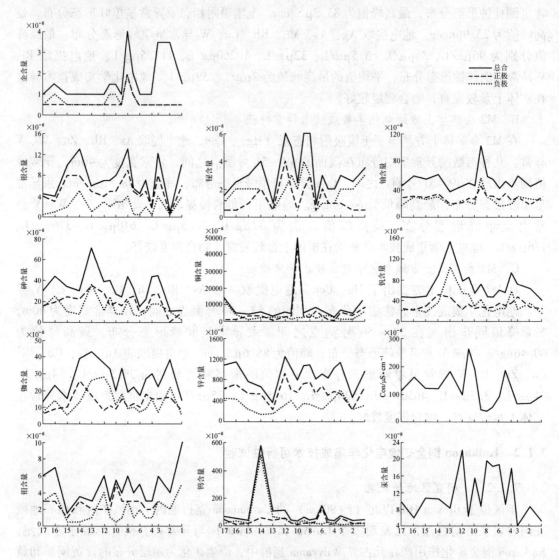

图 7-2　Kalkaroo 铜金矿 A 剖面地电化学集成技术异常图

A　地电提取多元素异常特征

a　金异常特征

金的背景值为 1μg/L，异常下限值为 2μg/L，在该剖面上测出了两个金异常。第一个异常位于剖面的 6～9 号测点之间，异常呈单峰形态分布，异常强度为 2～4μg/L，异常是背景的 2～4 倍，异常宽 60 余米，最高异常值 4μg/L 在 8 号测点，次高异常值 2μg/L 在 7 号测点。该异常分布的地质部位正是铜金矿体赋存地段。第二个异常位于剖面的 1～4 号测点之间，异常呈梯形分布，异常强度为 3μg/L，异常是背景的 3 倍，异常宽 80 余米，最高异常值 3μg/L 在 2~3 号测点，引起该异常的原因有待进一步查明。

b 银异常特征

银的背景值为 3μg/L，异常下限值为 6μg/L，在该剖面上测出了三个银异常。第一个异常位于剖面的 13~16 号测点之间，异常呈单峰形态分布，异常强度为 10~13μg/L，异常是背景的 3.3~4.3 倍，异常宽 80 余米，最高异常值 13μg/L 在 16 号测点，次高异常值 10μg/L 在 15 号测点，根据该异常分布的地质部位，推测为已知铜金矿体向 NNW 方向延伸所引起。第二个异常位于剖面的 7~11 号测点之间，异常呈单峰形态分布，异常强度为 7~13μg/L，异常是背景的 2~4.3 倍，异常宽 80 余米，最高异常值 13μg/L 在 8 号测点，次高异常值 10μg/L 在 9 号测点，该异常分布的地质部位恰好是已知铜金矿体的赋存地段。第三个异常位于剖面的 2~6 测点之间，异常呈驼峰形态分布，异常强度为 7~13μg/L，异常是背景的 2~4.3 倍，异常宽 100 余米，最高异常值 12μg/L 在 3 号测点，次高异常值 7μg/L 在 5 号测点，该异常分布的地质部位恰好是已知铜金矿体头部赋存地段。

c 砷异常特征

砷的背景值为 15μg/L，异常下限值为 30μg/L，在该剖面上测出了三个砷异常。第一个异常位于剖面的 14~17 号测点之间，异常呈单峰形态分布，异常强度为 30~44μg/L，异常是背景的 2~3 倍，异常宽 60 余米，最高异常值 44μg/L 在 16 号测点，次高异常值 34μg/L 在 15 号测点，根据该异常分布的地质部位，推测为已知铜金矿体向 NNW 方向延伸所引起。第二个异常位于剖面的 7~14 号测点之间，异常呈阶梯分布，异常强度为 24~71μg/L，异常是背景的 1.6~4.7 倍，异常宽 140 余米，最高异常值 71μg/L 在 13 号测点，次高异常值 44μg/L 在 8 号测点，该异常分布的地质部位恰好是已知铜金矿体的赋存地段。第三个异常位于剖面的 3~5 号测点之间，异常呈梯形分布，异常强度为 22~45μg/L，异常是背景的 1.4~3 倍，异常宽 40 余米，最高异常值 45μg/L 在 3 号测点，次高异常值 44μg/L 在 4 号测点，该异常分布的地质部位恰好是已知铜金矿体头部赋存地段。

d 铷异常特征

铷的背景值为 15μg/L，异常下限值为 30μg/L，在该剖面上测出了两个铷异常。第一个异常位于剖面的 11~14 号测点之间，异常呈单峰形态分布，异常强度为 33~43μg/L，异常是背景的 2~3 倍，异常宽 80 余米，最高异常值 43μg/L 在 13 号测点，次高异常值 39μg/L 在 14 号测点，该异常分布的地质部位恰好是已知铜金矿体的赋存地段。第二个异常位于剖面的 2 号测点，异常呈单峰形态分布，异常强度为 38μg/L，异常是背景的 2.5 倍，异常宽 20 余米，引起该异常的原因有待研究。

e 钼异常特征

钼的背景值为 2μg/L，异常下限值为 4μg/L，在该剖面上测出了两个钼异常。第一个异常位于剖面的 6~12 号测点之间，异常强度为 3~6μg/L，异常是背景的 1.5~3 倍，异常宽 100 余米，最高异常值 6μg/L 在 8 号测点和 12 号测点，次高异常值 5μg/L 在 6 号测点和 10 号测点，该异常分布的地质部位恰好是已知铜金矿体的赋存地段。第二个异常位于剖面的 1~3 号测点之间，异常未封闭有继续向剖面 SSE 侧方向延伸趋势，异常强度为 4~10μg/L，异常是背景的 2~5 倍，异常宽 60 余米。异常峰值在 1 号测点，引起该异常的原因有待研究。

f 铋异常特征

铋的背景值为 $2\mu g/L$，异常下限值为 $4\mu g/L$，在该剖面上测出了一个铋异常。异常位于剖面的 8～12 号测点之间，异常呈双峰形态分布，异常强度为 $5～6\mu g/L$，异常是背景的 2.5～3 倍，异常宽 80 余米，该异常分布的地质部位恰好是已知铜金矿体的赋存地段。

g　铜异常特征

铜的背景值为 $5000\mu g/L$，异常下限值为 $10000\mu g/L$，在该剖面上测出了一个铜异常。异常呈单峰形态分布，异常峰值位于剖面的 10 号测点，异常强度为 $48540\mu g/L$，异常是背景的 4.8 倍，异常宽 20 余米，该异常分布的地质部位恰好是已知铜金矿体的赋存地段。

h　锌异常特征

锌的背景值为 $400\mu g/L$，异常下限值为 $800\mu g/L$，在该剖面上测出了一个锌异常。异常位于剖面的 3～12 号测点之间，异常呈多峰形态分布，异常强度为 $810～1230\mu g/L$，异常是背景的 2～3 倍，异常宽 100 余米，最高异常值 $1230\mu g/L$ 在 12 号测点，次高异常值 $1130\mu g/L$ 在 3 号测点，该异常分布的地质部位恰好是已知铜金矿体的赋存地段。

i　钨异常特征

钨的背景值为 $45\mu g/L$，异常下限值为 $90\mu g/L$，在该剖面上测出了两个钨异常。第一个异常位于剖面的 12～14 号测点之间，异常强度为 $109～570\mu g/L$，异常是背景的 2.4～12.4 倍，最高异常值 $570\mu g/L$ 在 14 号测点，次高异常值 $113\mu g/L$ 在 12 号测点，根据该异常分布的地质部位，推测为已知铜金矿体向 NNW 方向延伸所引起。第二个异常呈单峰形态分布，异常峰值位于剖面的 6 号测点，异常值为 $146\mu g/L$，异常是背景的 3.2 倍，异常宽 20 余米，该异常分布的地质部位恰好是已知铜金矿体的赋存地段。

j　铀异常特征

铀的背景值为 $25\mu g/L$，异常下限值为 $50\mu g/L$，在该剖面上测出了两个铀异常。异常位于剖面的 14～16 号测点之间，异常呈双峰形态分布，异常强度为 54～62，异常是背景的 2～2.5 倍，异常宽 80 余米，最高异常值 $62\mu g/L$ 在 14 号测点，次高异常值 $59\mu g/L$ 在 16 号测点，根据该异常分布的地质部位，推测为已知铜金矿体向 NNW 方向延伸所引起。第二个异常位于剖面的 3～12 号测点之间，异常呈多峰形态分布，异常强度为 $41～101\mu g/L$，异常是背景的 1.6～4 倍，异常宽 160 余米。异常峰值 $101\mu g/L$ 位于 9 号测点。该异常分布的地质部位恰好是已知铜金矿体的赋存地段。

k　钒异常特征

钒的背景值为 $50\mu g/L$，异常下限值为 $100\mu g/L$，在该剖面上测出了一个钒异常。异常位于剖面的 12～14 号测点之间，异常呈单峰形态分布，异常强度为 $78～152\mu g/L$，异常是背景的 1.6～3 倍，异常宽 40 余米，异常峰值 $152\mu g/L$ 在 13 号测点。根据该异常分布的地质部位，推测为已知铜金矿体向 NNW 方向延伸所引起。

B　土壤吸附相态汞异常特征

土壤吸附相态汞的背景值为 8×10^{-9}，异常下限值为 16×10^{-9}，在该剖面上测出了两个土壤吸附相态汞异常。第一个异常位于剖面的 11～13 号测点之间，异常呈单峰形态分布，异常峰值 $22.03\mu g/L$ 在 12 号测点，异常是背景的 2.5 倍，异常宽 30 余米，该异常分布的地质部位恰好是已知铜金矿体的赋存地段。第二异常位于剖面的 4～9 号测点之间，异常呈多峰形态分布，异常强度为 $(17.78～19.8)\times10^{-9}$，异常是背景的 2.2～2.5 倍，异常宽 80 余米，最高异常值 19.8×10^{-9} 在 8 号测点，次高异常值 18.8×10^{-9} 在 6 号测点，该异常分布的地质部位恰好是已知铜金矿体的赋存地段。

C 土壤离子电导率异常特征（Con）

土壤离子电导率（Con）的背景值为50μS/cm，异常下限值为100μS/cm，在该剖面上测出了三个土壤离子电导率（Con）异常。第一个异常位于剖面的12～17号测点之间，异常呈双峰形态分布，异常强度为100.6～181.5μS/cm，异常是背景的2～3.6倍，异常宽180余米，最高异常值181.55μS/cm在13号测点，次高异常值163μS/cm在16号测点，根据该异常分布的地质部位，推测为已知铜金矿体向NNW方向延伸所引起。第二个异常位于剖面的10～12号测点之间，异常呈单峰形态分布，异常峰值260μS/cm在11号测点，是背景的5.2倍，异常宽40余米，该异常分布的地质部位恰好是已知铜金矿体的赋存地段。第三个异常位于剖面的4～6号测点之间，异常呈单峰形态分布，异常峰值184.3μS/cm在5号测点，是背景的3.6倍，异常宽40余米，该异常分布的地质部位恰好是已知铜金矿体头部赋存地段。

通过对上述Kalkaroo铜金矿区A剖面地电提取多元素、土壤吸附相态汞、土壤离子电导率为一体的电化学集成技术异常特征的综合分析，根据异常的吻合程度，可将该剖面的异常划分为三个地电化学集成技术异常区段。

第一地电化学集成技术异常区段：位于剖面的7～13号测点之间，异常区段宽度120m，在该异常区段范围内集中测出了地电提取Au、Ag、As、Rb、Mo、Cu、Zn、W、U、V、Bi共11个元素异常，土壤吸附相态汞异常、土壤离子电导率异常为一体的地电化学集成技术异常，该异常均具有一定的规模和强度，且吻合程度十分完好。根据地电化学集成技术异常吻合程度及分布的地质部位，加之异常分布的地质部位恰好是已知矿体的赋存地段，所以推测为已知矿体所引起。

第二地电化学集成技术异常区段：位于剖面的1～6号测点之间，异常区段宽度120m，在该异常区段范围内仅测出地电提取Au、Ag、As、Rb、Mo、Zn、U、V、Bi共9个元素异常，多种元素异常程度较好，异常的规模和强度大，根据地电化学集成技术异常分布的地质部位，推测为已知矿体头部及部分浅部矿引起。

第三地电化学集成技术异常区段：位于剖面的14～16号测点之间，异常区段宽度100m，在该异常区段范围内测出了地电提取Ag、As、Rb、Mo、Bi、Zn、W、U、V共9个元素异常，地电化学集成技术异常程度一般，异常的规模和强度不大，根据地电化学集成技术异常分布的地质部位，推测为已知矿体向深部延伸引起。

7.2 东北原始森林覆盖区

7.2.1 大兴安岭虎拉林金矿地电化学集成技术找矿可行性试验研究

7.2.1.1 研究区地质概况

内蒙古额尔古纳市虎拉林金矿位于大兴安岭山脉的北段，属森林沼泽区。森林茂密、植被发育，地形起伏较大，属中低山丘陵地形，河谷侵蚀切割程度轻。为寒温带半湿润山地气候，冬季严寒漫长，夏季湿热短暂。夏季最高气温达37.3℃，冬季最低气温在零下40℃以下，年平均气温为零下15℃，年温差为60～70℃。5月中旬解冻，9月中旬结冰，无霜期仅70～80天。年降雨量约400～5000mm，多集中在7～8月。覆盖层厚度一般1～

3m，腐质层厚度 10~30cm。

虎拉林金矿大地构造位于额尔古纳隆起的北端，上黑龙江凹陷的边缘。矿区出露的地层为侏罗系中统二十二站组长石岩屑砂岩、粉砂泥质岩及煤线，含植物化石。侵入岩体主要为燕山期的花岗岩，呈岩株状；花岗斑岩，呈岩枝状，与二十二站组地层呈侵入接触。断裂构造按展布方向分为近东西向、北东向及近南北向三组。近 SN 向断裂，控制花岗斑岩岩枝的走向，也控制着本区矿化蚀变带的走向，后期有硅化脉充填，为成矿前或成矿期断裂，是区内主要控矿构造。

金矿（化）体主要产于花岗斑岩与其围岩的接触带部位，矿体与围岩界线不清。武警黄金指挥部曾在该区做了大量的研究工作。共圈出 19 条矿（化）体，矿体的总体走向近南北向，东倾，倾角 60°~70°，其中以 1 号、2 号矿体为主要矿体。1 号矿体长 500m，品位最高值为 13×10^{-6}，平均值为 4.19×10^{-6}，矿体水平出露厚度最大 8.8m，平均 2.13m；2 号矿体长 600m，品位最高值为 14.35×10^{-6}，平均值为 4.00×10^{-6}，矿体水平出露厚度最大 9.50m，平均 3.05m。

矿石中金属矿物主要有黄铁矿、毒砂、闪锌矿、黄铜矿、方铅矿、辉钼矿、斑铜矿、褐铁矿；金银矿物主要有自然金、银金矿、碲银矿等；矿石结构为自形-半自形结构、它形结构、包含结构、固溶体分离结构、碎裂结构等。矿石构造为浸染或细脉浸染状构造、角砾状构造、脉状构造、团块状构造等。

围岩蚀变主要以黄铁矿化、硅化、绢云母化、钾化为主，其次为高岭土化、碳酸盐化，其中黄铁矿化、硅化、绢云母化、钾化与金矿化关系密切。

7.2.1.2　数据处理方法

在求背景值和异常下限值时，做如下考虑：

（1）泡塑金含量数据在不同的勘探线上差别很大，如 44 线与 76 线相差几乎一个数量级，这是因为不同勘探线土壤覆盖情况不同，导电性能不同，提取量也不同的缘故。因此，不能将不同勘探线的数据放在一起求矿区总的背景值和异常下限值，而应分别求取每条线的背景值和异常下限值。

（2）汞作为金矿的指示元素，它的迁移能力很强，因为自矿体形成至今经历了很长的地质时间，可以认为汞在土壤中的分布已达到平衡状态。因此，可将所有勘探线上汞的数据放在一起，求取矿区总的背景值和异常下限值。

（3）电导率数据也做与汞同样的处理。

（4）由于以上三种数据的数据量足够大，具有统计意义，因此，可用统计学的方法求它们的背景值和异常下限值。

（5）Au、Hg 都是微量元素，电导率主要也是反映可溶性微量元素的含量，因此，它们的含量分布应服从对数正态分布。

（6）由于数据采自矿区（异常区），因此用如下公式计算背景值和异常下限值：

$$\lg C_0 = \lg x_0 + \frac{L(f_0 - f_{左})}{2f_0 - f_{左} - f_{右}}$$

$$S(\lg x) = \sqrt{\frac{\sum\limits_{i=1}^{n} f_i^*(X_i(\lg x) - \lg C_0)}{N' - 1/2}}$$

$$\lg C_A = \lg C_0 + 2S(\lg x)$$

式中 C_0——背景值；

C_A——异常下限值；

$\lg x_0$——众值所在组的组下限值；

L——组距；

f_0——众值所在组的频数；

$f_左$——众值所在组左邻组的频数；

$f_右$——众值所在组右邻组的频数；

$S(\lg x)$——标准离差；

$X_i(\lg x)$——众值以前第 i 组对数分组的组中值（众值所在组的 $X_i(\lg x)$ 为缩减组距后的对数组中值）；

f_i^*——众值以前第 i 组的频数（众值所在组的频数用背景值左侧的频数，原频数 × 缩小后的组距/原组距）；

N'——计算出的众值所在的频数与其前各组频数之和。

三种方法的背景值及异常下限值见表 7-1。

表 7-1 三种方法的背景值、异常下限值计算结果表

项目 剖面	Au		Hg		电导率/μS·cm⁻¹	
	背景值	异常下限值	背景值	异常下限值	背景值	异常下限值
44 线	0.87×10^{-9}	1.2×10^{-9}				
52 线	2.35×10^{-9}	8.30×10^{-9}				
60 线	0.90×10^{-9}	1.00×10^{-9}	99.44×10^{-9}	398.87×10^{-9}	6.75	9.62
68 线	0.92×10^{-9}	1.09×10^{-9}				
76 线	5.96×10^{-9}	25.25×10^{-9}				
84 线	0.85×10^{-9}	0.91×10^{-9}				

7.2.1.3 方法可行性试验

为了检验这些方法对寻找隐伏金矿床的有效性，特选择已知矿出露的 76 线、68 线和 60 线进行试验。

A 76 线已知矿体异常特征

a 地电提取金异常特征（见图 7-3a）

根据计算结果，76 线金的背景值为 5.96×10^{-9}，异常下限值为 25.25×10^{-9}，测出结果如图 7-3a 所示：在该剖面的 416～436m 之间，测出异常强度为 $(54.6 \sim 10) \times 10^{-9}$，异常高出背景 2～10 倍，异常宽度 200 余米，最高异常值位于 432m 处，达 54.63×10^{-9}，异常高值区正是已知金矿体的赋存部位。

b 土壤吸附相态汞异常特征（见图 7-3b）

在该剖面的 420～436m 之间，测出强度为 122～569ng/g 的汞异常，异常宽度为 150 余米，最高异常值位于 432m 处，达到 569ng/g，汞异常与地电提取金异常吻合完好。异常高值区正指示已知金矿体的赋存部位。

c 土壤离子电导率异常特征（见图 7-3c）

在该剖面的 420～448m 之间，测出强度为 9～12μS/cm 的电导率异常，异常与前两种

方法异常基本吻合，较准确地指示了金矿体的赋存部位。

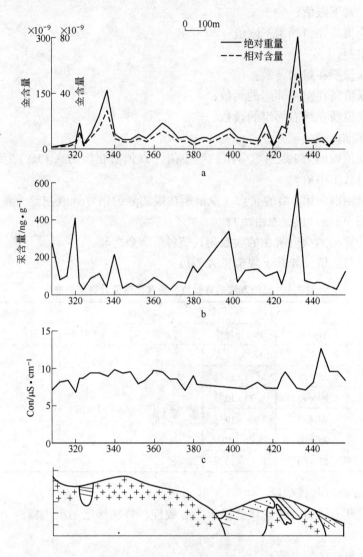

图 7-3　内蒙古虎拉林金矿 76 线多种新方法异常剖面图

B　68 线已知金矿体异常特征

a　电提取金异常特征（图 7-4a）

根据计算结果，68 线地电提取金的背景值为 0.92×10^{-9}，异常下限值为 1.09×10^{-9}，在该剖面的 426～452m 之间，测出强度为 $(0.92 \sim 4.25) \times 10^{-9}$ 的金异常，异常高出背景 1～5 倍。异常宽度为 200 余米，最高异常值位于 430m 处，达到 4.25×10^{-9}，异常高值处正是已知金矿体赋存部位。异常清晰地指示了金矿体的存在位置。

b　土壤吸附相态汞异常特征（图 7-4b）

在该剖面的 420～436m 之间，测出强度为 743～822ng/g 的汞异常，异常高出背景 7～8 倍，异常宽度为 200 余米，异常集中位于 426～432m 处。与地电提取金异常高值区十分吻合，异常清晰地指示了金矿体的赋存部位。

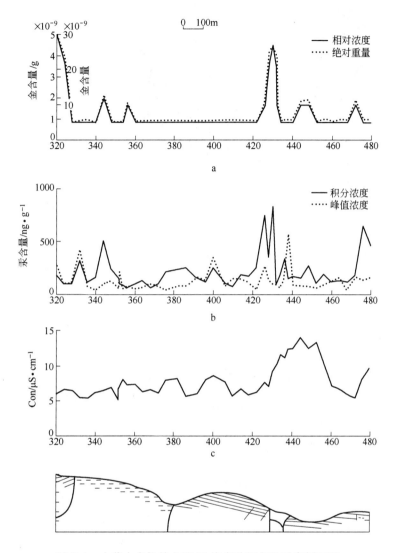

图 7-4 内蒙古虎拉林金矿 68 线多种新方法异常剖面图

c 土壤离子电导率异常特征（见图 7-4c）

在该剖面的 430～460m 之间，测出强度为 9～13μS/cm 的电导率异常，异常宽度达 300m，异常浓集中心位于 432～440m 处，与前两种方法异常十分吻合，高值异常区清楚地指示了金矿体的赋存部位。

C 60 线已知矿体异常特征

a 地电提取金异常特征（图 7-5a）

根据计算结果，60 线金的背景值为 0.90×10^{-9}，异常下限值为 1.0×10^{-9}。在该剖面的 412～430m 处，测出一个三峰形态分布的金异常，异常强度为 $(1.8～3.84) \times 10^{-9}$，异常高出背景 2～4 倍，最高异常值 3.8×10^{-9}，位于 422m 处，该处正是已知金矿体的赋存位置，异常与矿体的吻合程度完好。

b 土壤吸附相态汞异常特征（图 7-5b）

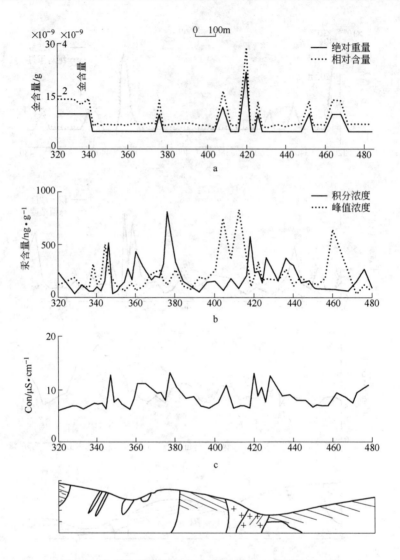

图 7-5　内蒙古虎拉林金矿 60 线多种新方法异常剖面图

在该剖面的 422～440m 之间，测出强度为 9～13μS/cm 的电导率异常，异常宽度为 100 余米，异常中心位于 430m 处，异常值高达 12.7μS/cm，与前两种高值异常区十分吻合，异常清晰地指示了金矿体的赋存位置。

c　土壤离子电导率异常特征（图 7-5c）

在 350m、362～374m 之间、378～388m 之间、408m、422m、426m、430m 等处出现分散弱异常。总体来看，这些异常与汞异常和金异常位置基本吻合。

D　方法找矿的可行性结论

经过对已知矿体上方的 76 号、68 号、60 号剖面进行三种方法异常特征的分析，其异常均有许多相似之处：

（1）三种方法的异常均有一定的规模，异常清晰度较高，分布较稳定。

（2）三种方法的异常大多出露在 436～440m 之间，与已知矿体赋存位置及走向延伸十分吻合，三种异常高值区清晰地指示了金矿体的赋存部位。

（3）通过对虎拉林金矿已知剖面的找矿可行性试验研究结果可得出，在已知金矿体上方测出了明显的地电提取、土壤吸附相态汞、土壤离子电导率三种新方法综合异常。说明利用三种新方法在东北原始森林覆盖区寻找隐伏金矿床是可行的，效果很好，值得在类似的森林覆盖区广泛利用。

7.2.2 吉林杜荒岭金矿地电化学集成技术可行性试验研究

7.2.2.1 研究区地质、地球物理、地球化学概况

杜荒岭工作区位于吉林省东部，隶属于延吉市汪清县复兴镇。工作区属中低山区，位于长白山脉北段老爷岭北部，测区内最高峰为迷魂阵大光头山，海拔1143.13m，一般海拔高度为650~750m，相对标高100~250m。区内水系发育，为绥芬河支流，主要为金苍河水系。工作区属北温带，受西太平洋季风影响显示出近海洋型气候特征。

该区大地构造位于延吉地体东部边缘。工作区内被广泛发育的燕山早期岩体所覆盖，地层出露面积较小。工作区北部有小面积的二叠系开山屯组砂砾岩、砾岩及板岩出露。矿区南部可见中生界侏罗系上统金沟岭组出露，岩性为紫-灰黑-黑绿色致密块状安山集块岩、安山角砾岩、中性玻屑-晶屑凝灰岩、安山岩夹凝灰砂岩，底部为安山凝灰砾岩，但该地层也多被第三系土门子组所覆盖。

工作区内构造以东西向为主，并发育有北东东、北东、北北东、北西向四组次级构造。工作区内成矿主要受东西向主构造带控制，含金地质体均赋存在该带内，次级构造与成矿关系不密切。

工作区被大面积出露的燕山早期岩体所覆盖。岩性组成有花岗闪长岩、花岗斑岩、石英闪长岩、花岗岩等，并有安山岩、闪长斑岩脉穿插。

杜荒岭矿区内金矿化体多赋存在破碎蚀变带的黄铁矿化、褐铁矿化、硅化等硫化物细脉中，围岩为花岗闪长岩或石英闪长岩，受金属硫化物的影响，矿化体与围岩之间存在明显的电性差异。该区矿化地质体与围岩之间的电性差异较为明显，极化率高值点均出现在矿化蚀变带上，极化率平均值为1.5%，常见值为0.5%~2.9%，最大极化率2.95%。

杜荒岭矿区属于东北湿润-半湿润温带森林景观地带，气候属于潮湿、湿润冷凉、温和的大陆性季风气候。地带性土壤为灰棕壤，还有山地白浆土和草甸土等。土壤发育，植被覆盖较厚，山坡主要为残坡积物，区内水系发育，呈树枝状分布。

在1:5万地质图显示，复兴镇杜荒岭可见呈东西向展布的大面积的1:20万金异常，其中存在多处1:5万化探金异常，分布位置与东西向断裂、岩体、矿点等吻合较好。

矿（化）体主要分布在矿区中部花岗闪长岩体内，受75°方向展布的蚀变带控制，蚀变带宽680m，长度为1140m，蚀变带内普遍发育有程度不等的硅化、绿泥石化、黄铁矿化、高岭土化、绢云母化和碳酸盐化等。目前共圈定矿（化）地质体19条，其总体展布特征与蚀变带一致，近平行展布。矿体在地表较为连续稳定，矿体厚度变化较大，局部地段仅有构造裂隙通过。赋存在近东西向蚀变带内的19条含金地质体，含金地质体控制长160~1140m不等，矿石类型为蚀变岩型，为褐铁、黄铁绢云岩化蚀变岩夹黄铁矿细脉含矿，单样最高品位158.00×10^{-6}，平均$(4.00~5.00) \times 10^{-6}$。金属矿化有黄铁矿化、黄铜矿化及褐铁矿化等。矿化体围岩为花岗闪长岩及花岗闪长斑岩。围岩蚀变较为发育，主要

有星点状黄铁矿化、绢云母化、高岭土化、硅化、碳酸盐化、绿泥石化、绿帘石化蚀变等。

7.2.2.2　地电化学集成技术可行性试验研究

为了检验所投入的四种方法对寻找隐伏金矿床的有效性，特选择在已有工程控制的杜荒岭金矿区0线、24线进行方法找矿可行性试验研究。

A　0线已知金矿体异常特征

杜荒岭金矿区0号剖面已被工程揭露有6、7、8、9、12、13、14、15、17、18等十几条金矿(化)体，投入的四种方法在这些金矿(化)体上方均有不同程度的异常反映（图7-6）。

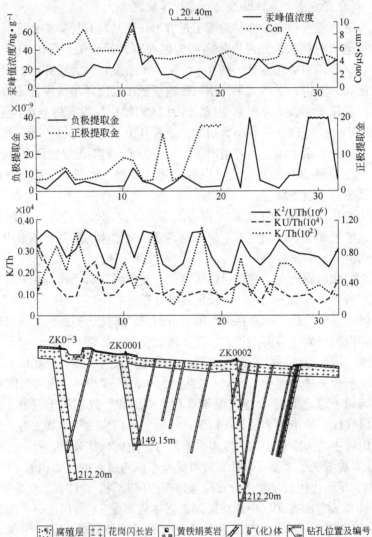

图7-6　吉林汪清县杜荒岭金矿区0号勘探线多种方法异常剖面图

a　6号金矿体上方异常特征

在6号金矿体上方测出了土壤离子电导率（Con）、地电提取 Au、γ 能谱 K/Th、K×U/Th、$K^2/(U×Th)$异常。几种参数的异常集中分布在剖面的3~7号测点之间，综合异常宽度为50m，异常峰值同步出现在4~5号测点。Con 异常呈阶梯形态分布，最高峰值为

$8.83\mu S/cm$。地电提取金异常呈单峰形态分布，最高峰值为 11×10^{-9}。γ能谱 K/Th 异常呈双峰形态分布，最高峰值为 0.36×10^{4}。γ能谱 $K^2/(U\times Th)$ 异常呈双峰形态分布，最高峰值为 0.57×10^{8}。γ能谱 $K\times U/Th$ 异常呈单峰形态分布，最高峰值为 1.05×10^{-2}。各参数的异常均在矿体上盘较发育，吻合程度较好。

b 7 号金矿体上方异常特征

在 7 号金矿体上方测出了土壤吸附相态汞（Hg）、Con、地电提取金、γ能谱 K/Th、$K\times U/Th$、$K^2/(U\times Th)$ 异常。几种参数的异常集中分布在剖面的 10~14 号测点之间，综合异常宽度为 60m，异常峰值同步出现在 11、13 号测点。Con 异常呈单峰形态分布，峰值为 $8.92\mu S/cm$。汞异常呈驼峰形态分布，最高峰值为 237ng/g。地电正极提取的金异常呈驼峰形态分布，最高峰值为 9.06×10^{-9}。地电负极提取的金异常呈单峰形态分布，最高峰值为 12.75×10^{-9}。γ能谱 K/Th 异常呈双峰形态分布，最高峰值为 0.36×10^{4}。γ能谱 $K^2/(U\times Th)$ 异常呈双峰形态分布，最高峰值为 0.46×10^{8}。γ能谱 $K\times U/Th$ 异常呈单峰形态分布，最高峰值为 1.06×10^{-2}。各参数的异常均在矿体上盘较发育，吻合程度较好。

c 9、10 号金矿体上方异常特征

在 9 号和 10 号金矿体上方测出了汞、Con、地电提取金、γ能谱 K/Th、$(K\times U)/Th$、$K^2/(U\times Th)$ 异常。几种参数的异常集中分布在剖面的 17~20 号测点之间，综合异常宽度为 40m，异常峰值同步出现在 18 号测点。汞异常呈单峰形态分布，最高峰值为 35.74 ng/g。地电提取的金异常呈单峰形态分布，最高峰值为 24.19×10^{-9}。γ能谱 K/Th 异常呈单峰形态分布，最高峰值为 0.35×10^{4}。γ能谱 $K\times U/Th$ 异常呈单峰形态分布，最高峰值为 1.12×10^{-2}。各参数的异常吻合程度较好。

d 12、13、14、15、17、18 号金矿体上方异常特征

在该矿体上方测出了土壤吸附相态汞（Hg）、土壤离子电导率（Con）、地电提取金、γ能谱 K/Th、$K\times U/Th$、$K^2/(U\times Th)$ 异常。几种参数的异常集中分布在剖面的 21~28 号测点之间，综合异常宽度为 140m，异常峰值同步出现在 22、27 号测点。Con 异常呈单峰形态分布，峰值为 $8.42\mu S/cm$。汞异常呈低宽峰形态分布，最高峰值为 28.04ng/g。地电提取的金异常呈马鞍形态分布，最高峰值为 66×10^{-9}。γ能谱 K/Th 异常呈双峰形态分布，最高峰值为 0.32×10^{4}。γ能谱 $K^2/U\times Th$ 异常呈双峰形态分布，最高峰值为 0.41×10^{8}。γ能谱 $K\times U/Th$ 异常呈单峰形态分布，最高峰值为 0.72×10^{-2}。各参数的异常吻合程度较好。

B 24 线已知金矿体异常特征

杜荒岭金矿区 24 号剖面已被工程揭露有 6、9、10、11、12、13、14 等 7 条金矿（化）体，投入的四种方法在这些金矿（化）体上方均有不同程度的异常反映（图7-7）。

a 6 号金矿体上方异常特征

在 6 号金矿体上方测出了 Con、汞、地电提取金、γ能谱 $K\times U/Th$ 异常。几种参数的异常集中分布在剖面的 5~10 号测点之间，综合异常宽度为 80m，异常峰值同步出现在 7~9号测点。Con 异常呈单峰形态分布，最高峰值为 $6.2\mu S/cm$。汞异常呈双峰值形态分布，最高峰值为 262.4ng/g。地电双提取负极金异常呈单峰形态分布，最高峰值为 6.5×10^{-9}，地电双提取正极金异常呈单峰形态分布，最高峰值为 2.72×10^{-9}，地电单提取负极金异常呈驼峰形态分布，最高峰值为 3.65×10^{-9}。γ能谱 $K^2/(U\times Th)$ 异常呈双峰形态分布，最高峰值为 0.41×10^{8}。γ能谱 $K\times U/Th$ 异常呈阶梯形态分布，最高峰值为 $0.72\times$

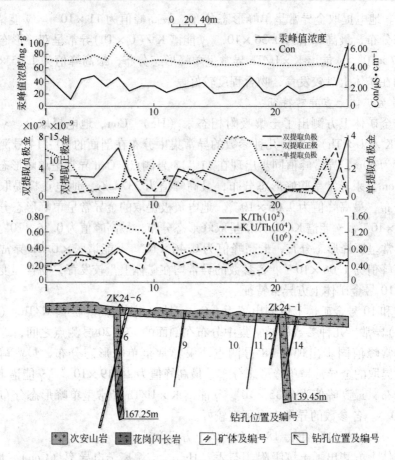

图 7-7   吉林汪清县杜荒岭金矿区 24 号勘探线多种方法异常剖面图

10^{-2}。各参数的异常吻合程度较好。

b   10、11 号金矿体上方异常特征

在 10、11 号金矿体上方测出了汞、地电提取金异常,几种参数的异常集中分布在剖面的 16～20 号测点之间,综合异常宽度为 60m,异常峰值同步出现在 18 号测点。汞异常呈单峰形态分布,最高峰值为 54ng/g。地电双提取负极金异常呈低缓宽峰形态分布,最高峰值为 3.73×10^{-9},地电单提取负极金异常呈单峰形态分布,最高峰值为 13×10^{-9}。各参数的异常均在矿体上盘较发育,吻合程度较好。

c   12、14 号金矿体上方异常特征

在 12、14 号金矿体上方测出了地电提取金、γ 能谱 K×U/Th 异常。几种参数的异常集中分布在剖面的 20～24 号测点之间,综合异常宽度为 60m,异常峰值同步出现在 24 号测点。各类地电提取的金异常呈单峰形态分布,最高峰值为 7.64×10^{-9}。γ 能谱 $K^2/(U \times Th)$ 异常呈宽峰形态分布,最高峰值为 0.58×10^8。各参数的异常吻合程度较好。

C   方法找矿可行性结论

经过对杜荒岭金矿区 0、24 线已知剖面进行四种方法异常特征的分析,其异常均有许多相似之处:

(1) 四种方法的异常均有一定的规模,异常清晰度较高,分布较稳定。

（2）四种方法的异常大多分布在已知矿（化）体上，与已知矿体赋存位置及走向延伸十分吻合，四种异常高值区清晰地指示了金矿体的赋存部位。

（3）通过对杜荒岭金矿区0、24号已知剖面的找矿可行性试验研究结果可得出，在已知金矿体上方测出了清晰的地电提取、土壤离子电导率、土壤吸附相态汞、γ能谱等综合异常，说明利用四种方法在吉林杜荒岭矿区及外围寻找隐伏金矿是可行的，效果很好，值得在该地区广泛利用。

7.3 西北戈壁覆盖区

7.3.1 新疆哈巴河赛都金矿地电化学集成技术找矿可行性试验研究

7.3.1.1 研究区地质概况

赛都金矿位于新疆阿尔泰地区哈巴河县东北18km处。大地构造位于额尔齐斯断裂带北部的玛尔长库里断裂带上，金矿赋存在中-下泥盆统托克萨雷组（图7-8），主要构造是NW方向巨型玛尔长库里剪切构造带，该带长百余公里，宽约1~3km。赛都金矿的主矿段位于玛尔长库里剪切带及其衍生的托库孜巴依剪切带的分叉处，主要矿体一般赋存于构造破碎带中或由剪切作用等形成的韧性-脆性扩容构造带中，矿体类型为石英脉和蚀变糜棱岩型。目前已成为中大型矿田，主要由Ⅰ、Ⅱ、Ⅲ和Ⅳ号矿床组成。

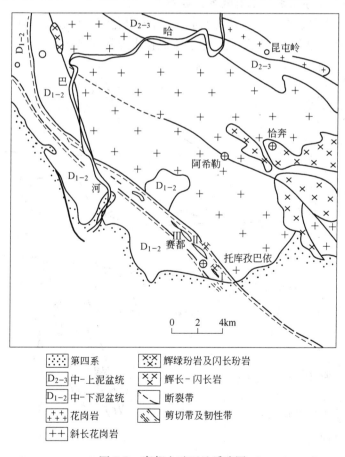

图 7-8 赛都金矿区地质略图

　　区内地层主要为中-下泥盆统托克萨雷组，主要由沉积岩组成，局部夹有少量火山岩。沉积岩主要由页岩、砂岩、杂砂岩组成，它们是本区主要的容矿沉积岩。这些地层已褶皱成复杂的形态，经过绿片岩化、花岗岩化，并为花岗质岩石所侵入，在区域上广泛出露泥质岩、杂砂岩、硅质岩，如石英绢云千枚岩、变砂岩等。

　　区内火山活动不甚强烈，仅见少量紫红色的沉凝灰岩、凝灰质碎屑沉积岩。区内出露的岩浆岩主要为海西期的辉长岩、斜长花岗岩及相应的岩脉，其中主要为哈巴河斜长花岗岩体。

　　该区的围岩矿化蚀变主要为硅化、钾化、钠化和硫化物化。在矿床中心部位为硅化＋硫化物化＋碱交代蚀变，向西侧硅化、硫化物化减弱，代之以绿泥石化和碳酸岩化。

　　地电化学集成技术找矿可行性的试验研究地段选在Ⅱ号矿床赋存部位，Ⅱ号矿床由数十个基本平行于主剪切变形带方向（310°）的脉状矿体组成，这些矿体在平面上呈雁行排列，产于含矿的蚀变糜棱岩带中，从北西往南东共有地表矿体30多个，矿化体数十个，其中33号矿体是两个含金蚀变糜棱岩带复合处及构造膨胀部位的一个大矿体，该矿体地表出露长度90m，向深部延伸可达320m。矿体形态呈向NW收敛，SE侧伏的复杂似层状，产状与剪切构造一致。33号矿体平均厚度4.06m，平均品位8.81g/t，矿体在走向和倾向的延伸还有扩展的趋势。

7.3.1.2　地电化学集成技术有效性试验结果

　　在赛都金矿主矿段选择了19号勘探剖面进行地电化学集成技术找矿可行性试验研究，结果在隐伏金矿上方测出了清晰的地电化学集成技术异常（图7-9）。

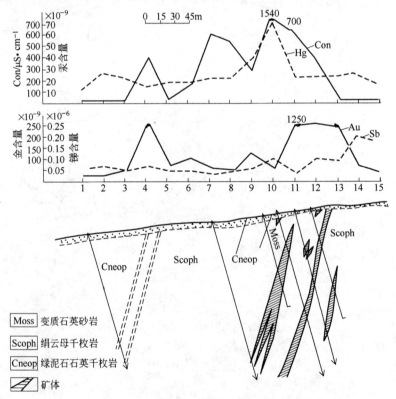

图7-9　哈巴河县赛都金矿19线地电化学集成技术异常剖面图

A 地电化学集成技术找矿可行性试验研究

在赛都金矿 19 号剖面按 20m 等间距布置 15 个测点，采取 180V 干电池，供电 44h 提取分析 Au、As、Sb、Hg 等四个元素，结果 Au 和 Hg 在金矿体上方有很好的异常反映，而 As、Sb 无明显异常出现。

a 地电提取金异常特征（图 7-9）：

在 19 号剖面测出了两个金异常，一个金异常位于剖面的 11～33 号测点之间，异常强度为 $(256～1250) \times 10^{-9}$（背景为 100×10^{-9}），异常高出背景 2～10 多倍，异常浓集中心地段正是金矿体的赋存地质位置；另一个金异常位于剖面的 4 号测点上，强度为 1414×10^{-9}，该异常为单点、单峰强异常，异常出露位置无钻孔揭露，从地质上推测在该位置处有构造破碎带存在，测出的金异常正好位于推测的构造破碎带上方。

b 汞异常特征（图 7-9）

汞异常位于剖面的 8～11 号测点之间，异常强度为 $(38～84) \times 10^{-9}$，背景为 20×10^{-9}，异常宽 60m，异常高出背景 2～4 倍，异常浓集中心位于金矿体的上盘，呈单峰形态分布。

c 土壤离子电导率异常特征（图 7-9）

在 19 号勘探线剖面上按 20m 等间距布置了 15 个测点，采集了 15 个土壤样进行离子电导率分析。结果在 19 号剖面测出了两个土壤离子电导率异常，一个异常位于剖面的 7～13 号测点之间，异常强度为 200～1540μS/cm，背景为 100μS/cm，异常高出背景 2～15 倍，异常分布范围比地电提取异常宽，达 140m，异常呈现双峰形态分布，高值异常区正是金矿体赋存地质部位；另一异常位于剖面的 14 号测点处，异常强度为 400μS/cm，呈单点、单峰形态分布（图 7-9）。

B 地电化学集成技术找矿可行性试验研究的结论

从上述地电化学集成技术异常出露的地质部位不难看出，在剖面 7～13 号测点，出现的 Au、Hg、Con 异常，其浓集中心地段正是金矿体赋存的地质部位，很显然是由于金矿体的存在而反映出清晰的地电化学集成技术异常。而在剖面 14 号测点出现的 Au、Con 异常，从地质上推测在该地段存在构造破碎带分布，但无钻孔揭露。根据测出的地电化学集成技术异常特征与 7～13 号测点测出的异常特征相比，均有共同点：强度高、形态规整，而且该异常距已知矿体赋存的地质部位不到 100m，因而推测在该地段构造破碎带中，不排除找到具工业品位的金矿体，应引起高度重视。

通过对赛都金矿已知剖面的地电化学集成技术找矿可行性试验结果看出，在已知金矿体上方测出了清晰的地电化学集成技术异常，说明利用地电化学集成技术寻找金矿是可行的。

7.3.2 新疆哈密金窝子-210 金矿区地电化学集成技术找矿可行性试验研究

7.3.2.1 研究区地质概况

新疆东部及与甘肃交界地区的金窝子-210 金矿区为典型的干旱荒漠区，属大陆性干旱气候，降雨量少且集中在七、八月份，蒸发量大，几乎无地表运流。春秋季风大、沙多，夏季高温，冬季严寒，植被极为稀疏。中低山脉多为近东西向伸展，西端为中山区，向东逐步降低为低山丘陵区，山脉之间形成相对平缓的残积戈壁区或堆积区。区内除几处矿山开发地有人居住外，大片区域牧民分布稀少。由于风蚀、机械风化、蒸腾、盐碱渍化和风成沙等诸多因素，造成了独特的戈壁荒漠地球化学景观。

该区位于北山断槽带马莲井复向斜的金窝子凸起南部。以 210 金矿床和金窝子金矿床为中心，东西长 8km，南北宽 6km，总面积为 52km²，其地理坐标：东经 95°13′42″ ~ 95°19′51″，北纬 41°35′05″ ~ 41°38′52″。

A　研究区地层

研究区出露地层主要为上泥盆统金窝子组，次为第三系、第四系。地层及岩性如下：

（1）第四系：1）全新统（Qh）风积、洪积、砂砾及黏土。2）更新统（Qp）洪积、砂砾及亚黏土。

（2）第三系：上新统苦泉组（N_2k）粉砂质泥岩、泥质粉砂岩夹砾岩。

（3）泥盆系：上泥盆统金窝子组（D_3j）岩性如下：

第三段：（D_3j^3）粗砂岩与细砂岩互层，其中顶、底部有薄层状灰岩。砾岩与粗砂岩互层，底部有薄层灰岩。

第二段：（D_3j^2）页岩、碳质粉砂岩、碳质页岩、泥质粉砂岩、夹砂含砾粗砂岩、细砾岩夹粗砂岩、碳质页岩、碳质粉砂岩。

第一段：（D_3j^1）泥质粉砂岩、页岩夹细砂岩及花岗质砾岩。

B　研究区岩浆岩

研究区岩浆岩主要为海西早期黑云母二长花岗岩——黑云母花岗闪长岩，其次有呈脉状产出的石英闪长岩、细粒白云母花岗岩、伟晶岩及辉绿岩。

a　黑云母花岗闪长岩（金窝子岩体 $\gamma\delta_4^1$）

出露于矿区北部，地表露头 4500m，宽 600 ~ 900m，面积 3km²，地表形态近似长舌状。岩体与上泥盆统金窝子组地层的关系：北部为侵入接触，而南部为构造接触。岩石灰白色，块状构造，中粒自形、半自形花岗结构。

b　石英闪长岩（δ_0）

石英闪长岩分布在金窝子岩体北接触带，走向与岩体基本一致，宽 10 ~ 30m，长 150m。

除以上两岩体外，在金窝子岩体内还发育有黑云母花岗岩脉、伟晶岩脉和辉绿岩脉。

C　研究区构造

研究区褶皱构造为典型的线状紧闭褶皱，主要分布在金窝子岩体以北，依次有四个倒转向斜和倒转背斜。

研究区断层主要有三组：（1）近 SN 向断层分布在金窝子岩体内部；（2）NNE-SSE 向断层分布在金窝子岩体以北地层中；（3）NE-SW 向断层规模较大，表现为线状断裂带和层间破碎带，主要有两条：一条为金窝子金矿床南断层（即金窝子岩体南接触带断层），露头长 1km，浅井控制长度大于 5km。破碎带宽 5 ~ 25m，倾向 150°，倾角 40° ~ 50°，为逆冲断层；另一条为 210 断裂带，产于上泥盆统金窝子组二岩性段的三亚段与四亚段之间，属层间破碎带。构造带顶板围岩为砂砾岩，底板围岩为凝灰质砂岩、砂砾岩。地表露头长 350m，钻探工程控制长度 3.2km，物探扫面沿走向控制长度 6.2km。构造带厚度变化范围在 7 ~ 103m。倾向 300° ~ 320°，倾角一般 20° ~ 35°，局部小于 20°。走向为一曲线，倾向呈舒缓波状。挤压带中的岩石富含有机质，受力后岩石强烈糜棱岩化、硅化和石墨化。沿走向、倾向形成构造透镜体或扁豆体，且长轴方向与挤压带走向基本一致，是典型的压扭性断层，控制着 210 矿床的主要矿体形态和分布。

D 研究区主要金矿床

a 金窝子金矿

金窝子金矿床位于星星峡东南 20km。21 个含金石英脉状矿体皆产于金窝子花岗闪长岩体中。3 号脉含金平均品位 8.47g/t，银为 8.68g/t；49 号脉含金 11.11g/t，银 10.80g/t。估算矿区总储量 9.7t 金。岩体钻石 U-pb 年龄 358.56Ma。

金窝子花岗岩闪长岩中奥-中长石（An28~56）占 35%~48%，微斜长石占 5%~10%，石英 15%~20%，黑云母 15%~30%；副矿物有锆石、磷灰石、黄铁矿、磁铁矿、独居石、榍石、石榴石、钛铁矿、绿帘石、黑钨矿、黑电气石、磷钇矿、黄铜矿等，属钾质花岗闪长岩类，侵位于上泥盆统金窝子组。

金矿脉长 25~650m，厚 0.17~7.5m，延深几米至 210m。矿石矿物占矿石总量 1%~60%，平均 3%~5%，主要是自然金、银金矿、黄铁矿、闪锌矿、方铅矿和黄铜矿，少量黝铜矿、辉铋矿、辉锑矿、自然硫、孔雀石、蓝铜矿、铜蓝、褐铁矿、黄钾铁矾、软锰矿等；脉石矿物以石英为主，其次有方解石、绿泥石、绢云母等。

据研究认为，成矿热液主要为岩浆热液，有大气降水参与成矿过程。

b 星星峡东 210 金矿床

210 金矿床位于星星峡东南 24km 处，在金窝子矿以南。已查明 6 个矿体，产于上泥盆统金窝子组的糜棱岩化炭质层凝灰岩及凝灰角砾岩中。1 号脉含金平均品位 4.87g/t，2 号矿脉含金 17.63g/t，已查明总储量 6t，估算储量 13t。

矿化围岩为炭质层凝灰岩，细屑-粗屑状，火山碎屑物占 50%~60%，长石和石英呈棱角状和溶蚀状晶屑，粒度 0.2~1.35mm；岩屑有次生石英岩、花岗岩；陆源碎屑物主要为石英、斜长石和泥质岩屑，占 5%~7%；胶结物占 40%~50%，为霏细状石英集合体。泥质已变质为绿泥石、水白云母、方解石、褐铁矿。层凝灰角砾岩，火山碎屑物占 50%~72%；晶屑为石英、钾长石；岩屑为糜棱岩和次生石英岩；胶结物占 15%~50%。上述两种岩石在矿化带已糜棱岩化，呈灰黑色，糜棱结构，条带状构造。糜棱岩化剪切带平均厚度 20m，最窄 10m，最宽 100m；已追索长 5km，其中含金大于 1g/t 的地段长 2320m，沿倾向斜深 760m。一号矿体长 180m，厚 2.5m，深 480m，产状 315°，倾角 10°~65°。矿石矿物主要是自然金和黄铁矿，少量黄铜矿、方铅矿、闪锌矿、白钨矿、褐铁矿、孔雀石、蓝铜矿、菱锌矿、针铁矿等；脉石矿物有石英、绢云母、方解石、石墨等。浸染状矿石中黄铜矿只占 2%~5%。自然金粒度 0.027~0.068mm，石英中偶尔可见明金。

研究表明，矿石硫源具有岩浆热液与沉积地层多元性质。210 矿床南侧有一隐伏岩体为二长花岗岩。隐伏的二长花岗岩是钠质的，而矿体围岩是钾质的，矿化层凝灰角砾岩（提供物质来源）Na₂O 为 0.48%，而 K₂O 高达 5.75%，即 $w(K_2O)/w(Na_2O)$ 比值大于 10。表明 210 矿与金窝子矿成因有所不同，210 矿的成矿物质主要来自地层凝灰岩；隐伏花岗岩体的侵位主要供给热源和一部分 SO_2，剪切带地层岩石因构造活动而被活化。

7.3.2.2 数据处理方法

在求背景值和异常下限值时，我们做了如下考虑：

由于所涉及的数据量足够大，具有统计意义，因此，可用统计学的方法求出背景值和异常下限值。又由于 Au、Ag、Cu、Mo、Pb、Th、U、Hg 等元素都是微量元素，分布服从对数正态分布，且数据采自矿区（异常区），可用如下公式计算背景值和异常下限值：

$$\lg C_0 = \lg x_0 + \frac{L(f_0 - f_{左})}{2f_0 - f_{左} - f_{右}}$$

$$S(\lg x) = \sqrt{\frac{\sum_{i=1}^{n} f_i^* (X_i(\lg x) - \lg C_0)}{N' - 1/2}}$$

$$\lg C_A = \lg C_0 + 2S(\lg x)$$

式中 C_0——背景值；

C_A——异常下限值；

$\lg x_0$——众值所在组的组下限值；

L——组距；

f_0——众值所在组的频数；

$f_{左}$——众值所在组左邻组的频数；

$f_{右}$——众值所在组右邻组的频数；

$S(\lg x)$——标准离差；

$X_i(\lg x)$——众值以前第 i 组对数分组的组中值（众值所在组的 $X_i(\lg x)$ 为缩减组距后的对数组中值）；

f_i^*——众值以前第 i 组的频数（众值所在组的频数用背景值左侧的频数，原频数 × 缩小后的组距/原组距）；

N'——计算出的众值所在的频数与其前各组频数之和。

三种方法的背景值及异常下限值见表 7-2。

表 7-2   三种方法获得的多种地球化学标志的背景值、异常下限值计算结果表

方法 标志 参数	地电提取法							吸附相态汞法	电导率法
	Au	Ag	Cu	Mo	Pb	Th	U	Hg	Con
	ng/g		μg/g					ng/g	μS/cm
背景值	15.46	66.74	39.06	0.13	2.83	0.41	0.62	12.56	1166.52
异常下限值	30.9	157.2	93.7	0.26	4.50	0.80	1.77	36.87	2494.16

7.3.2.3   方法可行性试验

为了检验这些方法对寻找隐伏金矿床的有效性，特选择已知矿体的 I 号剖面进行试验。

A   地电提取异常特征

a   金异常特征（图 7-10）

金的背景值为 15.46ng/g，异常下限值为 30.9ng/g。在该剖面上出现三个金异常：第一个异常位于剖面的 13～24 号测点之间，异常连续性稍差，异常值断续出现，异常强度为 31.7～105.92ng/g，异常高出背景 2～7 倍，异常最大值出现在 9 号测点，异常宽度约

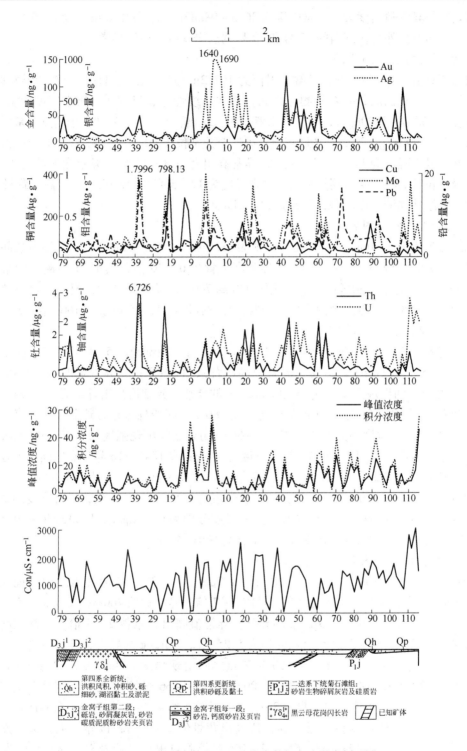

图 7-10 金窝子-210 金矿区 I 线多种新方法异常剖面图

1.9km；第二个异常位于 40～62 号测点之间，异常强度为 34.56～120.12ng/g，异常清晰度大，连续性也好，异常宽度约 1.2km；第三个异常出现在 80～108 号测点之间，异常连续性稍差，但异常清晰度大，异常强度为 36.3~98.82ng/g，异常高出背景 2~6 倍，异常宽度约 1.8km。另外，在剖面的 37 号和 79 号测点出现两个单峰异常。

　　b　银异常特征（图 7-10）

　　银的背景值为 66.74ng/g，异常下限值为 157.2ng/g。剖面上出现三个银的异常区间：第一个异常位于剖面的 3~26 号测点之间，异常连续性好、衬度大，异常宽度约 1.3km，异常强度为 166.4~1690ng/g，异常高出背景 3~25 倍，其中，2 号和 4 号测点异常强度为 1640ng/g 和 1690ng/g，为研究区最高值；第二个异常位于 40~66 号测点之间，异常清晰，连续性好，异常强度为 171.7~700ng/g，异常高出背景 3~11 倍，异常宽度约为 1.3km；第三个异常位于 80~104 号测点之间，异常强度为 171.5~304.8ng/g，异常高出背景 3~4倍，异常连续性和清晰度较差，异常宽约 1.2km。

　　c　铜异常特征（图 7-10）

　　铜的背景值为 39.06μg/g，异常下限值为 93.7μg/g。在剖面的 9~23 号测点之间出现异常强度为 222~798.13μg/g 的异常，异常高出背景 6~20 倍，其中 21 号测点异常值高达 798.13μg/g，为整个测区最高值，该异常宽约 700m，异常强度大，但连续性较差。另外，在 18 号和 88 号测点出现两个单峰异常，异常强度为 172.5μg/g 和 160.0μg/g。

　　d　钼异常特征（图 7-10）

　　钼的背景值为 0.13μg/g，异常下限值为 0.26μg/g。在剖面的 5~8 号测点之间出现异常强度为 0.38~1.01μg/g 的异常，异常值高出背景值 3~8 倍，异常宽度约为 600m；在 14~30 号测点之间出现强度为 0.28~0.88μg/g 的异常，异常值高出背景值 2~7 倍，异常宽度约 800m；在 38~50 号测点之间出现强度为 0.34~0.71μg/g 的异常，异常值高出背景 2~5 倍，异常宽度约为 600m；在 58~66 号测点之间出现强度为 0.47~0.75μg/g 的异常，异常值高出背景值 4~6 倍，异常宽度约 400m；在 104~116 号测点之间出现强度为 0.40~0.91μg/g 异常，异常高出背景 3~7 倍，异常宽度约 600m。另外，在 18~26 号测点之间出现强度为 0.59~0.88μg/g 的异常，异常值高出背景值 4~7 倍，异常宽度约 200m；在 23、37、92 号等测点出现单峰异常，异常强度分别为 0.74μg/g、1.80μg/g 和 0.53μg/g，其中 37 号测点异常值为测区最高值，高出背景值 14 倍。

　　e　铅异常特征（图 7-10）

　　铅的背景值为 2.83μg/g，异常下限值为 4.5μg/g。在 33~41 号测点之间出现强度为 4.5~20.48μg/g 的异常，异常值高出背景值 2~7 倍，异常宽约 400m；在剖面的 5~10 号测点之间出现强度为 4.9~14.9μg/g 的异常，异常值高出背景值 2~5 倍，异常宽度约为 800m；在 14~32 号 5 测点之间出现强度为 5.25~12.77μg/g 的异常，异常值高出背景值 2~4 倍，异常宽度约 900m；在 40~50 号测点之间出现强度为 4.63~9.63μg/g 的异常，异常值高出背景值 2~4 倍，异常宽约 500m；在 58~66 号测点之间出现强度为 7.2~9.26μg/g 的异常，异常值高出背景值 2~3 倍，异常宽约 400m；在 70~100 号测点之间出现强度为 4.4~18.31μg/g 的异常，异常值高出背景值 2~7 倍，该异常强度大，连续性好，宽约 1.5km；另外，23、53、61、75、106 号等测点出现单峰异常，异常强度为 6.27~12.17μg/g，异常值高出背景值 2~4 倍。

　　f　钍异常特征（图 7-10）

　　钍的背景值为 0.41μg/g，异常下限值为 0.80μg/g。在剖面的 3~8 号测点之间出现强

度为 $0.93 \sim 1.38\mu g/g$ 的异常，异常值高出背景值 $2 \sim 3$ 倍，异常宽约 600m；在剖面的 $14 \sim 26$ 号测点之间出现强度为 $1.11 \sim 2.45\mu g/g$ 的异常，异常值高出背景值 $3 \sim 6$ 倍，异常宽度约为 600m；在 $40 \sim 50$ 号测点出现强度为 $1.55 \sim 2.8\mu g/g$ 的异常，异常值高出背景值 $4 \sim 7$ 倍，异常宽度约为 500m；在 $58 \sim 66$ 号测点出现强度为 $2.05 \sim 2.58\mu g/g$ 的异常，异常值高出背景值 $5 \sim 6$ 倍，异常宽度约为 300m；在剖面的 $92 \sim 98$ 号测点之间出现强度为 $0.91 \sim 0.95\mu g/g$ 的弱异常，异常宽度约 300m。此外，在 23、37、61、75、110 号测点出现强度分别为 $3.41\mu g/g$、$6.73\mu g/g$、$1.24\mu g/g$、$1.90\mu g/g$、$1.14\mu g/g$ 的单峰异常，其中 37 号测点的异常值高出背景值 17 倍，为该剖面上钍的最高值。

g　铀异常特征（图 7-10）

铀的背景值为 $0.62\mu g/g$，异常下限值为 $1.77\mu g/g$。在剖面上 $108 \sim 116$ 号测点之间出现强度为 $1.90 \sim 2.82\mu g/g$ 的异常，异常值高出背景值 $3 \sim 5$ 倍，异常宽约 400m。另在 37、48 号测点出现强度为 $2.64\mu g/g$、$1.93\mu g/g$ 的单峰异常。

综上所述，地电提取法在剖面的 $11 \sim 26$ 号测点、$40 \sim 66$ 号测点、$80 \sim 116$ 号测点这三个区间都测出了明显的异常，其中 $11 \sim 26$ 号测点、$40 \sim 66$ 号测点范围正是矿体出露的位置，而 $80 \sim 116$ 号测点之间可能存在隐伏矿。另外，剖面的 23 号测点和 37 号测点虽然出现的是单峰异常，但是 Au、Ag、Cu、Mo、Pb、Th、U 这 7 种元素都一致地显示出明显异常，因此应引起注意。

B　土壤吸附相态汞异常特征

汞的背景值为 $12.56\mu g/g$，异常下限值为 $36.87\mu g/g$。如图 7-10 所示，在 $11 \sim 4$ 号测点之间出现强度为 $38.52 \sim 55.81\mu g/g$ 的异常，异常值高出背景值 $3 \sim 4$ 倍，异常宽度约为 800m。在 70、92 号测点出现 $39.13\mu g/g$、$38.89\mu g/g$ 的单峰异常。

C　土壤离子电导率异常特征

电导率的背景值为 $1166.52\mu S/cm$，异常下限值为 $2494.16\mu S/cm$。如图 7-10 所示，剖面上个别点出现弱的电导率单峰异常。

D　地电化学集成技术可行性试验结果

经过对已知矿体的 I 号剖面进行三种方法多种地化指标（指示元素含量）异常特征的分析发现，在剖面上 0 号测点和 60 号测点附近，除了电导率外，其他 8 种地化指标均显示明显的异常，且都表现出一定的相似性：

（1）8 种地化指标的异常均有一定的规模，异常清晰度较高，分布较稳定。

（2）8 种地化指标的异常大多出露在 $11 \sim 26$ 号测点及 $40 \sim 66$ 号测点之间，与已知矿体赋存位置吻合。

（3）通过对金窝子地区已知剖面的找矿可行性试验研究结果可得出，在已知金矿体上方测出了明显的地电提取、土壤吸附相态汞等两种方法 8 种地化指标综合异常。说明利用这些方法在荒漠戈壁区寻找隐伏金矿床是可行的，效果较好，值得在类似的地区广泛利用。

7.4　青藏高原高寒湿润气候区——甘南忠曲金矿地电化学集成技术找矿可行性试验研究

7.4.1　矿区交通、自然地理概况

矿区行政区划属甘肃省碌曲县辖区，区内有尕(海)-玛(曲)公路（S203 省道）通过，

在尕海与 G213 国道兰(州)-郎(木寺)公路相接，各矿段均有简易相连，矿区交通十分方便（图 7-11）。矿区地处青藏高原东缘，海拔 3600～4800m，相对高差 500～1000m，属高寒湿润气候，夏季短，冬季长，年平均气温 1℃，10 月至翌年 5 月为冰冻期，冻土层厚 1～3m，阴坡有常年冻土。年降雨（雪）量 563mm，主要集中在 7～9 月。

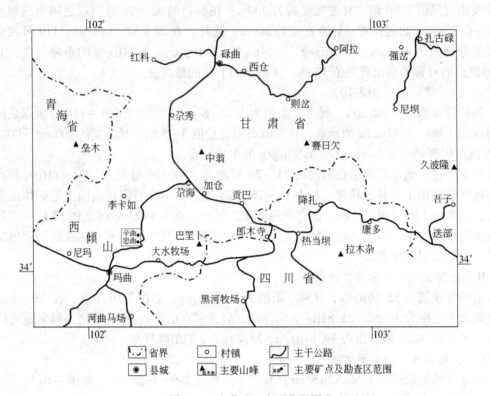

图 7-11   忠曲矿区交通位置图

区内地形为中高山，山脉走向北西-南东向，山势西高东低，山脊圆滑，坡谷陡峻，切割不深，属剥蚀构造中高山地貌景观。区内水系不发育，尕曲自矿区东侧流过，为常年流水河流，水量能满足矿山生产、生活所需。区内第四系较发育，覆盖达 60% 以上，基岩露头较少。

区内为天然草原，人烟稀少，居民为游牧的藏族为主，主要生产、生活物资由外地运入。除矿业开发外，其他工业基础薄弱，主要是矿山企业。

区内利用全省大电网（刘家峡水电站）的电力，能满足地质勘探、矿山开发的需要。

7.4.2   地质概况、地球化学特征、矿床地质特征

7.4.2.1   地质概况

矿区主体构造为西倾山隆起带，北侧中部一带由于印支造山后期的应力松弛，地壳由收缩挤压状态转为伸展拉张状态，形成近东西向伸展的早白垩世尕海裂陷盆地；南缘为大水弧形构造，已发现矿床（点）忠曲、辛曲、恰若，主要处于大水弧形构造西翼中段；北缘为麦鲁塔（李卡如-尕海）弧形构造。

区内第四系广布，覆盖面超过 70%，基岩零星出露，主要地层有泥盆系上统、石灰

系、二叠系、三叠系及侏罗系、白垩系。

泥盆系上统（D_3）：底部为深灰色薄层鲕状细晶灰岩；下部为含生物碎屑微晶灰岩，上部为含团粒中晶灰岩，主要分布在忠曲背斜的核部。

石炭系（C）：下统为灰岩、砂质灰岩夹板岩；中统为灰岩、白云质灰岩夹砂板岩；上统为灰岩、白云质灰岩及钙质砂岩，底部为砾岩。与二叠系地层呈整合接触，主要分布在忠曲背斜的南翼。

二叠系（P）：下统为青灰色中层-块状含生物碎屑灰岩，是辛曲金矿的主要赋矿层位。上统下岩组为薄层灰岩，上岩组为青灰色块状含生物碎屑灰岩。与三叠系地层呈整合接触。

三叠系（T）：下统为中厚层灰岩、白云质灰岩夹白云岩；中统下岩组为白云岩、白云质灰岩；上岩组为砂岩，板岩夹不纯灰岩。

侏罗系（J）：分布于忠格扎拉-格尔托一带，中下统为安山岩、凝灰岩、砾岩、砂岩夹煤层。与下伏地层呈角度不整合接触。

白垩系（K）：岩性为砂岩、砾岩、砂质泥岩及黏土。与下伏地层呈角度不整合接触。

矿区位于忠曲褶皱束南侧，是大水弧形构造西翼中段主体褶皱，东西长 40km，宽大于 12km，由两个次级背斜和向斜褶皱相间平行排列组成，呈东西向展布，褶皱束北东侧被大片白垩系及第四系覆盖，背斜枢纽向西倾伏，褶皱较紧闭，两翼对称，地层倾角 70°左右，背斜倾伏端地层倾角较平缓，平均约 30°左右。

主干断裂为玛曲-南坪北西向断裂，其北东侧为忠曲-大水断裂，走向北西西，在大水以东转为北东-北东东走向，为区内主要的控矿断裂构造；其次为东西向断裂，分布在忠曲北部一带，平行忠曲褶皱发育。

忠曲、恰若、辛曲金矿位于忠曲背斜南翼，矿区构造为向南或南西倾斜的单斜构造，地层走向 290°~300°，倾角 40°~65°。沿地层走向及倾向，见有零星发育的挠曲及牵引，拖曳褶曲分布于断裂旁侧，使局部地层产状产生差异。

区内断裂构造发育，主要以北西向断裂为主，形成数十米宽的挤压破碎带，延伸几百米至几千米，并具多期活动的特点，是普查评价区主要的导矿构造；与之配套的次级近南北向、北西向、北东向张扭及剪切走滑断裂、派生裂隙、节理等分布于各矿区，多被闪长岩脉、方解石脉等充填，其规模一般延伸几米至数百米，宽度几米至数十米，是区内主要的容矿构造，大部分金矿体赋存于其内。

区内岩浆活动较强烈，在忠曲、辛曲矿段均有侵入岩出露，其空间分布上明显受断裂构造控制，主要为燕山期中酸性岩浆硅质热液活动。

忠曲岩体出露于忠曲金矿东部，为黑云母闪长玢岩；忠格扎拉岩体出露于忠曲金矿西北部，可分三个单元：二长花岗岩、石英闪长岩、辉石闪长岩。整体沿北西向断裂分布。

岩脉在普查区发育不均匀，忠曲金矿岩脉呈走向北北东、北北西展布；恰若矿段岩脉呈北北西向、近南北向；辛曲矿段岩脉呈北北东向、近南北向，明显受次级张扭及剪切走滑断裂控制，亦显示出断裂构造多期活动的迹象。浅成及超浅成脉岩以闪长岩及花岗闪长斑岩为主；其次为方解石脉及少量石英脉。

矿区岩浆及热液活动是成矿的必要条件，金矿体主要产在岩体及岩脉边部，说明岩体侵入是成矿的热动力源。

矿区地层经轻微变质，变质作用类型主要为接触变质和构造动力变质作用。

接触变质作用：主要发育在花岗闪长斑岩、花岗闪长岩与围岩接触带上，在岩体内接触带有轻微混染作用及碳酸盐化、绢云母化、高岭土化；在外接触带具有大理岩化，局部灰岩重结晶作用明显，形成晶体粗大的方解石。

动力变质作用：区内挤压构造和扭动构造发育地段，变质作用和变形现象较强烈，构造透镜体化、碎裂岩化发育，脉岩受构造作用碾磨成断层泥。

围岩蚀变受断裂破碎带控制，主要在已知矿床（点）发育，以低温蚀变为特征，蚀变具多阶段性，主要有硅化、赤铁矿化、方解石化、褐铁矿化、黄钾铁钒化等。与金矿化关系密切的是硅化、赤铁矿化。

硅化：有两种形式，一种是隐晶质、显微晶质渗透交代围岩形成硅化灰岩、似碧玉岩、硅化构造岩；另一种是以石英脉充填于岩石及构造裂隙、断裂带内。

赤铁矿化：赤铁矿多以胶体状、隐晶质、显微晶质状，呈浸染状与硅质混合胶结渗透交代围岩，亦见少量以微细粒细脉状充填于岩石微型裂隙中，显示出紫色、赤红、血红等色。发生在构造碎裂岩带，并与硅化、成矿期方解石化相伴生。

方解石化：按成矿期前后可分为三期。成矿期前多发生在前期断裂及其旁侧裂隙内，由热液交代碳酸盐岩形成较规则的细粒方解石脉；成矿期多发生在岩体边部或与闪长岩脉、石英脉、硅化岩石相伴生，形成不甚规则的细粒方解石团块，属成矿期热液活动产物；成矿期后多发生在各次级断裂带内，属后期热液交代碳酸盐岩形成较大规模的方解石脉、透镜体，多见穿插、包裹前期方解石脉、闪长岩脉、金矿体现象。

在蚀变与矿化关系上，显示出硅化、赤铁矿化、碎裂岩化、成矿期方解石化等越强烈，金矿化度亦越高的特征。

同一地区具备岩石、构造、岩浆岩"三位一体"的条件，存在化探异常并伴有强烈蚀变，才是寻找该类型金矿的标志。

7.4.2.2　地球化学特征

矿区先后开展过不同性质、不同比例尺地球化学测量工作，使我们对该区的地球化学特征得以分析总结。

矿区主要出露泥盆系-白垩系地层，利用原生晕样品统计结果，各类岩石及不同时代地层中部分元素的丰度值见表7-3、表7-4。

表7-3　不同岩性中元素丰度表

岩　性	元　素											
	Au	Hg	As	Sb	Ag	Pb	Zn	Cu	Mo	W	Sn	Bi
砂　岩	1.27	70.69	2.69	1.26	0.06	11.12	54.18	29.04	0.24	1.42	1.95	0.24
灰　岩	1.27	62.16	3.38	0.59	0.04	9.88	22.98	20.18	0.20	0.38	0.83	0.20
砾　岩	1.00	27.16	9.25	1.25	0.03	12.60	23.16	24.50	0.25	0.48	0.83	0.26
板　岩	1.15	14.38	7.45	0.44	0.05	12.35	29.00	26.55	0.26	1.24	1.47	0.23

注：Au、Hg为 $\times 10^{-9}$，其他为 $\times 10^{-6}$。

表 7-4 各地质单元中元素丰度表

地层及 均值	元　素											
	Au	Ag	Sn	As	Hg	Sb	Cu	Pb	Bi	Zn	W	Mo
石炭系	1.07	0.05	0.62	4.29	55.45	0.63	18.10	5.50	0.19	21.45	0.31	0.17
二叠系	1.00	0.03	0.43	1.67	145.53	0.42	19.44	3.78	0.16	13.96	0.13	0.15
三叠系	1.40	0.05	1.55	4.20	34.00	0.71	26.12	13.93	0.24	37.05	1.06	0.24
白垩系	1.00	0.05	1.85	8.26	29.70	1.24	22.00	21.50	0.28	57.00	1.07	0.48
平　均	1.12	0.05	1.11	4.61	66.17	0.75	21.42	11.18	0.19	32.36	0.64	0.26

注：Au、Hg 为 $\times 10^{-9}$，其他为 $\times 10^{-6}$。

从表中统计数据可以看出：

Au、Hg 元素以砂岩、灰岩中丰度偏高为特征；Sb 元素在砂岩、砾岩中丰度偏高；Pb、Cu、Mo、W、Sn 元素在砂岩、板岩中丰度偏高；As 元素在板岩、砾岩中的丰度明显高于灰岩、砂岩；其他元素则相关不明显。

Au、Ag 元素在三叠系中丰度最高，石炭系次之；Hg 元素在二叠系中丰度最高，石炭系次之；Cu 元素在三叠系中丰度最高；Pb、Zn、Sb、As、Bi、Mo、W、Sn 等元素在白垩系中丰度较高。

各元素次生分布特征继承了本区原生地球化学分布特点，其中金元素在三叠系地层分布区的平均值高、离差大，二叠系次之。

在 1:5 万水系沉积物测量所圈定的金异常基础上，忠曲矿区辛曲-忠格扎拉一带开展了 1:1 万土壤地球化学测量工作。经测量，土壤中 Au、Cu、Pb、Zn、Bi、Mo 等元素基本反映为地壳中的正常值，其中 Au 为 4×10^{-9}；而 Hg、Sb、As 等元素则高出地壳克拉克值几至几十倍，分别为：汞 0.03×10^{-6}、锑 30.00×10^{-6}、砷 100.00×10^{-6}。

矿区土壤地球化学测量以 8×10^{-9} 为金异常下限，共圈定金异常 20 个，其面积一般小于 $0.1 km^2$，少数大于 $0.1 km^2$，最大为 $2.23 km^2$；异常强度一般为 $10 \times 10^{-9} \sim 30 \times 10^{-9}$，少数在 100×10^{-9} 左右，最高达 208.9×10^{-9}；衬度一般为 $1.5 \sim 5.0$，少数大于 10，最高达 26.1；峰值一般为 $15 \times 10^{-9} \sim 40 \times 10^{-9}$，少数 $80 \times 10^{-9} \sim 500 \times 10^{-9}$，最高达 951.9×10^{-9}。以 8、24、72 为指数，进行浓度分带，具有内-中-外带、具有中-外带和只有外带的异常各占 1/3 左右。

汞以 1.0×10^{-6} 为异常下限，共圈定汞异常 7 个，其面积一般不超过 $0.1 km^2$，最大为 $0.15 km^2$；异常衬度一般为 $1.4 \sim 2.4$，最高达 4.9；峰值一般为 $1.7 \times 10^{-6} \sim 7.1 \times 10^{-6}$，最高为 9.6×10^{-6}。砷以 50.0×10^{-6} 为异常下限，共圈定砷异常 47 个，面积一般 $0.01 km^2$，最大为 $0.02 km^2$；强度一般为 $70 \times 10^{-6} \sim 200 \times 10^{-6}$，最高为 700×10^{-6}。

金异常与 Hg、As 异常套合较好，后者多位于前者的边部。

各元素异常主要分布在侵入体边部、脉岩与断裂带附近；异常多呈条带状、不规则长条状，其长轴方向与其附近的构造线方向基本一致。异常区岩石多具硅化、赤铁矿化、褐铁矿化、方解石化及碎裂岩化等蚀变。

经查证，区内矿化异常多具有内-中-外带或中-外带，具有明显的浓集中心，有较高的峰值，金异常旁侧往往伴有 Hg、As、Sb 等元素异常。

7.4.2.3　矿床地质特征

忠曲金矿区包括了忠曲、辛曲、恰若 3 个矿段，其中忠曲矿段位于矿区南西部，辛曲矿段位于矿区北东部，忠曲矿段北侧，二者相距数百米，均位于尕-玛公路旁；恰若矿段位于矿区西部，与忠曲、辛曲矿段相距约 3km。目前探矿工作主要集中在忠曲、辛曲矿段。

忠曲矿段位于矿区南西部，为碌曲县与玛曲县交界地带，行政区划属碌曲县尕海乡。尕（海）-玛（曲）公路从矿段东部通过，交通便利。矿段范围为：

东经 102°09′06″ ~ 102°10′41″；北纬 34°04′15″ ~ 34°04′45″

含矿岩系：忠曲矿段含矿岩系为中三叠统下岩组，据其岩性组合特征，在矿区内可进一步划分为两个岩性段。

第一岩段（T_2^{a-1}）：为一套灰白、灰紫色白云岩、白云质灰岩、粉晶灰岩夹碧玉岩、硅质角砾岩。

第二岩段（T_2^{a-2}）：浅灰、棕黄色泥晶-细晶灰岩、白云质灰岩夹砂质白云岩。

控矿构造：忠曲矿段处于大水弧形构造西翼中段，构造线方向为 NW 向。

矿段处于忠曲背斜的南西翼，地层空间展布为一向 SW 倾斜的单斜构造，地层走向 290° ~ 300°，倾角 40° ~ 60°。局部见零星的挠曲和小褶曲。

区内断裂构造十分发育，为重要的导矿、控矿构造。矿段南侧为 NW 走向的玛曲-南坪断裂，倾向 NE-NNE，倾角 50° ~ 70°；北侧是 NW 走向忠曲-大水断裂，为次级（低级序）构造，倾向 NE，倾角 50° ~ 71°，与 NE 向直滑断裂组成区内的基本构造格架。区内 NW 向断裂是重要的导矿构造。

受上述两条断裂控制，矿段内次级的 NE-NEE、近 EW 向压扭性断裂发育，为本矿段的主要容矿构造，其次尚有近 SN 向断裂。金矿（化）体及方解石脉沿断裂带产出，断裂带宽 1 ~ 4m，走向延伸稳定，倾向 N 或 NE，倾角 70° ~ 87°，在走向、倾向上均表现出波状弯曲形态。该组断裂在走向上往往呈紧密的左行右列式组合形式排列，并具有集中发育的特点，矿体的走向延伸实际上为该组断裂的标志性界面方向，与断裂夹角较小。

NW 向及近 SN 向次级断裂为成矿期后断裂，不具成矿的控制意义。成矿后断裂的活动，主要是沿袭早期断裂面及矿体边界，以继承性为主要特点，主要标志为沿矿体顶板晚期方解石脉的贯入和矿体断面的形成。该组断裂对矿体具有一定的破坏作用，它使矿化岩石再次破碎，晚期方解石脉沿断裂贯入胶结，形成角砾岩，使早期的角砾状岩石被再次改造为"二次角砾岩"，致使有用组分贫化。

矿体特征：甘肃地质调查研究院通过以地表为主的普查评价工作，共在忠曲矿段圈出金矿体 14 个（2 个隐伏矿体）。矿体产出受 NE-NEE 及 SN 向断裂控制，矿体走向主要为 NE-NEE 向（Au-7 号矿体走向 SN 向），产状为 327° ~ 350°，倾角 70° ~ 88°。单个矿体形态为条带状、脉状、透镜状，沿走向、倾向均具膨大缩小现象，且具波状弯曲形态。矿体一般长 40 ~ 240m，延深 56 ~ 389m，厚度 0.68 ~ 11.03m，金平均品位 1.32×10^{-6} ~ 24.00×10^{-6}。以 Au-1、Au-9 号矿体规模最大（表7-5）。

表 7-5　忠曲矿段矿体特征一览表

矿体编号	矿体形态	矿体规模/m			平均品位	矿体产状	产出部位
		延　长	延　深	厚　度			
Au-1	条带状	219	389	4.45	6.90×10^{-6}	345°，倾角75°	地表
Au-2	条带状	160	80	0.67	3.22×10^{-6}	328°，倾角70°	隐伏
Au-3	条带状	160	153	0.88	11.69×10^{-6}	343°，倾角65°	
Au-4	条带状	60	80	1.32	3.71×10^{-6}	328°，倾角70°	地表
Au-5	脉状	138	80	1.73	3.44×10^{-6}	327°，倾角70°	
Au-6	透镜状	62	80	9.71	4.01×10^{-6}	350°，倾角75°	
Au-7	脉状	160	80	0.69	1.90×10^{-6}	270°，倾角88°	
Au-8	脉状	160	80	0.83	3.14×10^{-6}	340°，倾角75°	
Au-9	条带状	130	107	4.43	15.42×10^{-6}	340°，倾角88°	
Au-10	条带状	40	80	3.79	9.32×10^{-6}	340°，倾角88°	
Au-11	条带状	40	80	0.95	1.32×10^{-6}	340°，倾角88°	
Au-12	脉状	120	80	0.92	24.00×10^{-6}	340°，倾角88°	
Au-13	条带状	224	80	0.90	8.24×10^{-6}	335°，倾角88°	
Au-14	脉状	160	80	1.70	5.91×10^{-6}	340°，倾角80°	

注：据甘肃地质调查研究院。

　　忠曲矿段各矿化脉体的组合形态为左行右列式尖灭再现特征，单个矿体解析也出现相同的特征，为一组大致平行、产状相同，与矿体总体走向夹角很小、距离很近，呈雁行状紧密排列的一组矿体的组合。矿体空间分布在平面上出现两个矿体分布集中区，分别是TC_7以东至F_{13}断裂以西段、$TC_{13} \sim TC_{1341}$之间段，两个矿体集中区相距约400m。

　　2003年对忠曲矿段Au-1、Au-2、Au-9号矿体在3783m中段布置了硐探工程进行深部揭露控制，在与各矿体对应位置均发现了该矿体向深部的延伸构造，构造带具一定矿化蚀变，但金品位都在$0.5 \times 10^{-6} \sim 0.9 \times 10^{-6}$之间，属金矿化体。

　　2005年，重新在忠曲矿段Au-1、Au-2号矿体上部布置了PD6平硐（3864m），该工程揭露Au-1号矿体平均厚度3.46m，平均金品位3.55×10^{-6}。

　　针对忠曲矿段Au-9号矿体（尕玛梁）由上至下的探采工程表明，该矿体向下延深至3830m标高附近仍有较好的矿化，工程揭露矿体平均厚度1.85m，金平均品位5.20×10^{-6}。

　　上述情况表明，忠曲矿段主要矿体垂向延深大于100m，而小于150m，或可以初步认为该矿段主要矿体大约在3800m标高以下将出现贫矿段。

　　矿石类型：忠曲矿段主要矿石自然类型为赤铁矿化硅化灰岩型、似碧玉岩型金矿石，次为碳酸盐胶结形成的混杂角砾岩型金矿石。矿石工业类型为赤铁富硅低硫型或贫硫化物氧化型金矿石。

　　结构构造：主要矿石结构为隐晶质-显微结构、交代残余结构，其次为交代碎裂-角砾结构。主要构造有斑点状构造、块状构造、细脉浸染状构造，次为角砾状构造、层纹状构造等。

　　矿物成分：矿石矿物主要有赤铁矿、自然金、黄铁矿、银金矿、辰砂、辉锑矿、毒砂、雄（雌）黄、自然银、磁铁矿、自然铅等。脉石矿物主要有石英、方解石，次为重晶石、锆石、磷灰石等。

自然金以微粒金为主，粗粒金次之，最大粒度为 0.30 ~ 0.98mm；自然金成色在 92% 以上，主要分布在赤铁硅化岩中，与石英（硅化）关系密切；金嵌布形式以裂隙金为主，粒间金次之，少量包裹金。

化学成分：矿石主要化学成分为 SiO_2，含量为 76.4% ~ 92.5%，其次为 CaO、Fe_2O_3、Fe_3O_4，含量在 1.7% ~ 10.5% 之间；金含量为 $(4.66 ~ 11.32) \times 10^{-6}$。此外，尚有 Ag、Cu、Pb、Zn 等微量元素，含量均达不到综合利用要求；有害元素 Hg、Sb、As 含量较低。

围岩蚀变：忠曲矿段围岩蚀变主要有硅化、赤铁矿化、碳酸盐化、褐铁矿化、黄钾铁钒化等，以硅化、赤铁矿化与金矿成矿关系最为密切，二者成正相关关系。蚀变带以矿体为中心，向两侧蚀变变弱，矿体附近硅化、赤铁矿化、碎裂岩化、方解石化十分强烈，为主要的近矿围岩蚀变。蚀变强度和矿化强度密切相关，矿体大位置蚀变较强，蚀变带也往往较宽。

矿体围岩：矿体顶、底板围岩以灰岩为主，局部地段为方解石脉、构造角砾岩等。矿体与围岩接触界线在大部分地段不清晰，主要靠样品品位圈定，在部分地段因受断裂面所限，矿体与围岩界线较清晰。

矿体夹石：忠曲矿段主要矿体内部矿化连续稳定，无剔除夹石层。

7.4.3　数据处理

忠曲金矿区地电化学分析数据显示，重复测线（CF 线）贵金属元素提取含量值低于或略低于忠曲矿段，尤其是金的含量值表现为低值起伏，但是相对异常尤为凸现。考虑到地电化学异常研究的探矿目的性和科研合理性，在整个矿区不同矿段采用两种数据处理方法：（1）为了研究地球电化学技术方法的提取成效，包括各元素特征含量变化对各地质体、构造等反映情况，分析研究 CF 单剖面是最直接、最有效途径。鉴于数据较少，统计意义也不太大，因此对 CF 线数据采用剖面法划分背景与异常；（2）针对忠曲矿段测网区，具有足够数据，而且 82% 的数据点均落入三叠系地层，地层对元素含量值的影响相对较小，因此具有统计意义。采用统计分析测网数据，共 280 个，采用 SPSS 统计软件进行数据处理。

CF 线数据处理：根据 CF 线各元素含量特征及其分布特征，参考甘肃地质调查研究院总结忠曲金矿区各地质时代岩层元素平均含量对比关系及其化探点占有率，借助剖面法原理划分背景含量值与异常值（含弱异常值）。

金元素异常确定：CF 线主要分布在二叠系（P）、白垩系（K）地层中，P、K 两套地层金平均含量相当，因此，异常值线的划定可以直接根据金含量曲线起伏情况确定（见图 7-12），异常值确定为 0.018×10^{-9}，其中共有 23 个不大于 0.018×10^{-9} 的化探点，占 CF 线测点总数的 63%（图 7-12）。

银元素异常确定：根据银地电化学含量分布情况，考虑到白垩系地层中银含量平均明显高于二叠系地层，在表生冻土环境下，银表生迁移能力相对较低，因此考虑到原岩银元素含量差异，划定异常值以二叠系地层为主更有代表性。据此，划定银的异常值线为 0.029×10^{-6}，其中不大于 0.029×10^{-6} 的测点占 CF 线测点总数的 52%（图 7-13）。

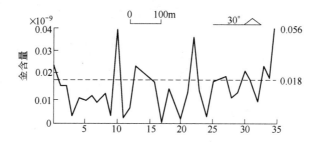

图 7-12　甘肃忠曲金矿区 CF 线金异常值划定剖面图

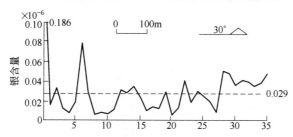

图 7-13　甘肃忠曲金矿区 CF 线银异常值划定剖面图

铜元素异常确定：在测区范围地层中铜含量趋于均一，因此选定 CF 线的异常值为 100×10^{-6}，低于异常值 100×10^{-6} 的点占 CF 线测点总数的 66%（图 7-14）。

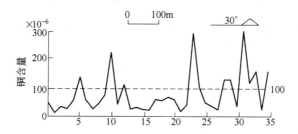

图 7-14　甘肃忠曲金矿区 CF 线铜异常值划定剖面图

铅元素异常确定：铅元素异常值选定为 2.4×10^{-6}，其中低于异常值的数据占 CF 线测点总数 55%（图 7-15）。

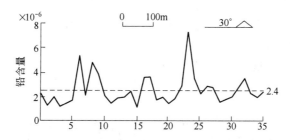

图 7-15　甘肃忠曲金矿区 CF 线铅异常值划定剖面图

锌元素异常确定：锌元素异常值选定为 12×10^{-6}，其中低于异常值的数据占 CF 线测点总数的 76%（图 7-16）。

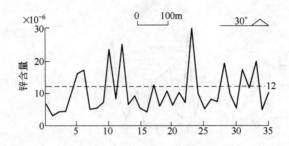

图 7-16 甘肃忠曲金矿区 CF 线锌异常值划定剖面图

钴元素异常确定：钴元素异常值选定为 0.32×10^{-6}，低于异常值的点数占 CF 线测点总数的 72%（图 7-17）。

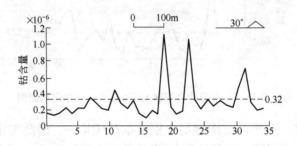

图 7-17 甘肃忠曲金矿区 CF 线钴异常值划定剖面图

镍元素异常确定：镍元素异常值选定为 1.66×10^{-6}，异常值以下的数据有 28 个，占 CF 线测点总数的 77%（图 7-18）。

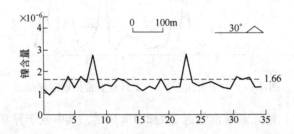

图 7-18 甘肃忠曲金矿区 CF 线镍异常值划定剖面图

铬元素异常确定：铬元素异常值选定为 6×10^{-6}，异常值以下的数据有 25 个，占 CF 线测点总数 70%（图 7-19）。

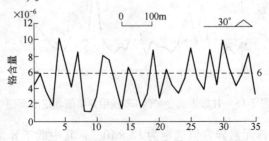

图 7-19 甘肃忠曲金矿区 CF 线铬异常值划定剖面图

吸附相态汞异常值确定：吸附相态汞异常值选定为 90ng/g，异常值以下的数据有 25 个，占 CF 线测点总数的 67%（图 7-20）。

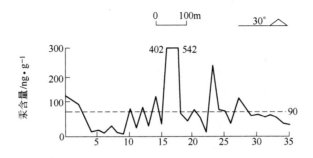

图 7-20　甘肃忠曲金矿区 CF 线吸附相态汞异常划定剖面图

电导率异常值确定：电导率异常值选定为 10μS/cm，异常值以下的数据有 25 个，占 CF 线测点总数的 69%（图 7-21）。

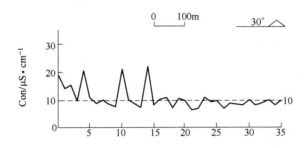

图 7-21　甘肃忠曲金矿区 CF 线电导率异常划定剖面图

7.4.4　忠曲矿段测网数据统计分析

忠曲矿段各元素总体上满足正态分布（Cr、Hg 除外），数据量为 280 个，采用统计软件 SPSS，在直方图成图过程中对经过排序处理的原数据进行剔值处理，直至"第一总体"满足"地电化学正态分布模式"，根据数十个地电化学方法技术测区统计结果显示，偏度小于允许偏差 $\gamma_a \pm 0.15$，峰度小于允许偏差 $\gamma_b \pm 0.5$，都可以很好地反映异常情况，特别在贵金属、有色金属硫化物矿床的探寻方面效果明显。

统计元素包括 Au、Ag、Cu、Pb、Zn、Co、Ni、Cr、吸附相态汞、电导率共十组数据，具体统计图及统计参数见图 7-22 ~ 图 7-31，表 7-6 ~ 表 7-15。

7.4.5　CF 线示范性研究

为了更好验证地电化学新方法集成技术在高原冻土地区的应用有效性，选择经过已知矿体的典型剖面作为可行性研究对象，布线原则一般采用垂直构造、目标地质体延伸方向布置勘探线。本书研究工作布线选择垂直于 NWW 向 3 号盲矿体布置 CF 勘探线，点距为 20m，勘探线总长 700m。

表 7-6   甘肃忠曲金矿区忠曲矿段金地电
提取数据统计特征参数

总　数		实际统计数	231
		剔除数	49
背景值			0.021348
中位数			0.021000
众　数			0.0005
标准差			0.0138451
偏　度			0.128
偏　差			0.160
峰　度			−0.890
峰度差			0.319
范　围			0.0495
%		10	0.000600
		20	0.006400
		25	0.010000
		30	0.013600
		40	0.018000
		50	0.021000
		60	0.025000
		70	0.030000
		75	0.032000
		80	0.033600
		90	0.041600

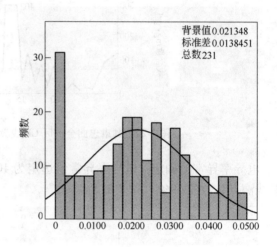

图 7-22   甘肃忠曲金矿区忠典矿段金地电
提取数据直方图

表 7-7   甘肃忠曲金矿区忠曲矿段银地电
提取数据统计特征参数

总　数		实际统计数	217
		剔除数	63
背景值			0.03064
中位数			0.03100
众　数			0.041
标准差			0.015774
偏　度			0.142
偏　差			0.165
峰　度			−0.980
峰度差			0.329
范　围			0.060
%		10	0.00900
		20	0.01500
		25	0.01700
		30	0.01940
		40	0.02500
		50	0.03100
		60	0.03500
		70	0.04060
		75	0.04200
		80	0.04600
		90	0.05300

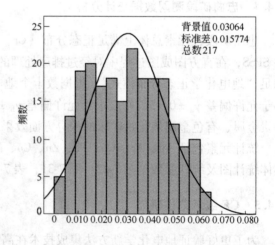

图 7-23   甘肃忠曲金矿区忠曲矿段银地电
提取数据直方图

表 7-8 甘肃忠曲金矿区忠曲矿段铜地电提取数据统计特征参数

总　　数		
总　　数	实际统计数	128
	剔除数	152
背景值		63.0469
中位数		61.1000
众　　数		114.90
标准差		30.23345
偏　　度		0.393
偏　　差		0.214
峰　　度		−0.702
峰度差		0.425
范　　围		120.60
%	10	24.4700
	20	33.3800
	25	37.9000
	30	40.6700
	40	53.3200
	50	61.1000
	60	65.1400
	70	79.0600
	75	82.7500
	80	90.9400
	90	114.8100

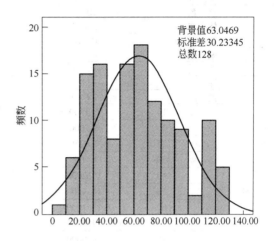

图 7-24 甘肃忠曲金矿区忠曲矿段铜地电提取数据直方图

表 7-9 甘肃忠曲金矿区忠曲矿段铅地电提取数据统计特征参数

总　　数		
总　　数	实际统计数	222
	剔除数	58
背景值		2.0888
中位数		2.0100
众　　数		1.62
标准差		0.83297
偏　　度		0.265
偏　　差		0.163
峰　　度		−0.416
峰度差		0.325
范　　围		3.88
%	10	1.0520
	20	1.3600
	25	1.4750
	30	1.5980
	40	1.8220
	50	2.0100
	60	2.2680
	70	2.4910
	75	2.6200
	80	2.8360
	90	3.2850

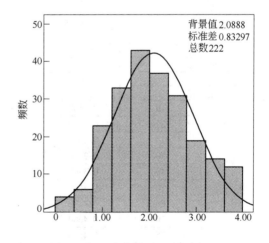

图 7-25 甘肃忠曲金矿区忠曲矿段铅地电提取数据直方图

表 7-10　甘肃忠曲金矿区忠曲矿段锌地电
提取数据统计特征参数

总　　数	实际统计数	204
	剔除数	76
背景值		11.9995
中位数		11.4500
众　数		10.30
标准差		5.16999
偏　度		0.226
偏　差		0.170
峰　度		−0.911
峰度差		0.339
范　围		20.40
%	10	5.1500
	20	6.7000
	25	7.8250
	30	8.7000
	40	10.2000
	50	11.4500
	60	13.1000
	70	14.8000
	75	16.0000
	80	17.2000
	90	19.6000

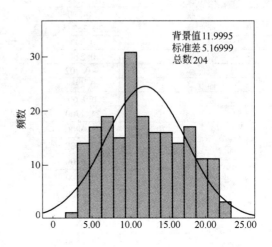

图 7-26　甘肃忠曲金矿区忠曲矿段锌地电
提取数据直方图

表 7-11　甘肃忠曲金矿区忠曲矿段钴地电
提取数据统计特征参数

总　　数	实际统计数	216
	剔除数	64
背景值		0.3806
中位数		0.3650
众　数		0.27
标准差		0.12899
偏　度		0.180
偏　差		0.166
峰　度		−0.832
峰度差		0.330
范　围		0.54
%	10	0.2100
	20	0.2700
	25	0.2800
	30	0.2900
	40	0.3300
	50	0.3650
	60	0.4100
	70	0.4600
	75	0.4800
	80	0.5060
	90	0.5630

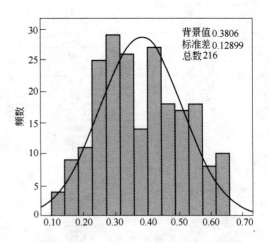

图 7-27　甘肃忠曲金矿区忠曲矿段钴地电
提取数据直方图

表 7-12 甘肃忠曲金矿区忠曲矿段镍地电提取数据统计特征参数

总数	实际统计数	246
	剔除数	34
背景值		1.3070
中位数		1.2850
众数		1.23
标准差		0.44931
偏度		0.159
偏差		0.155
峰度		−0.840
峰度差		0.309
范围		1.86
%	10	0.7270
	20	0.8700
	25	0.9300
	30	1.0000
	40	1.1700
	50	1.2850
	60	1.4220
	70	1.5690
	75	1.6500
	80	1.7460
	90	1.9230

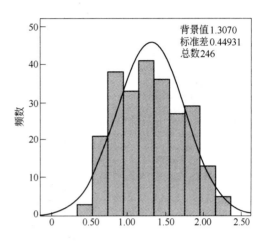

图 7-28 甘肃忠曲金矿区忠曲矿段镍地电提取数据直方图

表 7-13 甘肃忠曲金矿区忠曲矿段铬地电提取数据统计特征参数

总数	实际统计数	224
	剔除数	56
背景值		3.9925
中位数		3.8150
众数		1.23
标准差		2.08074
偏度		0.141
偏差		0.163
峰度		−1.162
峰度差		0.324
范围		7.67
%	10	1.2250
	20	1.8600
	25	2.2925
	30	2.4900
	40	3.0900
	50	3.8150
	60	4.6500
	70	5.4050
	75	5.6400
	80	6.1800
	90	6.9450

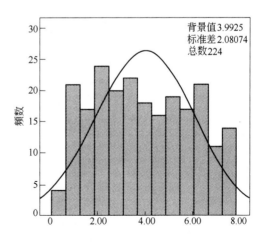

图 7-29 甘肃忠曲金矿区忠曲矿段铬地电提取数据直方图

表 7-14　甘肃忠曲金矿区忠曲矿段吸附相态汞数据统计特征参数

总　数	实际统计数	224
	剔除数	56
背景值		56.1891
中位数		44.8450
众　数		9.73
标准差		42.77615
偏　度		0.660
偏　差		0.163
峰　度		−0.878
峰度差		0.324
范　围		144.54
%	10	11.1600
	20	15.0200
	25	18.8000
	30	21.8100
	40	28.6800
	50	44.8450
	60	58.9500
	70	77.3850
	75	89.2525
	80	100.8400
	90	128.0550

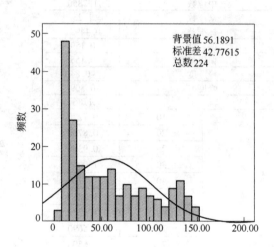

图 7-30　甘肃忠曲金矿区忠曲矿段吸附相态汞数据直方图

表 7-15　甘肃忠曲金矿区忠曲矿段电导率数据统计特征参数

总　数	实际统计数	232
	剔除数	49
背景值		9.5415
中位数		9.3600
众　数		7.60
标准差		2.28612
偏　度		0.084
偏　差		0.160
峰　度		−0.820
峰度差		0.318
范　围		9.07
%	10	6.2220
	20	7.6000
	25	7.7950
	30	8.1470
	40	8.8800
	50	9.3600
	60	9.8600
	70	10.8420
	75	11.2450
	80	11.8200
	90	12.9690

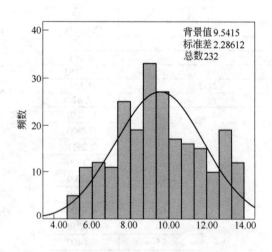

图 7-31　甘肃忠曲金矿区忠曲矿段电导率数据直方图

　　异常特征空间关系、各元素地电化学特征、吸附相态汞特征见表7-16、图7-32（铬元素总体上在$(2\sim9)\times10^{-6}$间连续等频跳跃，异常特征不明显，认为是由于地层本地差异引起，与矿致异常或成矿相关异常关联性不强，暂不列入对比范畴）。

表7-16　CF勘探线元素空间对应关系表

元素	编号	异常峰值	异常衬度	异常规模/m	异常空间关系	备注
Au	-1	0.024		15	Con-1、Hg-1、Ag-1	
	-2	0.039		20	Con-2、Zn-2、Cu-2	受污染点
	-3	0.024		70	Con-3、Hg-2、Pb-3（部分）、Ag（边缘）	弱异常
	-4	0.036		35	Ag-3、(Cu-3、Pb-4、Zn-4、Co-3、Ni-2、Hg-4)（SW边缘）	矿异常
	-5	0.056		45	Ag-4、Cu-6	高异常20m
Ag	-1	0.185		20	Con-1、Hg-1、Au-1	
	-2	0.079		40	Pb-1、Cu-1（部分）	
	-3	0.041		15	Au-4、(Cu-3、Pb-4、Zn-4、Co-3、Ni-2、Hg-4)（SW边缘）	矿异常
	-4	0.050		140	Au-5、Zn-6、Zn-7、Cu-4、Cu-5、Cu-6、Co-4	相对高异常在SW侧约30m
Cu	-1	140.8		40	Pb-1、Ag-2（SW边缘）、Con-1（NE侧）	弱异常
	-2	228		20	Co-1（SW侧）、Zn-2、Au-2、Con-2	受污染点
	-3	296.5		40	Co-3、Ni-2、Pb-4、Zn-4、Hg-4、(Au-4、Ag-3)（NE侧）	矿异常
	-4	130.8		45	Zn-5、Ag-4、Hg-5（NE侧）	弱异常
	-5	303.6		60	Co-4、Zn-6、Zn-7、Ag-4、Au-5（NE侧）	
	-6	158.2		20	Cu-6、Au-5	
Pb	-1	5.29		25	Ag-2、Ni-1、(Au-2、Con-2、Cu-2)（SW边缘）	
	-2	4.77		30	Ni-1	
	-3	3.64		30	Au-3（NE边缘）、Hg-3、	弱异常
	-4	7.42		30	(Au-4、Ag-3)（NE边缘）、Hg-4、Zn-4、Cu-3、Co-3、Ni-2	矿异常
Zn	-1	17.2		30	Cu-1（部分）、Pb-1、Ag-2（部分）、Con-1（NE侧）	
	-2	23.9		30	Cu-2、Au-2、Con-2	受污染点
	-3	25		40	Co-1（NE侧）、Hg-2	
	-4	29.9		35	Co-3、Ni-2、Cu-3、Pb-4、Hg-4、(Ag-4、Ag-3)（NE侧）	矿异常
Co	-5	19.3		30	Cu-4（SW侧）、Ag-3（NE侧）	弱异常
	-6	17.6		25	Co-4（SW侧）、Cu-5、Ag-4	
	-7	20.2		20	Au-5、Ag-4、Co-4（NE侧）、Cu-6	
	-1	0.45		30	Cu-2（边缘）、Zn-2（部分）、Zn-3（部分）、Con-2、Au-2（边缘）	弱异常
	-2	1.13		40		
Ni	-3	1.07		40	Ni-2、Cu-3、Pb-4、Zn-4、Au-3（部分）、Hg-4、Au-4（部分）	矿异常
	-4	0.71		40	Cu-5、Zn-6（部分）、Zn-7（部分）、Ag-4、Au-5（部分）	
	-1	2.75		30	Pb-2	
Hg	-2	2.77		30	Co-3、Cu-3、Pb-4、Zn-4、Hg-4、Au-4（部分）	
	-1	137		50	Con-1、Au-1、Ag-1	

续表7-16

元 素	编号	异常峰值	异常衬度	异常规模/m	异常空间关系	备 注
Con	-2	136		20	Con-3、Au-3	
	-3	542		55	Au-3（部分）、Pb-3	
	-4	241		30	Cu-3、Pb-4、Zn-4、Au-4（部分）、Co-3、Ni-2	矿异常
	-5	130		40	Au-4、Zn-5	弱异常
	-1	18.7		100	Hg-1、Ag-1、Cu-1（部分）、Pb-1（部分）、	
	-2	21		35	Au-2、Zn-2、Cu-2、Co-1（部分）	
	-3	22		40	Au-3、Hg-2	

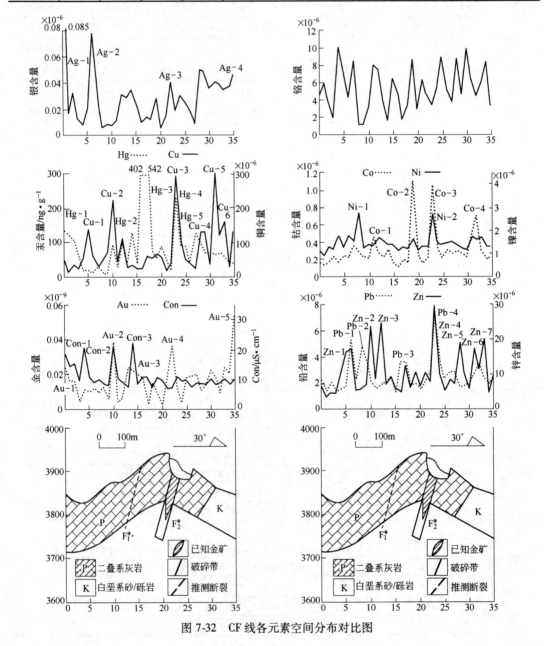

图 7-32 CF 线各元素空间分布对比图

由表7-16、图7-32可知，在金矿体上方出现明显的金异常，并伴随银叠加异常和Cu、Pb、Zn、Co、Ni、Hg的边缘异常，并且，我们发现，在矿体上方出现的异常元素最多，大多和金异常部分重叠或沿金异常边缘分布，而且指示元素间重合性较好，在破碎带型金矿体（断裂F_2^*）上方出现了明显的吸附相态汞异常，上二叠和下二叠地层接触带附近出现Au、Con、Cu、Zn的异常起伏，在上二叠系与白垩系地层不整合接触带出现Au、Ag的弱异常，Cu、Zn、Co的跳跃异常；而在北西侧接触带位置出现Au、Ag的高异常；此外，在15~16号点（CF_{300}~CF_{320}）出现明显的相态汞高异常带，推测该处存在隐伏断裂。综上所述，地电化学新方法集成技术在高原寒冷地区运用寻找隐伏金矿试验是科学合理的，是一套成功高效的找矿新方法，在该地区的未知区用于探寻相似类型矿体是可行的。

因此，我们按照地学研究的指导思想，即"从已知到未知，由点及面"的思路，以CF线研究成果作为参考依据，在忠曲矿段未知区域开展地电化学探矿预测研究，圈定异常分布相似，地质可靠程度相对较高的异常靶区，作为下一步研究工作的重点。

7.5 华东冲积平原覆盖区

7.5.1 山东招远尹格庄金矿地电化学集成技术找矿可行性试验研究

7.5.1.1 矿区地质特征

山东招远尹格庄金矿床所在大地构造位置，属于鲁东隆起区胶北隆起的西北缘，沂沭断裂的东侧。矿区位于玲珑花岗岩体的南缘，招（远）-平（度）断裂带的中段，栖霞复背斜的南翼。区内第四系广泛分布，主要为残坡积物，沿沟谷及低缓丘陵分布，由腐殖土、亚砂土等组成，厚度2~8m。

尹格庄金矿床属于中低温热液裂隙充填破碎带蚀变岩型金矿床，除具有蚀变岩型金矿床的一般特征外，矿体还具有"深、大、贫、难"的突出特点，即深：矿体埋藏深，矿体埋藏深度220m，矿体赋存标高在-100~-600m之间，且1号、2号矿体的深部均未封闭；大：矿体规模大、地质储量大，1号、2号两个主矿体走向延伸各600~900m，工程控制矿体斜长600余米，最大水平厚度上百米，其储量之大在全国名列前茅；贫：矿石品位低，在中段生产勘探样品中1.5~3g/t者占30%以上，大于5g/t的样品不足15%。在采场中1.5~3g/t的样品占25%以上，矿体中小于15g/t的样品在12%~18%之间，矿体中1~3g/t的样品所占比例在同类矿床中处于首位；难：开采难度大。矿体直接赋存于区域性的招-平断裂带中，次级断裂构造、裂隙发育，矿岩破碎，极易坍塌。

矿床范围内的蚀变带以黄铁绢英岩、绢英岩化碎裂岩、黄铁绢英岩化碎裂状花岗岩为主，其分布明显受断裂构造及岩性的控制，主要发育在大的断裂蚀变带内花岗闪长岩一侧，以及断裂下盘花岗闪长岩体内的次级构造中。矿体严格受断裂构造的控制。矿区内已发现蚀变带20余条，其规模较大的分别为1号、2号、3号、4号蚀变带，1号、2号、3号蚀变带均位于招-平断裂带中，其他分布于招-平断裂带的下盘，规模一般较小。

测区内主要含矿蚀变带为招-平断裂带。它位于矿区中间，南北纵贯全区，分别被道头、南周家、尹格庄断裂截断。测区出露长度8000m，宽40~140m，走向20°，倾向南东，倾角28°~50°，主要由黄铁绢英岩、绢英岩化花岗闪长质碎裂岩和绢英岩化花岗闪长岩组成，局部地段绢英岩化糜棱岩或变粒岩质碎裂岩发育。

目前已探明的 1 号、2 号两个矿体，均在该蚀变带中（招-平断裂带），其储量占整个探明储量的 90% 以上，1 号、2 号矿体分别位于尹格庄断裂的两侧。

1 号矿体呈隐伏状态分布于 54 ~ 68 线之间，－100 ~ －630m 标高范围内。矿体在深部仍未封闭。矿体的总体走向与招-平断裂一致，走向 NE20°，倾向 SE，倾角 27° ~ 40°，平均倾角 30°。矿体最大走向长度 740m，平均品位 4.03g/t，矿体厚度一般为 2 ~ 10m，最大 20m。矿体受招-平断裂的控制，均分布其下盘 0 ~ 60m 的范围内。

在 1 号矿体 64 线已知剖面上进行了地电化学"偶极"提取试验、土壤离子电导率测量试验，并在同一点位上采集次生晕进行对比研究。经研究结果得出：

（1）富矿部位在地表的垂直投影处，对应于地电提取异常的峰值，其土壤离子电导率异常值也较高，但次生晕异常的峰值与之相差 20m。

（2）次生晕测量只是在富矿体部位显示出高值异常，而地电提取和土壤离子电导率测量在隐伏矿体上方均有异常显示，且连续性好，异常较稳定。

（3）次生晕金含量值较高（就最高值而言，次生晕异常是电提取异常的 2 倍），因为次生晕是测试样品中金的分子态（包括化合物和单元素）和离子态的总量，而地电化学集成技术是测试活动态离子成分。

7.5.1.2　地电化学集成技术找矿可行性试验研究

A　数据处理

在求背景值和异常下限值时，我们做了如下考虑：

由于所涉及的数据量足够大，具有统计意义，因此，可用统计学的方法求出背景值和异常下限值。又由于 Au、Ag、As、Sb 等元素都是微量元素，分布服从对数正态分布，且数据采自矿区（异常区），因此可用 7.3.2.2 节中公式计算背景值和异常下限值。三种方法的背景值及异常下限值见表 7-17。

表 7-17　三种方法获得的多种地球化学标志的背景值、异常下限值计算结果

方法 标志	地电提取法				吸附相态汞法	电导率法
	Au	Ag	As	Sb	Hg	Con
参数	$\times 10^{-9}$	$\times 10^{-6}$			$\times 10^{-9}$	$\mu S/cm$
背景值	1	5	1	0.5	20	1
异常下限值	5	20	3	1	100	4

B　地电化学新方法异常特征

在 64 号剖面上开展了地电提取、土壤离子电导率、土壤吸附相态汞三种方法测量的找矿可行性试验研究，结果三种方法在已知矿体上都测出了清晰的异常（图 7-33）。

a　地电提取异常特征

（1）金异常特征。金的背景值为 2.4×10^{-9}，异常下限值为 4.0×10^{-9}。在 64 号剖面上 20 ~ 64 号点为隐伏金矿体赋存部位，地电提取金异常除在 56 号点为 1.5×10^{-9} 外，其余地段均高于异常下限值，异常连续性较好；在主矿体部位，地电提取金异常峰值高达 47.68×10^{-9}，准确地指示了隐伏矿体的赋存位置。

（2）银异常特征。银的背景值为 0.4×10^{-6}，异常下限值为 1.0×10^{-6}。剖面上出现两个银的异常区间，第一个异常位于剖面的 32 号点处，异常峰值为 178.05×10^{-6}，对应于隐伏

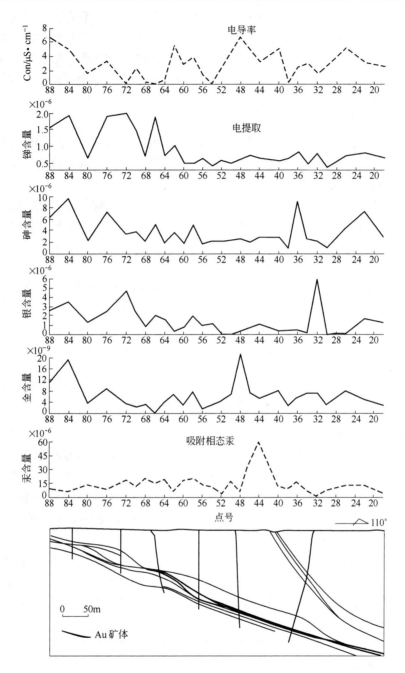

图 7-33 山东招远尹格庄金矿 64 号线地电提取、土壤离子电导率、
土壤吸附相态汞异常剖面图

金矿体;第二个异常位于 70~84 号测点之间,异常峰值为 4.71×10^{-6},异常宽约 120m。

(3) 砷异常特征。砷的背景值为 2.0×10^{-6},异常下限值为 4.0×10^{-6}。在剖面的 22、36、76、84 号测点处出现异常,在隐伏矿体上方(36 号测点)异常强度为 12.33×10^{-6}。

(4) 锑异常特征。锑的背景值为 0.5×10^{-6},异常下限值为 1.0×10^{-6}。在剖面的 66 号测点及 70~84 号测点间出现异常,异常峰值为 4.13×10^{-6},异常宽约 120m。

综上所述，地电提取法的金异常在隐伏矿体上方都有显示，且在主矿体部位出现高值异常，表明该方法寻找隐伏金矿是有效和可行的。同时，其他指示元素也可起到指示作用。在隐伏矿体上方有 Ag、As 元素的高值异常显示，锑元素异常主要出现在剖面的 70 ~ 84 号测点之间，在这一范围也有 Au、Ag、As 元素异常显示，该地电提取异常与电阻率异常相吻合，推断深部有矿化体存在。

b　土壤离子电导率异常特征

电导率的背景值为 $1.0\mu S/cm$，异常下限值为 $1.6\mu S/cm$，异常主要出现在 18 ~ 64 号测点之间，呈多峰状，基本上与隐伏金矿体的赋存位置相对应，异常峰值为 $6.63\mu S/cm$。

c　土壤吸附相态汞异常特征

汞的背景值为 7.3×10^{-9}，异常下限值为 13.0×10^{-9}。在 40 ~ 46 号测点之间出现强度较高的吸附相态汞异常，异常峰值为 58.98×10^{-9}，对应于隐伏金矿体的位置，与地电提取异常相吻合。

C　找矿方法可行性结论

经过对 I 号矿体的 64 线剖面进行多种方法的试验，其结果基本一致，即：

（1）异常均有一定的规模，异常清晰度较高，分布较稳定。

（2）异常出现的位置与已知矿体赋存位置吻合。

（3）应用地电提取法、土壤离子电导率法、吸附相态汞法在矿区开展找矿工作是可行和有效的。

7.5.2　安徽五河金矿地电化学集成技术找矿可行性试验研究

7.5.2.1　矿区地质特征

矿区位于郯-庐深大断裂带的主干断裂朱顶-石门山断层及五河-红心集断层之间，相对抬升的地垒式断块-蚌埠复式背斜东段的小溪集段之上。矿区出露的地层主要为复背斜核部的下五河群西堆组的黑云母（或角闪石）变粒岩，矿区东侧见少量白垩系朱巷组红色砂岩，地层仍保留复式背斜的东西向褶皱特征，复背斜小溪集段轴线呈东西向或北东东向，通过矿区蒙蒙山一带。

矿区见有多期岩浆活动。南部出露女山混合花岗岩体，另外，中酸性岩脉较为发育。除少量基性-超基性岩墙外，主要为沿断裂充填的燕山期花岗斑岩小侵入体和岩脉及闪长玢岩脉。花岗斑岩的出露面积在主矿带附近，约占总面积的 15% ~ 20% 左右，可能与区内金矿化有关，但缺少年代研究。

区内矿化严格受构造控制，以热液充填和交代为特征，部分发育在斑岩中显示出与岩浆期后热液活动密切相关。

7.5.2.2　地电化学集成技术找矿可行性试验研究

集成技术可行性试验研究是在已知剖面 0 线上进行的。按 $100m \times 20m$ 网度对地电提取金、吸附相态汞、土壤电导率测量为一体的集成技术进行试验研究。

0 号测线长 1300m，由测区延伸至主矿带。从 45 号点至 57 号点是已知矿位置，已知矿顶部出露，自 47 号点向南东方向倾斜延深，有三个钻孔控制。

在 0 线地电化学集成技术异常剖面图上（图 7-34），已知矿体上方的地电化学集成技术异常特征清晰，表现如下：

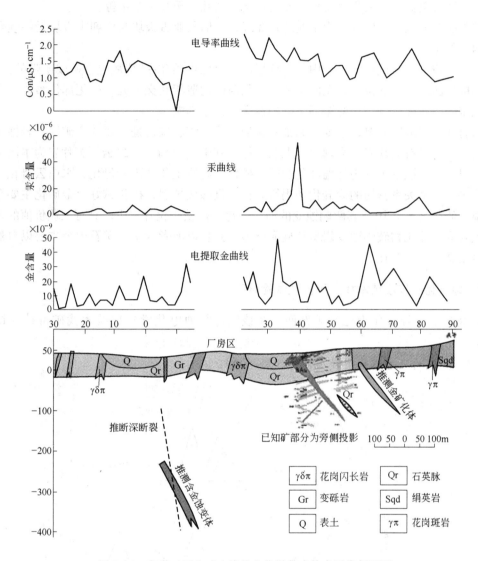

图 7-34　安徽五河金矿 0 线地电化学集成技术异常剖面图

（1）地电提取金异常出现在 41～47 号点之间，左边峰值高，有叠加；右边峰值低，也有叠加。这表明已知矿确实含金。

（2）汞异常与弱磁异常对应，表明该异常位置确系断裂构造所在。

（3）电导率异常在已知矿体上方表现为高背景，并向南东方向降低，是存在矿化的显示。

综上所述，在已知矿体上方所用的地电化学集成技术异常特征表明，此技术可以全面地解释已知矿的基本特征及矿体赋存位置。

7.6　草原覆盖区——内蒙古巴彦哈尔金矿地电化学集成技术可行性试验研究

7.6.1　矿区地质概况简介

试验区属内蒙古北部草原低山丘陵区，地形较为平坦，水系不发育，蒸发量远远大于降水量。地表覆盖层及坡积物发育，厚度不均，从几米至几十米不等。

试验区在大地构造位置上为华北地台北缘，西伯利亚古板块与中朝古板块最终缝合对接的构造部位。

在局部构造上，试验区位于内蒙古苏尼特左旗巴彦哈尔-昌特敖包金矿成矿带的西段。复背斜构造西端收敛部位，北东向构造与近东西向构造相互交汇处，矿化部位整体上为一大的北东向挤压破碎带，曾受多期大的构造活动作用影响。

试验区出露地层简单，主要为温都尔庙群，同时该层位也是主要的含矿层。岩性主要为石英岩、二云石英片岩、大理岩、泥灰岩等，其中（石榴石）二云石英片岩为本区主要赋矿围岩。围岩蚀变主要为低温硅化、褐铁矿化、高岭土化、绢云母化、水白云母化、绿泥石化等，与金关系密切的为硅化和褐铁矿化，且蚀变越强，矿化越好。金矿化主要存在于低温硅质脉（岩）中及其两侧蚀变的绢云母化、褐铁矿化片岩中。具有工业价值的矿石类型主要为贫硫化物破碎蚀变岩型和硅质脉型，并且以前者为主。矿石中金主要以自然金和少量银金矿形式存在。

7.6.2　地电化学集成技术找矿可行性试验研究

研究选取 2 号线作为已知矿剖面，在该区进行地电化学集成技术找矿可行性试验研究。

7.6.2.1　地电集成技术异常特征（图 7-35）。

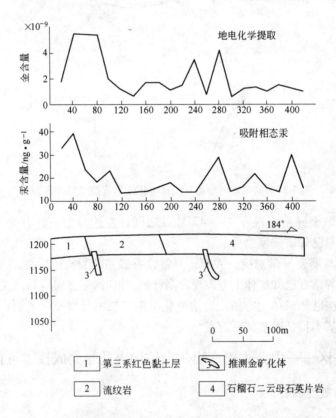

图 7-35　内蒙古巴彦哈尔金矿 2 号线地电化学集成技术异常剖面图

A　地电化学提取异常

在 2 线按 20m 等距布置 21 个测点，采用发电机供电，供电电压 220V，供电时间 35h，提取分析金元素，结果在该剖面上测出了清晰的金异常。

在该试验剖面上测出了三个明显的金异常。第一个金异常位于剖面的 40～80m 段，异常强度为 $(5.4～190.84)×10^{-9}$，异常高出背景 4～100 余倍（背景为 $1.2×10^{-9}$），异常宽达 40m，异常极大值达 $190.84×10^{-9}$，位于 60m 处。该地段正是蚀变破碎带与围岩的分界面，异常可能是由蚀变破碎带引起的或在该位置存在一个与已知矿体平行的隐伏金矿化地质体。第二个金异常位于剖面的 160～180m 段，异常强度分别为 $1.68×10^{-9}$、$1.65×10^{-9}$，尽管该段异常强度较弱，但异常形态相当清晰，且该段正好位于已知矿体的走向线上，推测为已知矿体在走向上的埋藏深度逐渐增加所致。第三个金异常位于剖面的 240～280m 段，异常呈双峰形态分布，异常强度为 $(3.45～4.24)×10^{-9}$，异常是背景的 3～4 倍，异常宽度为 40m，该地段有原、次生晕测量所圈定的金异常中心，但无具体的矿体地质资料。

B　吸附相态汞异常

吸附相态汞测量在该剖面上测出了一个多峰异常和四个单峰异常。多峰异常位于剖面 20～100m 段，异常强度为 18.9～39.8ng/g，高出背景（10ng/g）2～4 倍，异常宽度 80m，极大值位于 40m 处，为 39.8ng/g，与地电化学提取的第一个金异常段对应；四个单峰异常分别位于 200m、280m、340m、400m 处，其中 200m 处异常强度较弱，仅为 18.4ng/g，同地电化学提取的第二个金异常段相对应；280m 处的汞异常为 27.3ng/g，与地电化学提取的第三个金异常段对应；340m、400m 处的汞异常值分别为 23.4ng/g 和 32.3ng/g。

7.6.2.2　地电化学集成技术找矿可行性试验研究的结论

由上述地电化学集成技术异常出露部位和已知矿体、蚀变破碎带及地质资料可以看出，在 160～180m 处的地电化学提取和吸附相态汞异常，同已知金矿体的赋存地质位置一致，显然是由已知金矿体的存在所致；其异常强度均较弱，则是矿体埋藏深度增大所致。40～80m 段的地电化学集成技术异常特征同 160～180m 段的异常特征相比较，具有共同点，即地电化学提取和吸附相态汞两者异常相对应，故推测该段存在一同已知矿体平行的金矿化地质体。该段地电化学集成技术异常强度较前者高，表明该段的金矿化地质体埋藏较浅。

通过对巴彦哈尔金矿已知剖面的地电化学集成技术找矿可行性试验，可得出应用地电化学集成技术在该区找寻隐伏金矿是可行的。

7.7　南方残坡积覆盖区——广西南乡金矿地电化学集成技术找矿可行性试验

7.7.1　矿区地质概况简介

广西横县泰富金矿位于横县县城南 8～13km，隶属于横县南乡镇管辖，水路、公路交通较为便利。地理坐标为东经 109°09′50″～109°10′56″，北纬 22°37′10″～22°37′35″。本区属低山丘陵地形，北高南低，海拔标高最高 289m，最低 60m，坡度角一般小于 30°。属亚热带季风气候，夏季炎热多雨，冬季温暖无冰冻。年平均气温 21.5℃，年平均降雨量 1487mm，年蒸发量 1590m，年平均相对湿度 80%，在春夏雨季山沟中有些地表流水，秋冬季干旱。

　　该区地层北部出露寒武系黄洞口组（$\in h$）碎屑岩；泥盆系下统莲花山组（D_1l）滨海近岸相砾岩、砂岩、粉砂岩；那高岭组（D_1n）灰绿色粉砂质泥岩，郁江组（D_1y）碳质页岩夹泥质灰岩，莫丁组（D_1m）局限台地相硅质页岩；南部和西部出露白垩系下统新隆组（K_1x）湖相碎屑岩；西部出露大坡组（K_1d）紫红色砾岩、砂砾岩夹砂岩；矿区东南角出露石炭系下统（C_1）硅质岩、砂岩；九曲江河床一带出露石炭系中统黄龙组（C_2h）浅灰色厚层状灰岩；第四系分布于现代河床两侧及半坡上，由残坡积、冲积、洪积层的砂、砾、黏土组成。

　　岩浆岩较发育。华力西晚期壳源重熔型的西津岩体出露于测区东部，而旧州岩体出露于测区南部，它们可能同属于浦北岩体的一部分。此外，北部瞻顾山一带有霏细斑岩的岩株、岩墙分布。区内断裂构造比较发育，主要有北东东向及北北东向两组断裂，其中以北东东向断裂最为发育，分布在高山-大化村-红宜村一线。

7.7.2　可行性找矿试验

　　本书研究采用偶极子供电方式的阴极提取法进行地电提取法测量，线距 50m，点距 20m，测量剖面 14 条。地电提取法在已知金矿体和构造破碎带上方均有金地电提取高值异常出现（图 7-36）。

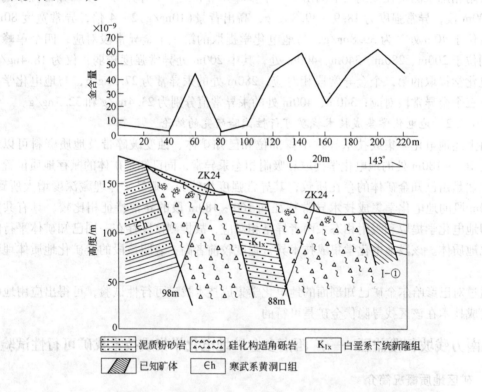

图 7-36　广西横县泰富金矿 24.5 线地电提取异常剖面图

　　可以看出，在已知矿体上方，金地电提取异常达到最高值（61.66×10^{-9}），方法效果较好。在该剖面的 40~80m 地段为坡积物和植被覆盖，但地电提取异常显示，峰值达 44.67×10^{-9}。经钻孔验证，见到金矿化（0.2g/t，岩芯采取率 49.30%）；在 110~160m 地段，为坡积物覆盖，但有清晰的金地电异常显示，峰值达 58.88×10^{-9}。经槽探揭露，为硅化构造角砾岩带，钻孔验证见金矿化（0.6g/t，岩芯采取率49.50%）。

7.8 结论

通过在南澳大利亚第四系覆盖区、东北大兴安岭原始森林覆盖区、西北戈壁覆盖区、华东冲积平原覆盖区、草原覆盖区等5种不同覆盖条件的找矿有效性试验研究，获得如下结论认识：

（1）通过地电化学集成技术有效性试验研究，表明在上述5种不同类型厚层覆盖区利用地电提取测量法为主，土壤离子电导率测量法、土壤吸附相态汞测量为辅的集成技术来寻找上述类型的隐伏金矿是可行、有效和快速的。这套地电化学集成技术的试验成功，为今后在类似厚层覆盖区寻找隐伏金矿开辟了一条新途径。

（2）从试验剖面可看出，虽然各金矿区的覆盖类型不同，但在隐伏金矿体上方测出的地电化学集成技术异常形态都基本相似：1）地电提取金异常一般都是呈单峰或双峰形态分布；2）土壤离子电导率异常一般都是呈平缓的宽峰形态分布；3）土壤吸附相态汞异常一般都是呈锯齿状形态分布。

（3）根据5种不同类型覆盖区的隐伏金矿体上方测出的地电集成技术异常形态特征的基本相似性，构建一个寻找隐伏金矿的以地电提取测量法为主，土壤离子电导率测量法、土壤吸附相态汞测量为一体的地电化学集成技术理想模式图（图7-37），为在未知区的找矿评价提供参考。

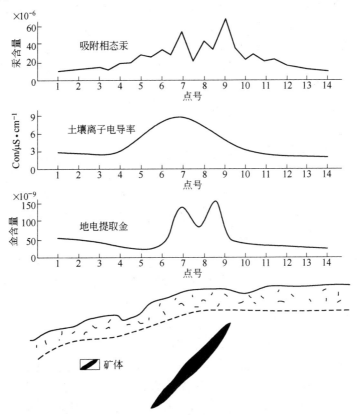

图 7-37 隐伏金矿体上方地电化学集成技术找矿理想模式示意图

8 地电化学集成技术找矿预测研究

8.1 南澳大利亚 Challenger 金矿找矿预测研究

8.1.1 Challenger 金矿 A 线地电化学集成技术异常特征

为了解 Challenger 金矿 M1、M2、M3 金矿体的延伸方向，在平行 B 剖面的南面 200m 方向布置长 500m 的 A 剖面，按 20m 等距布置 24 个测点，开展以地电提取为主的地电化学集成技术找矿预测，结果在该剖面测出了多处地电提取、土壤离子电导率（Con）、土壤吸附相态汞为一体的集成技术异常（图 8-1）。

8.1.1.1 地电提取多元素异常特征

A 金异常特征（图 8-1）

金的背景值为 10μg/L，异常下限值为 20μg/L，在该剖面上测出了两个金异常。第一个异常位于剖面的 11～19 号测点之间，异常呈三峰形态分布，异常强度为 20～84μg/L，异常是背景的 2～4 倍，异常宽 120 余米，最高异常值 84μg/L 在 12 号测点，次高异常值 62μg/L 在 15 号测点。根据该异常分布的地质部位，推测为 M1、M2 金矿体向 SE 延伸所引起。第二个异常位于剖面的 21～24 号测点之间，异常呈单峰形态分布，异常强度为 22～162μg/L，异常是背景的 2～8 倍，异常宽 80 余米，最高异常值 162μg/L 在 23 号测点。根据该异常分布的地质部位，推测为 M3 金矿体向 SE 延伸所引起。

B 银异常特征（图 8-1）

银的背景值为 50μg/L，异常下限值为 100μg/L，在该剖面上测出了两个银异常。第一个异常位于剖面的 12～15 号测点之间，异常呈梯形分布，异常强度为 422～520μg/L，异常是背景的 4～5 倍，异常宽 60 余米，最高异常值 520μg/L 在 14 号测点，次高异常值 422μg/L 在 13 号测点。根据该异常分布的地质部位，推测为 M1 金矿体向 SE 延伸所引起。第二个异常位于剖面的 16～23 号测点之间，异常呈驼峰形态分布，异常强度为 131～955μg/L，异常是背景的 2～8 倍，异常宽 80 余米，最高异常值 955μg/L 在 18 号测点，次高异常值 140μg/L 在 21 号测点。根据该异常分布的地质部位，推测为 M2、M3 金矿体向 SE 延伸所引起。

C 砷异常特征（图 8-1）

砷的背景值为 10μg/L，异常下限值为 20μg/L，

在该剖面上测出了 1 个砷异常。异常位于剖面的 19～27 号测点之间，异常呈多峰形态分布，异常强度为 20～73μg/L，异常是背景的 2～6.5 倍，异常宽 140 余米，最高异常值 73μg/L 在 22 号测点，次高异常值 72μg/L 在 24 号测点。根据该异常分布的地质部位，推测为 M2、M3 金矿体向 SE 延伸所引起。

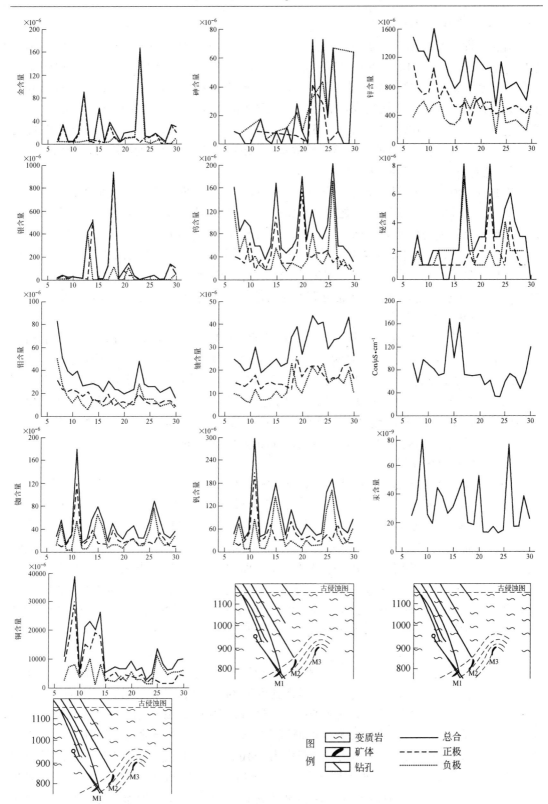

图 8-1 Challenger 金矿 A 剖面地电化学集成技术异常特征图

D　铷异常特征（图 8-1）

铷的背景值为 20μg/L，异常下限值为 40μg/L，在该剖面上测出了两个铷异常。第一个异常位于剖面的 8～16 号测点之间，异常呈多峰形态分布，异常强度为 57～173μg/L，异常是背景的 2～4.5 倍，异常宽 140 余米，最高异常值 173μg/L 在 11 号测点，次高异常值 78μg/L 在 15 号测点。根据该异常分布的地质部位，推测为 M1、M2 金矿体向 SE 延伸所引起。第二个异常位于剖面的 2～25 号测点之间，异常呈单峰形态分布，异常强度为 51～88μg/L，异常是背景的 2～4 倍，异常宽 60 余米。引起该异常的原因有待研究。

E　钼异常特征（图 8-1）

钼的背景值为 15μg/L，异常下限值为 30μg/L，在该剖面上测出了两个钼异常。第一个异常位于剖面的 7～12 号测点之间，异常强度为 30～84μg/L，异常是背景的 2～5 倍，异常未封闭有继续向剖面 E 方向延伸趋势，最高异常值 84μg/L 在 7 号测点，次高异常值 52μg/L 在 8 号测点，引起该异常的原因有待研究。第二个异常位于剖面的 22～24 号测点之间，异常呈单峰形态分布，异常强度为 48μg/L，异常是背景的 3 倍，异常宽 40 余米。异常峰值在 23 号测点。根据该异常分布的地质部位，推测为 M3 金矿体向 SE 延伸所引起。

F　铜异常特征（图 8-1）

铜的背景值为 5000μg/L，异常下限值为 10000μg/L，在该剖面上测出了两个铜异常。第一个异常位于剖面的 7～15 号测点之间，异常呈多峰形态分布，异常强度为 10720～37960μg/L，异常是背景的 2～7.5 倍，异常宽 140 余米，最高异常值 37960μg/L 在 9 号测点，次高异常值 26240μg/L 在 14 号测点，引起该异常的原因有待进一步研究。第二个异常位于剖面的 24～26 号测点之间，异常呈单峰形态分布，异常强度为 13490μg/L，异常是背景的 2.6 倍，异常宽 40 余米。引起该异常的原因有待研究。

G　锌异常特征（图 8-1）

锌的背景值为 500μg/L，异常下限值为 1000μg/L，在该剖面上测出了两个锌异常。第一个异常位于剖面的 7～14 号测点之间，异常呈单峰形态分布，异常强度为 1150～1600μg/L，异常是背景的 2～3.2 倍，异常宽 140 余米，最高异常值 1600μg/L 在 11 号测点，次高异常值 1490μg/L 在 7 号测点，该异常未封闭有继续向剖面 E 侧方向延伸趋势。引起该异常的原因有待研究。第二个异常位于剖面的 15～24 号测点之间，异常呈多峰形态分布，异常强度为 1140～1240μg/L，异常是背景的 2～2.4 倍，异常宽 140 余米。最高异常值 1240μg/L 在 18 号测点，次高异常值 1220μg/L 在 17 号测点。根据该异常分布的地质部位，推测为 M1、M2、M3 金矿体向 SE 延伸所引起。

H　钨异常特征（图 8-1）

钨的背景值为 40μg/L，异常下限值为 80μg/L，在该剖面上测出了 4 个钨异常。第一个异常位于剖面的 7～10 号测点之间，异常强度为 84～161μg/L，异常是背景的 2～4 倍，异常未封闭有继续向剖面 E 侧方向延伸趋势，最高异常值 161μg/L 在 7 号测点，次高异常值 104μg/L 在 8 号测点。引起该异常的原因有待研究。第二个异常位于剖面的 14～16 号测点之间，异常呈单峰形态分布，异常强度为 164μg/L，异常是背景的 4 倍，异常宽 40 余米。异常峰值在 15 号测点，根据该异常分布的地质部位，推测为 M1 金矿体向 SE 延伸所引起。第三个异常位于剖面的 19～24 号测点之间，异常呈驼峰形态分布，异常强度为 81～175μg/L，异常是背景的 2～4.3 倍，异常宽 100 余米。最高异常值 175μg/L 在 20 号测点，次高异常值120μg/L 在22号测点，根据该异常分布的地质部位，推测为 M2、M3 金矿体向 SE 延伸所引起。第四个异常位于剖面的25～27号测点之间，异常呈单峰形态分布，异常强度为198μg/L，异常是背景的4.9倍，异常宽40余米。引起该异常的原因有待研究。

I　铀异常特征（图8-1）

铀的背景值为15μg/L，异常下限值为30μg/L，在该剖面上测出了1个铀异常。异常位于剖面的17～25号测点之间，异常呈阶梯形态分布，异常强度为35～44μg/L，异常是背景的2～2.5倍，异常宽140余米，最高异常值44μg/L 在22号测点，次高异常值41μg/L 在24号测点。根据该异常分布的地质部位，推测为 M2、M3 金矿体向 SE 延伸所引起。

J　钒异常特征（图8-1）

钒的背景值为50μg/L，异常下限值为100μg/L，在该剖面上测出了两个钒异常。第一个异常位于剖面的10～20号测点之间，异常呈三峰形态分布，异常强度为100～240μg/L，异常是背景的2～4.8倍，异常宽160余米，最高异常值240μg/L 在11号测点，次高异常值146μg/L 在15号测点。根据该异常分布的地质部位，推测为 M1、M2 金矿体向 SE 延伸所引起。第二个异常位于剖面的24～27号测点之间，异常呈单峰形态分布，异常强度为100～159μg/L，异常是背景的2～3倍，异常宽60余米，最高异常值159μg/L 在26号测点，次高异常值99μg/L 在27号测点。根据该异常分布的地质部位，推测为 M3 金矿体向 SE 延伸所引起。

K　铋异常特征（图8-1）

铋的背景值为2μg/L，异常下限值为4μg/L，在该剖面上测出了两个铋异常。第一个异常位于剖面的16～18号测点之间，异常呈单峰形态分布，异常强度为8μg/L，异常是背景的4倍，异常宽40余米。根据该异常分布的地质部位，推测为 M1 金矿体向 SE 延伸所引起。第二个异常位于剖面的21～26号测点之间，异常呈双峰形态分布，异常强度为4～8μg/L，异常是背景的2～4倍，异常宽140余米，最高异常值8μg/L 在22号测点，次高异常值6μg/L 在25号测点。根据该异常分布的地质部位，推测为 M2、M3 金矿体向 SE 延伸所引起。

8.1.1.2　土壤吸附相态（汞）异常特征（图8-1）

土壤吸附相态（汞）的背景值为 15×10^{-9}，异常下限值为 30×10^{-9}，在该剖面上测出了三个土壤吸附相态（汞）异常。第一个异常位于剖面的8～14号测点之间，异常呈驼峰形态分布，异常强度为 $(36.17 \sim 76.65) \times 10^{-9}$，异常是背景的2～5倍，异常宽80余米，最高异常值 76.65×10^{-9} 在9号测点，次高异常值 44.23×10^{-9} 在12号测点。引起该异常的原因有待研究。第二异常位于剖面的15～21测点之间，异常呈双峰形态分布，异常强度为 $(30.64 \sim 51.92) \times 10^{-9}$ 异常是背景的2～3.4倍，异常20余米，最高异常值 51.92×10^{-9} 在20号测点，次高异常值 50.2×10^{-9} 在17号测点。根据该异常分布的地质部位，推测为 M2 金矿体向 SE 延伸所引起。第三异常位于剖面的25～27号测点之间，异常呈单峰形态分布，异常强度为 72.7×10^{-9}，异常是背景的4.8倍，异常宽40余米，异常峰值在26号测点。引起该异常的原因有待研究。

8.1.1.3　土壤离子电导率异常特征（Con）（图8-1）

土壤离子电导率（Con）的背景值为50μS/cm，异常下限值为100μS/cm，在该剖面上测出了1个土壤离子电导率（Con）异常。异常位于剖面的13～17号测点之间，异常呈双峰形态分布，异常强度为 $100 \sim 165 \mu S/cm$，异常是背景的 $2 \sim 3.2$ 倍，异常宽 80 余米，最高异常值 $165 \mu S/cm$ 在 14 号测点，次高异常值 $158 \mu S/cm$ 在 16 号测点。根据该异常分布的地质部位，推测为 M1、M2 金矿体向 SE 延伸所引起。

8.1.2　Challenger 金矿 A 线地电化学集成技术异常评价解释

通过对上述 Challenger 金矿 A 线地电提取多元素、土壤吸附相态汞、土壤离子电导率为一体的地电化学集成技术异常特征的综合分析和异常的吻合程度，可将该剖面的异常划分为 3 个地电化学集成技术异常区段。

第一集成技术异常区段：位于剖面的 12 ~ 20 号测点之间，集成技术异常区段宽度 120m。在该异常区段范围内集中测出了地电提取 Au、Ag、As、Rb、Zn、W、U、V、Bi 等 9 个元素异常、土壤吸附相态汞异常、土壤离子电导率异常等集成技术异常。3 种集成技术异常均具有一定的规模和强度，并且吻合程度十分完好。根据集成技术异常吻合程度及分布的地质部位，推测为 M1、M2 金矿体向 SE 延伸所引起。

第二集成技术异常区段：位于剖面的 21 ~ 25 号测点之间，集成技术异常区段宽度 80m，在该异常区段范围内仅测出地电提取 As、Mo、Zn、W、U、V、Bi 等 7 个元素异常，多种元素异常程度较高，异常的规模和强度大。根据多种元素异常分布的地质部位，推测为 M3 金矿体向 SE 延伸所引起。

第三集成技术异常区段：位于剖面的 7 ~ 11 号测点之间，集成技术异常区段宽度 60m。在该异常区段内仅测出了地电提取 Mo、Cu、Zn、W 等 4 个元素异常。

第四集成技术异常区段：位于剖面的 26 ~ 29 号测点之间，集成技术异常区段宽度 60m，在该异常区段内仅测出地电提取 Rb、Cu、W 等 3 个元素异常。上述两个区段测出的异常参数非常有限，缺少大部分成矿元素异常及土壤离子电导率异常。测出的异常规模也很有限，因此推测上述两个区段的异常无多大找矿意义。

8.2　虎拉林金矿深部找矿预测研究

按照武警黄金第三支队的要求，我们对虎拉林矿区圈出的 Hy-2、Hy-3、Hy-4 号化探金异常进行深部找矿评价。根据以往的工作情况及三个化探金异常分布的范围，按200m × 40m 测网（异常中心地段加密到20m）布置 6 条线（84、76、68、60、52、44）开展地电提取、土壤吸附相态汞、土壤离子电导率测量找矿评价工作。由于虎拉林矿区地表覆盖层变化差异大，在测区北面 76 线和测区南面 52 线地表土壤层较厚，供电条件较好，而其他剖面线地表覆盖层基本全是厚达几米的物理风化碎石，使供电造成一定困难，因而地电提取分析金的结果差异极大，使金异常的成图难以用统一的背景值和异常下限值作出平面异常图，只能按单条剖面异常特征进行分析研究。虽然不同剖面上金含量相差较大，但已知矿上方不同剖面线上金异常的清晰度非常好，因此，金含量的差异不会影响到对深部找矿的评价预测。下面按由北到南的顺序，对各条剖面的异常特征进行逐一分析。

8.2.1　地电化学集成技术剖面异常特征

8.2.1.1　84 线异常特征

A　地电提取金异常特征（图 8-2a）

在该剖面的 304 ~ 308m、404m、422m 处，分别测出了强度为 1.7×10^{-9}、1.9×10^{-9}、

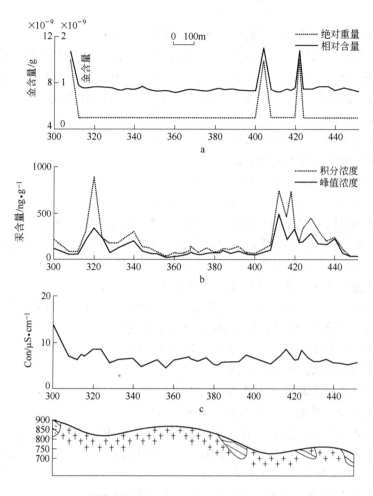

图 8-2 内蒙古虎拉林金矿 84 线多种新方法异常剖面图

1.7×10^{-9} 的单峰金异常，异常高于背景 2 倍。异常狭小、规模不大。

    B   土壤吸附相态汞测量异常特征（图 8-2b）

    在剖面的 408～432m 之间，测出强度为 195～747ng/g 的汞异常，异常高出背景 2～8 倍，异常宽 200 余米，最高异常值出现在 412m 处，强度为 747.28ng/g，该异常与 Hy-4 异常相吻合；另一异常分布在剖面 314～348m 之间，异常强度为 175～887ng/g，异常高出背景 2～9 倍，异常宽度为 200 余米，最高异常区在 316～324m 之间。在 320m 处异常高达 887.69ng/g，该异常分布的位置正是 Hy-2 金异常出露部位。

    C   土壤离子电导率异常特征（图 8-2c）

    土壤离子电导率异常反映不明显。

8.2.1.2 76 线未知地段异常特征

    A   地电提取金异常特征（参见第 7 章图 7-3a）

    在 76 线未知地段的 320～340m 之间，测出异常强度为 $(9.8～27.6) \times 10^{-9}$ 金异常，异常高出背景 1～5 倍，异常宽度为 200 余米，最高异常值 27.6×10^{-9} 位于剖面的 330m 处。该异常的出露部位正好在 Hy-2 异常的分布位置，且异常的浓集中心正是地电提取金异常最高值的出露位置。

B　土壤吸附相态汞测量异常特征（参见第 7 章图 7-3b）

在 76 线未知地段测出了两个汞异常特征，第一个汞异常呈多峰形态分布于剖面的 308～340m 之间，异常强度为 94～419ng/g，异常宽约 300 余米。异常分布范围与 Hy-2 异常一致。第二个汞异常呈宽峰形态，分布于剖面 380～400m 之间，异常强度为 122～542ng/g，异常宽度为 200 余米。该异常与 Hy-3 异常相吻合。

C　土壤离子电导率异常特征（参见第 7 章图 7-3c）

在 76 线未知地段未测出电导率异常。

8.2.1.3　68 线未知地段异常特征

A　地电提取金异常特征（参见第 7 章图 7-4a）

在 68 线未知地段的 320～328m 之间，测出一个强度为 $(3.9～5)×10^{-9}$ 的金异常，异常宽 80 余米，异常分布在侏罗系地层中。另在剖面的 340m 和 356m 处测出两个单峰弱异常，单峰弱异常分布位置是 Hy-2 异常的分布部位。

B　土壤吸附相态汞测量异常特征（参见第 7 章图 7-4b）

在剖面的 328～352m 之间，测出强度为 139～491ng/g 的呈双峰形态分布的汞异常，异常宽度 150m。该异常出露部位正是 Hy-2 异常分布位置。

C　土壤离子电导率异常特征（参见第 7 章图 7-4c）

在 68 线未知地段未测出电导率异常。

8.2.1.4　60 线未知地段异常特征

A　地电提取金异常特征（参见第 7 章图 7-5a）

在剖面的 324～342m 之间，测出一个强度为 $(1.7～1.9)×10^{-9}$ 金异常，异常宽 160 余米，异常高出背景 2 倍。该异常基本与 Hy-2 异常相吻合。另在 376m 处出现一个单峰异常，异常值为 $1.82×10^{-9}$，高出背景 2 倍。

B　土壤吸附相态汞测量异常特征（参见第 7 章图 7-5b）

在剖面的 350m、364m、380m 处测出三个单峰汞异常，异常强度为 424.6～799ng/g，异常高出背景 4～8 倍，350m、364m 处的异常与 Hy-2 异常相吻合。

C　土壤离子电导率异常特征（参见第 7 章图 7-5c）

在剖面的 378～388m 之间，出现分散的弱异常。总体来看，这些异常与汞异常及金异常位置基本吻合。

8.2.1.5　52 线异常特征

A　地电提取金异常特征（图 8-3a）

在该剖面上测出 4 个金异常。第一个金异常单峰单点位于 322m 处，异常值为 $11.5×10^{-9}$，高出背景 5 倍该点正是侏罗系地层与岩体的接触带部位。第二个异常呈双峰形态分布于剖面的 372～384m 之间。异常强度为 $(2.0～21)×10^{-9}$，高出背景 1～10 倍，该异常位置与 Hy-3 异常相吻合。第三个异常呈单峰形态出现在 428～432m 处，异常强度为 $(3～9)×10^{-9}$，高出背景 1～4 倍。该异常出现位置与已知金矿体向南延伸方向相吻合。第四个异常呈双峰形态出现在剖面的 460m 处，异常强度为 $(3～15)×10^{-9}$，高出背景值 1～7 倍。

B　土壤吸附相态汞测量异常特征（图 8-3b）

在该剖面测出 3 个汞异常。第一个汞异常呈单峰单点位于剖面 322m 处，异常强度为

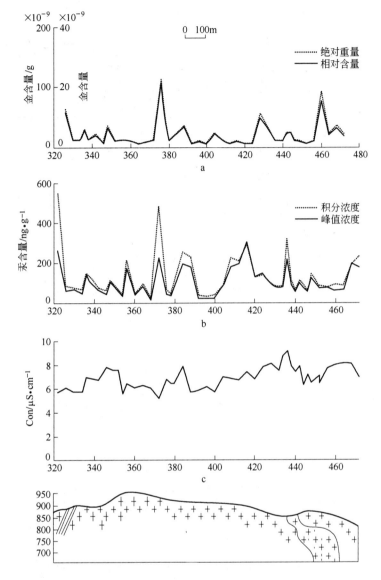

图 8-3　内蒙古虎拉林金矿 52 线多种新方法异常剖面图

548ng/g，高出背景 5 倍，与地电提取金异常吻合完好。第二个汞异常呈多峰形态分布于剖面的 356 ~ 388m 之间，异常强度为 112 ~ 484ng/g，异常高出背景 1 ~ 5 倍，该异常出露位置与 Hy-2、Hy-3 异常相吻合。

C　土壤离子电导率异常特征（图 8-3c）

在该剖面没有测出明显的异常，但剖面有一半以上数据都高于背景值。

8.2.1.6　44 线异常特征

A　地电提取金异常特征（图 8-4a）

泡塑中金的分析结果如图 8-4a 所示，金的背景值为 0.87×10^{-9}，异常下限值为 1.20×10^{-9}。在 320 ~ 348m 区间出现明显异常，异常强度为 $(1.72 ~ 2.08) \times 10^{-9}$，高出背景值 2 倍以上，异常宽度约 300m；368 ~ 424m 区间出现分散的单峰异常；452 ~ 464m 之间出现弱异常。

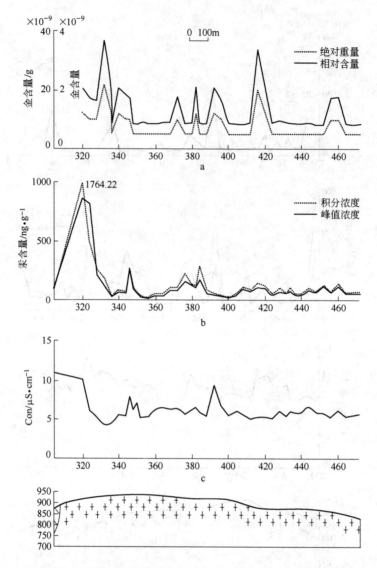

图 8-4　内蒙古虎拉林金矿 44 线多种新方法异常剖面图

　　B　土壤吸附相态汞异常特征（图 8-4b）

　　如图 8-4b 所示，在 304～328m 之间出现明显异常，异常强度很大，为 489.63～1764.32ng/g，高出背景值 5～18 倍。另外，在 346m 和 372～388m 区间，也出现单剖面背景上的异常，它们与图 8-4a 中金异常位置有较好的对应。

　　C　土壤离子电导率异常特征（图 8-4b）

　　如图 8-4c 所示，仅在 304、324m 处出现弱异常。但在 344～352m 区间和 388～400m 区间，出现单剖面背景上的异常，这两处异常与金异常和汞异常相吻合。

8.2.2　地电化学集成技术平面异常特征

8.2.2.1　地电提取金异常平面特征（图 8-5）

　　在分析了各剖面异常特征的基础上，在测区内共圈出了三条带状分布的金异常（见图

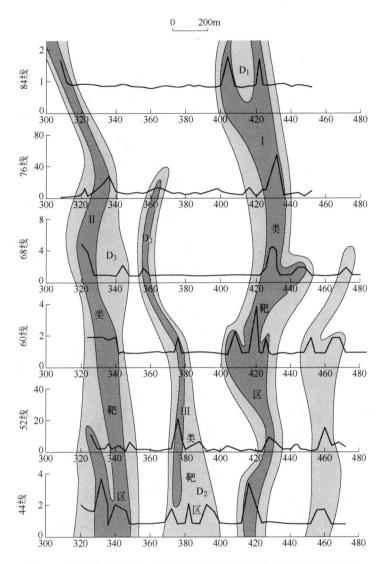

图 8-5 内蒙古虎拉林金矿地电提取金异常平剖面图及靶区划分图

8-5）。按照分布的平面位置，将异常从东到西分别编为 D_1、D_2、D_3 号。

D_1 号异常，位于测区东部，呈长条带状分布，异常长达 1200 余米，平均宽 200 余米，异常浓集中心分布在 420～440m 之间，与 Hy-4 异常内浓度吻合，完好反映了已知金矿体的赋存位置和矿体向 SN 方向延伸的特征。

D_2 号异常，位于测区中部，呈带状分布，异常长达 800 余米，平均宽度 50 余米，异常浓集中心位于 360m 处，异常规模较小，紧靠 Hy-2 异常外带。

D_3 号异常，位于测区西部，呈长条带状分布，异常长达 1200m，平均宽 150 余米，异常浓集中心分布在 320～340m 之间。异常基本上沿着侏罗系与岩体的接触带分布。

8.2.2.2 土壤吸附相态汞测量异常平面特征（图 8-6）

在测区内共圈出了三个汞异常，编号从东到西为 Hg_1、Hg_2、Hg_3。

Hg_1 号异常，位于测区东部，呈长条带状分布，异常长达 1000 余米，平均宽度为 200

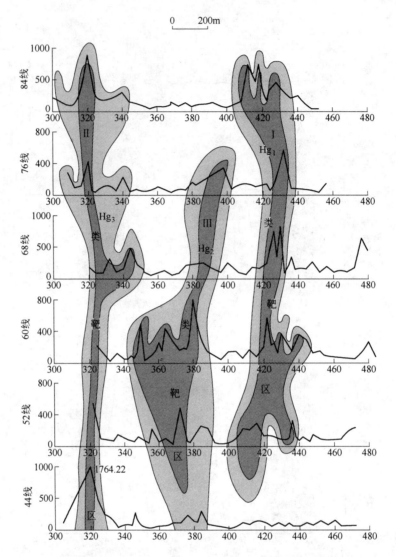

图 8-6 内蒙古虎拉林金矿汞积分浓度剖面图及靶区划分图

余米，异常浓集中心分布在 420~436m 之间，异常浓集中心与 D_1 号地电提取金异常浓集中心十分吻合，共同反映了已知金矿体的赋存部位和矿体延伸方向。

Hg_2 号异常，位于测区中部，呈"龟"字形分布，异常长 800m，异常最宽处达 300m，位于 60 线 348~380m 之间，该异常一部分与 Hy-3 相吻合，一部分与 Hy-2 异常吻合。

Hg_3 号异常，位于测区西部，呈火炬状分布，异常长达 1200m，平均宽 150 余米，异常浓集中心分布在 320m 处，该异常与 D_2 号异常吻合，同样是接触带上出现较强的异常分布。

8.2.2.3 土壤离子电导率异常平面特征（图8-7）

按异常在剖面图上的分布特征，在测区内共圈出了三个电导率异常，编号为 Con_1、Con_2、Con_3。

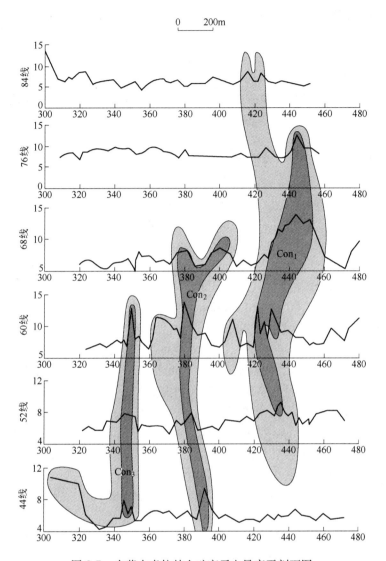

图 8-7 内蒙古虎拉林金矿离子电导率平剖面图

Con₁ 号异常，位于测区东部，呈海豚形状分布，异常长达 600 余米，平均宽度为 250 余米，异常浓集中心分布在 420～440m 之间，与 D₁ 号、Hg₁ 号异常浓集中心十分吻合，同样反映了已知金矿体的赋存部位和矿体延伸方向。

Con₂ 号异常，位于测区中部，呈火炬状分布，异常长 600m，平均宽 600m，异常分布在 376～396m 之间，该异常与 Hy-3 吻合。

Con₃ 号异常，位于测区西部，呈反"L"形状分布，异常长 1000m，异常分布位置与地电提取金异常和 Hy-2 异常较吻合。

8.2.3 异常评价与找矿预测

通过对虎拉林矿区地电提取金异常、土壤吸附相态汞异常及土壤离子电导率异常分布剖面、平面特征的综合分析，按照异常的规模、大小、强弱、变化、吻合程度、异常出现的地质部位及其他一些地质因素，将测区内的综合异常划分为三个级别的异常靶区：

Ⅰ类异常靶区。Ⅰ类异常靶区的划分标准是：（1）同时具备地电提取金异常、土壤吸附相态汞异常及土壤离子电导率异常；（2）三种方法异常具备内、外带分布，浓集中心平均宽度达到100m；（3）三种异常强度均要高出背景2倍以上，规模长度达1000m，平均宽达200m；（4）三种方法异常形态相似，重合性完好；（5）在异常分布地段都具有相似的地质条件。

根据上述五条标准，测区内的 D_1、Hg_1、Con_1 号异常分布区域为Ⅰ类成矿异常靶区。在该靶区内，三种方法异常分布范围大，其中规模长度均达到1000m，平均宽度达200m，异常轴向呈 SN 展布，与测区内已知金矿体的延伸走向一致。三种异常形态相似，异常中心都集中在 420～440m 之间，吻合性非常好，而且在测区内集中分布了多个高异常值。如在76线432m处，地电提取金异常值高达 54.63×10^{-9}，汞异常值高达 569.26ng/g，电导率异常高达 7.3μS/cm。68 线428～432m之间连续出现 4 个高于 4×10^{-9} 地电提取金异常，该相应地段连续出现了大于 300ng/g 高值汞异常；在 430m 处汞异常高达 822.76ng/g；在 60 线420～440m之间，连续分布大于 5 个高于 200ng/g 汞异常值，相同地段连续分布 5 个高于 8μS/cm 的电导率异常值。这些高值异常区，正是位于已知金矿体的赋存部位。

综上所述，在Ⅰ类异常靶区的 D_1、Hg_1、Con_1 号三种综合异常，准确地指示了已知金矿体的赋存地质部位。从三种异常的形态规模和强度来看，该金矿体具有一定的规模，深部有可能存在隐伏金矿体，但向南北延伸都有尖灭趋势存在。因此认为在测区高值异常集中区即 420～440m 处，加大深部工程的揭露，力争在寻找隐伏金矿体上有突破。

Ⅱ类异常靶区。Ⅱ类异常靶区的划分标准：（1）三种方法异常都存在，但有一种方法异常分布不完整。（2）三种方法异常的剖面、平面特征基本相吻合，但吻合程度稍差。（3）三种方法有一定浓集中心，但高值点不连续，其他标准与Ⅰ类异常相同。按以上标准 D_3、Hg_3、Con_3 号异常划归为Ⅱ类异常靶区。

Ⅲ类异常靶区。Ⅲ类异常靶区的划分标准：（1）三种方法异常都存在，但异常规模明显小于Ⅰ、Ⅱ类异常。（2）三种方法异常形态差异较大，吻合程度差，难圈出三种方法高值复合区。出现在区内的 D_2、Hg_2、Con_2 号异常划归为Ⅲ类异常靶区。

根据Ⅲ类异常的平剖面特征，推测在Ⅲ类靶区内寻找具有一定规模的金矿可能性不大，但从异常所处的地质部位和异常有规模的分布来看，也不排除在该靶区内沿着异常分布的轴线去寻找零星分散金矿脉。

2004 年武警黄金三支队在Ⅰ类异常靶区高值异常集中区即 420～440m 处进行探槽（TC421、TC426）、钻孔（ZK6001）、平硐（CM6001）等工程验证，距地表5.2m深处发现1号、2号、3号、4号、5号、6号等6条金矿脉（图8-8），最高品位位于5号高达 9.82g/t，最低品位位于1号为1.03g/t；钻孔（ZK6001）与6条金矿脉相交处品位分别为：3.46g/t、5.29g/t、1.78g/t、1.30g/t、3.24g/t、2.15g/t；平硐（CM6001）与5条金矿脉相交处品位分别为：23.43g/t、1.26g/t、3.20g/t、3.24g/t、1.25g/t。这6条金矿脉均被地电方法异常所控制，获得新增推断的内蕴经济资源量（331）1291kg，潜在的经济效益1亿元左右。

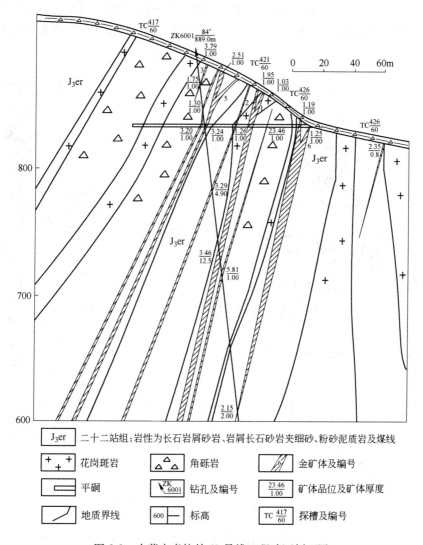

图 8-8　内蒙古虎拉林 60 号线工程验证剖面图

8.3　吉林杜荒岭金矿深部及外围找矿预测研究

在已知矿体取得找矿可行的基础上，我们按照武警黄金第三支队的要求，在杜荒岭矿区外围的金沟东西测区及 2 号角砾岩筒分布地段，利用地电化学集成技术预测评价研究。根据以往的工作情况及化探金异常分布的范围，在金沟西测区按 100m×20m 测网布置 9 条线（3、7、11、15、19、23、27、31、35），在金沟东测区按 100m×20m 测网布置 5 条线（63、67、79、83、87），在 2 号角砾岩筒分布地段按 50m×20m 测网布置 3 条线（1、2、3）开展工作。

8.3.1　金沟西区地电化学集成技术平面异常特征及找矿预测

8.3.1.1　金沟西区 3～35 线地电化学集成技术平面异常特征

A　金沟西区 3～35 线地电提取金平面异常特征

把金沟西测区 3～35 线测得的地电提取金数据，经过数字处理后取 $(1～2)×10^{-9}$ 为外浓度带、$(2 \sim 4) \times 10^{-9}$ 为中浓度带、大于 4×10^{-9} 为内浓度带，用 Surfer 软件自动成图，获得了 4 个地电提取金异常，编号为：JWD1、JWD2、JWD3、JWD4（图 8-9 西区）。

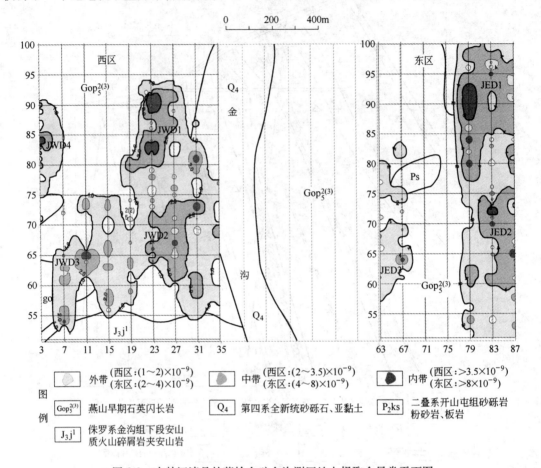

图 8-9　吉林汪清县杜荒岭金矿金沟测区地电提取金异常平面图

JWD1 异常特征：该异常位于金沟西测区 19 ~ 27 线 80 ~ 95 号测点之间，异常呈不规则形态分布，三级浓度分带完整，内浓度带清晰发育。在 23 线的 83、91 点测得 10.71×10^{-9}、18.94×10^{-9} 两个金异常极高值点。

JWD2 异常特征：该异常位于金沟西测区 23 ~ 31 线 60 ~ 75 号测点之间，异常呈不规则形态分布，三级浓度分带不明显，仅有 3 个稍微高一点的金含量分布在 23 线的 66 点、27 线的 67 点、31 线的 73 点，金异常值分别是 4.08×10^{-9}、5.25×10^{-9}、5.11×10^{-9}。

JWD3 异常特征：该异常呈星点状分布于金沟西测区 7 ~ 15 线 60 ~ 65 号测点之间，三级浓度分带不完整，仅在 11 线的 65 点测得 9.6×10^{-9} 单个金异常值高点。

JWD4 异常特征：该异常呈星点状分布于金沟西测区 3 ~ 7 线 80 ~ 90 号测点之间，三级浓度分带不完整，仅在 3 线的 84 点测得 9.46×10^{-9} 单个金异常值高点。

B　金沟西区 3 ~ 35 线离子电导率平面异常特征（图 8-10 西区）

把金沟西测区 3 ~ 35 线测得的土壤离子电导率数据，经过数字处理后取 $3 \sim 3.5 \mu S/cm$ 为外浓度带、$3.5 \sim 6.5 \mu S/cm$ 为中浓度带、大于 $6.5 \mu S/cm$ 为内浓度带，用 Surfer 软件自

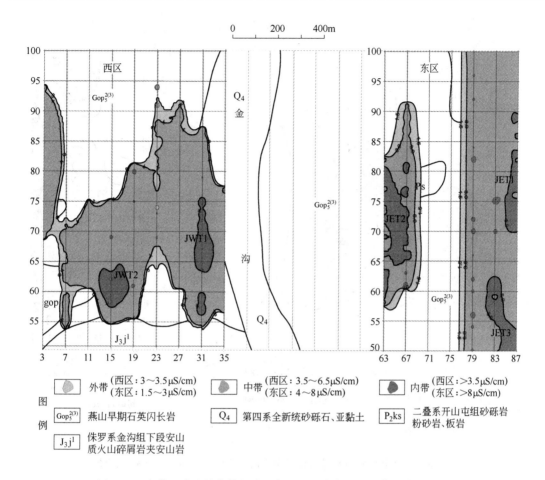

图 8-10 吉林汪清县杜荒岭金矿金沟测区土壤离子电导率异常平面图

动成图，获得了两个土壤离子电导率异常，编号为：JWT1、JWT2。

JWT1 土壤离子电导率异常特征：该异常呈保龄球形态分布在金沟西测区 31~35 线的 55~75 号测点之间，三级浓度分带完整，异常浓集中心集中分布在 31 线的 57~59、67~71 点之间。

JWT2 土壤离子电导率异常特征：该异常呈团块状分布在金沟西测区 11~19 线的 55~65 点之间，三级浓度分带完整，异常浓集中心集中分布在 15 线的 58~63 点之间，在 61 号点的异常高达 27.3μS/cm。

C 新金沟西区 3~35 线土壤吸附相态汞平面异常特征

把金沟西测区 3~35 线测得的土壤吸附相态汞数据，经过数字处理后取 40~80ng/g 为外浓度带、80~160ng/g 为中浓度带、大于 160ng/g 为内浓度带，用 Surfer 软件自动成图，获得了两个地电提取金异常，编号为：JWG1、JWG2（图 8-11 西区）。

JWG1 异常特征；该异常呈团块状分布在金沟西测区 23~35 线的 65~80 点之间，三级浓度分带完整，异常浓集中心集中分布在 27~31 线的 75~80 点之间，在 27 线的 76~81 号点，连续测得四个大于 300ng/g 高值异常，其中 76 号点的异常值高达 510ng/g。另在浓集中心周围还分布几个高值异常点。

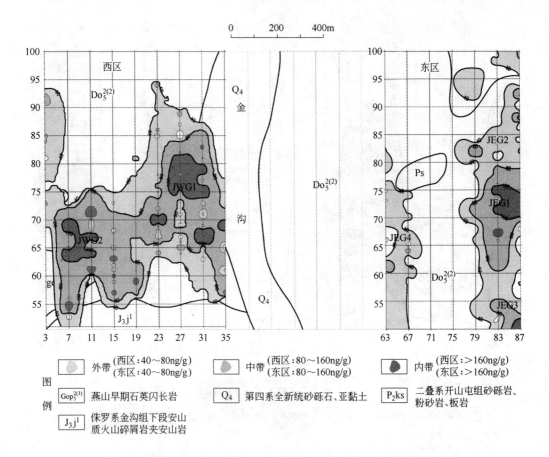

图 8-11　吉林汪清县杜荒岭金矿金沟测区土壤吸附相态汞异常平面图

　　JWG2 异常特征；该异常呈不规则状分布在金沟西测区 7～11 线的 55～75 点之间，三级浓度分带完整，异常浓集中心集中分布在 7～11 线的 64～55 点之间，其中在 7 线的 64 号点的异常值高达 444ng/g。另在浓集中心周围还分布几个单点高值异常。

8.3.1.2　金沟西区地电化学集成技术异常评价与找矿预测

　　通过对杜荒岭矿外围金沟西测区 3～35 线地电提取金、土壤离子电导率及土壤吸附相态汞为一体的地电化学集成技术异常平面特征的综合分析，按照异常的规模、大小、强弱、变化、吻合程度、异常出现的地质部位及其他一些地质因素，将测区内的地电化学集成技术异常划分为两类异常靶区（图 8-12 西区）。

　　Ⅰ类异常靶区。Ⅰ类异常靶区的划分标准是：（1）具备较强的地电提取金、土壤吸附相态汞、土壤离子电导率为一体的地电化学集成技术异常；（2）地电化学集成技术异常都具备较完整的内、中、外带分布，异常规模长度达 400m，平均宽达 200m；（3）几种方法异常形态相似，重合性好。

　　根据上述三条标准，测区内的 JWD1、JWT1（部分）、JWG1（部分）号异常分布区域为Ⅰ类异常靶区。在该靶区内，地电化学集成技术异常分布范围大，其中规模长度均达到 400 余米，平均宽度达 200m，异常轴向均呈 SN 展布，几种异常形态相似，三级浓度分带清晰，吻合性好，而且在该测区内集中分布了多个高异常值。如在 23 线的 83、91 点测得

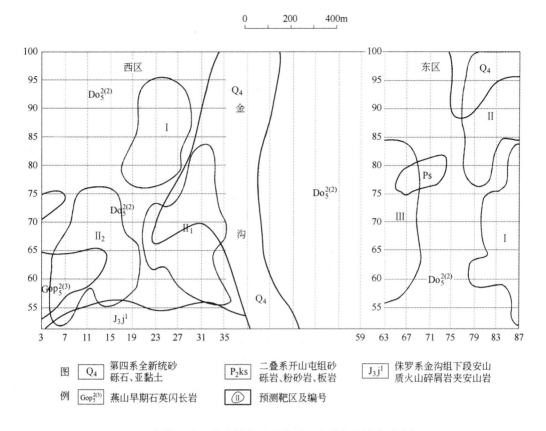

图 8-12 吉林汪清县杜荒岭金矿金沟测区多种方法综合异常靶区图

10.71×10^{-9}、18.94×10^{-9}两个金异常极高值点。在 27 线的 76~81 号点，连续测得 4 个大于 300ng/g 高值汞异常，其中 76 号点的异常值高达 510ng/g。

综上所述，在Ⅰ类异常靶区的 JWD1、JWT1（部分）、JWG1（部分）号集成技术异常规模大、强度大、三级浓度分带清晰吻合程度好。该Ⅰ类异常靶区应该是寻找隐伏金矿有利地段，因此我们认为应在高值异常集中区进行山地工程揭露，力争在寻找隐伏金矿体上有突破。

Ⅱ类异常靶区。Ⅱ类异常靶区的划分标准：（1）地电化学集成技术异常都存在，但地电提金异常强度不大但分布较集中；（2）地电化学集成技术异常都具备较完整的内、中、外带分布，异常规模长度达 400m，平均宽达 200m；（3）地电化学集成技术有一定浓集中心，吻合程度好。

按以上标准测区内的 JWD2、JWT1（部分）、JWG1（部分）号异常划归为Ⅱ₁类异常靶区，JWD3、JWT2、JWG2 号异常划归为Ⅱ₂类异常靶区。在Ⅱ₁、Ⅱ₂靶区内，地电化学集成技术异常分布范围大，其规模长度均达到 400 余米，平均宽度达 200m，异常轴向均呈 SN 展布，集成技术异常形态相似，三级浓度分带清晰，吻合性好。虽然地电提金异常强度不大，但分布较集中，并在 15 线的 60 点测出了高达 27μS/cm 电导率极高值异常，在 JWG1、JWG2 异常范围内还分布多个汞高值异常。推测Ⅱ₁、Ⅱ₂类异常靶区也是寻找隐伏金矿有利地段，值得进一步去做工作。

8.3.2　金沟东区地电化学集成技术平面异常特征及找矿预测

在金沟东区按 100m × 20m 测网布置 5 条线（63、67、79、83、87）开展四种方法的找矿预测研究。

8.3.2.1　金沟东区 63 ~ 87 线地电化学集成技术平面异常特征

A　金沟东区 63 ~ 87 线地电提取金平面异常特征

把在金沟东区 63 ~ 67、79 ~ 87 线测得的地电提取金数据，经过数字处理后取 $(2 ~ 4) \times 10^{-9}$ 为外浓度带、$(4 ~ 8) \times 10^{-9}$ 为中浓度带、大于 8×10^{-9} 为内浓度带，用 Surfer 软件自动成图，获得了三个地电提取金异常，编号为：JED1、JED2、JED3（图 8-9 东区）。

JED1 异常特征：该异常呈手枪形态分布在金沟东区 79 ~ 87 线的 80 ~ 100 号点之间，三级浓度分带完整，内浓度带主要集中在 79 线的 88 ~ 92 号点，在该线 80 ~ 92 点连续测得五个大于 10×10^{-9} 高值异常。

JED2 异常特征：该异常呈不规则形态分布在金沟东区 83 ~ 87 线的 60 ~ 75 号点之间，三级浓度分带较完整，内浓度带主要集中在 83 线的 70 ~ 72 号点，其中 72 号点的金含量高达 20×10^{-9}。

JED3 异常特征：该异常呈不规则形态分布在金沟东区 63 ~ 67 线的 55 ~ 70 号点之间，三级浓度分带较完整，内浓度带主要集中在 67 线的 64 号点，金含量高达 11×10^{-9}。

B　金沟东区 63 ~ 87 线土壤离子电导率平面异常特征

把在金沟东区 63 ~ 67、79 ~ 87 线测得的土壤离子电导率数据，经过数字处理后取 $1.5 ~ 3\mu S/cm$ 为外浓度带、$3 ~ 5\mu S/cm$ 为中浓度带、大于 $5\mu S/cm$ 为内浓度带，用 Surfer 软件自动成图，获得了三个土壤离子电导率异常，编号为：JET1、JET2、JET3（图 8-10 东区）。

JET1 异常特征：该异常呈啤酒瓶形态分布在金沟东区 87 线的 70 ~ 80 号测点之间，三级浓度分带完整，异常浓集中心集中分布在 87 线的 71 ~ 73 点之间。另在 79 线的 70、82 点，83 线的 70、75 点有几个单点异常分布。

JET2 异常特征：该异常呈鸭脖子形态分布在金沟东区 83 ~ 87 线的 50 ~ 60 号测点之间，三级浓度分带完整，异常浓集中心集中分布在 83 线的 58 点及 51 点。另在 79 线还测出几个单点异常。

JET3 异常特征：该异常呈不规则形态分布在金沟东区 63 ~ 67 线的 65 ~ 80 号测点之间，三级浓度分带完整，异常浓集中心集中分布在 63 线的 78 ~ 79 点及 67 线的 76 ~ 78 点，异常值都大于 $5\mu S/cm$。

C　金沟东区 63 ~ 87 线土壤吸附相态汞平面异常特征

把在金沟东区 63 ~ 67、79 ~ 87 线测得的土壤吸附相态汞数据，经过数字处理后取 $40 ~ 80ng/g$ 为外浓度带、$80 ~ 160ng/g$ 为中浓度带、大于 $160ng/g$ 为内浓度带，用 Surfer 软件自动成图，获得了四个地电提取汞异常，编号为：JEG1、JEG2、JEG3、JEG4（图 8-11 东区）。

JEG1 异常特征：该异常呈团块状分布在金沟西测区 83 ~ 87 线的 60 ~ 80 点之间，三级浓度分带完整，异常浓集中心集中分布在 87 线的 71 ~ 77 点之间，其中在 87 线的 72 号点，汞异常值高达 $689ng/g$。

JEG2 异常特征：该异常无内浓度带出现，仅有 3 处呈星点状的中浓度带分布，在 79 线的 82 点汞异常值为 105ng/g，在 87 线的 88 点汞异常值为 125ng/g，在 87 线的 92 点汞异常值为 125ng/g。

JEG3 异常特征：该分布在 83~87 线 50~55 点之间，异常无内浓度带出现，仅有 1 处呈星点状的中浓度带分布，在 87 线的 51 点汞异常值为 114ng/g。

JEG4 异常特征：该异常无内浓度带出现，仅有两处呈星点状的中浓度带分布，在 63 线的 61 点汞异常值为 85ng/g，在 67 线的 64 点汞异常值为 122ng/g。

8.3.2.2 金沟东区地电化学集成技术异常评价与找矿预测

通过对杜荒岭金矿外围金沟东区 63~67、79~87 线地电提取金、土壤吸附相态汞、土壤离子电导率为一体的地电化学集成技术异常平面特征的综合分析，按照异常的规模、大小、强弱、变化、吻合程度、异常出现的地质部位及其他一些地质因素，将测区内的集成技术异常划分为三类异常靶区（图 8-12 东区）。

A Ⅰ类异常靶区

Ⅰ类异常靶区的划分标准是：（1）具备较强的地电提取金、土壤吸附相态汞、土壤离子电导率集成技术异常；（2）集成技术异常都具备较完整的内、中、外带分布，异常规模长度达 300m，平均宽达 150m；（3）集成技术异常形态相似，内浓度带重合性较好。

根据上述三条标准，测区内的 JED2、JET1、JEG1 号异常分布区域为Ⅰ类异常靶区。在该靶区内，集成技术异常分布范围大，规模长度均达到 300 余米，平均宽度 150m，异常轴向均呈 SN 展布，集成技术异常形态相似，三级浓度分带清晰，吻合性好，而且在该测区内集中分布了集成技术的多个高异常值。如在 83 线的 72 号点的金含量高达 20×10^{-9}。在 87 线的 72 号点，汞异常值高达 689ng/g。在 87 线的 71 点异常值大于 $6\mu S/cm$。

综上所述，在Ⅰ类异常靶区的 JED2、JET1、JEG1 号地电化学集成技术异常规模大、强度大、三级浓度分带清晰，集成技术异常形态均较规整，吻合程度好。从集成技术异常的走势来看，所有异常向东延伸均尚未被剖面控制，很有必要继续向东布置剖面追踪异常，以便完善异常形态扩大找矿成果，在此基础上再考虑进行工程验证。

B Ⅱ类异常靶区

Ⅱ类异常靶区的划分标准：（1）集成技术异常都存在，但有两种以上的方法无异常内带分布，而地电提金异常强度较大，分布较集中。（2）集成技术异常都具有一定规模，异常长度达 150m，平均宽达 100m。（3）至少有两种方法异常的吻合程度要好。

根据上述三条标准，测区内的 JED1、JEG2 号异常分布区域为Ⅱ类异常靶区。在该靶区内，土壤离子电导率、土壤吸附相态汞均无内浓度带出现，中浓度带也不太发育，但地电提取金异常很发育，内浓度带分布有一定范围，如在 79 线的 80~92 点之间连续分布 5 个金含量达 10×10^{-9} 的高值金异常，在 92 点金异常达到 15×10^{-9}，在这种低背景地区能连续测出几个高含量地电金异常不是一种偶然的现象。因此认为该靶区应作为重点地段去查证。

C Ⅲ类异常靶区

Ⅲ类异常靶区的划分标准：（1）地电化学集成技术异常都存在，但无明显异常内浓度带分布，异常规模小于Ⅰ、Ⅱ类异常。（2）地电化学集成技术异常形态差异较大，吻合程度差，难圈出几种方法高值复合区。出现在区内的 JED3、JET2、JEG4 号异常划归为Ⅲ类异常靶区。

8.3.3　2号角砾岩筒地电化学集成技术异常平面特征及找矿预测

在矿区外围的2号角砾岩筒上方按50m×20m网度布置3条线（1、2、3）开展四种方法的找矿预测研究。

8.3.3.1　2号角砾岩筒地电化学集成技术平面异常特征

A　2号角砾岩筒地电提取金平面异常特征

把在2号角砾岩筒1～3线测出的地电提取金数据，经过数字处理后取$(0.45～0.9)×10^{-9}$为外浓度带、$(0.9～1.8)×10^{-9}$为中浓度带、大于$1.8×10^{-9}$为内浓度带，用Surfer软件自动成图，获得了4个地电提取金异常，编号为：2D1、2D2、2D3、2D4（图8-13a）。

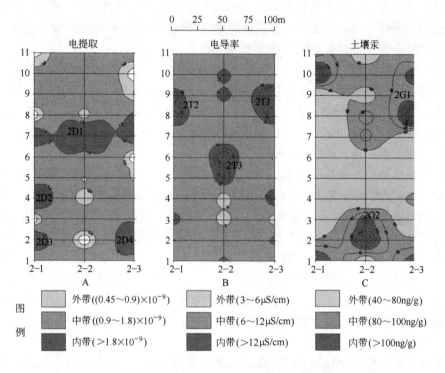

图 8-13　吉林汪清县杜荒岭金矿2号角砾岩筒地电化学集成技术异常平面图

2D1异常特征：该异常呈串珠形态分布在2号角砾岩筒1～3线的7号点，三级浓度分带较完整；内浓度带主要集中在1～3线的7号点，其中在2线的7号点金异常值达$5.81×10^{-9}$。

2D2异常特征：该异常呈半圆状形态分布在2号角砾岩筒1线的4～5号点，三级浓度分带较完整；内浓度带主要集中在1线的4号点，金异常值达$3.75×10^{-9}$。

2D3异常特征：该异常呈半圆状形态分布在2号角砾岩筒1线的1～2号点，三级浓度分带较完整，内浓度带主要集中在1线的2号点，金异常值达$2.76×10^{-9}$。

2D4异常特征：该异常呈半圆状形态分布在2号角砾岩筒3线的1～2号点，三级浓度分带较完整，内浓度带主要集中在3线的2号点，金异常值达$3.49×10^{-9}$。

B　2号角砾岩筒离子电导率平面异常特征

把在2号角砾岩筒1～3线测出的土壤离子电导率数据，经过数字处理后取3～6μS/

cm 为外浓度带、6～12μS/cm 为中浓度带、大于 12μS/cm 为内浓度带。用 Surfer 软件自动成图，获得了 3 个土壤离子电导率异常，编号为：2T1、2T2、2T3（图 8-13b）。

2T1 异常特征：该异常呈半圆形态分布在 2 号角砾岩筒 3 线的 8～9 号测点之间，三级浓度分带完整，异常浓集中心明显，异常值高达 18μS/cm。

2T2 异常特征：该异常呈半圆形态分布在 2 号角砾岩筒 1 线的 8～9 号测点之间，三级浓度分带完整，异常浓集中心明显。

2T3 异常特征：该异常呈椭圆形态分布在 2 号角砾岩筒 2 线的 5～6 号测点之间，三级浓度分带完整，异常浓集中心明显。

C 2 号角砾岩筒吸附相态汞平面异常特征

把在 2 号角砾岩筒 1～3 线测出的土壤吸附相态汞数据，经过数字处理后取 40～80ng/g 为外浓度带、80～100ng/g 为中浓度带、大于 100ng/g 为内浓度带。用 Surfer 软件自动成图，获得了两个地电提取汞异常，编号为：2G1、2G2（图 8-13c）。

2G1 异常特征：该异常呈半圆形态分布在 2 号角砾岩筒 3 线的 8～9 号测点之间，三级浓度分带完整，异常浓集中心明显，异常高值为 170ng/g，该异常与土壤离子电导率 2T1 相吻合。

2G2 异常特征：该异常呈葫芦形态分布在 2 号角砾岩筒 2 线的 2～3 号测点之间，三级浓度分带完整，异常浓集中心明显，异常高值为 134ng/g。

8.3.3.2 2 号角砾岩筒地电化学集成技术异常评价与找矿预测

从图 8-12 可以看出，在 2 号角砾岩筒上方测出的地电提取金、土壤离子电导率、土壤吸附相态汞为一体的地电化学集成技术异常均具有一定的规模和强度，三级浓度分带清晰，异常浓集中心显著，范围大、强度高，如在 2 号线的 7 号点金异常值达 5.8×10^{-9}，在 2 号线 5～6 点土壤离子电导率异常值高达 14～15μS/cm。在 3 号线 8～9 点土壤离子电导率异常值高达 14～18μS/cm。在 2 线的 2、3 点土壤吸附相态汞异常值高达 134ng/g、110ng/g。在 3 线的 8、10 点土壤吸附相态汞异常值高达 170ng/g、112ng/g。

综上所述，在 2 号角砾岩筒上方测出的地电化学集成技术异常的分布规模、异常强度、浓度分带都有共同点，但是地电化学集成技术异常分布的位置有一定的差异，地电化学集成技术异常基本不吻合，造成这种异常极度不重合的原因有待进一步研究。尽管地电化学集成技术异常的吻合程度差，但从异常分布规模、异常强度、浓度分带等指标来看，在 2 号角砾岩筒的深部寻找隐伏金矿应该是有希望的，特别是在集成技术异常的高值分布地段，尤其要引起高度重视。我们认为结合异常的分布地段进行现场踏勘，在此基础上再考虑工程验证，特别是对 2D1 号地电提取金异常应作重点勘查。

8.3.4 成矿预测

（1）通过在吉林汪清县杜荒岭金矿开展以地电化学提取法为主的找矿试验研究，表明利用以地电提取法为主，以土壤吸附相态汞测量、土壤离子电导率测量为辅的集成技术，在吉林汪清县森林覆盖区寻找隐伏金矿是可行的，效果明显，值得推广应用。

（2）通过在吉林汪清县杜荒岭金矿外围及 2 号角砾岩筒分布地段找矿预测研究中，发现了几个较有利的成矿靶区：

1）金沟西区：在金沟西区发现了三个较有利的成矿靶区。Ⅰ类异常靶区是寻找隐伏金矿最有利地段，我们认为应在高值异常集中区进行山地工程揭露，以达到寻找隐伏金矿体的目的。同时对 II₁、II₂ 类异常靶区也应高度重视，在对 I 类异常靶区施工工程揭露，见到矿后应立即对 II₁、II₂ 类异常靶区进行工程揭露。

2）金沟东区：在金沟东区发现了三个较有利的成矿靶区。在 I 类异常靶区，从地电化学集成技术异常的走势来看，所有异常向东延伸均尚未被剖面控制，很有必要继续向东布置剖面追踪异常，以便完善异常形态扩大找矿成果，在此基础上再考虑进行工程验证。在金沟东区发现的 II 类异常靶区内存在连续分布的高值金异常，值得注意的是在该范围内并无次生金异常分布，我们认为应把该靶区作为一重点地段去查证。

3）在 2 号角砾岩筒上方测出的地电化学集成技术异常虽然吻合程度较差，但异常规模和强度大、三级浓度分带清晰、异常浓集中心显著。在 2 号角砾岩筒的深部寻找隐伏金矿是有希望的，特别是在各异常的高值分布地段，尤其要引起高度重视。我们认为应结合异常的分布地段进行现场踏勘，在此基础上再考虑工程验证，特别是对 2D1 号地电提取金异常应作重点勘查。

8.4　黑龙江省黑河市阿陵河上游岩金普查区找矿预测研究

8.4.1　工作区地质特征

测区内出露有中生界侏罗系和新生界第四系等，由老到新，简述如下：

（1）中生界：区内大面积出露为侏罗系上统龙江组（J₃l）和甘河组（J₃g），倾向南东，倾角一般为 20°~25°，岩石局部蚀变强，硅化、绿泥石化、黄铁矿化、褐铁矿化。

1）侏罗系上统龙江组（J₃l）：主要岩性为火山角砾岩、凝灰熔岩、流纹岩，砾岩中含微量的金。

2）侏罗系上统甘河组（J₃g）：主要岩性为安山岩、安山玢岩、安山斑岩、安山玄武岩，厚度为 650m。

（2）新生界：主要分布于现代河谷中，由亚黏土、砂砾及泥炭组成，厚度为 7~10m，含砂金。

测区内构造较复杂，具有多期性和继承性特征，断裂构造明显，不仅控制着原生矿化，同时也控制了砂金矿的空间展布，主要断裂构造以北东、北西向为主，伴有近南北向及近东西向的次级构造。

阿陵河上游断裂，呈北西向延伸，长约 10km。

其林岗断裂，位于阿陵河中下游其林岗附近，呈北东向延伸，长约 6km。

其林岗南北向断裂，位于矿区东部，长约 6km，直切中生代火山区岩，为测区较大的南北向断裂。

测区褶皱构造不甚发育，主要是由中生界火山岩组成的向东南倾的单斜构造。

测区内侵入岩为华力西晚期和燕山期侵入岩出露，面积很小。

华力西晚期主要为花岗岩呈岩株状出露于十六队东北 2km 处，面积约 2km²，其上部被中生代火山岩所覆盖。

燕山期主要岩性为花岗斑岩呈岩株状产出。

1 号金矿体位于 Au-5 号土壤异常上的 4 号极化率异常中，矿体受北西西向破碎带控制,工程控制长度为500m,走向113°~115°,宽度1~8m,品位最高为20.93×10^{-6},一般为$(1.74 \sim 5.91) \times 10^{-6}$,提交预测资源量(334)3379kg。该矿体两端尚未封闭。在Au-3异常内发现20m宽的矿化蚀变带,金品位最高为0.51×10^{-6}。Au-5异常内发现2条金矿体和1条金矿化体。

2号金矿体位于Au-5号土壤异常上的3号极化率异常中,也受破碎蚀变带控制,工程控制长度为100m,走向105°~110°,宽度1~3m,品位最高为2.29×10^{-6},一般为$(1.21 \sim 1.48) \times 10^{-6}$,该矿体两端尚未封闭。

3号矿化体为单工程见矿,品位为1.53×10^{-6},蚀变为硅化、高岭土化。

8.4.2 地电化学集成技术异常特征

通过在黑龙江省黑河市阿陵河上游岩金普查区找矿预测研究。在地电、地化工作区范围内发现14个地电提取金元素异常、11个土壤离子电导率异常、8个土壤吸附相态汞异常,见图8-14~图8-16。

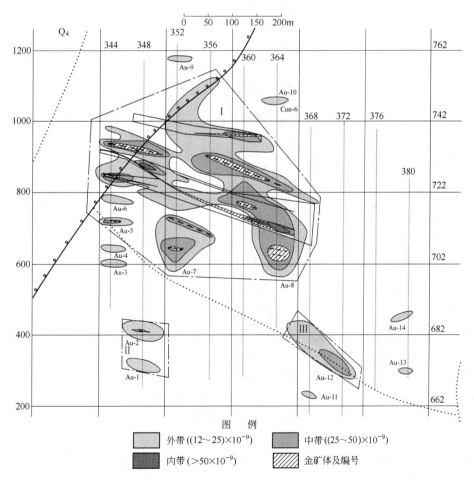

图8-14 黑龙江省黑河市阿陵河上游岩金普查区14个地电提取金元素异常图

8.4.2.1 地电提取金平面异常特征

将工作区344~380线测得的地电提取金数据,按所确定的工作区局部异常下限值的

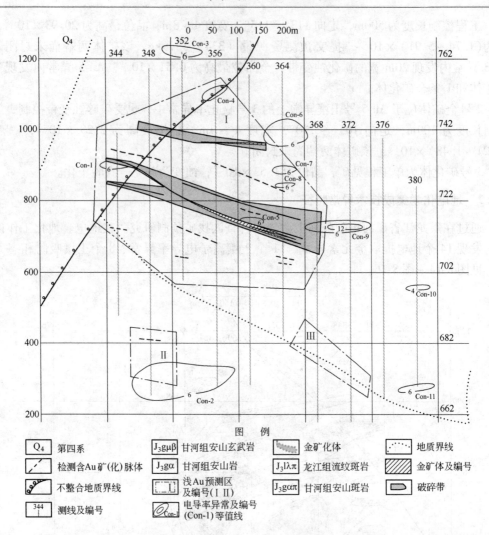

图 8-15 黑龙江省黑河市阿陵河上游岩金普查区 11 个土壤离子电导率异常图

倍数，即按 12×10^{-9}、24×10^{-9}、50×10^{-9} 分为三级浓度，获 14 个地电提取金异常，编号为 Au-1、Au-2、Au-3……Au-14（图 8-14）。

Au-1 号异常特征：该异常为单点单峰异常，位于 348 线 673 号点上，金含量 17.10×10^{-9}，控制长度大于 100m，出现部位在甘河组安山斑岩内。

Au-2 号异常特征：单点单峰异常，长大于 100m，位于 348 线 683 号点，金含量峰值 25.10×10^{-9}，落于甘河组安山斑岩内。预测有经 348 线 683 号点的金矿脉体。

Au-3 号异常特征：单点单峰异常，走向近 EW 向，位于 344 线 692 号点，金含量 10.11×10^{-9}，落于甘河组安山斑岩内。

Au-4 号异常特征：单点单峰异常，位于 344 线 702 号点，金含量 16.27×10^{-9}，落于甘河组安山斑岩内。

Au-5 号异常特征：单点单峰异常，位于 344 线 714 号点，金含量 26.05×10^{-9}，控制长度约 75m，与 348 线 713 号点连接（已知在含有金矿体的蚀变破碎带上），落于甘河组安山斑岩与龙江组流纹斑岩不整合接触界面附近。预测有经该异常中心的金矿脉体。

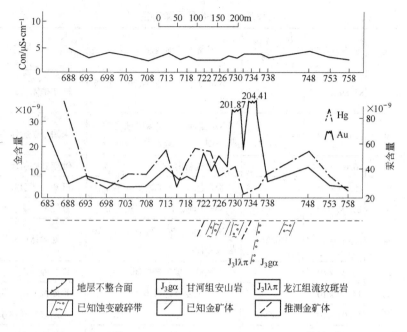

图 8-16 348 线剖面地质、地电、地化异常综合剖面示意图

Au-6 号异常特征：单点单峰异常，位于 344 线 720 号点上，金含量 17.31×10^{-9}，出现于龙江组流纹斑岩内与甘河组安山斑岩接触界面附近。

Au-7 号异常特征：跨 352 线、356 线。峰值点在 352 线 706 号、714 号点上，金含量分别为 58.92×10^{-9} 及 35.84×10^{-9}，异常宽 150m；356 线 710 号点峰值金含量 31.54×10^{-9}，异常宽为 30m，近似 NWW 向，长约 125m。异常落于龙江组流纹斑岩内，预测由经 352 线 714 号点到 356 线 710 号点的金矿脉体及经 352 线 706 号点的金矿脉体引起。

Au-8 号异常特征：为规模最大的金异常，含已知赋存 1 号矿体的蚀变破碎带及赋存 2 号金矿体的蚀变破碎带大部分，异常范围从 344 线到 364 线，呈剖面上多峰的带状异常，各异常剖面上金的峰值及地质认识见表 8-1。

如表 8-1 所示，Au-8 号异常部分地段为已知金矿体及蚀变破碎带引起，但仍有部分异常地段反映已知金矿体上有金异常的特点。Au-8 号异常共控面积约 $0.14km^2$，在剖面上为多峰带状形态，平面上由 344 线起，基本上于 364 线以东没有明显的金异常反映，反映金矿化在 364 线以西这一地段的集中现象。异常内已知矿体与蚀变破碎带有关，Au-8 号异常反映在已知赋存 1 号矿体的蚀变破碎带以北，赋存 2 号已知矿体的蚀变破碎带以南这一地段上，破碎、蚀变依然明显，以金异常含量为 12×10^{-9} 的范围跨越这一地段可以判定。除已知 1、2 号矿体外，该异常内尚推断有未知金矿（脉）体 5 条（图 8-14）。

Au-9 号异常特征：单点单峰异常，位于 352 线 760 号点上。金含量 18.28×10^{-9}，处于甘河组安山岩中。成矿条件不利。

Au-10 号异常特征：于 364 线 748 号点上，单峰异常，金含量 14.02×10^{-9}，处于龙江组流纹斑岩上。可能为矿化引起。

Au-11 号特征：于 368 线 665 号点上，金含量 41.26×10^{-9}，处于甘河组安山斑岩内，成矿不利，为局部矿化引起。

表 8-1 Au-8 号异常特征

线 号	点 号	金峰值含量	相邻连接点/线	异常部位地质简况特征	异常解释
344	726	85.69×10^{-9}		NW 走向，已知赋矿蚀变破碎带	已知矿体引起
	736	125.75×10^{-9}		NW 走向，已知赋矿蚀变破碎带一侧，安山斑岩内	未知金矿脉体引起
	740	16.67×10^{-9}		安山斑岩内	蚀变破碎引起
348	726	15.89×10^{-9}		NW 走向，含矿蚀变破碎带上	已知矿体引起
	730	201.87×10^{-9}		NW 走向，含矿蚀变破碎带上	已知 1 号矿引起
	734	205.41×10^{-9}	736/344	NW 走向，安山斑岩与流纹斑岩接触面	未知矿体引起
252	718	16.00×10^{-9}		已知蚀变破碎带南侧	推测蚀变破碎引起
	726	14.50×10^{-9}		已知蚀变破碎带南侧	推断蚀变破碎引起
	732	16.07×10^{-9}	734/348	NW 走向	推断未知矿体引起
	741	13.02×10^{-9}		已知蚀变破碎带上（2 号）	已知矿化引起
356	720	21.95×10^{-9}		已知蚀变破碎带内矿脉上（1 号）	1 号矿体引起
	732	56.16×10^{-9}	732/352		未知矿体引起
	752	16.84×10^{-9}		安山斑岩及流纹斑岩接触界面	未知含金矿化体引起
360	718	88.34×10^{-9}		已知含矿蚀变破碎带上	已知矿体引起
	722	45.03×10^{-9}		已知含矿蚀变破碎带一侧	已知矿体引起
	728	87.64×10^{-9}	732/356	流纹斑岩中	未知矿体引起
	738	40.23×10^{-9}		已知含矿蚀变破碎带上（赋存 2 号矿体）	已知矿体引起
364	704	108.15×10^{-9}		流纹斑岩内，已知含矿破碎带南侧	未知矿体引起
	706	154.54×10^{-9}		流纹斑岩内，已知含矿破碎带南侧	未知矿体引起
	712	69.34×10^{-9}		已知赋存矿蚀变破碎带上（1 号矿体）	已知矿体引起
	724	49.07×10^{-9}	728/360		未知矿体引起
	734	11.76×10^{-9}		龙江组流纹斑岩内	2 号蚀变破碎带东延
368	722	14.02×10^{-9}		已知蚀变破碎带北侧	已知矿化破碎带引起

Au-12 号异常特征：异常出现于 368 线 680 号点及 372 线 669 号点上，线状异常。金峰值含量分别为 16.72×10^{-9} 及 76.04×10^{-9}。异常处于甘河组安山斑岩与龙江组流纹斑岩接触线及两侧（偏龙江组地层侧），推测 372 线 669 号点异常为接触带脉状金矿体引起。

Au-13 号异常特征：单点单峰异常，位于 380 线 672 号点上，金含量 12.76×10^{-9}，处

于龙江组流纹斑岩中，成矿不利。推测局部金富集矿化引起。

Au-14 号异常特征：位于 380 线 688 号点上，单峰异常，金含量 19.36×10^{-9}，处于龙江组流纹斑岩中，成矿不利，岩石内局部矿化引起。

综观测区金异常分布特点，环绕测区含量最强、规模最大的 Au-8 号异常，其他异常在其周围零星做卫星式分布。但 Au-8 异常南侧分布的其他金异常的强度（含量）规模（如 Au-3、Au-7、Au-12 号）比北侧（如 Au-9、Au-10）的强度、规模大。Au-8 异常东端形态似被刀削一般，Au-8 号东面与 Au-12 号西面之间，似有成矿后构造活动所致。测区金异常出现，反映除蚀变破碎带型脉状矿体外，不同岩层接触面有可能有利于金矿形成（如 Au-12 号异常）。

8.4.2.2 土壤离子电导率（Con）平面异常特征

据表 8-1 所列异常下限值 6μS/cm，按 6μS/cm、12μS/cm、24μS/cm 分外中、内浓度分带，确定了 11 个无内带浓度强度的电导率异常，编号为 Con-1～Con-11（图 8-15）。

Con-1 号异常特征：位于 344 线 732 号点，于已知赋矿（1 号矿体）蚀变破碎带一侧，电导率峰值 8.59μS/cm。单点单峰异常。

Con-2 号异常特征：位于 348 线 668～673 号点（峰值在 673 号点，电导率峰值 8.41μS/cm）及 356 线 670～675 号点上的（峰值 675 号点，电导率峰值 6.50μS/cm），走向近东西，走向长约 300m，宽约 100m，处于甘河组安山斑岩内，与 Au-1 异常重叠（包含 Au-1 异常），反映有含金硫化物体赋存。

Con-3 号异常特征：单点单峰异常，位于 352 线 764 号点上，异常峰值为 11.80μS/cm，处于甘河组安山岩中，找金意义不大。

Con-4 号异常特征：位于 356 线 752 号点上，单点单峰异常，异常峰值 8.29μS/cm，处于甘河组安山岩与龙江组流纹斑岩不整合界面上，与 Au-8 异常在该地段重叠。推断该界面在剖面上有含硫化物的金矿化体。

Con-5 号异常特征：单点单峰异常，位于 360 线 716 号点上，电导率异常峰值 6.22μS/cm，位于 1 号已知矿体的蚀变破碎带上。已知为含硫化物矿化体引起。

Con-6 号异常特征：单点单峰异常，宽约 80m，位于 364 线 738～743 号点，异常峰值为 738 号点上，为 10.50μS/cm，位于龙江组流纹斑岩内，赋存已知 2 号金矿体的蚀变破碎带东延处，反映该蚀变矿化破碎带东延。

Con-7 号异常特征：单点单峰异常，位于 364 线 730 号点上，电导率异常峰值 9.39μS/cm，于龙江组流纹斑岩中。

Con-8 号异常特征：单点单峰异常，位于 364 线 726 号点上，异常峰值为 6.20μS/cm，于龙江组流纹斑岩中，似与 Au-8 异常在该地段一致。

Con-9 号异常特征：线状异常，跨 368 线到 372 线，峰值于 372 线 714 号点，电导率异常峰值 23.80μS/cm，为测区内最强值。在已知赋存 1 号矿体的蚀变破碎带东延 90 米处，为龙江组流纹斑岩。

Con-10 号异常特征：单点单峰异常。位于 380 线 698 号点，异常峰值 6.06μS/cm，于龙江组流纹斑岩内。

Con-11 号异常特征：单点异常。位于 380 线 620 号点上，异常峰值 11.30μS/cm，处于龙江组流纹斑岩中，与 Au-13 异常重合。

从电导率异常分布位置看，除 Con-1、Con-5 号异常外，均分布于金异常外围环绕。

电导率异常对金矿体直接指示作用不大（图 8-16）。从图 8-16 可见，已知金矿体上无清晰可辨的电导率异常。

8.4.2.3　土壤吸附相态汞（热释汞）平面异常特征

按 100×10^{-9}、200×10^{-9}、400×10^{-9} 为外、中、内浓度下限值边界，确定了 8 个土壤吸附相态汞异常，编号为 Hg-1 ~ Hg-8（图 8-17）。

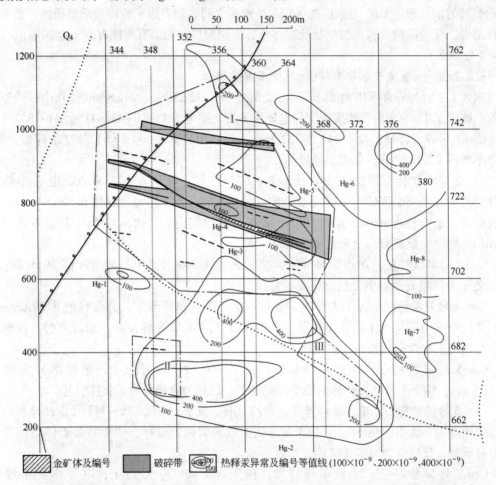

图 8-17　黑龙江省黑河市阿陵河上游岩金普查区 8 个土壤吸附相态汞异常图

Hg-1 号异常特征： 单点单峰异常。位于 344 线 702 号点上，处于甘河组安山斑岩中，汞含量峰值 209.41×10^{-9}，与 Au-3 异常叠加。

Hg-2 号异常特征： 为测区规模最大、强度最强的汞异常。跨 348 线、352 线、356 线、360 线、364 线、368 线、372 线，内带浓度中心 3 个，仅有中带浓度中心一个。处于甘河组安山斑岩与龙江组流纹斑岩接触面及两侧。各剖面浓集中心汞含量（点号/线号，$\times 10^{-9}$）为：549.29（673 号/348 线）、1442.36（675 号/356 线）、418.35（690 号/356 线）、302.01（676 号/360 线）、362.15（691 号/360 线）、2273.15（689 号/364 线）、171.22（670 号/368 线）、258.71（664 号/372 线）；Au-1 号、Au-2 号、Au-11 号、Au-12 号异常环绕其边缘展布。

Hg-3 号异常特征：跨 356 线、360 线、364 线的只有外带浓度的弱异常。364 线浓集中心偏于已知含矿破碎带南侧。走向东西。汞浓集中心为：147.66×10^{-9}（712 号/356 线）、195.40×10^{-9}（712 号/360 线）、186.00×10^{-9}（710 号/364 线）。空间上似局部与蚀变破碎带有关。

Hg-4 号异常特征：单点异常。位于 356 线 720 号点上，含量 189.73×10^{-9} 处于赋存 1 号已知矿体的蚀变破碎带内，与局部硫化物富集有关。

Hg-5 号异常特征：呈蚌壳状，跨 356 线、360 线、364 线，仅有外浓度带的弱异常，处于两已知蚀变破碎带挟持的龙江组流纹斑岩地段（推测该地段破碎蚀变明显——前边金异常特征部分已述）。强度中心为：160.92×10^{-9}（730 号/356 线）、147.09×10^{-9}（724 号/360 线）、138.26×10^{-9}（738 号/360 线——已知 2 号金矿体上方）。111.77×10^{-9}（724 号/368 线）。局部有指示矿体作用（反映矿体含硫化物），但亦不能作为找金矿体的具体指示元素。如图 8-17 所示，1 号已知矿体及蚀变破碎带上，仅有高背景含量显示，无近于或大于 100×10^{-9} 的异常。

Hg-6 号异常特征：为测区内仅次于 Hg-2 号异常（从规模及强度两方面考虑）的异常，走向似为 NW 向，跨 352 线、356 线、360 线、364 线、368 线、372 线、376 线、380 线。有内带或中带的中心 3 个。就浓度中心汞峰值特点分述为：263.75×10^{-9}（752 号/356 线），是一个有中带浓度的浓集中心；另一个为 380.21×10^{-9}（748 号/364 线）与 264.20×10^{-9}（741 号/368 线）；第三个有内带浓度的浓集中心是 900.34×10^{-9}（734 号/376 线），主要处于龙江组流纹斑岩及穿插地层界面直插甘河组安山岩内，浓集中心呈东强西弱之趋势。与 Au-10 号异常重叠。

Hg-7 号异常特征：跨 376 线、380 线的中弱异常，有一点状的中浓度点。各峰值位于：269.41×10^{-9}（682 号/376 线）、125.76×10^{-9}（678 号/380 线）、192.10×10^{-9}（688 号/380 线）与 Au-14 号异常吻合，处于龙江组流纹斑岩中。

Hg-8 号异常特征：跨 376 线、380 线的带状异常，但含量少。有 143.71×10^{-9}（702 号/376 线）、133.91×10^{-9}（710 号/376 线）、201.13×10^{-9}（714 号/380 线），处于龙江组流纹斑岩内。

以图 8-17 对照图 8-14、图 8-15，汞异常包围弱电导率异常，到中心地段为金强异常（已知 1、2 号矿体赋存的蚀变破碎带出现地区）。

8.4.2.4 异常的划分

对直接找金矿体而言，电导率及热释汞指示作用欠佳，仅有地电提取金异常可作指示。

按异常所处部位地质因素，地电提取金异常峰值大小，中、内浓度带是否存在，金异常划分为三类异常。

一类异常：已知或未知金矿异常。有利的地质成矿条件（蚀变破碎带，岩层接触面），金异常有明显的中、内带（平面显示，图 8-14），金矿异常峰值在 40×10^{-9}（或多数在 40×10^{-9}）以上（参见表 8-1）。此类异常有 Au-2 号、Au-5 号、Au-7 号、Au-8、Au-12 号。

二类异常：有利的金富集条件。蚀变破碎带附近，无中浓度带，但金异常为单峰值。为矿化异常，此类异常有 Au-6 号异常。

三类异常：异常所处地质成矿条件不利，金异常规模小，且仅有外带浓度的单线（剖面）异常，找矿意义不大。此类异常有 Au-1 号、Au-3 号、Au-4 号、Au-9 号、Au-10 号、Au-11 号、Au-13 号、Au-14 号异常共 8 个异常，见图 8-14。

8.4.3　找矿评价及预测

8.4.3.1　异常评价

参照在 1 号、2 号已知金矿体地段金异常的形态及含量特征（表 8-1），在 Au-2 号异常推断有一条金矿体。Au-5 号异常有一条金矿体。Au-7 号异常两个中带浓度带的峰值处，确定有两条金矿体。在 Au-8 号异常内，除已知的 1、2 号金矿体外，尚推断有 5 条未知金矿体。在 Au-12 号异常中带浓度带内异常峰值处确定有一条未知金矿体，该处矿体沿龙江组流纹斑岩与甘河组安山斑岩接触带产出。

对 Au-5 号、Au-6 号、Au-7 号、Au-8 异常地段，除已知矿体外，推断尚有 8 条未知矿体。而已知矿体与蚀变破碎带有空间关系，故推测上述异常位于各未知矿体周围，应有蚀变、破碎空间存在。

另根据图 8-17，Hg-2 号从南向北指向 Au-8 号异常处，呈南宽且强，北窄的扇形。汞为低温迁移强的元素，推测本地段成矿（金的）热值液运移方向从南向北至 Au-8 号异常位置。Au-8 号异常形态指示，矿化向东至 368 线截止。

结合 Au-8 号异常呈面状（多峰带状），汞异常环绕分布，浅部脉状金矿存在且破碎蚀变的特点，深部（Au-8 号异常）似应有锥状的成矿聚集体（斑岩金矿？）存在。

8.4.3.2　找矿预测

按上述异常划分及评价，圈定了三个找金矿远景区（如图 8-14、图 8-15、图 8-17 所示），编号Ⅰ、Ⅱ、Ⅲ号。

Ⅰ号远景区：有赋存已知金矿体的二条蚀变破碎带，平行已知 1、2 号金矿体，在 Au-8 号异常内确定未知金矿体 5 条，其中两条跨相邻两条测线（长 100～200m）；另近似 Au-8 号异常，尚有 Au-7 号、Au-6 号、Au-5 号，将这几个异常分布范围约 0.14km² 划为一级找矿远景区。

Ⅱ号远景区及Ⅲ号远景区，没有发现蚀变破碎带，其中Ⅲ号找矿远景区包含未知金矿脉的 Au-12 号异常，Ⅱ号远景区包含未知金矿体的 Au-2 号异常，但异常规模小，分别划分为三类找矿远景区和二类找矿远景区，其中Ⅱ号远景区面积约 0.02km²，Ⅲ号找矿远景区约 0.019km²。

（1）按类比法。Au-8 号异常由蚀变、破碎较明显的地段产出的众多条平行脉状金矿体引起，应特别注意已知赋矿的两条破碎带间平行矿脉的揭露。在已知赋存 1 号矿体的蚀变破碎带南侧，注意找平行的、新的蚀变破碎带及金矿脉。

（2）在 $J_3g\alpha\pi$ 与 $J_3l\lambda\pi$ 接触线（测区南部）附近，注意找层间破碎（或剥离带）的矿体。

（3）热液运移方向似是从南向北运动，矿体总体倾向为南东，布设深部找矿工程应注意揭露这些部位。

（4）预测区深部有找新矿种的可能性存在，应在此地段（即 Au-8 号异常～Hg-2 异常之间）布设电法测深工作，查明有否存在锥状成矿岩体或面状矿化体。

8.5 黑龙江省东宁县金厂矿区找矿预测研究

8.5.1 工作区地质概况

金厂矿区大地构造位置位于吉黑地槽系老爷岭隆起第二隆起带-太平岭隆起东侧与老黑山坳陷的隆坳过渡部位。区域内出露地层广泛，有下元古界、上古生界、中生界和新生界，其中上古生界石炭~二迭系和中生界侏罗系、白垩系最为发育。

区域内岩浆活动强烈、侵入岩分布广泛，可划分为华力西期、燕山期两个旋回，以中深成花岗岩类为主。岩石类型为石英闪长岩、花岗闪长岩、花岗岩、白岗质花岗岩，次为辉石闪长岩、闪长岩，呈岩基、岩株产出，也有呈脉状产出。

区域内由于构造运动的长期性和岩浆运动频繁，导致褶皱形态及断裂构造复杂。

区域内长期频繁的构造、岩浆活动，导致区内矿产的多样性和成因的复杂性。已知区域内生矿产以金、银、黄铁矿、铜、铅、石英矿为主。

工作区内出露地层简单，测区南部见小面积出露侏罗系中统地层，为斜长流纹岩、英安岩及凝灰熔岩。第四系分布于沟谷中，主要有砂岩、砾岩及砂砾石组成。已知矿区构造以近东西向、南北向、北西向为主。次一级断裂在空间展布上具有同心环状及放射状的特征，控制了区内脉状矿（化）体的产出和分布。测区位于15号环形影像中，该环状影像为角砾岩筒。角砾岩筒蚀变及矿化均较发育。环形构造为主要控矿、容矿构造。

工作区大部分面积为侵入岩分布区，主要为燕山早期侵入岩，呈岩基、岩株产出，沿北北东向、南北向分布，岩石类型为闪长岩、花岗闪长岩、中细粒花岗岩及其斑（玢）岩。测区中部通过 δ_{N5}^{3-1} 与 γ_5^{2-3} 接触部位。燕山晚期侵入岩多呈岩株脉状，呈南北向、北北东向产出。岩石类型有花岗斑岩、闪长玢岩及流纹斑岩等。此类岩石测区内未见出露。

矿区内变质蚀变作用较普遍，主要有硅化（包括石英化）、绢云母化、冰长石化、碳酸盐化、绿帘石化、绿泥石化、高岭土化、钾长石化。有的单独存在，大部分为几种蚀变叠加在一起。蚀变强弱各有不同，范围大小不等，成因可分为晚期岩浆、岩浆期后热液、接触交代等内生作用。

矿区已知金矿产生类型有：角砾岩筒型（高丽沟0号矿体、I号矿体等）、构造破碎带型（如II号矿体、II-1号矿体、15号矿化体等）、蚀变岩型（如XI号矿体、XII号、XIII号、IX号矿体、19号矿化体）。围岩蚀变以硅化、绿泥石化、黄铁矿化（褐铁矿化）为主。

8.5.2 金厂矿区已知金矿（化）体特征

金厂矿区已知金矿（化）体有角砾岩筒型、构造破碎带型、构造蚀变岩型三种。工作区内发现的14号矿化体（类似还有17号矿化体）及邻近的19号矿体特征简介如下。

14号矿化体位于邢家沟13号环形构造中，有角砾岩体（类似还有17号矿化体）。蚀变矿化为硅化、高岭土化、黄铁矿（褐铁矿）化，有少量方铅矿-闪锌矿化，局部黄铜矿化。

19 号矿化体位于邢家沟内的矿化蚀变闪长岩带中（δ_{N5}^{3-1}），蚀变矿化为高岭土化、绿泥石化、绿帘石化、绢云母化、黄铁矿（褐铁矿）化。

2006 年作者在找矿研究工作中发现，位于环形影像中，γ_5^{2-3} 岩性内的角砾岩体的 14 号矿化体（x14-1 号剖面），以及位于蚀变闪长岩（δ_{N5}^{3-1}）中的 16 号矿化体旁侧（x16-1 号剖面，原测区北区），都有金含量在中浓度带 8×10^{-9} 以上峰值，有地电提取金、电导率（Con）及土壤吸附相态汞空间密切的组合异常（图 8-18、图 8-19），土壤吸附相态汞含量偏低。但从剖面看，也有弱的带状异常（小于 77×10^{-9}）。

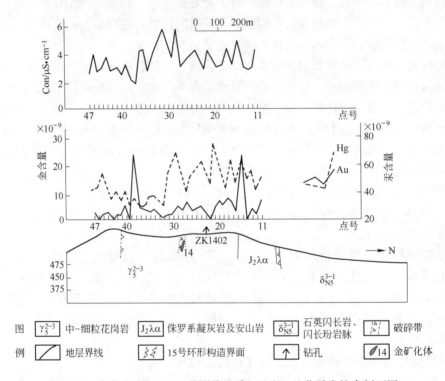

图 8-18　东宁金矿区 x14-1 号测线地质、地电、地化异常综合剖面图

据此可知，反映硫化物体存在的 Con 异常和金异常的同时存在，是含硫化物矿化的含金矿化体的指示，土壤吸附相态汞异常是反映这些矿化沿裂隙或不同岩性接触带产出的有效指示，也与矿区已知金矿化产出的构造因素有关。

8.5.3　地电化学集成技术异常特征

桂林工学院隐伏矿床研究所，根据武警黄金第一支队的要求，在金厂矿区邢家沟附近，于 2006 年在南部测区东、西向布设了三条剖面线，其中 x14-5 号线布设于南部测区 x14-1 以东，方向南北，距 x14-1 号线 200m，长 1000m，点距 20m。x14-7、x14-6 号线平行布设于南区 x14-3 号线以西，方向南北，线距 200m，每条剖面长 1000m，点距 20m。共完成剖面总长 3000m，采样点共 153 个，开展 3 种新方法寻找隐伏金矿研究，共发现了 16 个金元素异常、15 个土壤吸附相态汞异常、13 个土壤离子电导率异常，经补充工作发现是一个具有一低阻中心的环状土壤离子电导率异常。其中对金异常而言，划分出 I 类异常

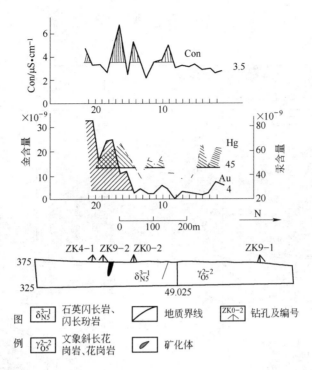

图 8-19　金厂矿区 x16-1 号测线地质、地电、地化综合剖面图

7 个、Ⅱ类异常 6 个、Ⅲ类异常 3 个（找矿意义由大到小）。

8.5.3.1　地电提取金异常平面分布特征

在测区地段获 16 个金异常，编号为 Au-1、Au-2、…、Au-16 号（图 8-20），图中可见，除 Au-7 号异常外，其余金异常均未追索完整，仅就所获资料对各个异常的含量特征、地址特征、异常规模及其他元素异常空间关系列于表 8-2。

例如 Au-5 号异常，是目前已知含量浓度高、走向规模大，局部有钻孔发现金矿（化），位于 δ_{N5}^{3-1} 内的异常。异常最高值达 91.88×10^{-9}（x14-4 线 6 号点），整个异常内金平均值达 13.57×10^{-9}，近东西走向，长大于 1140m（向西、向东均未追索完整），而内浓度带长大于 730m，中浓度带长亦大于 1140m，在 x14-3 及 x14-4 剖面上已完工钻孔 ZK1x-0-2 孔、ZK1x-0-1 孔见到异常下部金矿，在 x14-7 线 9-10 号点间为已知角砾岩筒 17 号矿化体。有电导率异常，局部与 Hg-6 ~ Hg-9 号等汞异常吻合，与化探异常 Hg-10 号、Hg-9 号一部分一致，是局部已证实的金矿（化）体异常。成矿地质条件有利，处于 15 号环状影像的北部 δ_{N5}^{3-1} 闪长岩类中，是蚀变矿化的有利岩性地段。

又如 Au-14 号异常，处于 γ_5^{2-3} 与 δ_{N5}^{3-1} 两岩性接触带两侧（偏于 δ_{N5}^{3-1}），也是成矿有利地质部位，15 号环形影像北部，在 x14-2 线与 x14-1 线之间有 J14ZK0001 孔，在 x14-1 线上有 ZK1402 孔已揭露下部金矿（化）体，是局部已见金矿（化）的异常，异常沿 δ_{N5}^{3-1} 与 γ_5^{2-3} 接触带，在 x14-1 ~ x14-5 线有内浓集带含量，异常最大值为 25.7×10^{-9}（x14-1 线 15 号点），整个异常平均值为 8.81×10^{-9}，异常向东未追索完整，异常走向规模（目前）大于 730m，有 Con 和汞异常，是局部未知的金矿（化）体引起。

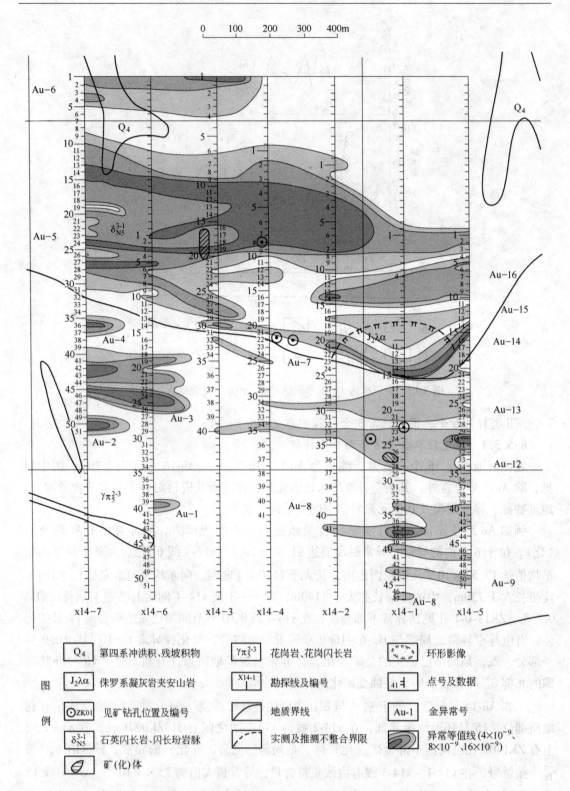

图 8-20 黑龙江省东宁县金厂矿区地电提取金数据平面图

表 8-2　黑龙江省东宁县金厂矿区地电提取金异常特征

异常类别	异常号	剖面号	异常峰值		异常规模与强度					地质特征及解释	对应其他元素异常号
			点号	含　量	起始点号	宽度/m	$\overline{Con}$	走向	走向长度/m		
III	Au-1	x14-6	40	10.2×10^{-9}	40	20	10.2×10^{-9}			位于 $\gamma_{\pi5}^{2-3}$ 中，推测的 15 号环形构造西缘	Con 于该剖面上的浓集中心
II	Au-2	x14-7	50	100×10^{-9}	50/51	40	58.2×10^{-9}			位于 $\gamma_{\pi5}^{2-3}$ 中，推测的 15 号环形构造西缘，金的矿化脉体	Con-1、Hg-3
I	Au-3	x14-7	45	20.1×10^{-9}	35/45	120	13.7×10^{-9}	东西向为主	>300	位于 $\gamma_{\pi5}^{2-3}$ 中，推测的 15 号环形构造西缘，异常向西未追索完整，2～3 条金矿化体引起	Con-1、Hg-3、Hg-4
			43	20.4×10^{-9}							
		x14-6	24	37.2×10^{-9}	19/26	160					
			21	9.6×10^{-9}							
			19	11.9×10^{-9}							
II	Au-4	x14-7	36	17.5×10^{-9}	35/37	60	10.3×10^{-9}			位于 $\gamma_{\pi5}^{2-3}$ 中，推测的 15 号环形构造西缘，异常向西未追索完整，金矿化脉体引起	Con-1、Hg-5
I	Au-5	x14-7	11	11×10^{-9}		400	13.57×10^{-9}	主走向东西	>1140	位于 δ_{N5}^{3-1} 中，推测的 15 号环状构造北缘内 δ_{N5}^{3-1} 外 10 号（250m）控制侧，有 17 号、19 号金矿化体（ZK1x-0-2，ZK1x-0-1 号孔见金矿，即 x14-3 和 x14-4 号剖面间）有化探 H610 号异常，是蚀变闪长岩带矿化类型（金矿化明显），应于 x14-7 剖面 11 号和 13 号布设两个验证孔，分别为 ZK9（150m）、ZK 中 17 号矿化体（角砾岩筒）富集金矿化。另在 x14-4 线 5 号点布设 ZK6，x14-2 线 5 号点布设 ZK5 两建议验证异常孔，预测应是金富集矿化体。x14-2 线 10 号点布设 ZK4 号孔（ZK5 孔之后）预测应是含金矿化富集体（脉）	Con-1、Hg-5、Hg-6、Hg-9 异常
			14	36×10^{-9}							
			20	12.1×10^{-9}							
			24	38.1×10^{-9}							
			27	36.9×10^{-9}							
		x14-6	1	39.4×10^{-9}		>200					
			3	17.5×10^{-9}							
			5	19.6×10^{-9}							
			8	12.2×10^{-9}							
			10	6.6×10^{-9}							
		x14-3	9	20.2×10^{-9}		460					
			15	32.65×10^{-9}							
			19	17.63×10^{-9}							
			23	5.24×10^{-9}							
			28	10.57×10^{-9}							
		x14-4	6	91.88×10^{-9}		>280					
			12	7.39×10^{-9}		40					
		x14-2	5	34.41×10^{-9}		>340					
			7	37.64×10^{-9}							
	Au-6	x14-1	1	14.32×10^{-9}		>80	10.49×10^{-9}	东西	>400	位于 δ_{N5}^{3-1} 中，反映有金矿化存在，但异常追索不完整（向东向西未追索完，向北也不完整）	Con-1
		x14-5	1	11.9×10^{-9}		>60					
		x14-7	1	12.14×10^{-9}		>80					
		x14-3	1	24.45×10^{-9}		>80					

异常类别	异常号	剖面号	异常峰值		异常规模与强度					地质特征及解释	对应其他元素异常号
			点号	含 量	起始点号	宽度/m	$\bar{C}on$	走向	走向长度/m		
III	Au-7	x14-3	32	4.38×10^{-9}	32	20	4.3×10^{-9}	南东	130	位于 $\gamma_{\pi5}^{2-3}$ 中,且在 15 号环状影像内靠 $\gamma_{\pi5}^{2-3}$ 与 $\gamma_{\pi5}^{2-3}$ 接触带内,15 号环形影像内,异常不完整	Con-1 中的低值中心
		x14-3	25	4.21×10^{-9}	25	20					
	Au-8	x14-1	47	4.15×10^{-9}	47	20	4.15×10^{-9}				
II	Au-9	x14-1	43	6.06×10^{-9}	43	20	5.72×10^{-9}	近东西	>200	$\gamma_{\pi5}^{2-3}$ 内,15 号环形影像南缘内侧,硫化物矿化脉体(Au),向东有延长趋势	Con-1、Hg-12
		x14-5	51	5.5×10^{-9}	50/51	>40					
	Au-10	x14-1	40	6.9×10^{-9}	40	20	5.5×10^{-9}	近东西	200	$\gamma_{\pi5}^{2-3}$ 内,15 号环形影像南缘内侧,弱含金硫化物矿化	Con-1、Hg-12
		x14-5	47	4.1×10^{-9}	47	20					
I	Au-11	x14-2	41	5.25×10^{-9}	41	20	8.22×10^{-9}	东西	>400	$\gamma_{\pi5}^{2-3}$ 内,15 号环形影像内,推测为含金硫化物脉体,设计 ZK1 号验证孔(x14-1 线 35 号点)	Con-1、Hg-12
		x14-1	34	4.33×10^{-9}	34	20					
			38	27.88×10^{-9}	37/38	40					
		x14-5	40	5.9×10^{-9}	40/42	60					
	Au-12	x14-3	40	4.02×10^{-9}	40	20	6.9×10^{-9}	东西	>730	$\gamma_{\pi5}^{2-3}$ 内,15 号环形影像内。x14-1 剖面 26 号点见 14 号矿化体,有 J14ZK0001 孔,ZK1402 号孔见金矿,部分已知金矿异常	Con-1、Hg-11、Hg-12
		x14-5	30	21.5×10^{-9}	29/31	60					$\gamma_{\pi5}^{2-3}$ 有 J14ZK0001 孔,ZK1402 号孔见金矿,部分已知金矿异常	
			35	5×10^{-9}	35/36	40						
		x14-4	31	4.2×10^{-9}	31	20	5.32×10^{-9}	东西	>600	$\gamma_{\pi5}^{2-3}$ 内,与接触线的南侧,15 号环形影像的东缘,为金矿化(硫化物)脉体	Con-1、Hg-12、Hg-13
		x14-2	29	4.33×10^{-9}	29	20						
		x14-1	18	7.17×10^{-9}	17/21	100						
		x14-5	26	7.8×10^{-9}	24/26	60						
		x14-3	30	9.84×10^{-9}	30	20	8.81×10^{-9}	先南西到 x14-1 线转北东	>730	δ_{N5}^{3-1} 内,沿与接触线产出,15 号环形影像北缘内侧,推测是蚀变闪长岩(类)带引起的含金矿体。有 ZKx1-0-1 孔、J14ZK0003 两孔见金矿体。在 x14-1 线 12 号点建议布设 ZK2 号验证与接触转折部位,预测见金矿(化)体,该异常向东(x14-7 向东)未完整	Con-1 中心部分为其低值中心部位;Hg-14、Hg-15
		x14-4	21	4.46×10^{-9}	21	20						
		x14-2	21	8.44×10^{-9}	20/22	60						
		x14-1	15	20.7×10^{-9}	14/15	40						
		x14-5	15	18.4×10^{-9}	15/18	80						
			21	5.9×10^{-9}	21	20						

异常类别	异常号	剖面号	异常峰值		异常规模与强度					地质特征及解释	对应其他元素异常号
			点号	含 量	起始点号	宽度/m	$\overline{C}on$	走向	走向长度/m		
I	Au-12	x14-2	17	5.56×10^{-9}	17	20	6.18×10^{-9}	东西	>400	δ_{N5}^{3-1} 内，15 号环形影像北部外侧，可能为内破碎蚀变矿化带引起	Con-1、Hg-15
		x14-1	11	7.67×10^{-9}	11	>20					
		x14-7	12	5.3×10^{-9}	12	20					
		x14-2	14	24.75×10^{-9}		60	9.58×10^{-9}	东西	>400	δ_{N5}^{3-1} 内 15 号环形影像北部外侧，Ht10 号化探异常内。预测为金矿化脉体，布设 ZK3 号孔验，孔位在 x14-1 线 4 号点向南 60m	Con-1、Hg-15
		x14-1	4	10.56×10^{-9}	4	40					
		x14-7	5	8.8×10^{-9}		120					
			9	13.1×10^{-9}							

类似 Au-5、Au-14 号具有内浓度带值，有一定走向规模（跨剖面规模）的还有 Au-3、Au-6、Au-11、Au-12、Au-16 等异常。

呈点异常的有 Au-1、Au-8 号异常（目前认识）。

从平面展布特点看，金异常浓集中心明显范围大、走向规模大的出现于 δ_{N5}^{3-1} 岩石中，反映测区已知的蚀变闪长岩类岩石是有利金矿化富集地段，高浓度中心异常地段出现于 15 号环形影像四周内、外侧（南部地域不明显），反映金矿化富集是在 15 号环形影像的边缘。从金异常外形多呈条状（或浓度较高部分），方向与 15 号环形影像边界相交切来看，推测金矿（化）脉体分布在环形构造边缘内、外侧（南部方向）。

8.5.3.2 土壤离子电导率异常平面分布特征

将测区地段土壤电导率（Con）数据，按外、中、内浓度带值圈定异常，获 1 个异常，呈有低阻中心（x14-3 线 23～40 号点，到 x14-4 线 16～35 号点，再到 x14-2 线 16～34 号点，东边 x14-1 线 12～22 号点）的环形异常（图 8-21）。

该环状电导率异常，向东到 x14-5 线、向西到 x14-7 线电导率增强。似包含 15 号环形影像、又包围 15 号环形影像，反映在这 15 号环状影像周边有硫化物物体富集的趋势。硫化物富集反映趋势与岩性无关，只与构造体形及产出部位有关。从已知测区金矿化与黄铁矿（闪锌矿、方铅矿、少量黄铜矿）化关系看，Con 异常出现与金富集矿化有关（至少反映赋存地域）。

对该异常中浓度带段分析看，目前已发现 15 段中浓度带异常段，但向东、向西均未追索完整。15 段中浓度带异常段含量特征、地质特征及与其他元素异常对应关系列于表 8-3。

8.5.3.3 土壤吸附相态汞异常平面分布特征

将测区地段土壤吸附相态汞数据，按该元素外、中、内浓度带值圈定异常，获 15 个汞异常，编号为 Hg-1、Hg-2、…、Hg-15，如图 8-22 所示。

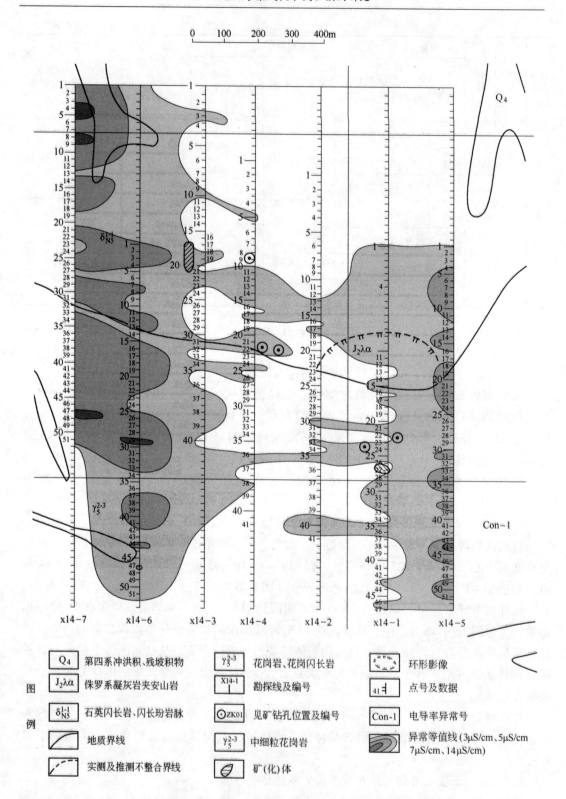

图 8-21 黑龙江省东宁县金厂矿区土壤离子电导率数据平面图

表 8-3　黑龙江省东宁县金厂金矿区土壤离子电导率异常中浓度带段特征

异常号	中浓度带段	剖面号	异常峰值		异常规模与强度					地质特征	对应其他元素异常号
			点号	含量/μS·cm⁻¹	起始点号	宽度/m	$\bar{C}on$/μS·cm⁻¹	走向	走向长度/m		
Con-1	Con-1 第一段	x14-7	47	19.59	33/51	>380	9.03	SE	>200	此段位于 γ_5^{2-3}，近 γ_5^{2-3} 与 δ_{NS}^{3-1} 接触线，15 号环状影像西部内侧，向西异常不完整	Hg-3、Hg-4、Hg-5 南半部；Au-2、Au-3、Au-4
			39	11.96							
		x14-6	17	13.5	15/33	380					
			21	9.22							
			29	16.4							
			33	10.38							
	Con-1 第二段	x14-7	30	8.87	28/31	80	7.63	EW	>200	位于 δ_{NS}^{3-1} 中，为 γ_5^{2-3} 与 δ_{NS}^{3-1} 接触带北侧，15 号环形影像北西部，向西不完整	Hg-5 北半部，Hg-6 异常西部，Au-5 异常西侧南部
		x14-6	7	7.19		140					
			13	8.38							
	Con-1 第三段	x14-7	21	8.09	21/26	120	7.64	EW	>200	位于 δ_{NS}^{3-1} 中，可能在硫化物蚀变带上，向西异常不完整，15 号环形影像北缘外侧	Hg-6 号西半段，Au-5 号西半段
			26	8.38							
		x14-6	2	9.27		>80					
	Con-1 第四段	x14-7	5	27.23		>360	12.1			位于 δ_{NS}^{3-1} 中的 17 号角砾岩筒矿化体上，建议于 x14-7 线 11 号和 13 号点布设 ZK9（150m）及 ZK10（250m）验证，预测见金矿化富集，异常向西北未追索完整	Hg-8、Hg-9、Hg-5 号西部，Au-6 号西部
			9	15.2							
			15	12.1							
			17	10.25							
	Con-1 第五段	x14-6	47	7.11	47	20	7.11			位于 γ_5^{2-3} 内，15 号环形影像南缘内侧（或西部）	Hg-1
	Con-1 第六段	x14-6	44	9.98	44	20	9.98			位于 γ_5^{2-3} 内，15 号环形影像内，（硫化物体，含金差）	
	Con-1 第七段	x14-6	37	10.4	37/41	100	9.44			位于 γ_5^{2-3} 内，15 号环形影像西侧，应为含金硫化物矿化 γ_5^{2-3} 异常向东延展	Au-1
			41	11.75							

异常号	中浓度带段	剖面号	异常峰值 点号	异常峰值 含量 /μS·cm⁻¹	异常规模与强度 起始点号	宽度 /m	$\overline{C}$on /μS·cm⁻¹	走向	走向长度 /m	地质特征	对应其他元素异常号
Con-1	Con-1 第八段	x14-5	51	8.64	49/51	>60	7.68			位于 γ_5^{2-3} 内，15号环状影像东南侧，异常向东延长	Hg-12 南部、Hg-9 东部
	Con-1 第九段	x14-5	44	14.4	43/46	80	9.12			位于 γ_5^{2-3} 内，15号环状影像东侧，异常向东延展	Hg-12
	Con-1 第十段	x14-5	38	10.73	38	20	10.73			位于 γ_5^{2-3} 内，15号环状影像东侧，向东延长	Hg-12
	Con-1 第十一段	x14-5	34	10.57	33/36	80	9.33			位于 γ_5^{2-3} 内，15号环状影像东侧，异常向东延展	Hg-12，Au-12 东部，南侧
	Con-1 第十二段	x14-5	31	9.13	30/31	40	8.38			位于 γ_5^{2-3} 内，15号环状影像东侧内，异常向东延展	Au-12 东部
	Con-1 第十三段	x14-5	18 22	10.04 10.85	18/25	160	8.96			γ_5^{2-3} 与 δ_{NS}^{3-1} 交界两侧，主要位于 γ_5^{2-3} 内，15号环形影像北缘东端，向东延展	Hg-14，Au-14、Au-13 东端
	Con-1 第十四段	x14-5	15	9.88	13/15	60	8.73			位于 δ_{NS}^{3-1} 内，与 γ_5^{2-3} 接触的北侧，15号环形影像东北段，异常向东延展	Hg-15 南部，Au-15 东部
	Con-1 第十五段	x14-5	4 10	11.9 13.78		160	10.6			位于 δ_{NS}^{3-1} 内，在闪长岩蚀变带东，应为硫化物矿化（Au），异常向东有延展	Hg-15、Au-16 东部

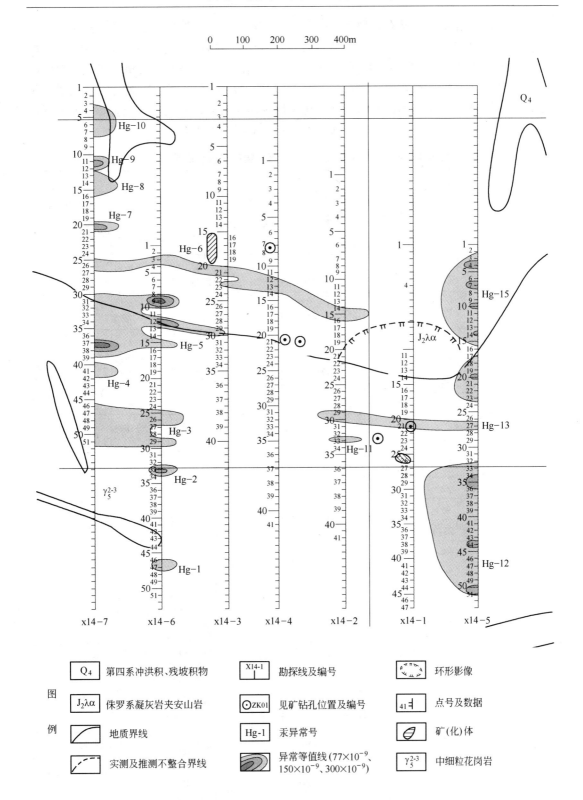

图 8-22 黑龙江省东宁县金厂矿区土壤吸附相态汞数据平面图

除 Hg-11 号异常外，所有汞异常走向上在东侧或西侧均未追索完整。在含量上，测区东侧或西侧汞的异常地段，有汞的中浓度带出现，而在 x14-3 线向东到 x14-1 线之间，没有 150×10^{-9} 的中浓度带出现。从异常分布位置看，在 15 号环形影像北侧、东侧、西侧的内、外缘上，有强度大或有一定规模的汞异常出现。反映 15 号环状影像与围岩接触部位有形成吸附相态汞富集的构造空间，抑或硫化物赋存（汞为亲硫元素）位置。汞元素异常的异常含量、规模、地质特征及与其他元素空间关系列于表 8-4。

表 8-4　黑龙江省东宁县金厂金矿区土壤吸附相态汞异常特征

异常号	剖面号	异常峰值		异常规模与强度					地质特征	对应其他元素异常号
		点号	含量	起始点号	宽度 /m	$\overline{C}on$	走向	走向长度 /m		
Hg-1	x14-6	47	88×10^{-9}	46/47	40	83×10^{-9}			γ_5^{2-3} 内，15 号环形影像南缘内侧	Con-1
Hg-2	x14-6	33	199×10^{-9}	33	20	199×10^{-9}			γ_5^{2-3} 内，15 号环形影像内	Con-1
Hg-3	x14-7	49	119×10^{-9}	46/51	>120	99×10^{-9}	EW	>200	γ_5^{2-3} 内，15 号环形影像西侧，异常西部未完整	Con-1、Au-2、Au-3 一部分，（Au-2、Au-3 夹持处）
		47	119×10^{-9}							
	x14-6	25	87×10^{-9}	25/26	40					
		29	124×10^{-9}	29	20					
Hg-4	x14-6	41	91×10^{-9}	40/41	>40	85×10^{-9}			γ_5^{2-3} 内，15 号环形影像西侧	Con-1、Au-3
Hg-5	x14-7	37	379×10^{-9}	30/38	160	138×10^{-9}	EW (SE)	>400	γ_5^{2-3} 与 δ_{NS}^{3-1} 的接触线两侧，主要在 γ_5^{2-3} 中	Au-4 及 Au-5 西部南侧接 Au-15 西侧（x14-3 线接）、Con-1
		30	82×10^{-9}							
	x14-6	15	95×10^{-9}	15	20					
		12	221×10^{-9}	12	20					
		9	308×10^{-9}	9	20					
	x14-3	30	764×10^{-9}	30	20					
Hg-6	x14-7	26	106×10^{-9}	25/26	40	91.58×10^{-9}	EW 转 SE	>730	δ_{NS}^{3-1} 内，为蚀变闪长岩带，x14-3 线有 ZK1x-02 孔见金矿（局部为已知矿异常）异常向西未追索完整，建议考虑在 x14-3 线以西异常部分（综合 Au-5 号异常）加以验证	Con-1、Au-5 西段南
	x14-6	3	96×10^{-9}	3	20					
	x14-3	21	113.38×10^{-9}	21/23	60					
	x14-4	13	83.38×10^{-9}	12/13	40					
	x14-2	15	108.53×10^{-9}	15/16	40					
Hg-7	x14-7	20	197×10^{-9}	20	20	197×10^{-9}			δ_{NS}^{3-1} 内，15 号环形影像北侧外缘，异常未追索完整	Con-1、Au-5 中间低阻
Hg-8	x14-7	14	125×10^{-9}	13/15	60	105×10^{-9}			δ_{NS}^{3-1} 内，西部未追索完整	Con-1、Au-5
Hg-9	x14-7	11	201×10^{-9}	11	20	201×10^{-9}			δ_{NS}^{3-1} 内的 17 号矿化体南侧点位上	Con-1、Au-5 西部北侧

对于汞异常与其他元素，特别是金元素异常关系，有以下几种情形（表8-4）：

一种没有金异常伴随，只有电导率异常出现，如 Hg-1、Hg-2 号。推测为不含金的硫化物矿化引起。

一种与电导率异常、金异常基本同步（空间上），如 Hg-4、Hg-6、Hg-8、Hg-15 等异常。

一种是与电导率异常同时出现，但高含量的汞异常被金的异常夹持，如 Hg-3、Hg-5、Hg-7、Hg-8、Hg-14 等异常较明显，推测汞沿裂隙部位明显富集，裂隙旁侧为含金的硫化物矿化富集引起，即裂隙是形成含金的热液活动通道。例如 Hg-5 号异常，位于 γ_5^{2-3} 与 δ_{N5}^{3-1} 的接触带两侧，主要在 γ_5^{2-3} 岩石中，走向常大于 400m（西部未追索完整）最高含量 379×10^{-9}，平均达 138×10^{-9}，为 Au-3、Au-5 等有一定规模、走向相似的金异常夹持，说明此异常地段接触带两侧硫化物含金矿化存在，且印证 γ_5^{2-3} 与 δ_{N5}^{3-1} 接触带为金矿化的有利空间。类似的还有 Hg-14、Hg-13 异常等。从剖面上看，汞含量小于 77×10^{-9}，但亦显示有高背景变化地段。

8.5.4 测区综合异常划分、成矿预测及评价

通过对金厂地电提取金异常、土壤吸附相态汞异常、土壤离子电导率异常平面特征分析，按照异常的规模大小、强度，各元素异常出现的空间位置关系，异常出现的地质部位，以及已有地质工程揭露情况，对测区异常进行综合分类，并在此基础上，确定目前找矿远景区范围。

8.5.4.1 综合异常的确定

以地电提取金元素为主（因为金为成矿元素）对综合异常确定，划分为三类：

I 类异常：为金矿（化）异常。有金的内浓度带（16×10^{-9}）异常中心含量，异常规模在走向上跨相邻两剖面距离（$130 \sim 200m$）的异常，与 Con、汞异常吻合或相连（或走向衔接）。出于有利的地质构造部位（15 号环形影像内外接触线或其内，γ_5^{2-3} 和 δ_{N5}^{3-1} 接触带内侧，有利的闪长岩类蚀变带内，即 δ_{N5}^{3-1} 内的一种或数种情况），或部分为工程揭露已知金矿（化）的异常，划为此类异常。含硫化的金矿（化）体划入此类的有 Au-3、Au-5、Au-6、Au-11、Au-12、Au-14、Au-16 号等异常。其中部分异常地段已为工程证实金矿体存在的有 Au-5 号、Au-12 号、Au-14 号等三个异常。此类异常共有 7 个（见表8-3 中描述）。

II 类异常：为金富集矿化或下部有埋深的金矿（化）体异常。有两种情况；一种是单线单点的有金内浓度值的异常，但与 Con、汞异常吻合（如 Au-2 号），但金异常规模不大；另一种情况是异常规模（外带）跨相邻两剖面（$130 \sim 200m$）以上，规模较大，与 Con、汞异常吻合，如 Au-9、Au-10、Au-13、Au-15 等号异常（表8-3）。此类异常共有 6 个。

III 类异常：此类异常有 3 个，是性质不明或规模不清、找矿意义不大的异常。此类异常有如下情况：

第一种是只有中浓度带值的单线单点异常，仅有电导率异常对应，如 Au-1 号异常；

第二种是异常规模有一定规模，但位于电导率环状异常范围的电导率低值部位，如 Au-7 号异常；

第三种是单点低值（小于中浓度带值）异常，如 Au-8 号异常。

上述分类，是对金异常为主的单个金异常而言。II、III类异常在分布上也有解释地质

成矿构造的作用。

8.5.4.2　异常解释评价及找矿预测

图 8-23 为找矿远景区，编号为壹号。

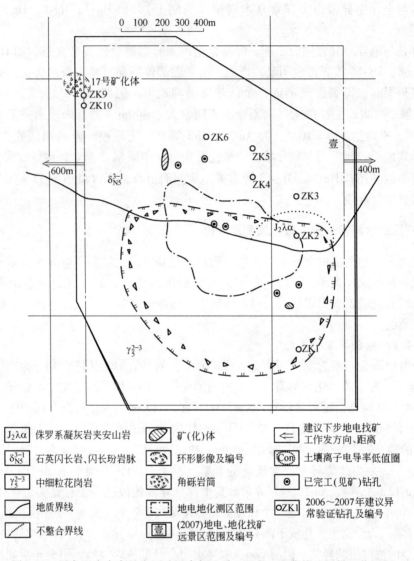

图 8-23　黑龙江省东宁县金厂矿区南部地质、地电、地化找矿远景区位置图

按照异常分布情况，结合地质情况及已知找矿工作所获资料，将测区划为壹号找矿远景区：位于 15 号环形影像内、外两侧及大部分 15 号环形影像范围，在 δ_{N5}^{3-1} 岩石分布范围内，有规模大、强度高的I类找矿异常存在，且又包含已知的 17 号角砾岩筒矿化体，局部地段已知存在金矿体。走向 EW 或 NE、SE 的金异常反映脉状矿化体普遍存在于 15 号环形影像内，Con、汞异常显示 15 号环形影像四周有明显的硫化物矿化迹象。建议对远景区部分异常（地段）布设钻孔工程验证（2006 年布设的 ZK1～ZK6 号孔共 6 个号，2007 年工作结果又新增 ZK9 和 ZK10 两个孔，共 8 个建议验证钻孔）。如 Au-5 号异常在 x14-7 号剖面线上，建议布设 ZK9 和 ZK10 两个钻孔对异常反映的深部揭露、预测见金矿（化）体，详见图 8-24。

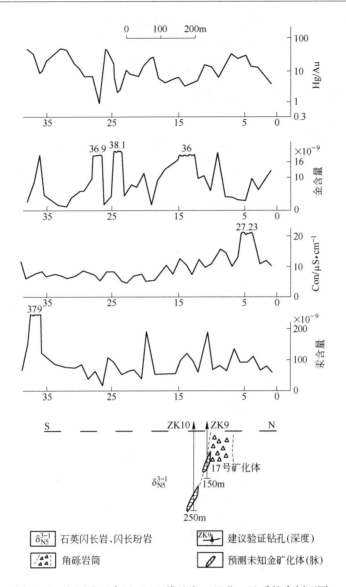

图 8-24 金厂矿区南区 x14-7 线地电、地化、地质综合剖面图

8.6 甘南忠曲金矿区找矿预测研究

按照地学研究的指导思想，即"从已知到未知，由点及面"的思路，以已知矿 CF 线研究成果作为参考依据，在忠曲矿段未知区域开展地电化学探矿预测研究，圈定异常分布相似、地质可靠程度相对较高的异常靶区，作为下一步工作重点。

异常划分为 3 个等级异常，分别为外带、中带、内带，划分依据主要采用 $\sigma + 2S$、$4S$、$6S$（σ 为背景值、S 为标准差）；但是针对工作区铬、吸附相态汞数据不具地电化学式正态分布，主要采用中位数作为背景值，最佳分布形态时的方差作为参考方差，或者参考重复测线以及采用试探方差以突出元素在区内的变化趋势。

异常划定标准如下：

（1）异常规模大、异常分带明显、浓集度高；

（2）异常属单点异常，具有明显分带；

（3）异常仅有外带异常，但连续性好，单个异常至少包含两个测点。

8.6.1　元素地电化学集成技术平面异常特征

8.6.1.1　金的异常特征

根据数据统计算出，金的异常分带参数依次为 0.05×10^{-9}、0.08×10^{-9}、0.11×10^{-9}。根据异常规模和分带完整情况，测区内共划分了 7 个金异常单元（图 8-25），其中

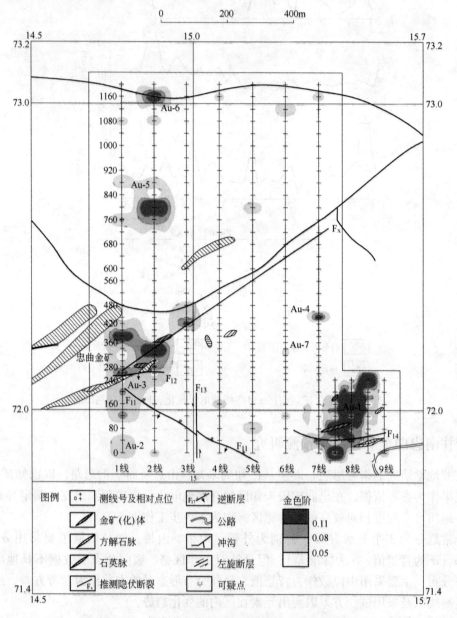

图 8-25　甘肃省忠曲金矿区金地电化学异常平面图

异常分带完整的 5 个单元主要分布在测区西部和东南部。

（1）Au-1 呈带状，异常总体延伸为 NNE 向，异常分带完整，总面积约为 0.0389km^2，其中包含两个浓集中心，分别位于 7.5 线/0 点和 7.5~8.5 线间（7.5 线/80 点、8 线/40 点与 8 线/120 点~8 线/160 点、8.5 线/240 点），对应的内带测点金含量值或平均含量值分别为 0.251×10^{-9}、0.7726×10^{-9}，内带总面积约为 0.0169km^2。

（2）Au-2 为相邻点连续低异常，异常呈南北向延伸，仅发育有异常外带，主要异常点为 1 线/0 点和 1 线/40 点，对应含量值分别为 0.069×10^{-9} 和 0.066×10^{-9}，异常面积 0.005km^2。

（3）Au-3 呈长块状，异常总体延伸为 SSW 向，异常分带完整，总面积约为 0.0555km^2，包含有 5 个浓集中心，其中有两个较大，分别位于 1 线/260 点、1 线/380 点、2 线/280 点、2 线/320 点~2 线/340 点和 3 线/420 点，对应的内带测点金含量值或平均含量值分别为 0.144×10^{-9}、0.238×10^{-9}、0.117×10^{-9}、0.214×10^{-9}、0.131×10^{-9}，内带总面积约为 0.054km^2。

（4）Au-4 呈椭圆状，规模较小，异常分带明显，浓集中心分别位于 7 线/440 点，异常值为 0.133×10^{-9}，异常面积仅 0.002km^2，可作参考异常处理。

（5）Au-5、Au-6 呈不规则块状，规模中等，异常分带完整清晰。浓集中心分别位于 2 线/800 点和 2 线/1160 点处，对应的内带测点金含量值分别为 0.258×10^{-9}、0.149×10^{-9}，异常总面积分别为 0.0234km^2、0.0065km^2。

（6）Au-7 异常为南北向近长条状连续异常，位于 6 线/320 点~6 线/340 点附近，异常值接近异常下限值，异常面积相当小，可作为参考异常。

8.6.1.2　银的异常特征

根据数据统计算出，银的异常分带参数依次为 0.06×10^{-6}、0.09×10^{-6}、0.12×10^{-6}。据异常规模和分带完整情况，测区内共划分了 13 个银异常单元（图 8-26），其中异常分带完整的异常有 4 个，主要分布在测区西部；异常中、外带发育完整的异常有 6 个。

（1）Ag-9 和 Ag-13 呈条带状和块状，位于测区中西部，异常总体延伸为 SSW 向，异常分带完整，总面积分别为 0.0308km^2 和 0.0953km^2。Ag-9 异常带有浓集中心（内带）3 个，其中有两个较大，分别分布在 2~3 线间（2 线/560 点~2 线/640 点、3 线/680 点）和 3 线/840 测点处，对应的内带测点银含量值或平均含量值分别为 0.292×10^{-6}、0.193×10^{-6}，内带总面积为 0.02km^2；Ag-13 异常带有浓集中心（内带）2 个，分别分布在 1 线/1160 点~1 线/1200 点和 2 线/1160 点处，对应的内带测点银含量值或平均含量值分别为 0.155×10^{-6}、0.133×10^{-6}，内带总面积为 0.0046km^2。

（2）Ag-1、Ag-5 呈长柱、不规则圆状，异常分带完整，规模不大且均只有一个浓集中心（内带）。浓集中心（内带）分别位于 1 线/0 点、6 线/240 测点处，对应的内带测点银含量值分别为 0.165×10^{-6} 和 0.149×10^{-6}，总面积分别为 0.0153km^2 和 0.0056km^2。

（3）Ag-2、Ag-3、Ag-4、Ag-7、Ag-8、Ag-10 属于外、中带发育的异常，异常规模较小，中带分别位于 7 线/40 点、8 线/40 点、9 线/0 点、7 线/360 点、1 线/380 点和 7 线/520 测点处，总面积分别为 0.0025km^2、0.0014km^2、0.0014km^2、0.0007km^2、0.0053km^2 和 0.0035km^2。

（4）Ag-6、Ag-11、Ag-12 异常为连续低异常带，异常方向主要沿测线方向分布，分

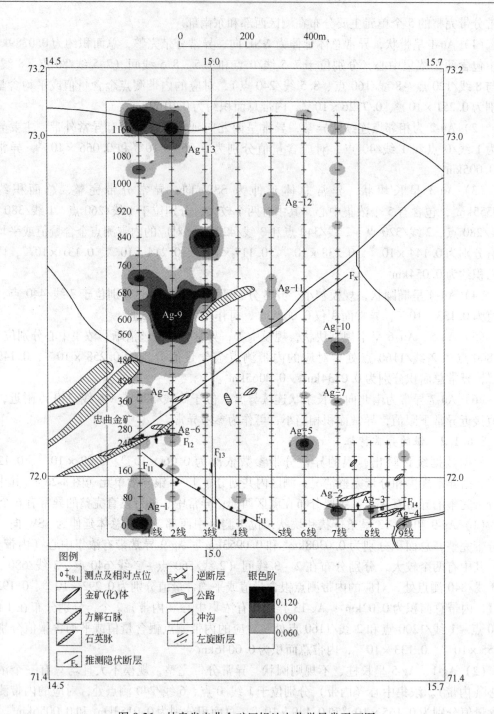

图 8-26　甘肃省忠曲金矿区银地电化学异常平面图

别位于 2 线/240 点~2 线/260 点附近、5 线/600 点~2 线/720 点附近以及 5 线/920 点~2
线/960 点附近，异常值略高于背景上限值。

8.6.1.3　铜的异常特征

铜的异常分带参数分别为 242×10^{-6}、342×10^{-6}、442×10^{-6}。根据异常规模和分带

完整情况，测区内共划分了 19 个铜异常单元（图 8-27），其中分带完整的异常有 15 个，在测区中分布零散；异常中、外带发育完整的异常有两个。

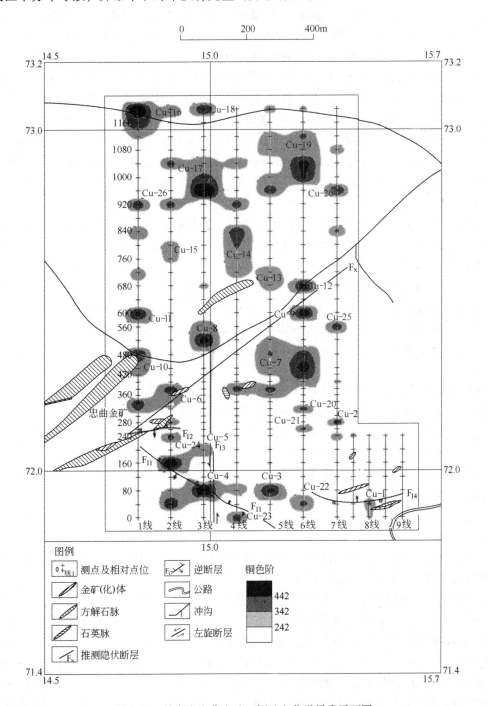

图 8-27 甘肃省忠曲金矿区铜地电化学异常平面图

（1）Cu-4、Cu-5、Cu-6、Cu-7、Cu-16、Cu-17 和 Cu-19 呈条带状或块状，在测区中分布零散，异常总体延伸为 WE 向，异常分带完整，总面积分别 0.0139km²、0.0075km²、

$0.0092km^2$、$0.0296km^2$、$0.0132km^2$、$0.0244km^2$ 和 $0.0274km^2$，浓集中心（内带）分别分布在 3 线/80 点、2 线/160 点、1 线/340 点与 2 线/380 点、4 线/380 点和 5 线/380 点、6 线/440 点、1 线/1200 点、3 线/960 点、6 线/1000 点~6 线/1040 点的周围，对应的内带测点铜含量值或平均含量值分别为 601×10^{-6}、589.8×10^{-6}、506.1×10^{-6}、498.13×10^{-6}、584.2×10^{-6}、723.8×10^{-6} 和 469.35×10^{-6}。

（2）Cu-2、Cu-3、Cu-8、Cu-9、Cu-10、Cu-11、Cu-12 和 Cu-18 呈同心椭圆状，在测区中分布零散，异常分带完整，总面积分别为 $0.001km^2$、$0.0045km^2$、$0.0074km^2$、$0.0035km^2$、$0.0057km^2$、$0.0035km^2$、$0.0032km^2$ 和 $0.0029km^2$，浓集中心（内带）分别分布在 7 线/280 点、5 线/80 点、3 线/520 点、6 线/600 点、1 线/480 点、1 线/600 点、6 线/680 点和 3 线/1200 测点周围，对应的内带测点铜含量值分别为 553.3×10^{-6}、480.9×10^{-6}、487.9×10^{-6}、531.4×10^{-6}、455.7×10^{-6}、468.1×10^{-6}、523.7×10^{-6} 和 464.5×10^{-6}。

（3）Cu-1、Cu-14 为外、中带发育的异常，总面积分别为 $0.0015km^2$、$0.0126km^2$。Cu-1 的中带异常较小，分布在 8 线/40 测点周围；Cu-14 为矩形状异常，中带分布于 4 线/800 点~4 线/840 测点周围。

8.6.1.4 铅的异常特征

根据数据统计算出，铅的异常分带参数依次为 3.7×10^{-6}、5.3×10^{-6}、6.9×10^{-6}。据异常规模和分带完整情况，测区内共划分了 12 个铅异常单元（图 8-28），其中分带完整的异常有 8 个，较大的 2 个主要分布在测区西北部和中西部；异常中、外带发育完整的异常有 2 个。

（1）Pb-9 呈条带状，位于测区中西部，异常总体延伸为 WE 向，异常分带完整，跨度范围大，跨过了 4 条测线，总面积约为 $0.053km^2$，浓集中心（内带）分布在 1 线/680 点、2 线/680 点、3 线/720 点和 4 线/720 测点周围，对应的内带测点铅含量值分别为 7×10^{-6}、12.56×10^{-6}、20.16×10^{-6} 和 9.13×10^{-6}，内带总面积约为 $0.0089km^2$。

（2）Pb-12 是位于测区西北部的带状异常，异常总体延伸 NW 向，异常分带完整，跨度有 3 条测线，总面积为 $0.043km^2$，有 2 个浓集中心，分别位于 1 线/1200 点、3 线/960 测点周围，对应的内带测点铅含量值分别为 12.43×10^{-6}、9.07×10^{-6}，内带总面积约 $0.0042km^2$。

（3）Pb-1、Pb-2、Pb-4、Pb-5、Pb-8、Pb-10 的异常规模较小，分布在测区里的位置主要为东南部，异常分带明显。其中 Pb-2、Pb-5、Pb-8 为多点联合异常，Pb-2 的外带面积较大，但内带范围相对较小，出现两个小的浓集中心，分别位于 7.5 线/240 点、8.5 线/160 点处，测点铅含量值分别为 7.79×10^{-6}、7.14×10^{-6}，Pb-2 的面积约为 $0.0156km^2$；Pb-5、Pb-8 都只出现一个浓集中心，分别位于 1 线/380 点、7 线/520 点处，测点铅含量值分别为 9.32×10^{-6}、8.95×10^{-6}，总面积分别为 $0.0069km^2$ 和 $0.0132km^2$。Pb-1、Pb-4、Pb-10 表现为同心单点异常，浓集中心分别位于 7.5 线/0 点、4 线/340 点、6 线/680 点处，对应的内带测点铅含量值分别为 10.69×10^{-6}、14.52×10^{-6}、7.98×10^{-6}，它们的异常面积分别为 $0.0025km^2$、$0.0053km^2$、$0.0041km^2$。

（4）Pb-3 为较大的一个外、中带发育异常，属于同心椭圆状单点异常，中带分布于 6 线/160 测点处，总面积为 $0.0016km^2$。

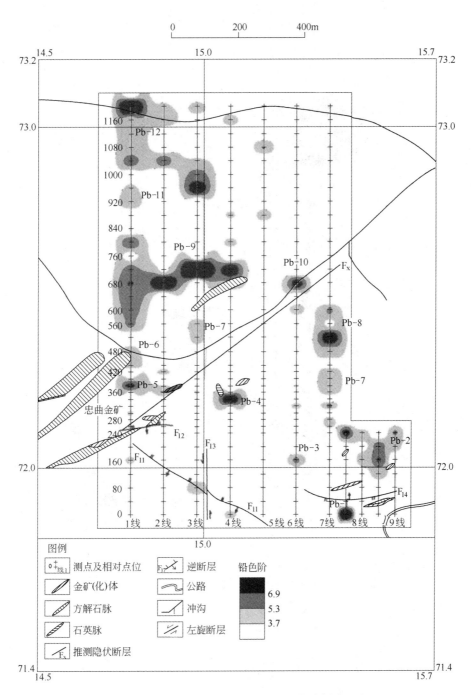

图 8-28 甘肃省忠曲金矿区铅地电化学异常平面图

8.6.1.5 锌的异常特征

根据数据统计算出，锌的异常分带参数依次为 22×10^{-6}、32×10^{-6}、42×10^{-6}。据异常规模和分带完整情况，测区内共划分了 11 个锌异常单元（图 8-29），其中异常分带完整的 6 个单元主要分布在测区中西部和东南部；异常中、外带发育完整的异常有 5 个。

（1）Zn-9 为跨越南北方向偏西，呈带状分布的大面积异常，跨度从 1 ~ 5 线，异常总

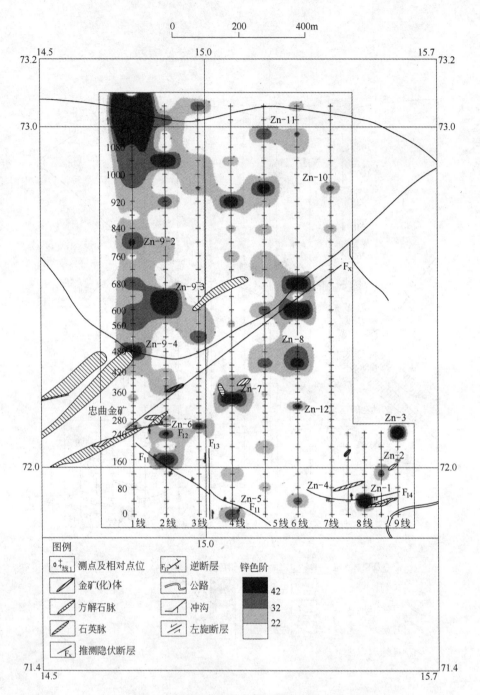

图 8-29 甘肃省忠曲金矿区锌地电化学异常平面图

体延伸为 SN 向，异常分带完整，总面积约为 $0.1748km^2$，内带总面积约为 $0.0307km^2$。有 6 个较发育的中、内带异常，其中 Zn-9-1 异常最大，面积达 $0.038km^2$，浓集中心（内带）分布在 1 线/1080 点～1 线/1200 点，1 线/1040 点周围，锌含量最低为 39.9×10^{-6}，最高达 285.6×10^{-6}；Zn-9-3 的内带异常主要分布在 2 线上，浓集中心分布在 1 线/600 点～1 线/640 点周围，锌的平均含量为 31.4×10^{-6}；另外 4 个均为同心椭圆状单点异常，浓集中心分别在 1 线/960 点、1 线/920 点、1 线/800 点、1 线/480 点处，对应的内带单点锌含量值分别为 32×10^{-6}、31.5×10^{-6}、43.9×10^{-6}、63.4×10^{-6}。

（2）Zn-8 是位于中心偏东的中小型规模异常，异常总体延伸 SN 向，异常分带完整，总面积为 $0.0448 km^2$，其中有 3 个中、内带异常均集中分布在 6 线上，分别位于 6 线/680 点、6 线/600 点、6 线/440 测点周围，对应的内带测点锌含量值分别为 71.9×10^{-6}、92×10^{-6}、56.2×10^{-6}，内带总面积约 $0.0063 km^2$。

（3）Zn-1、Zn-3、Zn-6、Zn-7 是位于南部和东南部的小型规模异常，异常分带明显，其中 Zn-1、Zn-3 表现为同心椭圆状单点异常，浓集中心分别位于 8 线/40 点、9 线/240 点处，对应的内带测点锌含量值分别为 74.3×10^{-6}、68.2×10^{-6}，它们的异常面积相当，大约为 $0.0027 km^2$；Zn-6、Zn-7 异常总体延伸 SN 向，Zn-6 的浓集中心在 2 线/160 点、2 线/240 点、3 线/260 点处出现，对应的内带测点锌含量值分别为 59.8×10^{-6}、47.4×10^{-6}、55.4×10^{-6}，面积为 $0.016 km^2$；Zn-7 为下凹状异常，内带分布在 4 线/340 测点处，测点锌含量值为 122.8×10^{-6}，总面积为 $0.011 km^2$。

（4）Zn-2、Zn-4、Zn-5、Zn-10、Zn-11 均为外、中带发育异常，其中 Zn-2、Zn-4、Zn-5、Zn-10 表现为单点异常，面积不大且相当，大约为 $0.0018 km^2$，中带分布于 1 线/260 点、3 线/420 点、3 线/600 点、4 线/800 测点处；Zn-11 呈东西分布，内含两个单点中带异常，分别分布在 5 线/1120 点、6 线/1120 测点处，总面积为 $0.0098 km^2$。

8.6.1.6 钴的异常特征

钴的异常分带参数分别 0.62×10^{-6}、0.86×10^{-6}、1.10×10^{-6}。根据异常规模和分带完整情况，测区内共划分了 14 个钴异常单元（图 8-30），其中异常分带完整的异常有 8 个，主要分布在测区中南部；异常中、外带发育完整的异常有 3 个。

（1）Co-1、Co-2、Co-8、Co-9 呈条带状或块带状，异常总体延伸为 EW 向，异常分带完整。总面积分别为 $0.0314 km^2$、$0.0522 km^2$、$0.0538 km^2$、$0.0105 km^2$。Co-1 异常带有浓集中心（内带）3 个，呈椭圆状，分别分布在 1 线/0 点、2 线/0 点、3 线/0 测点处，对应的内带测点钴含量值分别为 1.34×10^{-6}、1.28×10^{-6}、1.38×10^{-6}，内带总面积为 $0.0029 km^2$；Co-2 异常带有浓集中心（内带）4 个，但较大的浓集中心分布在 7.5～9 线间（7.5 线/240 点、8 线/160 点～8 线/240 点、8.5 线/120 点～8.5 线/200 点、9 线/160 点），内带测点钴的平均含量值为 1.985×10^{-6}，内带总面积为 $0.0163 km^2$；Co-8 异常带有浓集中心（内带）5 个，其中有 4 个是较大的浓集中心，分别位于 1 线/560 点～1 线/600 点、1 线/720 点、2 线/560 点、2 线/720 测点处，对应的内带测点钴含量值或平均含量值分别为 1.505×10^{-6}、1.5×10^{-6}、1.4×10^{-6}、1.92×10^{-6}，内带总面积为 $0.0105 km^2$；Co-9 异常带有浓集中心（内带）两个，分别位于 5 线/680 点和 6 线/680 测点处，对应的内带测点钴含量值分别为 1.3×10^{-6} 和 1.48×10^{-6}，内带总面积为 $0.0020 km^2$。

（2）Co-3、Co-5、Co-11、Co-13 呈不规则椭圆状，异常分带完整，且均只有一个浓集中心（内带）。浓集中心（内带）分别位于 2 线/300 点、6 线/480 点、4 线/920 点和 7 线/1080 测点处，对应的内带测点钴含量值分别为 1.58×10^{-6}、1.27×10^{-6}、1.12×10^{-6} 和 5.51×10^{-6}，总面积分别为 $0.0051 km^2$、$0.0071 km^2$、$0.0171 km^2$、$0.0132 km^2$。

（3）Co-4、Co-6、Co-10 属于外、中带发育的异常，异常规模较小，中带分别位于 5 线/400 点、2 线/440 点和 7 线/800 测点处，总面积分别为 $0.0024 km^2$、$0.0043 km^2$ 和 $0.0019 km^2$。

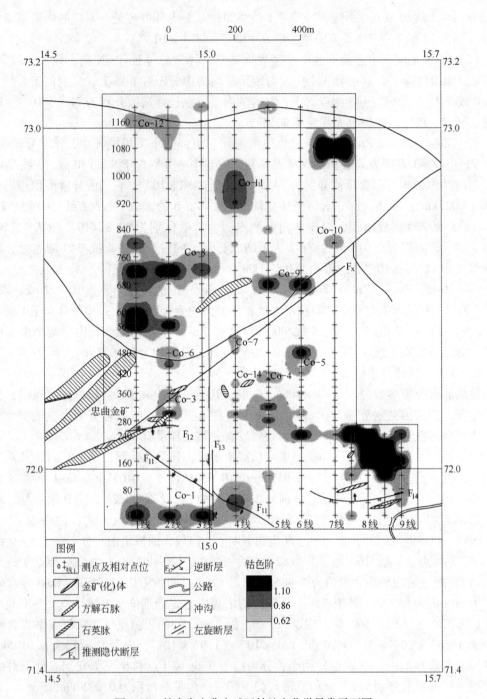

图 8-30　甘肃省忠曲金矿区钴地电化学异常平面图

8.6.1.7　镍的异常特征

根据数据统计算出，镍的异常分带参数依次为 2.2×10^{-6}、3.1×10^{-6}、4.0×10^{-6}。据异常规模和分带完整情况，测区内共划分了 7 个镍异常单元（图 8-31），其中分带完整的异常只有两个，分布在测区西北部和东南部；异常中、外带发育完整的异常有 5 个。

（1）Ni-2 呈弓状，位于测区东南部，异常总体延伸为 SN 向，异常分带完整，总面积

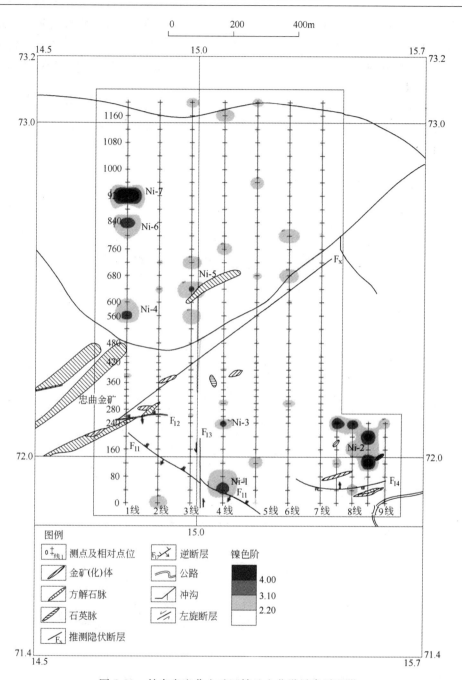

图 8-31 甘肃省忠曲金矿区镍地电化学异常平面图

约为 0.0146km²，共有浓集中心（内带）4 个，分别分布在 7.5 线/240 点、8 线/240 点、8.5 线/200 点和 8.5 线/120 测点周围，对应的内带测点镍含量值分别为 4.27×10^{-6}、4.31×10^{-6}、4.62×10^{-6} 和 5.06×10^{-6}，内带总面积约为 0.0015km²。

（2）Ni-7 是位于测区西北部的上下凹陷状单点异常，异常分带完整，总面积为 0.0062km²，浓集中心位于 1 线/920 测点周围，内带测点镍含量值为 8.51×10^{-6}，内带面积约 0.0026km²。

（3）Ni-1、Ni-3、Ni-4、Ni-5、Ni-6 属于外、中带发育的异常，异常规模较小，均只有一个中带异常，分别位于 4 线/40 点、4 线/240 点、1 线/560 点、3 线/640 点和 1 线/840 点处，对应的总面积分别为 0.0063km²、0.0012km²、0.0041km²、0.0035km²、0.0047km²。

8.6.1.8　铬的异常特征

根据数据统计算出，铬的异常分带参数依次为 6×10^{-6}、8×10^{-6}、10×10^{-6}。测区内铬元素总体表现为由东西两侧向中部浓集，并在 3 线形成岛链状浓集中心（图8-32）。

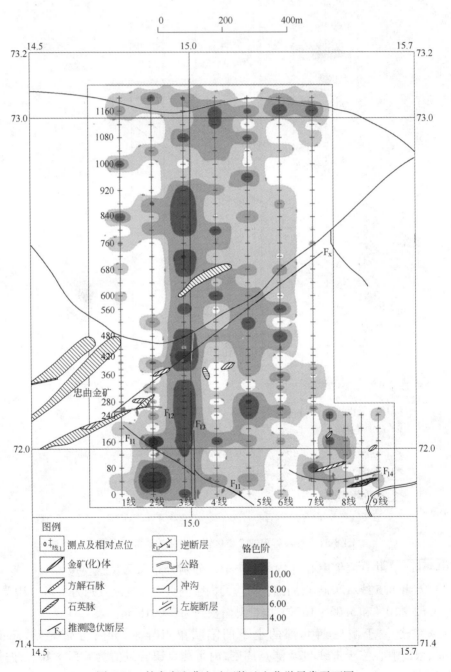

图 8-32　甘肃省忠曲金矿区铬地电化学异常平面图

　　这个规模巨大的铬异常，总体的延伸为 SN 向，异常分带完整，总面积约达 0.5968km²，在 2、3、5 这三条测线上可看到 5 个浓集中心（内带），分别位于 2 线/40 点、2 线/160 点、3 线/420 点、3 线/720 点、5 线/280 测点周围，对应的内带测点铬含量值分别为 15.86×10^{-6}、11.36×10^{-6}、15.6×10^{-6}、10.1×10^{-6}、11.1×10^{-6}，浓集中心（内带）面积分别为 0.0325km²、0.0005km²、0.00163km²、0.0001km²、0.00023km²。规模较大的中带也多集中于 2 线和 3 线上，形态呈带状或椭圆状。

8.6.1.9　汞的异常特征

　　根据数据统计算出，汞的异常分带参数依次为 147ng/g、232ng/g、317ng/g、402ng/g、487ng/g。据异常规模和分带完整情况，测区内共划分了 7 个汞异常单元（图 8-33），其中

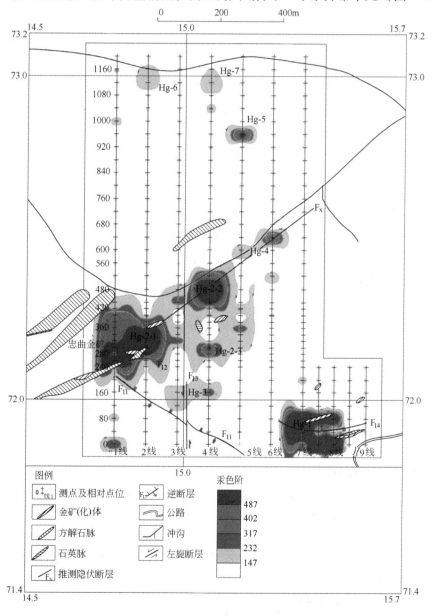

图 8-33　甘肃省忠曲金矿区汞地电化学异常平面图

异常分带完整的异常有 3 个，主要分布在测区中南和东南部；异常中、外带发育完整的异常只有 1 个。

（1）Hg-2 呈块状，位于测区中南部，异常总体延伸为 EW 向，异常分带完整，规模很大，总面积达 0.12km²，共有浓集中心（内带）3 个，其中 Hg-2-1 和 Hg-2-2 的浓集中心范围较大，Hg-2-1 的内带跨过了 2 条测线，分布在 1 线/260 点 ~ 1 线/300 点、2 线/280 点 ~ 2 线/340 点的周围，内带测点汞的平均含量值为 923.71ng/g；Hg-2-2 的内带分布在 4 线/440 点 ~ 4 线/480 点的周围，内带测点汞含量的平均值为 990.42ng/g；Hg-2-3 的内带处于单点 4 线/300 点处，测点汞含量值为 555.33ng/g。Hg-2 的内带总面积约为 0.0204km²。

（2）Hg-1 是位于测区东南部的块状异常，异常总体延伸为 EW 向，异常分带完整，总面积为 0.0301km²，浓集中心分布在 7 线/40 点 ~ 7 线/80 点、7.5 线/0 点、7.5 线/80 点、8 线/0 点和 8 线/80 点的周围，内带测点汞的平均含量值为 1516.67ng/g，内带总面积约 0.0162km²。

（3）Hg-5 位于偏东北方向，为同心椭圆的单点异常，异常分带完整，总面积为 0.005km²，浓集中心位于测点 5 线/960 点处，测点汞含量值为 533.48ng/g。

（4）Hg-4 是该测区唯一一个外、中带发育的异常，异常面积不大，中带位于测点 6 线/640 点处，总面积为 0.0083km²。

8.6.1.10 电导率（Con）异常特征

据统计，电导率异常分带参数分别依次为 13.5μS/cm、17.5μS/cm、21.5μS/cm。根据异常规模和分带完整情况，测区内共划分 11 个电导率异常单元（图 8-34），其中异常分带完整，规模较大的两个单元主要分布在测区南部东西两侧；异常中带、外带发育完整的单点异常有 4 个；至少包含两个测点的连续异常，且仅出现外带异常有 5 个。

（1）Con-1 为盾状异常，异常总体延伸为 EW 向，异常分带完整，总面积为 0.0237km²，浓集中心（内带）分布在 7 线/40 点、7.5 线/0 点/80 点、8 线/0 点/80 点处，内带单点高值分别为 28.2μS/cm、31.3μS/cm、31.8μS/cm、32.7μS/cm、34.9μS/cm，面积为 0.01km²。

（2）Con-2 为孤岛状异常，异常总体延伸 EW 向，异常分带明显，总面积为 0.066km²，其中外带规模较大，约 0.046km²；内、中带主要分布在 Con-2 西侧中部，浓集中心分布在 1 线/80 点、2 线/80 点/120 测点处，浓集中心电导率值依次为 29.4μS/cm、23.7μS/cm、44.6μS/cm，内带面积为 0.009km²。

（3）外、中带发育异常：Con-4、Con-6、Con-9、Con-10 异常表现为同心椭圆状，包含内带和中带，延伸情况不明显，异常面积相当，大约为 0.0022km²，均为单点异常，异常点分别位于 1 线/260 点、3 线/420 点、3 线/600 点、4 线/800 点，异常中心值分别为 21.8μS/cm、23μS/cm、19.14μS/cm、19.45μS/cm。

（4）相邻点联合外带异常：Con-8 和 Con-11 异常主要呈长条状南北延伸，Con-3、Con-5、Con-7 呈浑圆状，延伸情况不明显；异常规模小，Con-8 和 Con-11 面积最大，分别为 0.004km²、0.0039km²，依次出现在 1 线/420 点、440 点，5 线/280 点、300 点、320 点、380 点、400 点，6 线/440 点、480 点、520 点、1080 点、1120 点处，含量值在 13.99 ~ 17.55μS/cm，变化幅度小。

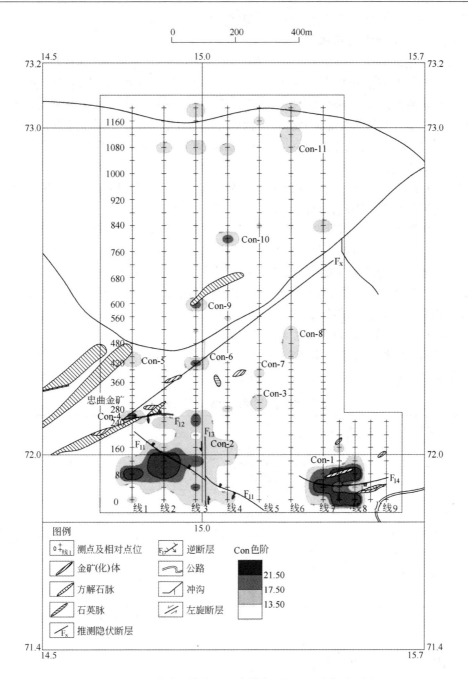

图 8-34 甘肃省忠曲金矿区电导率（Con）异常平面图

8.6.2 金元素与其他各种元素空间关系

根据可行性研究成果发现，在隐伏金矿体垂直投影上方出现主成矿元素金的地电提取异常，并伴有铜、铅、锌、钴、镍、吸附相态汞的弱异常，为地电化学找矿提供了很好的依据。因此，根据采样环境，排除污染异常，尤其是近年来人为工程所造成的非矿致异常，从可信度较高、异常好，分带性完整的金地电异常出发，分析其与其他指示元素间的空间关系，为下一步圈定科学合理的潜力靶区提供论据。

8.6.2.1　金地电异常筛选

野外工作记录显示，Au-1 异常有 3 个可疑浓集中心点，主要在 7.5 线和 8 线，分别为 7.5 线/0 测点、80 测点和 8 线/120 测点；Au-3 出现污染点一个，即 1 线/260 测点。

7.5 线/0 测点：采样环境为含废石角砾砂土，部分角砾极有可能来自别处，加之提取液和碳酸盐岩反应叠加部分非矿致异常，因此，此处异常只能作为异常外带处理。

7.5 线/80 测点：与上点类似，虽然在已知矿体上部出现较高异常，但部分地电提取元素来自下部矿渣。

8 线/120 测点：该点也为含砾砂土，土壤为浅黄褐色粉沙土-亚黏土。根据相邻点均表现出高值可靠异常，因此，该点可作异常中带值处理。

1 线/260 测点：该点为近期探槽工程堆积土，土壤来源复杂，含砾多，砂砾掺半，因此我们认为，该点为污染点，姑且作背景值考虑。

综上所述，地电提取内带异常可疑点 4 个（含 1 个污染点），通过提取环境分析，做出相对科学的删降处理，提高测区范围内元素的可比性；此外，还发现即使做了相应处理，金的地电异常对已知矿体的反映情况仍然比较显著。

8.6.2.2　金元素与其他指示元素的空间分布关系

金异常与成矿相关元素异常在空间上并不完全重合，但仍具有一定的规律性分带，部分金异常尤其和 CoNi（图 8-35）、PbZn（图 8-36）组合异常关系密切（表 8-5）。

表 8-5　金与成矿相关异常空间对应分布表

相关异常	Au-1	Au-2	Au-3	Au-4	Au-5	Au-6	Au-7
Ag	Ag-2、Ag-3	Ag-1	Ag-1（北部外带）、Ag-6、Ag-8、Ag-9（北端外带）	Ag-9（北西外带、部分中带）		Ag-13	
Cu	Cu-1		Cu-6、Cu-8（南缘）、Cu-10（南缘）		Cu-15	Cu-16（南东缘）	Cu-20
Pb	Pb-1、Pb-2（中、外带）		Pb-5		Pb-9（外带）	Pb-12（外带）	Pb 异常单点
Zn	Zn-1、Zn-2、Zn-3（西缘）		Zn-6（北西部）、Zn-9（南缘外带）		Zn-9（外带）	Zn-9（外带）	Zn-12
Co	Co-2	Co-1	Co-3		Co-8（北部）	Co-12	
Ni	Ni-2				Ni-7（南缘）		
Hg	Hg-1	Hg-2（北部）	Hg-2			Hg-6	
Con	Con-1	Con-2（外带 SW 缘）	Con-2（外带 NW 缘，部分为中带）、Con-4（污染点）、Con-6、Con-5（南部）				
PbZn	PbZn-1、PbZn-2、PbZn-3（南缘）		PbZn-6（北端）、PbZn-9（南部）			PbZn-9-7（内带北部）	PbZn-7
CoNi	CoNi-2	CoNi-1	CoNi-4		CoNi-7（北部）、CoNi-9（南缘）	CoNi 单点异常	

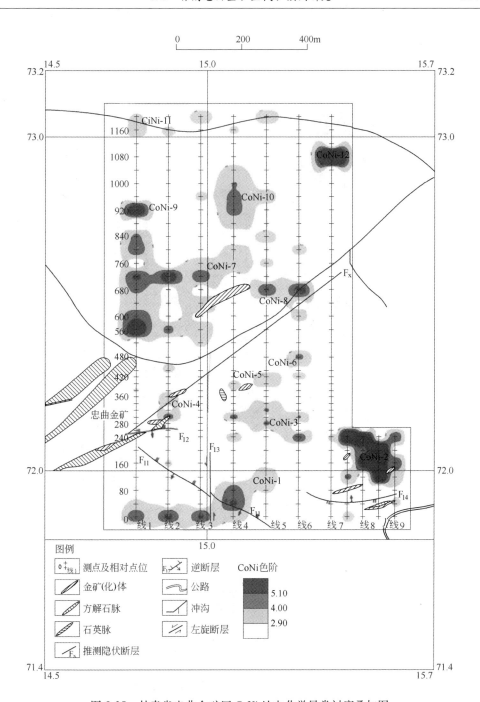

图 8-35 甘肃省忠曲金矿区 CoNi 地电化学异常衬度叠加图

总体上，由内到外表现为 Au、Co、Pb、（Ag）、HgNi、Zn、AgCu，异常叠加较好的金异常主要为 Au-1、Au-3、Au-5、Au-6，主要集中在 1~3 线、7~8.5 线。

8.6.3 异常靶区划分

异常空间分析表明，具有一定规模的金异常带内部或边缘带均会出现相关元素的异

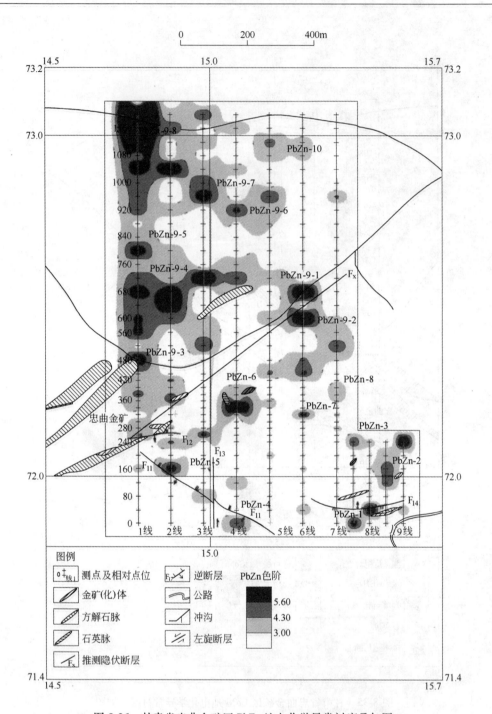

图 8-36　甘肃省忠曲金矿区 PbZn 地电化学异常衬度叠加图

常，为了增强异常靶区的可靠性，提出经济合理的工作建议，实现矿山利益最大化。对此，将异常地段进行分类分级处理，即将异常区划分为Ⅰ类靶区、Ⅱ类靶区、Ⅲ类靶区，并提出相应划分原则。

　　Ⅰ类靶区划分标准：

（1）可信度高，规模大，尤其是中、内带规模大，连续性强，异常分带性明显；

（2）成矿条件好，延伸方向和构造或/和吸附相态汞、电导率异常趋于一致；

（3）和成矿相关元素重叠性好，满足可行性研究成果，即元素地电化学异常空间分布特征，至少出现 4~5 种金属元素地电化学叠加异常。

Ⅱ类靶区划分标准：

（1）异常规模中等，连续性强，异常分带完整；

（2）具有一定的成矿条件，地质情况还需进一步了解；

（3）和成矿相关元素重叠性好，且至少出现 4~5 种金属元素地电化学叠加异常。

Ⅲ类靶区划分标准：

（1）异常规模小，异常发育不完整或延续性不好；

（2）成矿条件不明，需进一步查证；

（3）具有一定的成矿元素叠加，叠加元素不多于 3 种。

根据上述划分原则，对比金元素与相关指示元素地电化学异常空间分布特征，圈定出 5 个分属 3 个级别的异常靶区（图 8-37）。其中，Ⅰ类靶区 2 个，编号为：Ⅰ-1 靶区、Ⅰ-2 靶区、Ⅱ类靶区 1 个、编号Ⅱ号靶区；Ⅲ类靶区 2 个，编号分别为Ⅲ-1 靶区和Ⅲ-2 靶区。

Ⅰ-1 靶区：如前所述，金异常和 Ag、Cu、Pb、Zn、Co、Ni 共 6 种元素重合性好。Ag、Cu 部分内带和金高异常带重合，部分异常沿 F_{14} 断裂分布；Pb、Co、Ni 主要分布在金异常北东部；Pb、Ni 异常浓集中心分布在金异常东西两侧；锌浓集中心主要分布在金东侧；吸附相态汞和电导率对断裂的反映十分明显。

Ⅰ-2 靶区：金异常和 Ag、Cu、Pb、Zn、Co 共 5 种元素重合性好。Ag、Cu 部分内带和金高异常带重合，总体沿金异常外带边缘分布；与铅有浓集中心重合，且铅异常外带沿金异常边缘分布；锌仍主要沿金异常边缘规律性分布；钴异常浓集中心与 Au-3 主浓集中心重合，异常内带面积相对较大；

Ⅱ号靶区：金异常和 Ag、Cu、Pb、Zn、Co 共 5 种元素有一定的重合性，从异常空间上看，Cu、Pb、Zn、Co 地电化学元素集中分布在金异常带西侧和南侧边缘，而银主要分布在东侧边缘带。Ag、Zn 异常外带和金外带，部分内、中带重叠；铜异常规模小，为单点异常外带重合，在 2 线/800 测点的单点异常和金异常内带完全重合，其他铜异常主要分布在金异常外围；铅异常分布在金异常南侧，主要为外带部分重叠；钴主要和金异常外带重叠；镍异常主要分布在金异常西侧外围；周围吸附相态汞、电导率异常发育；在金异常南侧即 1~2 线的 520~760 测点范围内出现规模相对较大的 Ag、Cu、Co、Ni、Pb、Zn 叠加异常（Cu、Ni 异常分散），异常内、中、外带发育完整（Cu、Ni 仅有中、外带）。

Ⅲ-1 靶区：以 Au-2 为主体，为两点连续弱异常，仅发育异常外带，位于 1 线/0~40 测点。金异常完全落入 Ag-1 范围内，且与银异常内、中带基本重合；与 Co、Hg 异常浓集中心完全重合；1/线 0 点出现电导率外带异常，1 线/40 点北缘与 Con-2 外带边缘重合。

Ⅲ-2 靶区：以 Au-6 异常为主体，位于 2 线/1160 点处，系高值单点异常。整个金异常落入银异常中带范围内，周边两个单点金弱异常分别落入银异常外带和内带；铜异常与其主要呈外带重叠；Pb、Zn、Co 异常外带与金异常重叠；Co、Ni 衬度和异常与金异常内带重合；此外，Ag、Cu、Pb、Zn 的浓集中心均与 Au-6 西北侧一个弱异常点（1 线/1200 点）重合较好，故将该点归入靶区。

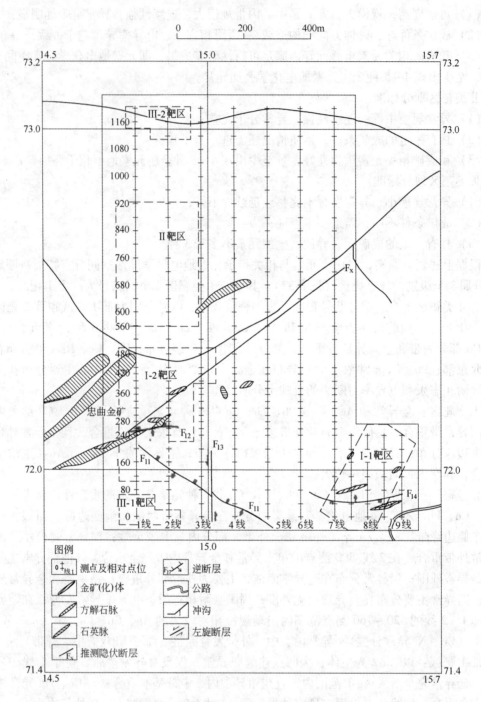

图 8-37　甘肃省忠曲金矿区地电化学异常靶区

8.6.4　找矿预测

从异常靶区分布情况来看，异常规模大的Ⅰ类靶区、Ⅱ类靶区均发育在金高含量背景的三叠系地层内。虽然目前对金成矿问题的研究很少，甚至是研究领域的真空区，但是我们认为，内生成因的可能性比较大，主要依据如下：

（1）地层内部发育有石英脉和方解石脉，至少表明矿区有过热液活动迹象；

（2）铬元素由矿段东侧向西侧浓集，并在3线和2线南侧表现出高度集中，至少说明元素在小区域内发生过迁移，与2线、3线及其以西的Au、Ag、Pb、Zn富集趋势吻合；

（3）无论是高温还是低温内生成矿作用过程中，金主要以可溶碱金属硫化物络合物形式进行搬运，以此作为内生金矿形成的主要搬运机制，而忠曲矿段矿石矿物以硫化物（如黄铁矿、辉锑矿、辰砂等）为主，反映为低温热液矿物组合。

测区中部发育有较大规模的吸附相态汞异常，主要浓集中心显示异常延展方向为近北东向，并在 F_{12} 附近发生异常膨胀现象，以此推测测区中部可能有隐伏断裂 F_x 存在，而在 F_{12} 附近可能为断裂交汇处。此外，需要说明的是，测区南西部断裂附近 NW 向、NS 向断裂并没有吸附相态汞异常，可能是由于断裂本身为后期非控矿断裂，断裂并未破坏已成矿体。因此，与矿石矿物密切伴生的含汞硫化物（如辰砂 HgS）等，经转化迁移出的相态汞并不沿该断裂向上迁移，导致在断裂附近无明显异常出现。

Ⅰ-1 靶区：靶区各元素表现明显富集，元素分布情况在上节已做说明，在此不再复述。大多呈带状、环带状分布，电导率、吸附相态汞异常在该地段反映也较明显，参考 CF 示范性研究成果以及以前的矿山地质研究认为，在该地段寻找隐伏矿体的可能性较大，应引起高度重视。

Ⅰ-2 靶区：金异常和 Ag、Cu、Pb、Zn、Co 重合性好，各元素异常发育完整，具规律性环带分布；1 线、2 线出现大面积吸附相态汞异常，浓集中心总体为北东向，位于 F_{12} 和推测断裂 F_x 交汇部位以及北侧，是有利控矿、容矿构造，为金元素富集成矿提供有利的储矿空间；在该异常浓集中心地段寻找隐伏金矿较为有利。

Ⅱ号靶区：金异常浓集中心分布在 2 线，Ag、Cu、Pb、Zn、Co 共 5 种元素有一定的重合性，各异常元素大多沿金异常外带边缘分布，并在金异常南侧出现规模相对较大的 Ag、Cu、Co、Ni、Pb、Zn 叠加异常（Cu、Ni 异常分散），总体上异常内、中、外带发育完整，把该靶区作为找矿有利地段也有一定的依据。

Ⅲ-1 靶区：金异常仅出现异常外带，与其常见伴生元素银以及指示元素钴异常内带重合性好，并伴有反映裂隙汞异常、电导率弱异常，而在其外围发育有电导率浓集带。

Ⅲ-2 靶区：位于 1 线、2 线北端冲沟附近，金的地电异常连续性不太好，金主异常周围存在零星金弱异常分布，Ag、Co、Pb、Zn 异常与地电化学异常重合情况反映，金单点异常间是相关的，吸附相态汞、电导率单点异常外带与金浓集中心重合。从异常所在区域位置来看，该异常可能存在外来信息的干扰。鉴于上述情况，推测在Ⅲ靶区内寻找隐伏金矿的可能性不大。

8.7 甘肃天水包家沟金矿区找矿预测研究

8.7.1 矿区地质概况

8.7.1.1 地层

矿区地层为震旦-中奥陶系葫芦河群石嘴组（$(Z-O_2)sh$）（图 8-38），分布于洼地及河谷地带，有第四系残坡积物及冲洪积沉积物盖层。

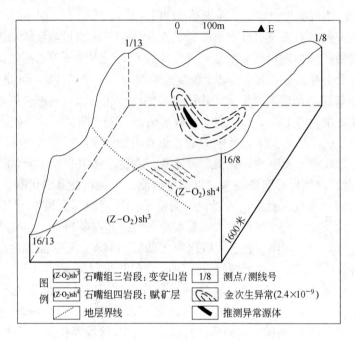

图 8-38 机械分散形式的 Au-32 号次生异常景观地电化学示意图

震旦-中奥陶系葫芦河群石嘴组$((Z-O_2)sh)$岩石组合为变安山岩、变石英角斑岩、绢云母石英片岩、黑云母石英片岩、夹二长斜长片岩及变砂岩。从老到新分为 5 个岩性段$((Z-O_2)sh^1$ 到$(Z-O_2)sh^5)$。

第一岩性段$((Z-O_2)sh^1)$：为灰-深灰色斜长石英片岩。为含砂岩性段，矿体与岩层断层接触。该岩性段于矿区未出露。

第二岩性段$((Z-O_2)sh^2)$：出露面积不大，仅于测区西南角小面积出露。岩性为绢云母石英片岩夹二云石英片岩。为主要赋矿岩层，已知矿体与围岩断层接触。

第三岩性段$((Z-O_2)sh^3)$：北北西向展布。岩性为变安山岩。

第四岩性段$((Z-O_2)sh^4)$：呈北北西向展布，岩性为灰-灰白色二云石英片岩、绢云母石英片岩。为赋矿岩性段，矿体与岩层断层接触。

第五岩性段$((Z-O_2)sh^5)$：浅灰色薄-中层变砂岩。测区未出露。

各岩性段间地层为整合接触。

8.7.1.2 构造

包家沟金矿区内构造以断裂构造为主，是测区主要导矿和容矿构造，呈北西向、近东西向展布，规模小。

8.7.1.3 侵入岩

测区内脉岩发育。出露规模较大的二长花岗岩体分布于测区西南部。围岩蚀变有黄铁矿化、硅化、绢云母化、绿泥石化等，其中黄铁矿化、硅化与金矿化关系密切。

8.7.2 地球化学特征

测区所在矿区属中山区，海拔 1600 ~ 2100m，相对高差 500m，地形复杂，沟壑纵横，一般坡度为35°~45°之间，最大坡度在50°以上。测区范围内东高西低，北高南低。

硅质为主的岩石、耐风化的金矿物，结合上述地形特点，测区金的次生异常呈机械分散形式（图8-38）。

8.7.2.1　元素局部背景值及异常下限值

利用概率格纸图解方法对测区内各类样品中元素的含量概率分布曲线进行分解（方法下述），确定各种元素的局部背景值及异常下限值（表8-6）。

表8-6　各种元素局部背景值及异常下限值

元素\项目	电导率 (Con) /$\mu S \cdot cm^{-1}$	吸附相态汞	Au	Ag	Zn	Pb	Cu	Ni	Co
统计样数/个	781	774×10^{-9}	777×10^{-9}	634×10^{-6}	785×10^{-6}	787×10^{-6}	793×10^{-6}	717×10^{-6}	793×10^{-6}
局部背景值	8	26×10^{-9}	1×10^{-9}	0.045×10^{-6}	90×10^{-6}	25×10^{-6}	30×10^{-6}	45×10^{-6}	21×10^{-6}
最低异常下限值	15	50×10^{-9}	2×10^{-9}	0.1×10^{-6}	115×10^{-6}	40×10^{-6}	50×10^{-6}	90×10^{-6}	40×10^{-6}
最低异常下限置信度 α	0.04	0.01×10^{-9}	0	0	0.05×10^{-6}	0.01×10^{-6}	0	0	0.02×10^{-6}

注：置信度 α 值越小，可靠程度越高。

分别统计确定$(Z-O_2)sh^3$、$(Z-O_2)sh^4$地层金含量背景差异引起的假异常出露区段金元素的局部背景，均为1×10^{-9}。

8.7.2.2　元素的指示作用概述

依设计书，对相邻类似地区金矿体（含金石英脉）矿石分析结果及本区段已知矿体、构造地段异常特点综合分析，对测区采用的几个指示元素（指标）种类选择依据如下：

（1）据"甘肃天水市麦积区包家沟金矿普查地化方法寻找金矿预测研究设计书"所述，样品分析项目为：Au、Ag、Cu、Pb、Zn、Hg、Co、Ni等元素地电提取异常分析，并进行土壤离子电导率分析、吸附相态汞分析。

（2）据"甘肃省天水市麦积区花石山金矿详查报告"（甘肃省地质勘查开发局第一地质矿产勘查院，2008年2月）研究成果，花石山金矿的含硫化物含金石英脉型矿石中，除金外，Ag、Cu、Pb、Zn等元素含量明显较高（见表8-7）。

表8-7　花石山含硫化合物石英脉金矿分析

元　素	Au	Ag	Cu/%	Zn/%	Pb/%	As/%	Sb/%	S/%
含　量	33.3×10^{-6}	99.2×10^{-6}	0.742	1.257	3.88	0.011	0.025	0.997

对比表8-6相应元素所列土壤中背景含量值，Au、Ag、Cu、Pb、Zn元素在矿体中含量高出土壤中（围岩）140~33300倍。

（3）不同地质体有一定的元素组合。在测区内几条剖面上控矿断裂、D_1l花岗岩与围岩接触带，已知粗大未见矿石石英脉上的异常种类对比，有以下特点：

1）控矿断裂上，有电导率（Con下同）、吸附相态汞（Hg下同）、Au、Ag、Cu、Pb、Zn异常，Co、Ni异常显示断裂位置作用不明显，镍元素次生异常在两控矿断裂之间出现异常，钴元素在 F_2 上有异常，在 F_1 断裂上无明显异常（图 8-39）。

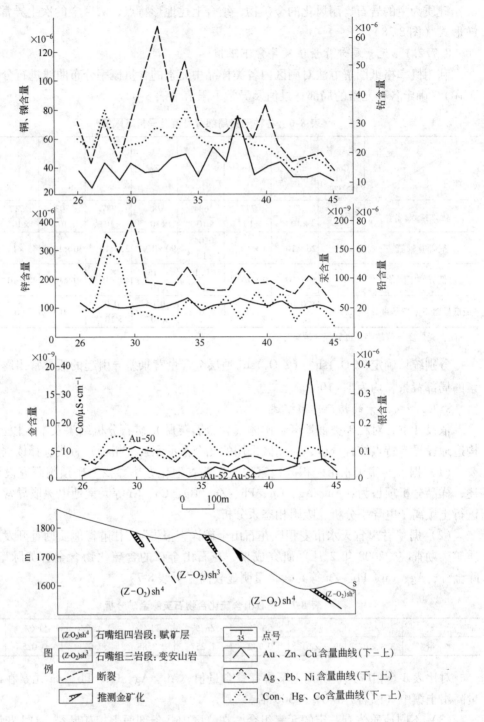

图 8-39　包家沟金矿区 3 线地质、地化异常剖面图

2）在已知无矿的粗大石英脉上（不排除一侧有矿化），有 Con、Au、Ag、Zn 异常，但 Ag、Zn 元素异常在金异常一侧，无 Hg、Pb、Cu 异常（图 8-40）。

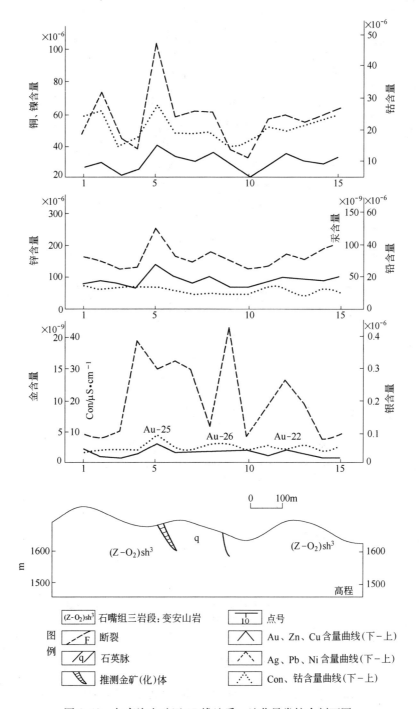

图 8-40　包家沟金矿区 17 线地质、地化异常综合剖面图

3）D_1l 花岗岩体侵入（$Z-O_2$）sh^3 变安山岩内外接触带，有 Con、Au、Ag、Zn、Cu 异常，无 Hg、Pb、Co、Ni 异常（见图 8-41 中 30~40 号点段）。

（4）对各元素指示作用概述。

1）电导率（Con）：可指示构造地段，如 D_1l 花岗岩与围岩接触带，粗大石英脉存在

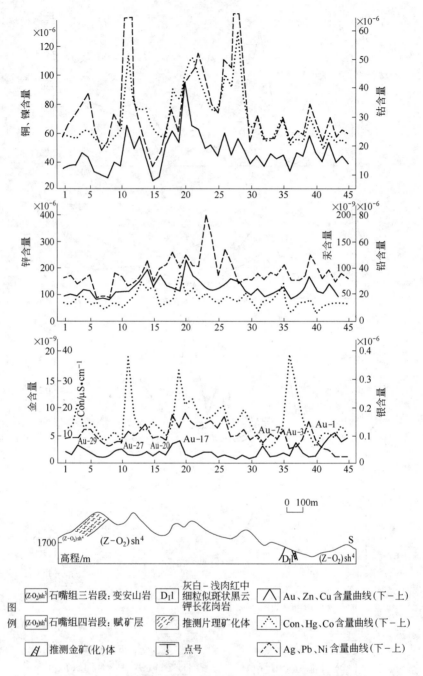

图 8-41 包家沟金矿区 13 线地质、地化异常综合剖面图

及控矿断裂，从表 8-6 可见，指示硫化物脉体存在是可行的。

2）吸附相态汞（Hg）：在控矿断裂上有异常，粗大石英脉上及 D_1l 花岗岩侵入，与 $(Z-O_2)sh^3$ 的接触带均无异常显示，可指示构造断裂存在。在测区具体条件下，与其他元素结合，可指示构造控制的金矿化体。

3）金元素：是成矿元素，指示控矿（金矿）断裂存在及其他金矿化地段存在标志。

4）银元素：相邻区已知金矿体矿石中含量高，且在矿体中形成银金矿物，是金矿体及金矿化地段的指标之一。

5）锌元素：相邻区已知金矿体矿石中含量高，且在矿体中有大量独立矿物存在，是金矿化断裂及金聚集矿化地段的指标之一。

6）铅元素：相邻区已知金矿体矿石中含量高，且在矿体中能形成独立矿物与金矿伴生，是控矿（金矿）断裂和无金矿化地段（D_1l 花岗岩内外接触带、无矿石英脉）的区别。

7）铜元素：相邻已知金矿体矿石含量高，且在矿体中形成独立矿物（黄铜矿），可区分无矿石英脉。

8）镍元素：镍元素在相邻区已知金矿体中未见独立矿物，在已知控矿断裂上指示断裂位置不确切。可做一般指示，有时在一些控矿断裂上无异常，故指示作用不明显。

9）钴元素：钴元素在相邻区已知金矿体中未见独立矿物，对已知控矿断裂指示作用很低，有 D_1l 花岗岩侵入，与 $(Z-O_2)sh^3$ 的接触带地段亦无异常，指示作用不明显。

经研究认为，Con、吸附相态汞、Au、Ag、Zn、Cu、Pb 等元素形成的异常比 Ni、Co 元素异常的指示作用大，故对 Ni、Co 元素异常仅作一般的指示参照描述，认为 Ni、Co 元素在测区找矿（金矿）指示作用不大。

8.7.3 数据处理方法

测区在确定各元素局部背景值和异常下限值应用概率格纸图解方法，统计后除获得上述参数外，对主成矿元素金获得了有意义的含量指标。测区应用该方法时，含量分组均系等差分组（算术正常分布分组），每一元素数据分组均在 7 组或 7 组以上。在应用每个元素概率分布曲线计算各总体直线中，有两个和三个总体组成的概率曲线（即概率分布曲线有一个和两个拐点），对这两种类型概率分布曲线的图解方法分述如下。

8.7.3.1 有一个拐点的概率分布曲线图解方法

有此类型的概率分布曲线的元素有 Con、Pb、Ni、Co（图 8-42 ～ 图 8-45），此类概率分布曲线由两个总体直线组成，图中总体直线图解计算方法为：

（1）总体直线点（对应含量值 G_i）计算式为：

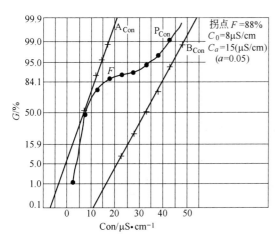

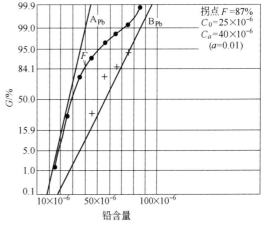

图 8-42 Con 的概率分布曲线分解图   图 8-43 铅元素的概率分布曲线分解图

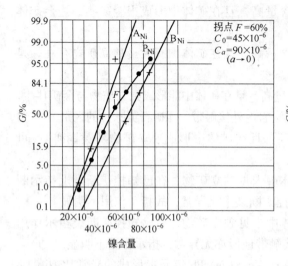

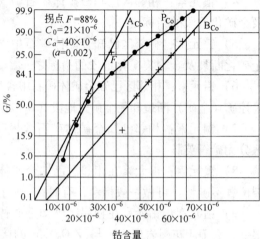

图 8-44　镍元素的概率分布曲线分解图　　　　图 8-45　钴元素的概率分布曲线分解图

$$P_{Ai} = G_i \,/\, F$$

式中　G_i——小于 F 的各含量组累积频率,% 。

（2）总体直线点（对应含量值 G_i）计算式为：

$$P_{Bi} = 1 - \left[(1 - G_i)/(1 - F) \right]$$

式中　G_i——大于 F 的各含量组累积频率,% 。

8.7.3.2　有两个拐点的概率分布曲线的图解方法

有此类型的概率分布曲线的元素有 Au、Ag、Zn、Cu 及吸附相态汞（图 8-46 ~ 图 8-50），组成概率分布曲线（P）的总体 A、B、C 直线图解计算方法如下：

（1）总体直线点（对应含量值 G_i）计算式为：

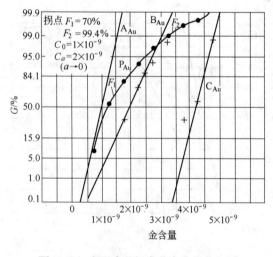

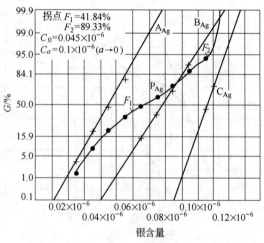

图 8-46　金元素的概率分布曲线分解图　　　　图 8-47　银元素的概率分布曲线分解图

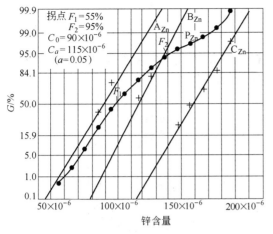

图 8-48 锌元素的概率分布曲线分解图

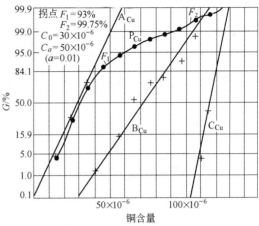

图 8-49 铜元素的概率分布曲线分解图

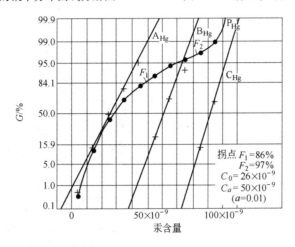

图 8-50 吸附相态汞元素的概率分布曲线分解图

$$P_{Ai} = G_i / F_1$$

式中 G_i——含量组累积频率（G）值，$G_i < F_1$。

（2）总体直线点（对应含量值 G_i）计算式为：

$$P_{Bi} = 1 - \left[(F_2 - G_i)/(F_2 - F_1) \right]$$

式中 G_i——含量组累积频率（G）值，$F_1 < G_i < F_2$。

（3）总体直线点（对应含量值 G_i）计算式为：

$$P_{Ci} = 1 - \left[(1 - G_i)/(1 - F_2) \right]$$

式中 G_i——含量组累积频率（G）值，$F_2 < G_i$。

其中，成矿元素金元素的异常下限值为 2×10^{-9}，为方法（2）总体（第一异常总体）的常见值（与概率坐标 50% 的交点对应的含量值），而 4×10^{-9} 含量值实质上是常见值最高的方法（3）总体（第二异常总体）与方法（2）总体区分的值。测区因为属未知矿化区，金异常出现不小于 4×10^{-9} 的高含量反映了金矿化富集。

8.7.4 各元素异常的分布特征

8.7.4.1 土壤电导率（Con）异常的分布特征

按表 8-6 所列土壤电导率（Con）局部异常下限值，圈出了电导率 66 个，编号为 Con-1，Con-2，…，Con-66（图 8-51），各异常的特征见表 8-8。

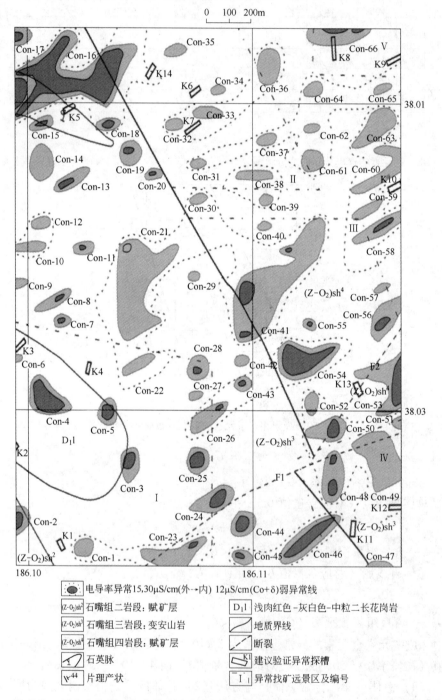

图 8-51 天水市麦积区包家沟金矿地化测区地质、电导率（Con）异常综合平面图

表 8-8　天水市麦积区包家沟金矿地化测区土壤离子电导率（Con）异常特征

异常编号	测线号	异常最大值		剖面异常宽度		剖面线异常值	异常平面特征		异常部位地质、矿化特征	对应其他元素异常号关系点号
		点号	μS/cm	起始点	宽度/m	平均值/μS·cm⁻¹	走向	走向长/m		
Con-1	15	44	20.07	43~44	80	18.01			$(Z-O_2)sh^3$ 中	Au-1、Hg-1、Pb-1、Cu-1
Con-2	18	42	31.62	41~42	80	31.47			$(Z-O_2)sh^2$、$(Z-O_2)sh^3$界面	Ag-2
Con-3	13	36	39.31	36~37	80	35.01			D_1l 与 $(Z-O_2)sh^3$ 界面的 $(Z-O_2)sh^3$ 中	Au-3、Hg-13、Ag-4
Con-4	17	31	42.89	30~32	120	38.46	SE	200	D_1l 中	Au-6
	16	32	45.07	32	40	45.07				
Con-5	14	33	44.61	32~33	80	43.01			D_1l 与 $(Z-O_2)sh^3$ 界面中	Au-7、Ag-8、Cu-4
Con-6	18	28	16.42	28	40	16.42			D_1l 中	Au-13、Hg-6、Ag-11、Pb-11
Con-7	16	25	36.37	25	40	36.37			$(Z-O_2)sh^3$ 中	
Con-8	17	24	17.29	24	40	17.29	NE	>150	$(Z-O_2)sh^3$ 中	Au-14
	18	23	32.87	23	40	32.87				
Con-9	18	22	18.32	22	40	18.32			$(Z-O_2)sh^3$ 中	Ag-12、Zn-8、Pb-12、Cu-10
Con-10	18	19	15.44	19	40	15.44	EW	>150	$(Z-O_2)sh^3$ 中	Au-19、Hg-10、Zn-9
	17	19	18.59	19	40	18.59				
Con-11	15	19	30.47	19	40	30.47			$(Z-O_2)sh^3$ 中	Au-18
Con-12	17	17	28.09	17	40	28.09			$(Z-O_2)sh^3$ 中	Hg-10、Ag-13、Zn-10、Pb-14、Cu-13
Con-13	16	14	40.47	14	40	40.47	NE	>150	$(Z-O_2)sh^3$ 中	Au-21、Hg-11、Zn-11
	15	13	21.27	13	40	21.27				
Con-14	17	12	26.99	16~18	120	20.96			$(Z-O_2)sh^3$ 中	Au-22、Cu-14
Con-15	17	9	43.49	9	40	43.49			$(Z-O_2)sh^3$ 中石英脉南侧	Au-24
Con-16	18	8	37.52	8	40	37.52	近EW	550	$(Z-O_2)sh^3$ 中石英脉北侧及 $(Z-O_2)sh^3$ 与 $(Z-O_2)sh^4$ 界限之间地带，走向切割这两地界线	Au-25、26、29；Hg-12；Ag-15、16、17、18；Zn-13、14、15、16；Pb-18、19、20；Cu-17
	18	5	31.82	5	40	31.82				
	17	4	38.59	4~7	160	32.84				
	18	6	44.89	5~6	80	41.97				
	18	2	45.47	2~3	80	43.47				
	15	4	36.57	3~4	80	25.95				
	14	7	44.41	3~7	200	42.59				
	13	3	21.31	3	40	2131				

异常编号	测线号	异常最大值		剖面异常宽度		剖面线异常值	异常平面特征		异常部位地质、矿化特征	对应其他元素异常关系点号
		点号	μS/cm	起始点	宽度/m	平均值/μS·cm^{-1}	走向	走向长/m		
Con-17	18	2	41.82	1~2	80	30.07			$(Z\text{-}O_2)sh^3$ 中	Au-27、28
Con-18	14	9	45.01	9	40	45.01			$(Z\text{-}O_2)sh^3$ 中	Au-27、28
Con-19	13	11	37.41	11~12	80	27.05			$(Z\text{-}O_2)sh^3$ 与 $(Z\text{-}O_2)sh^4$ 界面上	Au-27、Hg-19、Ag-19、Zn-12、Cu-19
Con-20	12	13	37.31	13	40	37.31			$(Z\text{-}O_2)sh^3$ 与 $(Z\text{-}O_2)sh^4$ 界面上	Ag-19、 Zn-12、Cu-19
Con-21	13	19	33.41	19~26	320	20.76	主SN 另为 NE	SN>320 NE300	$(Z\text{-}O_2)sh^3$ 中	Au-16、17；Hg-16、17、18；Ag-19；Zn-18；Pb-9、15；Cu-7、9、11、12
	12	20	29.81	20~21	80	28.86				
		25	21.71	25	40	21.71				
	11	19	17.42	19	40	17.42				
Con-22	13	29	19.31	29		19.31	NE	>150	$(Z\text{-}O_2)sh^3$ 中	Hg-25、Ag-10、Zn-18、Pb-9
	12	28	15.27	28		15.27				
Con-23	12	44	16.08	44	40	16.08	NE	300	$(Z\text{-}O_2)sh^3$ 中矿化断裂 F_1 两侧	Au-1、Au-23
	11	45	29.72	44~45	80	28.47				
	10	43	36.82	43	40	36.82				
Con-24	10	40	16.77	40	40	16.77	NE	200	$(Z\text{-}O_2)sh^3$ 中 F_1 断裂 SW 向上	Ag-22
	9	39	43.06	39~40	80	39.06				
Con-25	10	36	50.82	36~37	80	45.77			$(Z\text{-}O_2)sh^3$ 中	Ag-21
Con-26	10	33	28.62	33~34	80	23.12	NE	200	$(Z\text{-}O_2)sh^3$ 中	Au-8、Hg-20、Ag-20、Zn-25、Pb-7
	9	32	31.16	32	40	31.16				
Con-27	10	31	18.42	31	40	18.42			$(Z\text{-}O_2)sh^3$ 中	
Con-28	10	29	32.92	28~29	80	24.9			$(Z\text{-}O_2)sh^3$ 中	Au-9、Ag-10、Zn-18、Pb-9、Cu-38
Con-29	10	21	15.74	21	40	15.74			$(Z\text{-}O_2)sh^3$ 中	Hg-23、Ag-19、Zn-18、Pb-9
Con-30	10	15	22.82	15	40	22.82			$(Z\text{-}O_2)sh^4$ 中	Hg-25、Ag-19、Zn-19、Pb-23
Con-31	10	12	18.62	12	40	18.62			$(Z\text{-}O_2)sh^4$ 中	Ag-17、Zn-12、Cu-19
Con-32	11	9	19.42	9	40	19.42			$(Z\text{-}O_2)sh^4$ 中	Au-33、Hg-27、Ag-17、Zn-12

续表 8-8

异常编号	测线号	异常最大值		剖面异常宽度		剖面线异常值	异常平面特征		异常部位地质、矿化特征	对应其他元素异常号关系点号
		点号	μS/cm	起始点	宽度/m	平均值/μS·cm⁻¹	走向	走向长/m		
Con-33	10	8	16.31	8	40	16.31	EW	150	$(Z-O_2)sh^4$ 中	Au-33、Hg-27、Ag-17、Zn-20、Pb-28、Cu-20
	9	8	15.21	8	40	15.21				
Con-34	9	6	16.98	6	40	16.98			$(Z-O_2)sh^4$ 中	Hg-26;Ag-17;Zn-20;Pb-28;Cu-20
Con-35	11	3	19.32	3	40	19.32			$(Z-O_2)sh^4$ 中	Au-30、Ag-17、Zn-20、Cu-20
Con-36	7	5	28.76	3~5	120	22.52			$(Z-O_2)sh^4$ 中	Hg-26;Ag-17;Zn-20;Pb-28、29
Con-37	7	10	21.96	10	40	21.96			$(Z-O_2)sh^4$ 中	Au-39、Hg-35、Ag-17、Zn-20、Pb-30、Cu-21
Con-38	8	13	15.13	13	40	15.13	EW	150	$(Z-O_2)sh^4$ 中	Au-38、Hg-37、Ag-17、Pb-23、Cu-21
	7	13	17.25	13	40	17.25				
Con-39	7	15	16.88	15	40	16.88			$(Z-O_2)sh^4$ 中	Hg-37、Ag-17
Con-40	7	17	16.48	17	40	16.49			$(Z-O_2)sh^4$ 中	Hg-39、Ag-27、Zn-21
Con-41	8	23	40.26	22~26	200	28.71	NE	550	主要在$(Z-O_2)sh^4$ 中,但在$(Z-O_2)sh^3$ 与$(Z-O_2)sh^4$ 界面两侧	Au-47、50;Hg-40、41、42、43;Ag-27、28;Zn-22、23、40;Pb-31、32、38;Cu-35、36
	7	23	26.16	21~25	200	19.12				
	6	21	25.56	21	40	25.56				
		19	31.06	19	40	31.06				
	5	18	25.66	17~20	160	20.34				
Con-42	8	28	16.45	28	40	16.45			$(Z-O_2)sh^3$ 中	Hg-44、Ag-27、Zn-24、Pb-32、Cu-37
Con-43	8	30	33.46	30	40	33.46			$(Z-O_2)sh^3$ 中	
Con-44	8	41	39.66	41~42	80	36.06			$(Z-O_2)sh^3$ 中	Au-36、Pb-26
Con-45	8	44	48.16	44	40	48.16			$(Z-O_2)sh^3$ 中	Au-36
Con-46	6	44	32.46	44	40	32.46	NE	270	$(Z-O_2)sh^3$ 中	Au-55、56;Hg-50;Ag-40
	5	43	35.76	42~43	80	35.41				
	4	41	33.76	41	40	33.76				
Con-47	2	45	27.56	45	40	27.56			$(Z-O_2)sh^4$ 中	Au-56、Hg-64、Ag-42、Pb-46
Con-48	4	39	33.56	36~39	160	32.36			F_1 断裂南侧$(Z-O_2)sh^4$ 中	Au-52、54;Zn-33

异常编号	测线号	异常最大值		剖面异常宽度		剖面线异常值	异常平面特征		异常部位地质、矿化特征	对应其他元素异常号关系点号
		点号	μS/cm	起始点	宽度/m	平均值/μS·cm⁻¹	走向	走向长/m		
Con-49	3	35	17.59	35	40	17.59			F_1 上 $(Z\text{-}O_2)sh^4$ 中	Au-53；Hg-62；Ag-38，39；Zn-32，34；Pb-42，44；Cu-42
	2	36	22.06	34～39	200	19.47	SE	>250		
	1	37	20.46	37	40	20.46				
Con-50	5	34	18.76	34	40	18.76			F_2 上 $(Z\text{-}O_2)sh^4$ 中	Hg-51、Cu-41
	4	34	37.76	33～34	80	34.51				
Con-51	1	33	34.56	33	40	34.56			F_2 上 $(Z\text{-}O_2)sh^4$ 中	Au-51
Con-52	5	32	18.24	31～32	80	17.33			$(Z\text{-}O_2)sh^4$ 中	Hg-51、Zn-24、Pb-32
Con-53	3	29	15.58	29	40	15.58	主SE及NE	SE230 NE200	F_1 与 F_2 断裂挟持的 $(Z\text{-}O_2)sh^4$ 中	Au-50；Hg-60、61；Ag-37；Zn-35；Pb-40、41；Cu-40
	2	32	15.83	32	40	15.83				
		29	19.96	29	40	19.96				
	1	31	77.86	28～31	160	46.99				
Con-54	6	29	45.06	27～29	120	40.43	EW	250	$(Z\text{-}O_2)sh^4$ 中	Au-50、Pb-32、Cu-39
	5	28	41.96	28～29	80	19.99				
	4	27	35.06	27	40	35.06				
Con-55	5	25	36.96	25	40	36.96			$(Z\text{-}O_2)sh^4$ 中	Au-50
Con-56	2	25	40.46	24～26	120	27.69	EW	>170	F_2 断裂 $(Z\text{-}O_2)sh^4$ 中	Hg-60；Ag-36、37；Zn-37、38；Pb-39、40
	1	23	15.44	23	40	15.44				
Con-57	2	22	26.96	22	40	26.96			$(Z\text{-}O_2)sh^4$ 中	Hg-60、Ag-35、Pb-39
Con-58	3	18	17.34	18	40	17.34	NE	>200	$(Z\text{-}O_2)sh^4$ 中	Au-46；Hg-58；Ag-28；Zn-41；Pb-37、38；Cu-31、32
	2	17	43.96	17	40	43.96				
	1	16	19.46	16	40	19.46				
Con-59	3	16	17.13	16	40	17.13	NE	150	$(Z\text{-}O_2)sh^4$ 中	Hg-58、Pb-37
	2	15	15.16	15	40	15.16				
Con-60	3	14	18.36	14	40	18.36	NE	>250	$(Z\text{-}O_2)sh^4$ 中	Au-45；Hg-57、58；Ag-33；Zn-44、45；Pb-36、37；Cu-32
	2	13	21.26	13	40	21.26				
		11	19.56	11	40	19.56				
	1	12	29.66	11～12	80	22.36				
Con-61	5	12	28.66	11～12	80	223.46			$(Z\text{-}O_2)sh^4$ 中	Au-44、Hg-38、Ag-17、Zn-20
Con-62	5	9	15.28	9	40	15.28			$(Z\text{-}O_2)sh^4$ 中	Hg-36、Ag-17、Zn-20、Pb-30、Cu-24

异常编号	测线号	异常最大值		剖面异常宽度		剖面线异常值	异常平面特征		异常部位地质、矿化特征	对应其他元素异常号关系点号
		点号	μS/cm	起始点	宽度/m	平均值/μS·cm⁻¹	走向	走向长/m		
Con-63	3	10	19.86	10	40	19.86	NE	200	(Z-O₂)sh⁴ 中	Hg-56、Ag-32、Zn-47、Pb-34、Cu-29
	2	9	25.96	8～9	80	22.86				
Con-64	5	6	19.66	6	40	19.66			(Z-O₂)sh⁴ 中	Au-41、Hg-33、Ag-30、Zn-20、Pb-30
Con-65	2	6	18.86	6	40	18.86			(Z-O₂)sh⁴ 中	Hg-55、Ag-32、Pb-34
Con-66	4	2	24.46	2	40	24.46	EW	250	(Z-O₂) sh⁴ 中	Au-42；Hg-31、54；Ag-31；Zn-48；Pb-33；Cu-26
	3	1	31.56	1	40	31.56				

A 异常特点展布

Con 异常以 D_1l 花岗岩岩体东端露头向东向外接触带围岩展布，呈放射状分布；D_1l 侵入体端部南侧；有 Con-1、Con-23 两异常组成的一条异常带，再向东，有 Con-45、Con-46 两异常组成异常带，再向东，有 Con-48、Con-49、Con-50、Con-51、Con-52 等五个异常组成的异常带（受已知控矿异常 F_1、F_2 断裂交汇部位挟持），D_1l 侵入体端部正东，有 Con-26、Con-43、Con-54 等三个异常组成的 NE 向异常带，D_1l 侵入体东端靠北，有 Con-22、Con-21、Con-30、Con-41 等四个异常组成的异常带，向东，有 Con-58、Con-59、Con-60、Con-63 四个异常带组成的异常带，平行于 Con-21、Con-22、Con-30、Con-41 号异常组成的异常带，该异常带北侧有 Con-38、Con-39 号两个异常组成的异常带，再向北依次有 Con-31、Con-37、Con-61、Con-62、Con-64、Con-65 等六个异常组成的异常带，以及由 Con-32、Con-33、Con-36 等三个异常组成的异常带。从反映硫化物体的电导率异常在岩体的空间关系，推测这些异常的异常源与岩体侵入后期的矿化活动有关。

B 异常分布与地层、已知断裂关系

从图 8-51 可知分布于 $(Z-O_2)sh^4$ 层中电导率异常有 31 个（参见表8-8），占异常总数的 46.97%；位于 $(Z-O_2)sh^4$（赋矿层）中有一个异常，即 Con-2 号异常。另外，位于已知矿化断裂（花石山矿区西延）F_1、F_2（图 8-51）及两侧100m范围内岩层中的异常有8个，即 Con-23、Con-24、Con-44、Con-48、Con-49、Con-50、Con-51、Con-53 等，其中 Con-48、Con-49、Con-50、Con-51 号四个异常位于 $(Z-O_2)sh^4$ 赋矿层中，而在 $(Z-O_2)sh^3$ 变安山岩层中有 34 个异常（包括在测区北西角已知粗大石英脉上的异常）与 Con-16、Con-18 两异常组成的异常带，主要在粗大石英脉北侧，反映该石英脉硫化物相对聚集地段在石英脉北侧。

C 异常规模特征

测区电导率异常中，呈点异常的有 27 个，分别为 Con-6、Con-7、Con-9、Con-11、Con-12、Con-15、Con-18、Con-20、Con-27、Con-29、Con-30、Con-31、Con-32、Con-34、Con-35、Con-37、Con-39、Con-40、Con-42、Con-43、Con-45、Con-47、Con-51、Con-55、

Con-57、Con-62、Con-65。

　　单线非单点的异常有 14 个（表8-8），编号为 Con-1、Con-2、Con-3、Con-5、Con-14、Con-17、Con-19、Con-25、Con-28、Con-36、Con-44、Con-48、Con-52、Con-61。

　　上两类规模的异常有 41 个，占异常总数的 62.12%，余下的 25 个异常是走向较明显，有一定规模的异常（图8-51及表8-8）。

　　D　与其他元素的组合关系

　　（1）与 Au-Ag-Zn-Hg 元素组合的电导率异常有 13 个（表8-8），编号为 Con-16、Con-19、Con-21、Con-26、Con-33、Con-41、Con-49、Con-53、Con-58、Con-60、Con-64、Con-6、Con-60 号，推测为反映与 Au、Ag、Zn 的硫化物有关的异常，吸附相态汞反映了裂隙构造，综合反映了与裂隙有关的硫化物体部位。例如 Con-53 号异常，位于花石山金矿控矿断裂 F_1、F_2 西延部位挟持的赋矿（金矿）层($Z-O_2$) sh^4 中，有一定规模 NE 走向部分约 200m，应是 F_1、F_2 断裂旁的次级裂隙（也包括片理构造）引起（图8-52中 Au-50 对应部位）。

　　（2）有金次生异常对应，但缺 Ag、Hg、Zn 中的一种电导率异常有 13 个，编号为 Con-3、Con-6、Con-10、Con-13、Con-28、Con-32、Con-33、Con-35、Con-37、Con-38、Con-46、Con-47、Con-61，也反映了一定的构造部位。例如 Con-3 号异常（表8-8）为单线异常，与 Au、Hg、Ag 次生异常对应，位于 $D_1 l$ 花岗岩体与围岩($Z-O_2$) sh^3（变安岩）接触线上，推测有硫化物矿化（但缺锌矿物）。

　　（3）无金次生异常，与 Ag、Zn、Hg 次生异常对应的电导率有 8 个，编号为 Con-12、Con-30、Con-34、Con-36、Con-40、Con-42、Con-56、Con-62（图8-51，表8-8），推测可能与硫化物聚集有关。

8.7.4.2　土壤吸附相态汞异常的分布特征

　　按表8-6所列土壤吸附相态汞（Hg，下同）局部异常下限值圈出了汞异常 64 个（图8-52），各异常的特征见表8-9。

　　A　汞异常展布特点

　　从图8-52可见，汞异常有相对 $D_1 l$ 花岗岩侵入体露头向东呈密集度增大的特点。

　　B　汞异常分布与地层已知断裂的关系

　　从图8-52可见，分布于赋矿层($Z-O_2$) sh^4 中的汞异常相对于分布于($Z-O_2$) sh^3 变安山岩层中汞异常，规模较大，含量强度（浓集中心）更明显。

　　在 $D_1 l$ 花岗岩侵入体东端与($Z-O_2$) sh^4 接触带内外有 Hg-1、Hg-2、Hg-3、Hg-4、Hg-5、Hg-13 等六个异常零星分布，向东有断续分布的汞异常，可能显示汞异常带形成与 $D_1 l$ 花岗岩侵入体侵入后期的热液活动有关。

　　在已知控矿断裂 F_1、F_2 地段（从花石山金矿西延入测区）有 Hg-47、Hg-6（与 F_1 断裂）、Hg-51、Hg-60 号异常（与 F_2 断裂）存在于控矿断裂旁侧，预示在断裂地段亦会有汞异常出现（与硫化物有关）。

　　在赋矿层($Z-O_2$) sh^4 中（异常主要部分及全部位于该地层），有 32 个汞异常存在（表8-11），位于($Z-O_2$) sh^3 与($Z-O_2$) sh^4 界面上有 Hg-24、Hg-42、Hg-43 等三个异常，可能显示测区 NW 向的两岩段界面的($Z-O_2$) sh^4 岩段内，有硫化物矿化显示（汞指示硫化物矿化），位于($Z-O_2$) sh^3 变安山岩中亦有 18 个异常，围绕 $D_1 l$ 岩体东端露头展布。

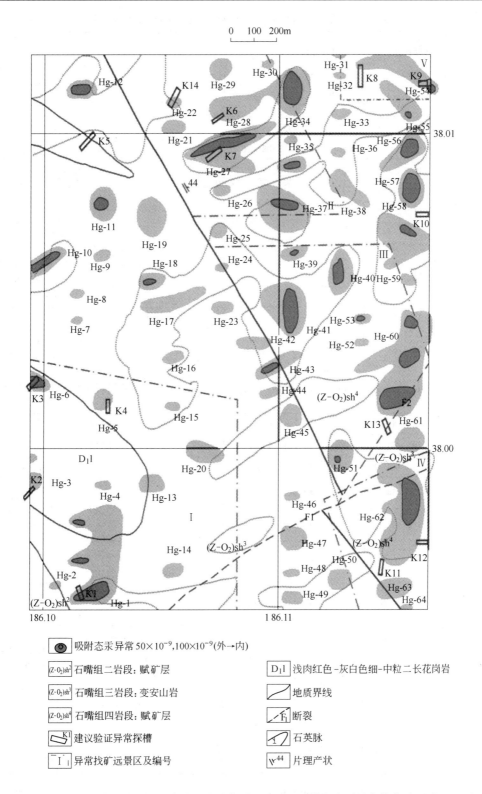

图 8-52 天水市麦积区包家沟金矿地化测区地质、吸附相态汞异常综合平面图

表 8-9　天水市麦积区包家沟金矿地化测区吸附相态汞异常特征

异常编号	测线号	异常最大值		剖面异常宽度		剖面线异常值	异常平面特征		异常部位地质、矿化特征	对应其他元素异常号关系点号
		点号	×10^{-9}	起始点	宽度/m	平均值	走向	走向长/m		
Hg-1	16	38	135.64	38	40	135.64×10^{-9}	主 SN 由 EW 组成	SN320、EW200	D$_1$l 花岗岩体侵入（Z-O$_2$）sh^3 接触带内外侧	Con-1；Au-1、2；Ag-1、4；Zn-1、3；Pb-1、2；Cu-1
		41	175.08	41	40	175.08×10^{-9}				
		44	629.15	44	40	629.15×10^{-9}				
	15	40	79.46	37~44	320	75.35×10^{-9}				
		44	101.81							
Hg-2	17	43	52.57	43	40	52.57×10^{-9}			（Z-O$_2$）sh^2 与（Z-O$_2$）sh^3 接触带上	
Hg-3	18	33	81.85	33~35	120	205.72×10^{-9}			D$_1$l 花岗岩内	Au-46、Ag-6、Zn-5
		35	471.5							
Hg-4	15	35	63.57	35	40	63.57×10^{-9}			D$_1$l 花岗岩内	
Hg-5	15	28	61.71	28~29	80	56.31×10^{-9}			D$_1$l 花岗岩体侵入端 N 侧（Z-O$_2$）sh^3 中	Au-11、Zn-18、Pb-10、Cu-7
Hg-6	18	27	609.52	27	40	609.52×10^{-9}			D$_1$l 花岗岩体内接触带	Con-6、Au-13、Ag-11、Pb-11
Hg-7	16	22	50.51	22	40	50.51×10^{-9}			（Z-O$_2$）sh^3 内	
Hg-8	16	20	53.68	20	40	53.68×10^{-9}			（Z-O$_2$）sh^3 内	Au-18、Pb-8
Hg-9	15	17	54.18	17	40	54.18×10^{-9}			（Z-O$_2$）sh^3 内	Ag-14
Hg-10	18	17	54.17	18	40	54.17×10^{-9}			（Z-O$_2$）sh^3 内	Con-10；Au-19；Ag-13；Zn-9、10；Pb-14；Cu-13
	17	17	95.91	17	40	95.91×10^{-9}				
Hg-11	15	13	111.41	14~15	80	71.82×10^{-9}			（Z-O$_2$）sh^3 内，粗大石英南侧	Con-13；Au-21；Ag-14；Zn-11、12
Hg-12	16	4	304	4	40	304×10^{-9}			（Z-O$_2$）sh^3 内	Con-16、Au-25、Ag-15、Pb-18
Hg-13	13	35	68.15	35	40	68.15×10^{-9}			D$_1$l 花岗岩体侵入东端与（Z-O$_2$）sh^3 接触线	Con-3、Ag-7、Zn-3、Pb-6
Hg-14	12	42	60.52	42	40	60.52×10^{-9}			（Z-O$_2$）sh^3 内近控矿断裂 F$_1$	Au-1、Zn-2、Pb-3、Cu-2
Hg-15	12	29	60.5	29	40	60.5×10^{-9}			（Z-O$_2$）sh^3 内	Con-22、Ag-10、Zn-18、Pb-9
Hg-16	12	25	78.19	25	40	78.19×10^{-9}			（Z-O$_2$）sh^3 内	Con-21、Ag-19、Zn-18、Pb-9

异常编号	测线号	异常最大值		剖面异常宽度		剖面线异常值	异常平面特征		异常部位地质、矿化特征	对应其他元素异常号关系点号
		点号	$\times 10^{-9}$	起始点	宽度/m	平均值	走向	走向长/m		
Hg-17	13	21	60.09	21	40	60.09×10^{-9}			$(Z\text{-}O_2)sh^3$ 内	Con-21；Au-16；Ag-19；Zn-18；Pb-9；Cu-11、12
	12	21	69.27	21	40	69.27×10^{-9}				
	11	20	66.62	20	40	66.62×10^{-9}				
Hg-18	13	19	101.22	19	40	101.22×10^{-9}			$(Z\text{-}O_2)sh^3$ 内	Con-21；Au-17；Ag-19；Zn-12、18；Pb-9、15；Cu-11
Hg-19	13	13	77.94	13~15	160	66.22×10^{-9}			$(Z\text{-}O_2)sh^3$ 内	Con-18、20；Ag-19；Zn-12；Pb-16；Cu-19
Hg-20	11	33	67.85	32~33	80	61.16×10^{-9}			$(Z\text{-}O_2)sh^3$ 内 D_1l 花岗岩体侵入东端接触带	Con-26；Au-8；Ag-20；Zn-17、25；Pb-7；Cu-6
	10	33	56.31	33	40	56.31×10^{-9}				
Hg-21	12	7	69.32	7	40	69.32×10^{-9}			$(Z\text{-}O_2)sh^3$ 内	Au-29、Ag-17、Zn-20
Hg-22	12	5	54.76	5	40	54.76×10^{-9}			$(Z\text{-}O_2)sh^3$ 内	Au-29、Ag-17、Zn-20
Hg-23	10	21	86.61	21	40	86.61×10^{-9}			$(Z\text{-}O_2)sh^3$ 内	Con-29、Au-24、Ag-19、Zn-18、Pb-9
Hg-24	10	18	56.46	18	40	56.46×10^{-9}			$(Z\text{-}O_2)sh^3$、$(Z\text{-}O_2)sh^4$ 界面	Ag-19、Zn-18
Hg-25	10	15	77.6	15	40	77.6×10^{-9}			$(Z\text{-}O_2)sh^4$ 内	Con-30、Ag-19、Zn-19、Pb-23
Hg-26	10	12	68.92	12	40	68.92×10^{-9}			$(Z\text{-}O_2)sh^4$ 内	Con-31、Au-33、Ag-17、Zn-12、Cu-19
Hg-27	11	9	85.54	9	40	85.54×10^{-9}	NE	400	$(Z\text{-}O_2)sh^4$ 内	Con-32、33；Au-32、33、40；Ag-17；Zn-12、20；Pb-22、28；Cu-19、20
	10	8	100.02	8~10	120	74.30×10^{-9}				
	9	8	93.6	8	40	93.6×10^{-9}				
		10	62.23	10	40	62.23×10^{-9}				
	8	7	54.42	7	40	54.42×10^{-9}				
Hg-28	10	6	71.11	5~6	80	63.99×10^{-9}	NE	>400	$(Z\text{-}O_2)sh^4$ 内	Con-34、36；Au-31；Ag-17；Zn-20；Pb-28、29；Cu-20
	9	6	50.85	5~6	80	50.44×10^{-9}				
	8	4	51.69	4	40	51.69×10^{-9}				
	7	3	128.93	3~6	160	109.74×10^{-9}				
		5	155.1							

异常编号	测线号	异常最大值		剖面异常宽度		剖面线异常值	异常平面特征		异常部位地质、矿化特征	对应其他元素异常号关系点号
		点号	×10⁻⁹	起始点	宽度/m	平均值	走向	走向长/m		
Hg-29	10	2	71.4	2~3	80	67.66×10^{-9}			$(Z-O_2)sh^4$ 内	Ag-17；Zn-20
Hg-30	8	2	53.52	2	40	53.52×10^{-9}			$(Z-O_2)sh^4$ 内	Ag-17；Zn-20
Hg-31	5	1	82.22	1	40	82.22×10^{-9}			$(Z-O_2)sh^4$ 内	Con-66、Au-42、Ag-31、Zn-48、Pb-33
Hg-32	5	3	57.4	3	40	57.4×10^{-9}			$(Z-O_2)sh^4$ 内	Ag-31、Zn-48、Pb-33、Cu-25
Hg-33	5	6	74.02	6	40	74.02×10^{-9}			$(Z-O_2)sh^4$ 内	Con-64、Au-41、Ag-30、Pb-30
Hg-34	7	8	54.05	8	40	54.05×10^{-9}			$(Z-O_2)sh^4$ 内	Con-66、Au-40、Ag-17、Zn-20、Pb-30、Cu-23
Hg-35	7	10	134.46	10	40	134.46×10^{-9}			$(Z-O_2)sh^4$ 内	Con-37、Au-39、Ag-17、Zn-20、Pb-30、Cu-22
Hg-36	5	9	58.01	9	40	58.01×10^{-9}			$(Z-O_2)sh^4$ 内	Con-62、Ag-17、Zn-20、Pb-30、Cu-24
Hg-37	8	13	89.01	12~14	120	67.79×10^{-9}	EW	200	$(Z-O_2)sh^4$ 内	Con-38、39；Au-38；Ag-17、29；Zn-12、19、43；Pb-23；Cu-21
	7	13	94	13~15	80	79.04×10^{-9}				
Hg-38	5	12	89.5	11~12	80	85.55×10^{-9}	NW	150	$(Z-O_2)sh^4$ 内	Con-61、Au-44、Ag-17、Zn-20、Pb-35
	4	13	78.26	13	40	78.26×10^{-9}				
Hg-39	7	17	94.04	17	40	94.04×10^{-9}			$(Z-O_2)sh^4$ 内	Con-40、Ag-27、Zn-21、
Hg-40	5	19	90.1	18~20	120	85.12×10^{-9}			$(Z-O_2)sh^4$ 内	Con-41、Ag-28、Zn-40、Pb-38
Hg-41	8	20	74.71	20~21	80	68.24×10^{-9}			$(Z-O_2)sh^4$ 内,近 $(Z-O_2)sh^3$ 与 $(Z-O_2)sh^4$ 界面	Con-41；Au-47、50；Ag-27；Zn-22、23；Pb-31、32；Cu-35
	7	21	128.6	20~23	160	112.96×10^{-9}				
Hg-42	9	24	69.68	24	40	69.68×10^{-9}			$(Z-O_2)sh^3$ 内,近 $(Z-O_2)sh^3$ 与 $(Z-O_2)sh^4$ 界面	Con-41；Ag-9、27；Zn-23；Pb-32
	8	24	54.95	24	40	54.95×10^{-9}				
Hg-43	8	26	90.56	26	40	90.56×10^{-9}			$(Z-O_2)sh^3$ 与 $(Z-O_2)sh^4$ 界面两侧	Con-41、Au-50、Ag-27、Zn-23、Pb-32、Cu-36
	7	25	79.51	25	40	79.51×10^{-9}				

异常编号	测线号	异常最大值		剖面异常宽度		剖面线异常值	异常平面特征		异常部位地质、矿化特征	对应其他元素异常号关系点号
		点号	×10^{-9}	起始点	宽度/m	平均值	走向	走向长/m		
Hg-44	8	28	75.87	28	40	75.87×10^{-9}			$(Z\text{-}O_2)sh^3$ 内	Con-42、Ag-27、Zn-24、Pb-32、Cu-37
Hg-45	7	30	64.43	29~30	80	57.3×10^{-9}			$(Z\text{-}O_2)sh^3$ 内,近 $(Z\text{-}O_2)sh^3$ 与 $(Z\text{-}O_2)sh^4$ 界面	Au-50、Ag-26、Zn-24、Pb-32
Hg-46	7	36	50.4	36	40	50.4×10^{-9}			$(Z\text{-}O_2)sh^3$ 内	Zn-24
Hg-47	7	39	65.6	39~40	80	59.29×10^{-9}			$(Z\text{-}O_2)sh^3$ 内 F_1 南侧	Ag-24、Zn-28
Hg-48	7	42	52.65	42	40	52.65×10^{-9}			$(Z\text{-}O_2)sh^3$ 内	Zn-27
Hg-49	7	44	62.84	44	40	62.84×10^{-9}			$(Z\text{-}O_2)sh^3$ 内	
Hg-50	5	43	68.94	42~43	80	64.81×10^{-9}			$(Z\text{-}O_2)sh^3$ 内,近 $(Z\text{-}O_2)sh^3$ 与 $(Z\text{-}O_2)sh^4$ 界面	Con-46、Au-55、Ag-40
Hg-51	5	33	81.48	32~34	120	65.25×10^{-9}			$(Z\text{-}O_2)sh^4$ 内,近 $(Z\text{-}O_2)sh^3$ 与 $(Z\text{-}O_2)sh^4$ 界面与 F_2	Con-50、52;Zn-24;Pb-32;Cu-41
Hg-52	4	24	55.96	24	40	55.96×10^{-9}			$(Z\text{-}O_2)sh^4$ 内	Au-50、Zn-23
Hg-53	4	22	90.76	22	40	90.76×10^{-9}			$(Z\text{-}O_2)sh^4$ 内	Zn-39、Pb-38、Cu-33
Hg-54	4	2	62.16	2	40	62.16×10^{-9}	EW 转 SE	>350	$(Z\text{-}O_2)sh^4$ 内	Con-66;Au-42、43;Ag-31、32;Zn-48、49;Pb-30、33;Cu-26
	3	2	51.63	1~2	80	51.13×10^{-9}				
	2	3	67.47	2~3	80	59.28×10^{-9}				
	1	4	80.18	4	40	80.18×10^{-9}				
Hg-55	3	4	75.12	4	40	75.12×10^{-9}	NW	200	$(Z\text{-}O_2)sh^4$ 内	Con-65;Ag-32;Zn-48;Pb-30、34
	2	6	82.08	5~6	80	68.15×10^{-9}				
Hg-56	3	10	65.77	10	40	65.77×10^{-9}	NE	200	$(Z\text{-}O_2)sh^4$ 内	Con-63、Au-32、Zn-47、Pb-34、Cu-29
	2	9	102.2	8~9	80	96.21×10^{-9}				
Hg-57	2	11	119.09	11~13	120	112.34×10^{-9}			$(Z\text{-}O_2)sh^4$ 内	Con-60、Au-45、Ag-33、Zn-45、Pb-35、Cu-30
		13	120.99							
Hg-58	3	16	63.94	14~16	120	61.89×10^{-9}	近 EW	>250	$(Z\text{-}O_2)sh^4$ 内	Con-58、59、60;Au-46;Ag-28 边沿;Zn-44、41;Pb-36、37、38;Cu-31、32
		18	52.02	18	40	52.02×10^{-9}				
	2	19	102.82	15~17	120	70.35×10^{-9}				
	1	16	61.75	16	40	61.75×10^{-9}				

异常编号	测线号	异常最大值		剖面异常宽度		剖面线异常值	异常平面特征		异常部位地质、矿化特征	对应其他元素异常号关系点号
		点号	×10^{-9}	起始点	宽度/m	平均值	走向	走向长/m		
Hg-59	2	19	84.48	19	40	84.48×10^{-9}			(Z-O$_2$)sh^4 地层内	Zn-41、Pb-38
Hg-60	4	26	53.43	26	40	53.43×10^{-9}	NE 与 SN 走向组合	SN320 NE >350	(Z-O$_2$)sh^4 内,异常南部与控矿断裂 F$_2$ 吻合	Con-53、56、57；Au-49、50；Ag-35、36、37；Zn-36、37、38；Pb-39、40；Cu-34、40
	3	25	62.52	25	40	62.52×10^{-9}				
		28	140.09	27~29	120	104.34×10^{-9}				
	2	22	98.65	22~29	320	84.74×10^{-9}				
		25	191.45							
		28	91.29							
	1	23	50.38			50.38×10^{-9}				
Hg-61	2	32	107.53	31~32	80	79.97×10^{-9}			(Z-O$_2$)sh^4 内,夹于 F$_1$ 和 F$_2$ 两断裂间	Con-53；Ag-37、38；Zn-35；Pb-41；Cu-40
Hg-62	3	34	64.28	34~35	80	60.16×10^{-9}	SN 为主有 EW 走向变化	SN320	(Z-O$_2$)sh^4 内,位于控矿断裂 F$_1$ 上,主要异常部位位于(Z-O$_2$)sh^4 中	Con-49；Au-52、54；Ag-38、39；Zn-32、33、34；Pb-42、43、44；Cu-42、43、44
		37	70.55	37	40	70.55×10^{-9}				
		39	78.72	39~41	120	68.68×10^{-9}				
	2	36	113.64	34~41	320	83.39×10^{-9}				
		40	73.45							
Hg-63	3	44	53.15	43~44	80	52.62×10^{-9}			(Z-O$_2$)sh^4 内	Au-56、Ag-41、Pb-45
	2	43	60.39	43	40	60.39×10^{-9}				
Hg-64	2	45	77.19	45	40	77.19×10^{-9}			(Z-O$_2$)sh^4 内	Con-47、Au-56、Ag-42、Pb-46

在测区西北角的粗大石英脉上,无汞的局部异常,但在其南北侧约 100m 距离有 Hg-11、Hg-12 异常出现。

C 异常规模上的特点

在圈定的 64 个局部异常中,点异常 34 个(见表 8-9 中,单剖面单测点的异常),例如 Hg-2 号异常,于 17 号剖面 43 号点有含量 52.57×10^{-9} 的单点异常,在(Z-O$_2$)sh^3 与(Z-O$_2$)sh^2 接触界线上。

单线剖面的异常有 11 个(见表 8-9),例如 Hg-3 号异常于 18 号测线上 33~35 号点出现,在 33 号点含量 81.85×10^{-9},在 35 号点含量 471.9×10^{-9},为双峰状异常,但是在 D$_1$l 花岗岩内接触带上,可能反映该异常地段有硫化物矿化。

走向上有一定规模（至少相邻两条剖面有异常）的汞异常有 11 个，其中 10 个位于赋矿层$(Z-O_2)sh^4$ 地层内（图 8-52），例如 Hg-27 号异常，位于$(Z-O_2)sh^4$ 地层内，跨 8 号、9 号、10 号、11 号等四条测线，呈 NE 走向，走向长 400m。

D　元素组合（异常）的特点

从表 8-9 可见，64 个汞异常中除 Hg-2、Hg-7、Hg-49 号等三个点状异常外，余下 61 个异常均与 Au、Ag、Cu、Pb、Zn（不考虑 Ni、Co）等亲硫化物元素的异常或多或少有组合关系，如 Hg-9 号异常仅与 Ag-14 号异常空间关系密切；又如 Hg-29 号异常仅与 Ag-17、Zn-20 号异常关系密切；而 Hg-37 号异常与 Con、Au、Ag、Zn、Pb、Cu 元素异常关系密切，说明汞异常出现与亲硫元素聚集有关，根据测区找金的元素组合情况，有如下特点：

（1）与 Con、Au、Ag、Zn 元素异常组合的有 22 个汞异常，编号 Hg-1、Hg-10、Hg-11、Hg-17、Hg-18、Hg-20、Hg-23、Hg-26、Hg-27、Hg-28、Hg-31、Hg-34、Hg-35、Hg-37、Hg-38、Hg-41、Hg-43、Hg-54、Hg-57、Hg-58、Hg-60、Hg-62（参见表 8-9）。

（2）有金异常，但缺 Con、Ag、Zn 中某一种组合的异常有 8 个，编号为 Hg-3、Hg-6、Hg-12、Hg-21、Hg-22、Hg-33、Hg-45、Hg-50。

据上可推测，测区吸附相态汞异常与硫化物聚集（出现电导率异常或 Au、Ag、Zn、Pb、Cu 异常）有密切关系。汞迁移能力大，可推测其指示作用较好。

8.7.4.3　金元素次生晕异常的分布特征

按表 8-6 所列金元素的局部异常下限值，圈定了金元素次生异常 56 个（图 8-53），各异常的特征列于表 8-10。这 56 个金的次生异常分布的地质特征、强度、规模、与其他元素异常关系概述如下。

A　金高背带的分布特征

从图 8-53 可见，按图 8-46 中 A 曲线总体常见值加一倍偏差的值为 1.4×10^{-9}、1.4×10^{-9} 以上地段为金的高背景地段。可见，测区主要有两个金高背景带。

（1）北带：位于测线 6～18 线间，呈 NE 分布，由 Au-17、Au-20、Au-22、Au-23、Au-24、Au-25、Au-26、Au-27、Au-28、Au-29、Au-30、Au-31、Au-32、Au-33、Au-39、Au-40 号等共 16 个异常集结而成，金异常走向 NE、EW、NW 均有，但以位于$(Z-O_2)sh^4$ 赋矿层中异常峰值（浓集中心）最强（表 8-10），这一地段对金的富集成的异常应予重视。

（2）南带：东西方向向上贯穿全测区，由测区自西向东，即 18 线到 1 线均出现，由 Au-1、Au-2…等共 25 个金异常集结而成（图 8-53 中所示），自 D_1l 花岗岩体东端岩体内，外接触带向东分布，似应与花岗岩体侵入的期后矿化活动有关。该背景带向东到$(Z-O_2)sh^4$ 赋矿层地段变宽，推测测区内$(Z-O_2)sh^3$ 变安山岩与$(Z-O_2)sh^4$ 赋矿层界面有金矿化作用层存在，在高背景与控矿断裂关系上，南带在控矿断裂 F_1 的南侧预断裂明显，预期该断裂有矿化且南倾，所以其断裂两侧才有明显金高背景带（段）。

（3）其他：尚有由 Au-18、Au-19 组成的高背景段；由 Au-46、Au-49 异常组成的高背景段；Au-45 号异常组成的高背景段；Au-42 号、Au-43 号周围独立形成的高背景段。

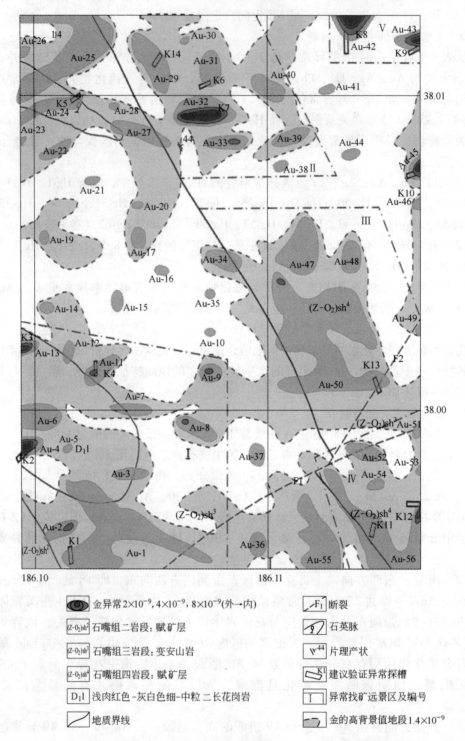

图 8-53　天水市麦积区包家沟金矿地化测区地质、金次生异常综合平面图

表 8-10 天水市麦积区包家沟金矿地化测区金次生晕异常特征

异常编号及异常类型	测线号	异常最大值		剖面异常宽度		剖面线异常值		异常距离系数 σ/m	预测异常源矿化程度	异常平面特征		异常部位地质、矿化特征	对应其他元素异常号关系
		点号	×10⁻⁹	起始点号	宽度/m	平均值	线异常值			走向	走向长/m		
Au-1 (Ⅱ)	16	44	6.83	43~44	80	$4.50×10^{-9}$	$0.36×10^{-6}$	86	1.366	NW	650	整个异常位于 $(Z\text{-}O_2)sh^2$ 与 $(Z\text{-}O_2)sh^3$ NW 向界线及 SW 向断裂、D_1 花岗岩与 $(Z\text{-}O_2)sh^3$ 接触带挟持部位:除了 38/16 线、40/15 线异常段在 D_1 接触带 SW 向断裂处外,均属于 $(Z\text{-}O_2)sh^3$ 变安山岩中,未知异常	Con-1、2、3;Ag-1;Zn-1、2、3;Cu-1、2;Pb-1;Ni-1;Hg-1、14;（建议对 44/16 线、40/15 线的金异常进行地表揭露;对 43/11 线矿化断裂地表揭露）
		38	2.83	38	40	$2.83×10^{-9}$	$0.1132×10^{-6}$						
	15	45	2.91	42-45	160	$2.56×10^{-9}$	$0.4096×10^{-6}$						
		40	3	38~40	120	$2.61×10^{-9}$	$0.3132×10^{-6}$	40	0.3				
	14	44	2.67	44	40	$2.67×10^{-9}$	$0.1068×10^{-6}$						
		42	2.44	40~42	120	$2.24×10^{-9}$	$0.2688×10^{-6}$						
	13	41	2.91	41~42	80	$2.68×10^{-9}$	$0.2144×10^{-6}$						
	12	42	2.67	42	40	$2.67×10^{-9}$	$0.1068×10^{-6}$						
	11	43	2.83	43	40	$2.83×10^{-9}$	$0.1132×10^{-6}$						
	10	44	2.37	44	40	$2.37×10^{-9}$	$0.0948×10^{-6}$						
Au-2 (Ⅲ)	17	42	2.24	42	40	$2.24×10^{-9}$	$0.0896×10^{-6}$					$(Z\text{-}O_2)sh^3$ 中,可能 $(Z\text{-}O_2)sh^2$ 与其界面矿化引起,未知异常	Pb-2、Hg-1
	16	41	4.53	41	40	$4.53×10^{-9}$	$0.1812×10^{-6}$	60	0.679				
Au-3 (Ⅲ)	14	37	2.11	37	40	$2.11×10^{-9}$	$0.0844×10^{-6}$					$D_1l(Z\text{-}O_2)sh^3$ 接触带内外带处未知异常	Con-3、Ag-4、Zn-3
	13	37	3.69	37	40	$3.69×10^{-9}$	$0.1476×10^{-6}$						
Au-4 (Ⅱ)	18	35	42.81	35	40	$42.81×10^{-9}$	$1.7124×10^{-6}$	52.5	5.6188			D_1l 花岗岩与 $(Z\text{-}O_2)sh^3$ 接触带内带,建议对 35/18 线地表揭露	Ag-6、Zn-5、Hg-3
Au-5 (Ⅲ)	16	35	2.05	35	40	$2.05×10^{-9}$	$0.082×10^{-6}$					D_1l 花岗岩内,未知异常	Zn-6、Pb-5
Au-6 (Ⅲ)	18	32	3.28	32~33	80	$3.19×10^{-9}$	$0.2552×10^{-6}$					D_1l 花岗岩体内,未知异常	Con-4、Ag-9、Ni-3、Hg-3
	17	33	2.24	32~33	80	$2.15×10^{-9}$	$0.172×10^{-6}$						
Au-7 (Ⅲ)	14	32	2.17	32	40	$2.17×10^{-9}$	$0.0868×10^{-6}$			EW	约200	D_1l 与 $(Z\text{-}O_2)sh^3$ 接触带内外带处,未知异常	Ag-8、Zn-17、Ni-2
	13	32	3.37	32	40	$3.37×10^{-9}$	$0.1346×10^{-6}$						
Au-8 (Ⅱ)	11	33	4.14	33	40	$4.14×10^{-9}$	$0.1656×10^{-6}$			NW	约200	$(Z\text{-}O_2)sh^3$ 地层内,未知异常	Con-26、Ag-20、Zn-17、Cu-6、Pb-7、Ni-2、Hg-20
	10	34	2.39	34	40	$2.39×10^{-9}$	$0.0956×10^{-6}$						
Au-9 (Ⅲ)	10	29	5.09	29	40	$5.09×10^{-9}$	$0.2036×10^{-6}$					$(Z\text{-}O_2)sh^3$ 地层内,未知异常	Con-28、Ag-10、Zn-18、Cu-38、Pb-9、Ni-2

异常编号及异常类型	测线号	异常最大值 点号	×10⁻⁹	剖面异常宽度 起始点号	宽度/m	剖面线异常值 平均值	线异常值	异常距离系数 σ/m	预测异常源矿化程度	异常平面特征 走向	走向长/m	异常部位地质、矿化特征	对应其他元素异常号关系
Au-10 （Ⅲ）	10	26	2.17	26	40	2.17×10^{-9}	0.0868×10^{-6}					（Z-O₂）sh³ 内，未知异常	Ag-19、Zn-18、Ni-2
Au-11 （Ⅲ）	15	29	4.40	29~30	80	3.35×10^{-9}	0.268×10^{-6}			NE	约200	D₁l 花岗岩 （Z-O₂）sh³ 接触内外带未知异常，29/15 线地表揭露	Ag-10；Zn-18；Cu-8；Pb-2、4；Hg-5
	14	28	2.05	28	40	2.05×10^{-9}	0.082×10^{-6}						
Au-12 （Ⅲ）	16	27	2.91	27~28	80	2.51×10^{-9}	0.2008×10^{-6}					D₁l 花岗岩与 （Z-O₂）sh³ 接触带内外部位，未知异常	Cu-8
Au-13 （Ⅱ）	18	27	26.32	27	40	26.32×10^{-9}	1.0528×10^{-6}	55	3.619			D₁l 内，未知异常，建议揭露推测裂隙矿化	Con-6、Ag-11、Pb-11、Ni-5、Hg-6
Au-14 （Ⅲ）	17	24	3.18	24	40	3.18×10^{-9}	0.1272×10^{-6}					（Z-O₂）sh³ 未知异常	Con-8
Au-15 （Ⅲ）	14	24	2.24	23~24	80	2.15×10^{-9}	0.172×10^{-6}					（Z-O₂）sh³ 未知异常	Ag-19、Pb-9、Ni-2
Au-16 （Ⅲ）	12	21	2.30	21	40	2.30×10^{-9}	0.092×10^{-6}					（Z-O₂）sh³ 未知异常	Ag-19、Zn-18、Pb-9、Ni-2、Hg-17
Au-17 （Ⅲ）	13	19	3.91	18~19	80	3.75×10^{-9}	0.3×10^{-6}					（Z-O₂）sh³ 未知异常	Ag-19、Zn-12、Cu-11、Pb-12、Ni-2、Hg-18
Au-18 （Ⅱ）	16	20	6.83	20	40	6.83×10^{-9}	0.2732×10^{-6}	65	1.0368			（Z-O₂）sh³，未知异常	Ag-11、Pb-13、Hg-8
	15	19	2.17	19	40	2.17×10^{-9}	0.0868×10^{-6}						
Au-19 （Ⅲ）	17	19	2.03	18~19	80	2.05×10^{-9}	0.164×10^{-6}					（Z-O₂）sh³ 未知异常	Con-10、Ni-8
Au-20 （Ⅲ）	13	16	2.24	16	40	2.24×10^{-9}	0.0896×10^{-6}					（Z-O₂）sh³ 未知异常	Ag-19、Zn-12、Pb-15、Hg-19
Au-21 （Ⅲ）	15	14	2.52	14	40	2.52×10^{-9}	0.1008×10^{-6}					（Z-O₂）sh³ 未知异常	Con-13、Ag-14、Zn-11、Ni-10、Hg-11
Au-22 （Ⅲ）	15	12	2.37	12	40	2.37×10^{-9}	0.0948×10^{-6}			NE	约150	（Z-O₂）sh³ 内北 10m NW 石英脉未知异常	Con-14
	17	11	2.44	11	40	2.44×10^{-9}	0.0976×10^{-6}						

续表8-10

异常编号及异常类型	测线号	异常最大值		剖面异常宽度		剖面线异常值		异常距离系数 σ/m	预测异常源矿化程度	异常平面特征		异常部位地质、矿化特征	对应其他元素异常号关系
		点号	×10^-9	起始点号	宽度/m	平均值	线异常值			走向	走向长/m		
Au-23（Ⅲ）	18	11	2.11	11	40	2.11×10^{-9}	0.0844×10^{-6}					(Z-O$_2$)sh^3 未知异常	
Au-24（Ⅲ）	18	9	2.05	9	40	2.05×10^{-9}	0.082×10^{-6}			NE	约300	NW向粗大石英脉两侧，穿插于(Z-O$_2$)sh^3，未知异常	Con-15、Zn-16、Cu-17、Ni-12
	17	8	2.05	8	40	2.05×10^{-9}	0.082×10^{-6}						
	16	8	3.8	8	40	3.8×10^{-9}	0.152×10^{-6}						
Au-25（Ⅲ）	18	6	2.52	6~7	80	2.32×10^{-9}	0.1856×10^{-6}			NE	约400	NW向粗大石英脉，穿插于(Z-O$_2$)sh^3，异常形态反映由NE与EW向交汇体引起，异常于15线与(Z-O$_2$)sh^3、(Z-O$_2$)sh^4 接触线上，未知异常	Con-16；Ag-15、16；Zn-14、16；Pb-18；Ni-13、16；Co-13；Hg-12
	17	5	3.09	5~6	80	2.57×10^{-9}	0.2056×10^{-6}						
		1	2.17	1	40	2.17×10^{-9}	0.0868×10^{-6}						
	16	4	3.58	3~5	120	2.71×10^{-9}	0.3252×10^{-6}						
		1	3.48	1	40	3.48×10^{-9}	0.1392×10^{-6}						
	15	4	3.09	1~4	160	2.59×10^{-9}	0.4144×10^{-6}						
Au-26（Ⅲ）	18	4	3.09	4	40	3.09×10^{-9}	0.1236×10^{-6}					(Z-O$_2$)sh^3 中NW石英脉边沿未知异常	
Au-27（Ⅲ）	14	10	2.52	10	40	2.52×10^{-9}	0.1008×10^{-6}			NW	约200	14线异常位于NW向石英脉边缘，12线异常位于(Z-O$_2$)sh^{3}与(Z-O$_2$)sh^{4}接触线，其余在(Z-O$_2$)sh^3，未知异常	Con-18、19；Ag-19；Zn-12；Cu-19；Ni-2；Co-9
	13	10	2.17	10	40	2.17×10^{-9}	0.0868×10^{-6}						
	12	11	2.91	11	40	2.91×10^{-9}	0.1164×10^{-6}						
Au-28（Ⅲ）	14	8	252	8	40	2.52×10^{-9}	0.1008×10^{-6}					(Z-O$_2$)sh^3 未知异常	Ni-12
Au-29（Ⅰ）	13	3	3	3~4	80	2.69×10^{-9}	0.2152×10^{-6}			NW	200	(Z-O$_2$)sh^4 未知异常	Con-16；Ag-17；Zn-20；Ni-17；Co-12；Hg-21、22
	12	5	4.4	5~7	120	3.25×10^{-9}	0.39×10^{-6}	70	0.77				
Au-30（Ⅲ）	11	3	2.17	3	40	2.17×10^{-9}	0.0868×10^{-6}					(Z-O$_2$)sh^4 未知异常	Con-35；Ag-17；Zn-20；Cu-20；Ni-17；Co-14
Au-31（Ⅲ）	10	6	3	4~6	120	2.68×10^{-9}	0.3216×10^{-6}					(Z-O$_2$)sh^4 未知异常，建议揭露，东向山坡有异常源	Ag-17；Zn-20；Cu-20；Pb-28；Ni-17；Co-12；Hg-28、29

续表 8-10

异常编号及异常类型	测线号	异常最大值		剖面异常宽度		剖面线异常值		异常距离系数 σ/m	预测异常源矿化程度	异常平面特征		异常部位地质、矿化特征	对应其他元素异常号关系
		点号	×10^{-9}	起始点号	宽度/m	平均值	线异常值			走向	走向长/m		
Au-32 (Ⅰ)	11	9	9.16	8~9	80	$5.67×10^{-9}$	$0.4536×10^{-6}$	70	1.603	EW	约300	(Z-O$_2$)sh^4 未知异常,建议 9/10 线揭露,推测为脉矿化(西侧山坡)	Con-32、33;Ag-17;Zn-12;Cu-19、20;Pb-28Ni-17;Co-11;Hg-27
	10	9	18.54	8~9	80	$10.86×10^{-9}$	$0.8688×10^{-6}$	55	2.549				
	9	9	2.83	8~9	40	$2.83×10^{-9}$	$0.1132×10^{-6}$						
Au-33 (Ⅰ)	10	11	2.91	11	40	$2.91×10^{-9}$	$0.1164×10^{-6}$			EW	约200	(Z-O$_2$)sh^4 未知异常,建议揭露 11/9 线异常(推测东向山坡)	Con-31;Ag-17;Zn-12;Cu-19;Pb-22;Ni-18;Co-8、11;Hg-26、27
	9	11	4.4	11	40	$4.4×10^{-9}$	$0.176×10^{-6}$						
Au-34 (Ⅲ)	10	20	3.09	20	40	$3.09×10^{-9}$	$0.1236×10^{-6}$					(Z-O$_2$)sh^3 与 (Z-O$_2$)sh^4 接触线两侧	Con-29、Ag-19、Zn-19、Pb-9、Ni-2、Hg-23
	9	21	2.17	20~21	80	$2.11×10^{-9}$	$0.1688×10^{-6}$						
Au-35 (Ⅲ)	10	23	2.17	23	40	$2.17×10^{-9}$	$0.0868×10^{-6}$					(Z-O$_2$)sh^3 未知异常	Ag-19、Ni-2
Au-36 (Ⅲ)	8	43	2.59	42~43	80	$2.38×10^{-9}$	$0.1904×10^{-6}$					(Z-O$_2$)sh^3 未知异常	Con-44、45;Pb-26
Au-37 (Ⅲ)	8	36	2.37	35~36	80	$2.34×10^{-9}$	$0.1872×10^{-6}$					(Z-O$_2$)sh^3 未知异常	Ag-19
Au-38 (Ⅲ)	7	13	2.3	13	40	$2.3×10^{-9}$	$0.0092×10^{-6}$					(Z-O$_2$)sh^4 未知异常	Ag-17、Pb-23、Zn-19、Co-18、Hg-37
Au-39 (Ⅲ)	7	11	3.8	11	40	$3.8×10^{-9}$	$0.152×10^{-6}$					(Z-O$_2$)sh^4 未知异常	Ag-17、Zn-20、Pb-30、Ni-26、Co-17、Hg-35
	6	10	2.11	10	40	$2.11×10^{-9}$	$0.0844×10^{-6}$						
Au-40 (Ⅲ)	8	6	2.3	6~7	80	$2.24×10^{-9}$	$0.1792×10^{-6}$			近EW	约200	(Z-O$_2$)sh^4 未知异常	Ag-17;Zn-20;Cu-23;Pb-28、30;Ni-26、27;Co-16;Hg-20、34
	7	7	3	7~8	80	$2.53×10^{-9}$	$0.2024×10^{-6}$						
Au-41 (Ⅲ)	5	7	2.52	7	40	$2.52×10^{-9}$	$0.1008×10^{-6}$					(Z-O$_2$)sh^4 未知异常	Ag-17、Zn-20、Pb-30
Au-42 (Ⅰ)	4	1	29.22	1~3	120	$15.48×10^{-9}$	$1.8576×10^{-6}$					(Z-O$_2$)sh^4 未知异常	Ag-31;Zn-48;Cu-25、26、28;Pb-33;Ni-38;Co-29;Hg-31、54

异常编号及异常类型	测线号	异常最大值		剖面异常宽度		剖面线异常值		异常距离系数 σ/m	预测异常源矿化程度	异常平面特征		异常部位地质、矿化特征	对应其他元素异常号关系
		点号	×10^{-9}	起始点号	宽度/m	平均值	线异常值			走向	走向长/m		
Au-43（Ⅰ）	2	3	2.37	3	40	2.37×10^{-9}	0.0948×10^{-6}			EW	120	$(Z-O_2)sh^4$ 未知异常，建议揭露地表 3/1 线异常（可能西侧山坡）	Ag-32；Zn-49；Pb-30；Ni-46；Co-33、34；Hg-54
	1	3	18.01	3	40	18.01×10^{-9}	0.7204×10^{-6}	60	2.7015				
Au-44（Ⅲ）	4	12	2.52	12	40	2.52×10^{-9}	0.1008×10^{-6}					$(Z-O_2)sh^4$ 未知异常	Hg-38
Au-45（Ⅰ）	1	13	14.66	13~14	80	8.55×10^{-9}	0.684×10^{-6}					$(Z-O_2)sh^4$ 未知异常，建议揭露地表 13/1 线异常（可能西侧山坡）	Ag-34、Zn-44、Cu-30、Pb-37、Ni-44、Hg-57
Au-46（Ⅲ）	1	16	3.09	16	40	3.09×10^{-9}	0.1236×10^{-6}					$(Z-O_2)sh^4$ 未知异常	Cu-31、Pb-37、Ni-44、Hg-58
Au-47（Ⅲ）	7	20	2.05	20	40	2.05×10^{-9}	0.082×10^{-6}					$(Z-O_2)sh^4$ 内，未知异常	Ag-24；Zn-22；Pb-31；Cu-23；Hg-39、40、41
	6	21	2.67	17-21	200	2.28×10^{-9}	0.456×10^{-6}						
Au-48（Ⅲ）	4	21	2.75	19~21	120	2.32×10^{-9}	0.2784×10^{-6}					$(Z-O_2)sh^4$ 未知异常	Ag-28、Zn-41、Pb-38、Ni-32、Co-26、Hg-40 东侧
Au-49（Ⅲ）	1	26	2.05	26	40	2.05×10^{-9}	0.082×10^{-6}					$(Z-O_2)sh^3$ 中位于 SW 向断裂一侧，未知异常	Ag-37、Co-31
Au-50（Ⅰ）	7	30	20.5	30	40	2.05×10^{-9}	0.082×10^{-6}					异常位于 SW 向断裂 NW 向的 $(Z-O_2)sh^3$ 与 $(Z-O_2)sh^4$ 接触界面挟持地段的 $(Z-O_2)sh^4$ 地层，未知异常	Ag-26、27、37；Zn-23、24、35、36、37、39；Cu-33、35、39、40；Pb-32、40；Ni-22、23、30、31、41；Co-19；Hg-41、43、45、52；Hg-53、60
		27	2.37	26~27	80	2.24×10^{-9}	0.1792×10^{-6}						
		22	5.09	22~24	120	3.13×10^{-9}	0.3756×10^{-6}						
	6	30	3.18	30	40	3.18×10^{-9}	0.1272×10^{-6}						
		24	3.28	24~27	160	2.56×10^{-9}	0.4096×10^{-6}						
	5	29	2.83	27~30	160	2.39×10^{-9}	0.3824×10^{-6}						
		23	2.37	23~25	120	2.18×10^{-9}	0.2616×10^{-6}						
	4	30	2.11	30	40	2.11×10^{-9}	0.0844×10^{-6}						
		24	3.69	23~26	160	2.54×10^{-9}	0.4064×10^{-6}						
	3	30	4.27	29~30	80	3.47×10^{-9}	0.2776×10^{-6}	80	0.854				
		27	2.11	27	40	2.11×10^{-9}	0.0844×10^{-6}						

续表 8-10

异常编号及异常类型	测线号	异常最大值		剖面异常宽度		剖面线异常值		异常距离系数 σ/m	预测异常源矿化程度	异常平面特征		异常部位地质、矿化特征	对应其他元素异常号关系
		点号	×10⁻⁹	起始点号	宽度/m	平均值	线异常值			走向	走向长/m		
Au-51（Ⅲ）	1	37	2.67	37	40	2.67×10^{-9}	0.1068×10^{-6}					SW 向断裂上，未知异常	Ag-38、Zn-34
Au-52（Ⅲ）	4	35	2.59	35	40	2.59×10^{-9}	0.1036×10^{-6}					位于 SW 向断裂两侧的（Z-O₂）sh³ 与（Z-O₂）sh⁴ 内，未知异常	Cu-43、Ni-41、Hg-62
	3	36	2.37	36	40	2.37×10^{-9}	0.0948×10^{-6}						
Au-53（Ⅲ）	1	37	2.67	37	40	2.67×10^{-9}	0.1068×10^{-6}					（Z-O₂）sh⁴ 未知异常	Zn-32、Ni-42
Au-54（Ⅲ）	3	38	2.75	38	40	2.75×10^{-9}	0.11×10^{-6}					（Z-O₂）sh⁴ 未知异常	Zn-33、Cu-44、Pb-43、Ni-42、Hg-62
Au-55（Ⅲ）	6	44	2.52	44	40	2.52×10^{-9}	0.1008×10^{-6}					位于（Z-O₂）sh⁴ 中，未知异常	Hg-50
		42	2.11	42	40	2.11×10^{-9}	0.0844×10^{-6}						
		39	3	39~40	80	2.62×10^{-9}	0.2096×10^{-6}						
	5	45	2.52	42~45	160	2.36×10^{-9}	0.3776×10^{-6}						
Au-56（Ⅰ）	5	37	2.83	37~38	80	2.83×10^{-9}	0.2264×10^{-6}					位于（Z-O₂）sh³ 与（Z-O₂）sh⁴ 界面及（Z-O₂）sh⁴ 中未知异常，建议对 43/3 线（东部山坡）40/1 线（西部山坡）地表揭露	Ag-39、40、41、42；Zn-30、31；Pb-45、46；Ni-43；Hg-62、63、64
	4	40	3.69	40	40	3.69×10^{-9}	0.1476×10^{-6}						
	3	43	19.1	41~45	200	6.07×10^{-9}	1.214×10^{-6}	60	2.865				
	2	45	2.91	44~45	80	2.58×10^{-9}	0.2064×10^{-6}						
	1	40	31.59	40~43	160	9.62×10^{-9}	1.5392×10^{-6}						

B　地质构造不同部位及地层对金异常的影响

由图 8-53 可知，不同岩性地层在排除花岗岩体侵入脉体及控矿断裂（F_1 及 F_2）影响外，在赋矿层（Z-O₂）sh⁴ 中的金次生异常的数目、单一异常的规模、异常浓集中心强度均比（Z-O₂）sh³ 变安山岩层中大。在（Z-O₂）sh⁴ 中金异常个数为 23 个，在（Z-O₂）sh³ 如位于（Z-O₂）sh⁴ 赋矿层中的 Au-32、Au-42、Au-43、Au-45、Au-56 等五个异常，浓集中心值分别达 18.54×10^{-9}、18.01×10^{-9}、14.66×10^{-9}、31.59×10^{-9}；而在（Z-O₂）sh³ 变安山岩中金的次生异常中，浓集中心较强的 Au-1、Au-8、Au-9 号异常，浓集中心值分别为 6.83×10^{-9}、4.14×10^{-9}、5.09×10^{-9}，而测区异常面积最大的 Au-50 号异常，主要部分则在（Z-O₂）sh⁴ 出露区内，可佐证测区内（Z-O₂）sh⁴ 比（Z-O₂）sh³ 更利于金的赋集。此外，与 D_1l 花岗岩侵入有关的，位于 D_1l 岩体内外接触带的 Au-4、Au-13 号异常，浓集中心达 42.81×10^{-9}，反映 D_1l 岩体侵入，与金富集有关。

C 金次生异常的规模特征

从是否是单点异常来分析此次获得的金次生异常。64 个异常中有 34 个为单点异常（表8-10），而单线异常有 11 个（表8-10 中有连续两个以上测点出现异常含量的单一测线异常），走向上有一定规模（表8-10 中有两条以上相邻测线剖面上有异常含量）的仅 19 个（推测与测网 100m×40m 有关——点距及线距太大）。

D 浓集中心不小于 4×10^{-9} 的金次生异常的分布

图 8-46 中可见金含量不小于 4×10^{-9} 的是第二异常总体（图8-46 中 C 曲线），是测区金富集矿化的含量标志之一。金异常中不小于 4×10^{-9} 的异常有 16 个，分别为 Au-1、Au-2、Au-4、Au-8、Au-9、Au-11、Au-13、Au-18、Au-29、Au-32、Au-33、Au-42、Au-43、Au-45、Au-50、Au-56 等异常除受 D_1l 花岗岩体接触带控制影响的 Au-4、Au-11、Au-13 外，余下 13 个异常中 Au-1、Au-9、Au-18 等三个异常（浓集中心小于 8×10^{-9}）在 $(Z\text{-}O_2)sh^3$ 变安山岩中外，Au-2、Au-32、Au-42、Au-43、Au-45、Au-50、Au-56 等异常，是位于赋矿层 $(Z\text{-}O_2)sh^4$ 中，说明 $(Z\text{-}O_2)sh^4$ 对金的富集比 $(Z\text{-}O_2)sh^3$ 地层有利。

E 与其他指示元素组合的关系

从表 8-10 中最后一列显示可知，与银次生异常有关的金次生异常有 39 个，即反映金和银共富集关系。在这 39 个金次生异常中具有 Con、Hg、Ag、Zn 组合的有 8 个，即 Au-1、Au-8、Au-21、Au-25、Au-29、Au-32、Au-33、Au-34 号异常，而具有 Ag、Zn、Hg 组合异常，无 Con 异常的有 15 个（见表8-10 中有关内容），说明金的富集与反映硫化物存在的情形有关。

8.7.4.4 银元素次生晕异常的分布特征

据相邻已知金矿区矿体矿物组合特征可知，银在矿体中以银金矿形成独立矿物存在，银与金元素在成矿中关系密切，故对银元素次生异常分布特征侧重研究剖析。按表 8-6 所列银元素的局部异常下限值，圈定了银元素次生异常 42 个（图8-54），异常的特征列于表 8-11。

A 银次生异常的分布特征（图8-54）

从规模较大的银次生异常分布来看，有以 D_1l 花岗岩体侵入东端 Ag-10 号异常向北，以 Ag-10—Ag-19—Ag-17 号异常两侧为界，Ag-10 异常向东转北东方向，银异常南界或东界，以 Ag-10—Ag-20—Ag-27—Ag-28—Ag-32 为界，呈北东向扇状分布，反映银异常形成可能与 D_1l 花岗岩侵入作用有密切联系。

B 银异常与地层及构造部位关系

a 与地层关系

从图 8-54 中可知，银次生异常分布在 $(Z\text{-}O_2)sh^3$ 变安山岩中异常数目 15 个，即 Ag-1、Ag-3、Ag-5、Ag-10、Ag-12、Ag-13、Ag-14、Ag-15、Ag-18、Ag-19、Ag-20、Ag-21、Ag-25、Ag-26、Ag-40 号异常。分布于 $(Z\text{-}O_2)sh^4$ 赋矿层中异常数目 14 个，即 Ag-17、Ag-27、Ag-28、Ag-2、Ag-30、Ag-31、Ag-32、Ag-33、Ag-34、Ag-35、Ag-36、Ag-39、Ag-41、Ag-42 号异常，在 $(Z\text{-}O_2)sh^3$ 变安山岩层和 $(Z\text{-}O_2)sh^4$ 赋矿层中发现的异常个数接近。测区银异常规模最大的两个异常，Ag-19 号主要部分在 $(Z\text{-}O_2)sh^3$ 变安山岩中，Ag-17 号异常则在 $(Z\text{-}O_2)sh^4$ 赋矿层中，故对位于 $(Z\text{-}O_2)sh^3$ 变安山岩中银次生异常，结合与其他元素异常关系密切者，应予注重勘查。

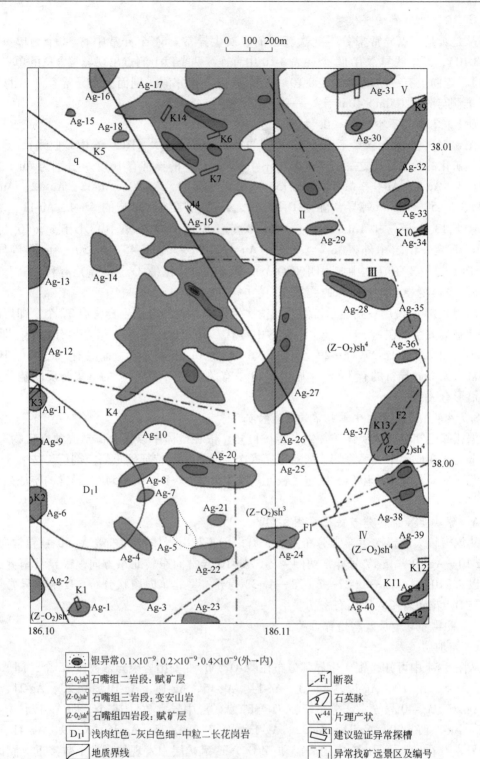

图 8-54　天水市麦积区包家沟金矿地化测区地质、银次生异常综合平面图

表 8-11　天水市麦积区包家沟金矿地化测区银次生晕异常特征

异常编号	测线号	异常最大值		剖面异常宽度		剖面线异常值	异常平面特征		异常部位地质、矿化特征	对应其他元素异常号关系点号
		点号	×10⁻⁶	起始点	宽度/m	平均值	走向	走向长/m		
Ag-1	16	44	0.134	44	40	0.134×10^{-6}			$(Z\text{-}O_2)sh^3$ 地层内	Con-1、Au-1、Hg-1、Zn-1、Pb-1、Cu-1
Ag-2	18	42	0.123	42~43	80	0.121×10^{-6}			$(Z\text{-}O_2)sh^3$ 内	Con-2
Ag-3	13	43	0.115	43	40	0.115×10^{-6}			$(Z\text{-}O_2)sh^3$ 地层内	Au-1、Zn-2、Cu-2
Ag-4	14	37	0.109	37~38	80	0.105×10^{-6}	NE	200	$D_1 l$ 花岗岩与 $(Z\text{-}O_2)sh^3$ 接触带	Au-3、Zn-3、Pb-3、Cu-3
	13	39	0.157	39	40	0.157×10^{-6}				
Ag-5	12	36	0.114	36~37	80	0.109×10^{-6}			$(Z\text{-}O_2)sh^3$ 地层内	Zn-4、Pb-4、Cu-5
Ag-6	18	35	0.167	35~37	120	0.126×10^{-6}			$D_1 l$ 内接触带	Au-4、Hg-3、Zn-5
Ag-7	13	35	0.125	35	40	0.125×10^{-6}			$D_1 l$ 花岗岩体与 $(Z\text{-}O_2)sh^3$ 接触带	Hg-13、Zn-2、Pb-6
Ag-8	14	34	0.109	34	40	0.109×10^{-6}	NE	200	$D_1 l$ 花岗岩与 $(Z\text{-}O_2)sh^3$ 接触带	Con-5、Au-7、Zn-1、Pb-6、Cu-4
	13	33	0.11	33	40	0.11×10^{-6}				
Ag-9	18	31	0.115	31	40	0.115×10^{-6}			$D_1 l$ 花岗岩体内	
Ag-10	14	30	0.148	29~31	120	0.140×10^{-6}	近EW	400	$D_1 l$ 花岗岩体东端（接触带向外）$(Z\text{-}O_2)sh^3$ 内	Con-22、28；Au-9；Hg-15、Zn-18；Pb-8、9；Cu-38
	13	29	0.123	28~29	80	0.112×10^{-6}				
	12	29	0.121	28~29	80	0.120×10^{-6}				
	11	29	0.16	29~30	80	0.147×10^{-6}				
	10	30	0.109	30	40	0.109×10^{-6}				
Ag-11	18	28	0.169	27~28	80	0.163×10^{-6}			$D_1 l$ 花岗岩与 $(Z\text{-}O_2)sh^3$ 接触带	Con-6、Au-13、Hg-6、Pb-11
Ag-12	18	22	0.203	22~25	120	0.141×10^{-6}	SN	160	$D_1 l$ 花岗岩体与 $(Z\text{-}O_2)sh^3$ 接触带内	Con-9、Au-14、Zn-8、Pb-12、Cu-10
	17	22	0.104	22	40	0.104×10^{-6}				
Ag-13	18	18	0.165	16~18	120	0.146×10^{-6}	SN	120	$(Z\text{-}O_2)sh^3$ 地层内	Con-10、12；Au-19；Hg-10、Zn-9；Pb-14；Cu-13
Ag-14	15	16	0.121	15~17	120	0.117×10^{-6}	NW	150	$(Z\text{-}O_2)sh^3$ 地层内	Au-21；Hg-9、11；Zn-11、12；Pb-15；Cu-11
	14	17	0.107	17	40	0.107×10^{-6}				
Ag-15	16	5	0.106	5	40	0.106×10^{-6}			粗大石英脉北侧的 $(Z\text{-}O_2)sh^3$ 地层内	Con-16、Au-25、Hg-12、Zn-14
Ag-16	15	3	0.154	1~3	120	0.131×10^{-6}	NE	150	$(Z\text{-}O_2)sh^4$ 与 $(Z\text{-}O_2)sh^3$ 接触界面上	Au-25、Zn-16
	14	1	0.104	1	40	0.104×10^{-6}				

异常编号	测线号	异常最大值		剖面异常宽度		剖面线异常值	异常平面特征		异常部位地质、矿化特征	对应其他元素异常号关系点号
		点号	×10⁻⁶	起始点	宽度/m	平均值	走向	走向长/m		
Ag-17	14	5	0.132	2	40	0.132×10^{-6}	主NW	约900	近$(Z-O_2)sh^4$ 与$(Z-O_2)sh^3$ 接触界面的 $(Z-O_2)sh^4$ 赋矿层内	Con-16、31、32、33、34、35、36、37、38、39、61、62；Au-29、30、31、32、33、38、39、40；Hg-21、22、26、27、28、29、30、34、35、36、37、38；Zn-12、15、19、20；Pb-20、21、22、23、27、28、29、30；Cu-20、21、22、23、24
	13	5	0.12	4~5	80	0.118×10^{-6}				
	12	7	0.223	4~8	200	0.142×10^{-6}				
	11	3	0.119	1~3	120	0.111×10^{-6}				
		5	0.291	5~9	200	0.174×10^{-6}				
		9	0.208							
		11	0.294	11~12	80	0.215×10^{-6}				
	10	2	0.126	2	40	0.126×10^{-6}				
		6	0.236	4~13	400	0.153×10^{-6}				
		8	0.202							
	9	6	0.185	1~6	240	0.134×10^{-6}				
		8	0.156	8~9	80	0.132×10^{-6}				
		11	0.114	11	40	0.114×10^{-6}				
	8	4	0.246	2~5	160	0.159×10^{-6}				
		7	0.106	7	40	0.106×10^{-6}				
	7	1	0.11	1		0.11×10^{-6}				
		6	0.187	5~10	240	0.141×10^{-6}				
		10	0.156							
	6	7	0.168	7~12	240	0.157×10^{-6}				
		11	0.277							
	5	9	0.155	8~11	160	0.129×10^{-6}				
Ag-18	14	7	0.115	7	40	0.115×10^{-6}			$(Z-O_2)sh^3$ 内	Con-16
Ag-19	14	13	0.1	13	40	0.1×10^{-6}	主SN若干NW向组成	SN>650 NW600	$(Z-O_2)sh^4$ 与$(Z-O_2)sh^3$ 接触界面的两侧，少部分位于$(Z-O_2)sh^4$ 内，大部分位于$(Z-O_2)sh^3$ 中，但向 $D_1 1$ 花岗岩体东端展布	Con-19、20、21、29、30；Au-10、15、16、17、20、21、34、35；Hg-16、17、18、19、23、24、25；Zn-12、19；Pb-9、15、16、23、32；Cu-7、9、11、12、19
		22	0.11	22~23	80	0.107×10^{-6}				
		25	0.119	25	40	0.119×10^{-6}				
		27	0.117	27	40	0.117×10^{-6}				
		14	0.134	11~14	160	0.118×10^{-6}				
		16	0.107	16	40	0.107×10^{-6}				
	13	18	0.175	18~26	360	0.151×10^{-6}				
		20	0.181							
		24	0.154							
		26	0.168							

续表 8-11

异常编号	测线号	异常最大值		剖面异常宽度		剖面线异常值	异常平面特征		异常部位地质、矿化特征	对应其他元素异常号关系点号
		点号	$\times10^{-6}$	起始点	宽度/m	平均值	走向	走向长/m		
Ag-19	12	15	0.173	13~15	120	0.163×10^{-6}	主SN若干NW向组成	SN>650 NW600	$(Z-O_2)sh^4$ 与 $(Z-O_2)sh^3$ 接触界面的两侧,少部分位于 $(Z-O_2)sh^4$ 内,大部分位于 $(Z-O_2)sh^3$ 中,但向 D_1l 花岗岩体东端展布	Con-19、20、21、29、30;Au-10、15、16、17、20、21、34、35;Hg-16、17、18、19、23、24、25;Zn-12、19;Pb-9、15、16、23、32;Cu-7、9、11、12、19
		17	0.126	17	40	0.126×10^{-6}				
		24	0.175	20~25	240	0.128×10^{-6}				
	11	15	0.134	15	40	0.134×10^{-6}				
		19	0.187	17~23	280	0.146×10^{-6}				
		22	0.187							
		25	0.29	25~27	120	0.215×10^{-6}				
	10	15	0.195	15~21	280	0.175×10^{-6}				
		19	0.163							
		21	0.34							
		24	0.11	24	40	0.11×10^{-6}				
		27	0.135	27~28	80	0.119×10^{-6}				
	9	17	0.132	17~18	80	0.116×10^{-6}				
		22	0.105	22	40	0.105×10^{-6}				
		24	0.111	24	40	0.111×10^{-6}				
Ag-20	12	32	0.153	32	40	0.153×10^{-6}	EW	400	D_1l 花岗岩与 $(Z-O_2)sh^3$ 接触带外带的 $(Z-O_2)sh^3$ 变安山岩中	Con-26、Au-8、Hg-20、Zn-17、25;Pb-7、Cu-6
	11	33	0.355	32~34	120	0.199×10^{-6}				
	10	33	0.129	33~34	80	0.116×10^{-6}				
	9	34	0.15	33~34	80	0.138×10^{-6}				
Ag-21	10	37	0.185	37	40	0.185×10^{-6}			$(Z-O_2)sh^3$ 中	Con-25
Ag-22	11	39	0.111	39	40	0.111×10^{-6}	EW	150	$(Z-O_2)sh^3$ 中近控矿断裂 F_1	Con-24、Pb-24
	10	39	0.124	39~40	80	0.115×10^{-6}				
Ag-23	11	45	0.115	45	40	0.115×10^{-6}	EW	150	$(Z-O_2)sh^3$ 中近控矿断裂 F_1	Con-23、Pb-25
	10	45	0.101	45	40	0.101×10^{-6}				
Ag-24	8	38	0.123	38	40	0.123×10^{-6}	EW	200	F_1 断裂上,$(Z-O_2)sh^3$ 中	Hg-47、Zn-28
	7	39	0.107	38~39	80	0.104×10^{-6}				
Ag-25	7	32	0.114	32	40	0.114×10^{-6}			$(Z-O_2)sh^3$ 中	Pb-32
Ag-26	7	29	0.13	29-30	80	0.123×10^{-6}			$(Z-O_2)sh^3$ 中,近 $(Z-O_2)sh^4$	Au-50、Hg-45、Zn-24、Pb-32
Ag-27	8	28	0.171	25~28	160	0.138×10^{-6}	NE近SN	450	$(Z-O_2)sh^4$ 与 $(Z-O_2)sh^3$ 接触界面上,主要位于 $(Z-O_2)sh^4$ 赋矿层中	Con-40、41、42;Au-47、50;Hg-39、41、43、44;Zn-21、22、23、24;Pb-31、32;Cu-35、36、37
	7	21	0.232	18~26	360	0.170×10^{-6}				
		23	0.205							

异常编号	测线号	异常最大值		剖面异常宽度		剖面线异常值	异常平面特征		异常部位地质、矿化特征	对应其他元素异常号关系点号
		点号	×10⁻⁶	起始点	宽度/m	平均值	走向	走向长/m		
Ag-28	5	18	0.262	18	40	0.262×10^{-6}	NW	300	$(Z-O_2)sh^4$ 层中	Con-41、58；Au-48；Hg-40、59；Zn-40、41；Pb-38；Cu-32
	4	19	0.291	19	40	0.291×10^{-6}				
	3	18	0.166	18~20	120	0.145×10^{-6}				
Ag-29	6	14	0.103	14	40	0.103×10^{-6}	EW	150	$(Z-O_2)sh^4$ 中	Zn-43、Pb-35
	5	14	0.154	14	40	0.154×10^{-6}				
Ag-30	4	6	0.219	5~6	80	0.187×10^{-6}			$(Z-O_2)sh^4$ 中	Con-64、Zn-48、Pb-30、Cu-28
Ag-31	5	3	0.131	2~3	80	0.119×10^{-6}	EW	300	$(Z-O_2)sh^4$ 中	Con-66；Au-42；Hg-32、54；Zn-48；Pb-33；Cu-25、26
	4	2	0.149	1~2	80	0.132×10^{-6}				
	3	2	0.123	2	40	0.123×10^{-6}				
Ag-32	3	10	0.17	8~10	120	0.133×10^{-6}	NE	350	$(Z-O_2)sh^4$ 层中	Con-63、65；Au-43；Hg-54、55、56；Zn-47；Pb-34；Cu-29
	2	7	0.142	5~9	200	0.124×10^{-6}				
	1	4	0.137	4~5	80	0.119×10^{-6}				
Ag-33	3	12	0.101	12	40	0.101×10^{-6}	NE	200	$(Z-O_2)sh^4$ 层中	Con-60、Hg-57、Zn-45、Pb-35
	2	11	0.27	11~12	80	0.197×10^{-6}				
Ag-34	1	13	0.658	13~14	80	0.432×10^{-6}			$(Z-O_2)sh^4$ 层中	Au-45、Zn-44、Pb-37、Cu-30
Ag-35	2	22	0.123	21~22	80	0.114×10^{-6}			$(Z-O_2)sh^4$ 层中	Con-57、Hg-60、Zn-41、Pb-39、Cu-33
Ag-36	2	24	0.116	24	40	0.116×10^{-6}			$(Z-O_2)sh^4$ 层中	Con-56、Hg-60、Zn-38、Pb-39
Ag-37	3	30	0.111	28~32	200	0.106×10^{-6}	NE	300	$(Z-O_2)sh^4$ 及 $(Z-O_2)sh^3$（断块）之间的控矿断裂 F_2 上	Con-53、56；Au-50；Hg-41、60；Zn-35、36、34；Pb-40、41；Cu-46
	2	26	0.173	26~31	240	0.144×10^{-6}				
		28	0.168							
Ag-38	3	34	0.104	34	40	0.104×10^{-6}	NW	250	$(Z-O_2)sh^3$（断块）与 $(Z-O_2)sh^4$ 之间的控矿断裂 F_1 上	Con-49、53；Au-51；Hg-61、62；Zn-32、34；Pb-42；Cu-42
	2	33	0.23	33~36	160	0.193×10^{-6}				
		35	0.224							
	1	36	0.128	36	40	0.128×10^{-6}				
Ag-39	2	39	0.102	39	40	0.102×10^{-6}			$(Z-O_2)sh^4$ 中	Con-49、Hg-62
Ag-40	4	43	0.12	43	40	0.12×10^{-6}			$(Z-O_2)sh^4$ 中	Con-46、Hg-50
Ag-41	2	43	0.208	43	40	0.208×10^{-6}	NE	200	$(Z-O_2)sh^4$ 层中	Au-56、Hg-63、Zn-31、Pb-45
	1	42	0.11	41~42	80	0.106×10^{-6}				
Ag-42	2	45	0.105	45	40	0.105×10^{-6}	NE	150	$(Z-O_2)sh^4$ 层中	Con-47、Au-56、Hg-64、Pb-46
	1	44	0.101	44	40	0.101×10^{-6}				

b 与已知控矿断裂的关系（图 8-54）

在测区已知控矿断裂 F_1、F_2 地段，断裂上或近断裂旁侧的银异常有 Ag-22、Ag-23、Ag-24、Ag-37、Ag-38 等五个异常，后两者的异常规模比较大。

从银与金异常关系来看，位于 F_1 断裂插入（$Z-O_2$）sh^3 变安山岩层中 Ag-22、Ag-23、Ag-24 等三个异常，均无金异常出现，而插入（$Z-O_2$）sh^3 与（$Z-O_2$）sh^4 地层的 F_1、F_2 断裂地段，F_2 中的 Ag-37 号异常及 F_1 中的 Ag-38 号异常，均有金异常出现（不重合），可能反映这两控矿断裂插入（$Z-O_2$）sh^3 变安山岩以东，即 F_1、F_2 两延交部位以东地段，金的矿化较好。

c 与 D_1l 花岗岩体的关系（图 8-54）

在测区出露的 D_1l 花岗岩体露头内，有 Ag-6、Ag-9 号两个异常，该岩体露头内、外接触带（围岩为（$Z-O_2$）sh^3）上有 Ag-4、Ag-7、Ag-8、Ag-10、Ag-11、Ag-12 号等异常，反映 D_1l 花岗岩体侵入作用对这些异常形成有空间密切关系。

C 银异常规模特征（表 8-11）

从异常规模特征来看，所圈定的 42 个异常中有 11 个异常为点异常，如位于（$Z-O_2$）sh^3 中的 Ag-18 号异常，仅 14 线 7 号点上出现 0.115×10^{-6} 的异常值。另有 9 个异常为单线异常，如出现在（$Z-O_2$）sh^3 赋矿层中 Ag-2 号异常，在 18 号剖面 42~43 点出现的异常，最高银含量值为 0.123×10^{-6}，平均为 0.121×10^{-6}。走向有一定规模的银异常有 22 个，其中规模最大的为 Ag-17、Ag-19 号两个异常（图 8-54）。

D 银异常强度特征（表 8-11）

从银异常中出现峰值大小看，含量在 0.2×10^{-6} 以上浓集中心的异常仅有 11 个，编号为 Ag-12、Ag-17、Ag-19、Ag-20、Ag-27、Ag-28、Ag-30、Ag-33、Ag-34、Ag-38、Ag-41。

E 银的次生异常与其他元素关系

从 42 个银的次生异常与其他元素关系来看。银异常中出现其他元素的（Ag-其他元素）为 Ag-Con28 个（即银异常出现电导率异常的表示，下同）、Ag-Hg26 个、Ag-Au24 个、Ag-Zn31 个、Ag-Pb31 个、Ag-Cu21 个，显示银与 Zn、Pb 关系更密切一些。

综合来看，银异常与金异常对应出现，与 Con、Hg、Zn 元素异常对应出现的只有 13 个，编号为 Ag-1、Ag-10、Ag-13、Ag-15、Ag-1、Ag-19、Ag-20、Ag-27、Ag-28、Ag-31、Ag-32、Ag-37、Ag-38 号（表 8-11）。

8.7.4.5 锌元素次生异常的分布特征

按表 8-6 所列的锌元素局部异常下限值，圈定了锌元素的次生异常 49 个（图 8-55），各异常的特征列于表 8-12 中。

A 锌次生异常的分布特征（图 8-55）

锌元素次生异常几乎分布在整个测区范围，但其分布与银元素次生异常展布特点相似，即在 D_1l 花岗岩侵入体东端的 Zn-18 号异常西侧，向北到 Zn-12 异常至 Zn-20 号异常西侧为界，以 D_1l 花岗岩侵入体东端内、外接触带上的 Zn-3 号异常至沿控矿断裂 F_1 一线为界，规模大且强度大的锌异常呈扇状分布（范围略比银异常分布范围宽些）。据此可推测锌异常形成与 D_1l 花岗岩体侵入活动有某种成因上的联系。

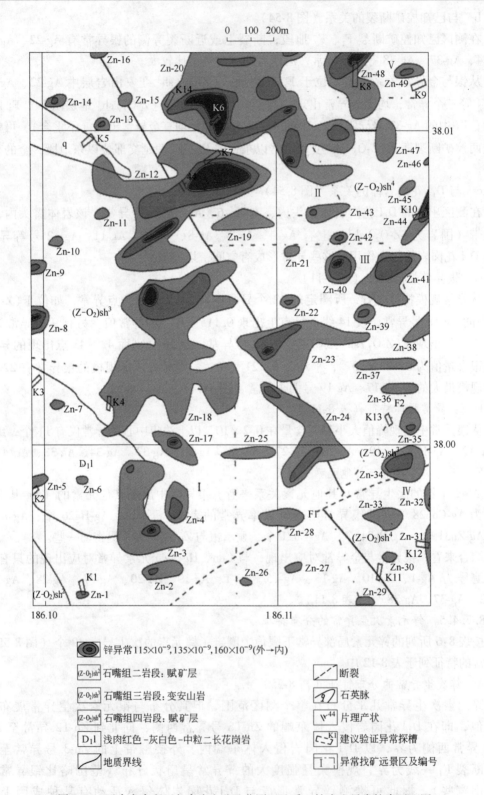

图 8-55　天水市麦积区包家沟金矿地化测区地质、锌次生异常综合平面图

表 8-12　天水市麦积区包家沟金矿地化测区锌次生晕异常特征

异常编号	测线号	异常最大值		剖面异常宽度		剖面线异常值	异常平面特征		异常部位地质、矿化特征	对应其他元素异常号关系点号
		点号	×10⁻⁶	起始点	宽度/m	平均值	走向	走向长/m		
Zn-1	16	44	115	44	40	115×10^{-6}			$(Z\text{-}O_2)sh^3$ 内	Hg-1、Au-1、Ag-1、Pb-1
Zn-2	13	42	137	42	40	137×10^{-6}			$(Z\text{-}O_2)sh^3$ 内	Hg-14、Au-1、Ag-3、Cu-1
	12	42	130	42	40	130×10^{-6}				
Zn-3	14	34	136	34~40	280	124×10^{-6}	主 SN 局部 EW	SN 280 EW 300	D_1l 花岗岩体与$(Z\text{-}O_2)sh^3$ 的内、外接触带	Con-3、5；Hg-1、13；Au-1、3；Ag-4、7、8；Pb-3、6；Cu-3、4
		36	126							
		39	125							
	13	35	131	35	40	131×10^{-6}				
		39	165	39~40	80	141×10^{-6}				
	12	40	118	40	40	118×10^{-6}				
Zn-4	12	37	141	36~38	120	138×10^{-6}			$(Z\text{-}O_2)sh^3$ 内	Ag-5、Pb-4、Cu-5
Zn-5	18	35	128	35	40	128×10^{-6}			D_1l 花岗岩体内	Hg-3、Au-4、Ag-6
Zn-6	16	35	117	35	40	117×10^{-6}			D_1l 花岗岩体内	Au-5、Pb-5
Zn-7	17	29	121	29	40	121×10^{-6}			D_1l 花岗岩体内	
Zn-8	18	22	174	22~23	80	156×10^{-6}			$(Z\text{-}O_2)sh^3$ 内	Con-9、Ag-12、Pb-12、Cu-10
Zn-9	18	18	137	18	40	137×10^{-6}			$(Z\text{-}O_2)sh^3$ 内	Con-10、Hg-10、Au-19、Ag-13、Cu-13
Zn-10	17	16	120	16	40	120×10^{-6}			$(Z\text{-}O_2)sh^3$ 内	Con-12、Hg-10、Ag-13、Pb-14
Zn-11	15	14	122	14	40	122×10^{-6}			$(Z\text{-}O_2)sh^3$ 内	Hg-11、Au-21、Ag-14
Zn-12	15	11	131	10~12	120	126×10^{-6}	EW 为主 局部 NE	EW 750 NE 700	粗大石英脉上及$(Z\text{-}O_2)sh^3$ 与$(Z\text{-}O_2)sh^4$ 的界面两侧	Con-19、20、31、32；Hg-11、18、19、26、27；Au-17、20、27、32、33；Ag-14、17、19；Pb-15、16、22、30；Cu-11、18、19
	14	12	119	12	40	119×10^{-6}				
		17	141	17~18	80	130×10^{-6}				
	13	14	197	12~18	280	127×10^{-6}				
		16	173							
	12	9	124	9~10	80	123×10^{-6}				
		15	174	12~15	160	142×10^{-6}				
		18	132	17~18	80	132×10^{-6}				
	11	11	562	9~13	200	247×10^{-6}				
	10	10	185	10~13	160	166×10^{-6}				
	9	11	254	10~12	120	173×10^{-6}				
	8	11	116	11	40	116×10^{-6}				

异常编号	测线号	异常最大值		剖面异常宽度		剖面线异常值	异常平面特征		异常部位地质、矿化特征	对应其他元素异常号关系点号
		点号	×10⁻⁶	起始点	宽度/m	平均值	走向	走向长/m		
Zn-13	15	7	136	7	40	136×10^{-6}			（Z-O₂）sh³ 内石英脉北	Con-16、Pb-19
Zn-14	17	5	139	5	40	139×10^{-6}			（Z-O₂）sh³ 内石英脉北	Con-16、Au-25、Pb-18
Zn-15	14	5	132	5	40	132×10^{-6}			（Z-O₂）sh³ 与（Z-O₂）sh⁴ 的界面	Con-16、Pb-20
Zn-16	15	1	134	1	40	134×10^{-6}			（Z-O₂）sh³ 与（Z-O₂）sh⁴ 的界面	Au-25、Ag-16
Zn-17	13	31	115	31	40	115×10^{-6}	NW	200	（Z-O₂）sh³ 内	Hg-20；Au-7、8；Ag-20；Pb-7；Cu-6
	12	32	165	32~33	80	143×10^{-6}				
	11	34	115	34	40	115×10^{-6}				
Zn-18	15	28	116	28	40	116×10^{-6}	EW 向组成 NE 向	NE 800 EW 600	D₁l 花岗岩与（Z-O₂）sh³ 接触的（Z-O₂）sh³ 地层中	Con-21、22、28、29；Hg-5、15、16、17、18、23、24；Au-9、10、11、16、17、34；Ag-10、19；Pb-9、10；Cu-7、9、11、12、38
		31	121	31	40	121×10^{-6}				
	14	21	123	21	40	123×10^{-6}				
		27	186	25~30	240	143×10^{-6}				
	13	20	224	20~23	160	168×10^{-6}				
		27	157	25~28	160	139×10^{-6}				
	12	21	142	20~30	440	137×10^{-6}				
		29	166							
	11	20	141	19~22	160	133×10^{-6}				
		25	128	25	40	128×10^{-6}				
		27	119	27	40	119×10^{-6}				
	10	19	129	18~19	80	123×10^{-6}				
		21	130	21	40	130×10^{-6}				
		28	133	26~29	160	127×10^{-6}				
Zn-19	10	15	124	15	40	124×10^{-6}	EW	250	（Z-O₂）sh⁴ 内	Con-30；Hg-25、37；Ag-17、19；Pb-23
	9	14	132	14~15	80	127×10^{-6}				
	8	15	121	15	40	121×10^{-6}				

异常编号	测线号	异常最大值		剖面异常宽度		剖面线异常值	异常平面特征		异常部位地质、矿化特征	对应其他元素异常号关系点号
		点号	×10⁻⁶	起始点	宽度/m	平均值	走向	走向长/m		
Zn-20	12	6	143	5~6	80	134×10^{-6}	EW 为主 偏向 NW	NW 800 EW 800	$(Z\text{-}O_2)sh^4$ 内	Con-33、34、35、36；Hg-21、22、27、28、29、30、33、34、35、36、38；Au-29、30、31、32、39、40、41、17；Pb-21、27、28、29、30；Cu-20、22、23、24
	11	5	435	1~7	280	167×10^{-6}				
	10	2	135	2~8	280	169×10^{-6}				
		5	313							
	9	2	144	2~5	160	120×10^{-6}				
		8	153	7~8	80	141×10^{-6}				
	8	4	157	2~5	160	137×10^{-6}				
		7	149	7	40	149×10^{-6}				
	7	1	146	1	40	146×10^{-6}				
		6	161	5~10	240	145×10^{-6}				
		10	186							
	6	8	129	8	40	129×10^{-6}				
		11	133	11	40	133×10^{-6}				
	5	9	170	7~9	120	151×10^{-6}				
		11	121	11	40	121×10^{-6}				
Zn-21	7	17	117	17	40	117×10^{-6}			$(Z\text{-}O_2)sh^4$ 内	Con-40、Hg-39、Hg-27
Zn-22	7	21	138	21	40	138×10^{-6}			$(Z\text{-}O_2)sh^4$ 内	Con-41、Hg-41、Au-47、Ag-27、Pb-31、Cu-35
Zn-23	9	24	129	24	40	129×10^{-6}	EW	550	$(Z\text{-}O_2)sh^3$ 与 $(Z\text{-}O_2)sh^4$ 的接触面两侧	Con-41；Hg-41、42、43、52；Au-50；Ag-19、27；Pb-32；Cu-30、35
	8	25	167	24~26	120	144×10^{-6}				
	7	23	149	23~27	200	130×10^{-6}				
		26	132							
	6	23	123	23~24	80	120×10^{-6}				
	5	24	118	24	40	118×10^{-6}				
	4	24	117	24	40	117×10^{-6}				
Zn-24	8	28	158	28	40	158×10^{-6}	NW 和 NE	NW 450 NE 250	$(Z\text{-}O_2)sh^3$ 与 $(Z\text{-}O_2)sh^4$ 的接触界面两侧，主体在 $(Z\text{-}O_2)sh^3$ 内	Con-42、50、52；Hg-44、45、51；Au-50；Ag-26、27；Pb-32；Cu-37、41
	7	30	131	29~30	80	128×10^{-6}				
		35	138	34~35	80	136×10^{-6}				
	6	33	138	30~33	160	127×10^{-6}				
	5	33	121	33	40	121×10^{-6}				
Zn-25	10	33	115	33	40	115×10^{-6}	EW	250	$(Z\text{-}O_2)sh^3$ 内	Con-26、Hg-20、Ag-20
	9	33	121	33	40	121×10^{-6}				
	8	33	127	33	40	127×10^{-6}				

续表 8-12

异常编号	测线号	异常最大值		剖面异常宽度		剖面线异常值	异常平面特征		异常部位地质、矿化特征	对应其他元素异常号关系点号
		点号	×10⁻⁶	起始点	宽度/m	平均值	走向	走向长/m		
Zn-26	9	43	116	43	40	116×10^{-6}			$(Z\text{-}O_2)sh^3$ 内	Pb-26
Zn-27	7	42	122	42	40	122×10^{-6}			$(Z\text{-}O_2)sh^3$ 内	Hg-48
Zn-28	8	38	133	38	40	133×10^{-6}	EW	200	F_1 断裂插入的 $(Z\text{-}O_2)sh^3$ 内	Hg-47、Ag-24
	7	38	122	38	40	122×10^{-6}				
Zn-29	4	45	124	45	40	124×10^{-6}			$(Z\text{-}O_2)sh^3$ 内	
Zn-30	3	41	121	41	40	121×10^{-6}			$(Z\text{-}O_2)sh^3$ 内	Hg-62、Au-56
Zn-31	1	42	131	39 ~ 42	160	125×10^{-6}			$(Z\text{-}O_2)sh^3$ 内	Au-56、Ag-41、Pb-45
Zn-32	1	37	136	36 ~ 37	80	134×10^{-6}			$(Z\text{-}O_2)sh^3$ 内	Con-49、Au-53、Ag-38、Pb-42
Zn-33	4	38	115	38	40	115×10^{-6}	EW	150	$(Z\text{-}O_2)sh^3$ 内	Con-48、Hg-62、Au-54、Pb-43、Cu-44
	3	38	133	38 ~ 39	80	125×10^{-6}				
Zn-34	3	34	136	34	40	136×10^{-6}	EW	200	控矿断裂 F_1 两侧,主要在 $(Z\text{-}O_2)sh^3$ 内	Con-49、Hg-62、Au-51、Ag-38、Pb-42、Cu-42
	2	34	148	33 ~ 35	120	137×10^{-6}				
Zn-35	2	31	157	30 ~ 31	80	144×10^{-6}			$(Z\text{-}O_2)sh^3$ 内	Con-53、Hg-41、Ag-37、Pb-41、Cu-40
Zn-36	3	28	116	28	40	116×10^{-6}	EW	150	控矿断裂 F_2 两侧 $(Z\text{-}O_2)sh^3$ 和 $(Z\text{-}O_2)sh^4$ 内	Hg-60、Ag-37、Pb-40、Cu-40
	2	28	122	28	40	122×10^{-6}				
Zn-37	4	26	122	26	40	122×10^{-6}	EW	250	$(Z\text{-}O_2)sh^4$ 内	Con-56、Hg-60、Au-50、Ag-37、Pb-40
	3	26	124	26	40	124×10^{-6}				
	2	26	124	26	40	124×10^{-6}				
Zn-38	2	24	119	23 ~ 24	80	116×10^{-6}	NE	150	$(Z\text{-}O_2)sh^4$ 内	Con-56、Hg-60、Ag-36、Pb-39、Cu-34
	1	23	126	22 ~ 23	80	123×10^{-6}				
Zn-39	4	22	150	22	40	150×10^{-6}			$(Z\text{-}O_2)sh^4$ 内	Hg-53;Au-48;Ag-28、35;Pb-38;Cu-34
Zn-40	5	18	187	18 ~ 19	80	166×10^{-6}			$(Z\text{-}O_2)sh^4$ 内	Con-41、Hg-40、Ag-28、Pb-38
Zn-41	4	20	119	20	40	119×10^{-6}	NE	300	$(Z\text{-}O_2)sh^4$ 内	Con-58;Hg-58、59;Au-48;Ag-28、35;Pb-38、39;Cu-32、33
	3	19	145	18 ~ 21	160	133×10^{-6}				
	2	18	153	18	40	153×10^{-6}				
		21	119	21	40	115×10^{-6}				

异常编号	测线号	异常最大值		剖面异常宽度		剖面线异常值	异常平面特征		异常部位地质、矿化特征	对应其他元素异常号关系点号
		点号	×10^{-6}	起始点	宽度/m	平均值	走向	走向长/m		
Zn-42	5	16	139	16	40	139×10^{-6}			(Z-O$_2$)sh^4 内	
Zn-43	6	14	135	14	40	135×10^{-6}	NE	200	(Z-O$_2$)sh^4 内	Hg-37、Ag-29、Pb-35
	5	14	127	14	40	127×10^{-6}				
Zn-44	2	16	125	16	40	125×10^{-6}	EW	170	(Z-O$_2$)sh^4 内	Con-59、60；Hg-58；Au-45；Ag-34；Pb-37；Cu-30
	1	13	282	13~14	80	233×10^{-6}				
Zn-45	2	12	131	12	40	131×10^{-6}			(Z-O$_2$)sh^4 内	Con-60、Hg-57、Ag-33、Pb-35
Zn-46	1	10	116	10	40	116×10^{-6}			(Z-O$_2$)sh^4 内	Pb-35
Zn-47	3	9	125	7~10	160	119×10^{-6}	SN	125	(Z-O$_2$)sh^4 内	Hg-56、Ag-32、Pb-34、Cu-29
Zn-48	5	3	148	1~4	160	133×10^{-6}	NE 与 NW 交叉	NE 170 NW 280	(Z-O$_2$)sh^4 内	Con-64、66；Hg-31、32、54；Au-42；Ag-30、31；Pb-30、33；Cu-25、26、28
	4	2	777	1~2	80	554×10^{-6}				
		6	180	4~6	120	147×10^{-6}				
Zn-49	2	3	141	3	40	141×10^{-6}			(Z-O$_2$)sh^4 内	Hg-54、Au-43、Pb-30

B 锌异常与地层、构造的关系

a 与地层的关系

从表8-12与图8-55可见，分布于(Z-O$_2$)sh^3 变安山岩地层中的锌异常有18个（包括 Zn-12 号异常），而分布于(Z-O$_2$)sh^3 赋矿层中锌异常有21个（包括 Zn-12 异常一部分），数目与规模大致相当，沿北西向的(Z-O$_2$)sh^3 与(Z-O$_2$)sh^4 接触界面，从北向南依次分布 Zn-16、Zn-15、Zn-12、Zn-23、Zn-24 等五个异常，说明锌异常形成不受地层岩性控制。

b 与已知控矿断裂的关系（图8-55）

在测区已知控矿断裂 F$_1$、F$_2$ 地段，断裂上分布形成有 Zn-28、Zn-34、Zn-36 号异常，从表8-12可见，与 F$_1$ 有关的是 Zn-28、Zn-34 号异常，与 F$_2$ 有关的是 Zn-36 号异常。Zn-28 号异常是断裂插入(Z-O$_2$)sh^3 单一地层中，从锌异常与其他元素异常组合关系看，在 F$_1$ 与 F$_2$ 交叉部位以西的 Zn-28 号异常，元素组合关系仅有 Zn、Hg、Ag 元素异常组合，而 Zn-36 号异常有 Zn、Ag、Hg、Pb、Cu 元素组合，Zn-34 号异常有 Con、Hg、Au、Ag、Pb、Cu、Zn 元素异常组合，反映在 F$_1$ 与 F$_2$ 控矿断裂交汇处以东，锌元素异常元素组合比交汇处以西的锌元素异常组合复杂（即硫化矿化或金矿化在交汇处以东稍强）。

c　与 D_1l 花岗岩体的关系（图 8-55）

从 D_1l 花岗岩体东端内、外接触带形成的有一定规模的 Zn-3 号异常及 D_1l 岩体内有 Zn-5、Zn-6、Zn-7 号异常存在的情况和上述锌异常展布的扇状特征看，锌元素形成与该花岗岩体侵入作用有密切关系。

C　锌异常规模特征（表 8-12）

在单个测点上形成的锌的点异常有 22 个（编号见表 8-12，下同）。列入 Zn-1 号异常，仅在 16 号测线 44 号测点上出现 115×10^{-6} 的含量。

在单一测线上有两个或两个以上测点的异常有 7 个，编号为 Zn-4、Zn-8、Zn-31、Zn-32、Zn-35、Zn-40、Zn-47 号。

有一定规模（即有一定走向规模）的异常有 22 个（表 8-12）。例如 Zn-18 号异常，在 10、11、12、13、14、15 号测线均有锌异常含量出现，有呈 EW 向转 NE 向走向，NE 向规模达 800m，EW 规模达 600m。

D　锌异常强度特征（表 8-12）

锌异常中出现含量强度大于 200×10^{-6} 的浓集中心（峰值）的只有 Zn-12、Zn-20、Zn-44、Zn-48 号等 4 个异常，反映本测区锌元素形成异常的强度不大，呈弱含量的居多。

E　锌元素异常与其他元素的关系（表 8-12）

从锌元素异常中出现其他元素异常关系看，Zn-Con（锌与电导率异常有关，下同）25 个、Zn-Hg34 个、Zn-Au27 个、Zn-Ag36 个、Zn-Pb35 个、Zn-Cu22 个，说明 Zn 与 Ag、Pb、Hg 元素关系较密切。

8.7.4.6　铅元素次生异常的分布特征

按所列铅元素局部异常下限值，圈定了铅元素的次生异常共 46 个，编号为 Pb-1、Pb-2、…、Pb-46（图 8-56），异常的特征列于表 8-13 中。

A　铅次生异常的分布特征

从图 8-56 可见，铅次生异常分布以 D_1l 花岗岩体出露地段向 NE 方向，呈规模，有强度，出现异常，"密度"有逐渐增大、增强的趋向，与 Zn、Ag 次生异常相对 D_1l 花岗岩东端向 NE 呈扇形分布的特点相似，唯范围相对窄一些，有 D_1l 花岗岩内侧接触带再向外断续出现异常的特点，推测铅异常的形成与花岗岩侵入作用有关。

B　与地层及构造的关系

a　与地层的关系

从表 8-13 和图 8-56 可见，在（$Z-O_2$）sh^4 赋矿层中出现铅次生异常 20 个，在（$Z-O_2$）sh^3 变安山岩层中有 19 个，而在（$Z-O_2$）sh^4 与（$Z-O_2$）sh^3 明显接触线上亦有铅次生异常（Pb-20、Pb-32），地层对铅元素形成关系不大，在赋矿层（$Z-O_2$）sh^4 中的次生异常。

b　与已知控矿构造的关系（图 8-56）

在从花石山矿区西延至测区的 F_1 及 F_2 控矿断裂地段，该两断裂交叉处以东，F_2 断裂上有 Pb-40 号异常，F_1 断裂上有 Pb-42 号异常。在两断裂交叉处以西地段，断裂 F_1 没有出现铅异常现象，与前述多种元素异常一样。该两断裂在本测区交汇处以东是断裂硫化物矿化较好地段（F_1 长 400 多米，F_2 长 600m）。

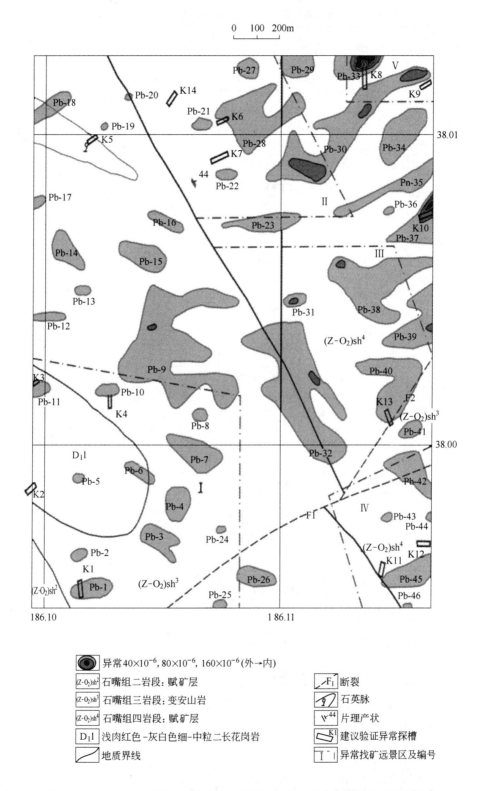

图 8-56　天水市麦积区包家沟金矿地化测区地质、铅次生异常综合平面图

表 8-13　天水市麦积区包家沟金矿地化测区铅次生晕异常特征

异常编号	测线号	异常最大值		剖面异常宽度		剖面线异常值	异常平面特征		异常部位地质、矿化特征	对应其他元素异常号关系点号
		点号	×10⁻⁶	起始点	宽度/m	平均值	走向	走向长/m		
Pb-1	16	44	83.8	44	40	83.8×10^{-6}	EW	200	$(Z\text{-}O_2)sh^3$ 中	Con-1、Hg-1、Au-1、Ag-1、Zn-1、Cu-1
	15	43	49.1	43~44	80	45.7×10^{-6}				
Pb-2	16	41	42.8	41	40	42.8×10^{-6}			$(Z\text{-}O_2)sh^3$ 中	Hg-1、Au-2
Pb-3	13	39	582	39~40	80	50.4×10^{-6}	NW	150	$(Z\text{-}O_2)sh^3$ 中	Hg-14、Au-4、Zn-3、Cu-3
	12	40	45	40	40	45×10^{-6}				
		42	47	42	40	47×10^{-6}				
Pb-4	12	38	51.2	36~38	120	50.3×10^{-6}			$(Z\text{-}O_2)sh^3$ 中	Ag-5、Zn-4、Cu-5
Pb-5	16	35	45.2	35	40	45.2×10^{-6}			$D_1 l$ 花岗岩体内	Au-5、Zn-6
Pb-6	14	34	41.2	34	40	41.2×10^{-6}	NW	150	$D_1 l$ 花岗岩体与($Z\text{-}O_2$)sh^3 内外接触带	Con-5；Hg-13；Ag-7、8；Zn-3；Cu-4
	13	35	43.5	35	40	43.5×10^{-6}				
Pb-7	12	32	53.5	32	40	53.5×10^{-6}	NW	250	$(Z\text{-}O_2)sh^3$ 中	Con-26、Hg-20、Au-8、Ag-20、Zn-17、Cu-6
	11	33	75.5	32~34	120	64.2×10^{-6}				
	10	33	40.3	33	40	40.3×10^{-6}				
Pb-8	11	30	53.1	30	40	53.1×10^{-6}			$(Z\text{-}O_2)sh^3$ 中	Ag-10
Pb-9	14	26	46.1	25~27	120	44.4×10^{-6}	几条EW组成NE向	EW500 NE500	$(Z\text{-}O_2)sh^3$ 中	Con-21、22、28；Hg-15、16、17、23；Au-9、10、15、16、17、34；Ag-19；Zn-18；Cu-7、9、11、12、38
	13	23	80.3	20~24	200	54.4×10^{-6}				
		26	55	26~27	80	49.3×10^{-6}				
	12	21	47.3	21~22	80	47.1×10^{-6}				
		24	60	24~25	80	53.1×10^{-6}				
		29	49.7	27~29	120	44.5×10^{-6}				
	11	21	49.3	20~21	80	45.5×10^{-6}				
		25	64.8	25	40	64.8×10^{-6}				
		27	43.8	27	40	43.8×10^{-6}				
	10	21	52.5	21	40	52.5×10^{-6}				
		29	52.5	27~29	120	49.3×10^{-6}				
Pb-10	15	28	54.9	28	40	54.9×10^{-6}			$(Z\text{-}O_2)sh^3$ 中	Hg-5、Au-11、Zn-18、Cu-7
Pb-11	18	28	497	27~28	80	45.2×10^{-6}			$D_1 l$ 花岗岩体内	Con-6、Hg-6、Au-13、Ag-11
Pb-12	18	22	40.3	22	40	40.3×10^{-6}	EW	150	$(Z\text{-}O_2)sh^3$ 中	Con-9、Ag-12、Zn-8、Cu-10
	17	22	41.2	22	40	41.2×10^{-6}				

异常编号	测线号	异常最大值		剖面异常宽度		剖面线异常值	异常平面特征		异常部位地质、矿化特征	对应其他元素异常号关系点号
		点号	×10⁻⁶	起始点	宽度/m	平均值	走向	走向长/m		
Pb-13	16	20	53.5	20	40	$53.5×10^{-6}$			$(Z\text{-}O_2)sh^3$ 中	Hg-8、Au-18
Pb-14	17	17	50.1	15~17	120	$46.4×10^{-6}$	NW	150	$(Z\text{-}O_2)sh^3$ 中	Con-12、Hg-10、Ag-13、Zn-10
	16	18	43.2	18	40	$43.2×10^{-6}$				
Pb-15	14	17	60.9	17	40	$60.9×10^{-6}$	NW	200	$(Z\text{-}O_2)sh^3$ 中	Hg-18；Au-17、20；Ag-14、17；Zn-12
	13	18	50.6	17~18	80	$46.5×10^{-6}$				
Pb-16	13	14	44.9	14	40	$44.9×10^{-6}$	NW	150	$(Z\text{-}O_2)sh^3$ 中	Hg-19、Au-19、Zn-12、Cu-19
	12	15	48	15	40	$48×10^{-6}$				
Pb-17	18	13	47.9	13	40	$47.9×10^{-6}$			$(Z\text{-}O_2)sh^3$ 中	Cu-14
Pb-18	18	6	45.6	6	40	$45.6×10^{-6}$	NE	200	粗大石英脉及$(Z\text{-}O_2)sh^3$ 中	Con-16、Au-25、Zn-14
	17	5	51.2	5	40	$51.2×10^{-6}$				
Pb-19	15	7	40.6	7	40	$40.6×10^{-6}$			$(Z\text{-}O_2)sh^3$ 中	Con-16、Zn-13
Pb-20	14	5	43.4	5	40	$43.4×10^{-6}$			$(Z\text{-}O_2)sh^3$ 与$(Z\text{-}O_2)sh^4$ 接触处	Con-16、Ag-17、Zn-15
Pb-21	11	7	56.7	7	40	$56.7×10^{-6}$			$(Z\text{-}O_2)sh^4$ 中	Ag-17、Zn-20、Cu-20
Pb-22	10	11	48.8	11	40	$48.8×10^{-6}$			$(Z\text{-}O_2)sh^4$ 中	Au-33、Ag-17、Zn-12、Cu-19
Pb-23	10	15	40.4	15	40	$40.4×10^{-6}$	EW	350	$(Z\text{-}O_2)sh^4$ 中	Con-29、30；Hg-25、37；Ag-17、19；Zn-19
	9	14	44.9	14~15	80	$42.7×10^{-6}$				
	8	15	47.7	14~15	80	$43.9×10^{-6}$				
	7	14	40.7	14	40	$40.7×10^{-6}$				
Pb-24	10	39	41.9	39	40	$41.9×10^{-6}$			$(Z\text{-}O_2)sh^3$ 中	Ag-22
Pb-25	10	45	40	45	40	$40×10^{-6}$			$(Z\text{-}O_2)sh^3$ 中	Con-23、Ag-23
Pb-26	9	42	41.7	42~43	80	$41.6×10^{-6}$	EW	200	$(Z\text{-}O_2)sh^3$ 中	Con-44、Au-36、Zn-26
	8	43	42.5	43	40	$42.5×10^{-6}$				
Pb-27	9	2	47.9	2~3	80	$47.2×10^{-6}$			$(Z\text{-}O_2)sh^4$ 中	Ag-17、Zn-20、Cu-20
Pb-28	10	6	64.3	9	40	$64.3×10^{-6}$	NE	300	$(Z\text{-}O_2)sh^4$ 中	Con-33、34、36；Hg-27、28；Au-31、32、40；Ag-17；Zn-20；Cu-20
	9	5	49.9	5~9	200	$50.8×10^{-6}$				
		8	63.8							
	8	4	45	4	40	$45×10^{-6}$				
		7	527	7	40	$52.7×10^{-6}$				
	7	6	74	5~6	80	$58.5×10^{-6}$				

异常编号	测线号	异常最大值		剖面异常宽度		剖面线异常值	异常平面特征		异常部位地质、矿化特征	对应其他元素异常号关系点号
		点号	×10^{-6}	起始点	宽度/m	平均值	走向	走向长/m		
Pb-29	7	1	56	1~3	120	48.3×10^{-6}			(Z-O$_2$)sh^4 中	Con-36、Hg-28、Ag-17、Zn-20
Pb-30	8	11	43.4	11	40	43.4×10^{-6}	NE	750	(Z-O$_2$)sh^4 中	Con-37、62、64；Hg-33、34、35、36、54、55；Au-39、40、41、43；Ag-17、30；Zn-20、48、49；Cu-22、23、24、28
	7	10	94.2	8~11	160	60.4×10^{-6}				
	6	7	44.9	7	40	44.9×10^{-6}				
		11	158.3	10~11	80	104.3×10^{-6}				
	5	9	51.5	7~9	120	48.8×10^{-6}				
	4	6	90	4~6	120	60.4×10^{-6}				
	3	4	43.2	4	40	43.2×10^{-6}				
	2	3	133.3	3	40	133.3×10^{-6}				
Pb-31	7	21	84.7	21	40	84.7×10^{-6}			(Z-O$_2$)sh^4 中	Con-41、Hg-41、Au-47、Ag-27、Zn-22
Pb-32	9	24	51.8	24	40	51.8×10^{-6}	NW	600	(Z-O$_2$)sh^3 与(Z-O$_2$)sh^4 接触带上，主要部分位于(Z-O$_2$)sh^4 中	Con-41、42、52、54；Hg-41、42、43、44、45、51；Au-50；Ag-26、27；Zn-23、24；Cu-35、36、37、39、41
	8	24	51.2	23~25	120	49×10^{-6}				
		28	55	28	40	55×10^{-6}				
	7	23	52.1	23~30	320	51.9×10^{-6}				
		30	66.2							
	6	27	127.8	27	40	127.8×10^{-6}				
		33	56.7	31~33	120	47.7×10^{-6}				
	5	30	41.5	29~30	80	41.1×10^{-6}				
		33	51.8	32~33	80	48.7×10^{-6}				
Pb-33	5	1	43.9	1~3	120	43.5×10^{-6}	EW	200	(Z-O$_2$)sh^4 中	Con-66；Hg-31、32、54；Au-42；Ag-31；Zn-48；Cu-25、26
	4	2	318.7	1~2	80	286.9×10^{-6}				
Pb-34	3	9	76.5	7~10	160	54.6×10^{-6}	NE	250	(Z-O$_2$)sh^4 中	Con-63、65；Hg-55、56；Au-32；Zn-47
	2	7	44.4	6~8	120	41.9×10^{-6}				
Pb-35	5	14	64.6	14	40	64.6×10^{-6}	NE	450	(Z-O$_2$)sh^4 中	Con-60；Hg-38、57；Au-44；Ag-29、33；Zn-43、45、46
	4	13	41.8	13	40	41.8×10^{-6}				
	3	12	40.5	12	40	40.5×10^{-6}				
	2	12	71.8	11~12	80	57.3×10^{-6}				
	1	10	44.2	10	40	44.2×10^{-6}				
Pb-36	3	14	48.7	14	40	48.7×10^{-6}			(Z-O$_2$)sh^4 中	Hg-58

异常编号	测线号	异常最大值		剖面异常宽度		剖面线异常值	异常平面特征		异常部位地质、矿化特征	对应其他元素异常号关系点号
		点号	×10⁻⁶	起始点	宽度/m	平均值	走向	走向长/m		
Pb-37	3	16	43	16	40	43×10^{-6}	NE	250	$(Z\text{-}O_2)sh^4$ 中	Con-59、60；Hg-58；Au-45、46；Ag-34；Zn-44；Cu-30、31
	2	15	57.4	15~16	80	53.4×10^{-6}				
	1	13	717.3	13~16	160	237.8×10^{-6}				
Pb-38	5	18	89.4	18~19	80	73.8×10^{-6}	EW	450	$(Z\text{-}O_2)sh^4$ 中	Con-41、58；Hg-40、53、58、59；Au-47、48；Ag-28；Zn-39、40、41；Cu-32、33
	4	19	72.8	19~22	160	53.3×10^{-6}				
	3	18	64.4	18~20	120	57×10^{-6}				
		22	59.5	22	40	59.5×10^{-6}				
	2	18	47.6	18	40	47.6×10^{-6}				
	1	18	45	18	40	45×10^{-6}				
Pb-39	3	24	47.7	24	40	47.7×10^{-6}	NE	300	$(Z\text{-}O_2)sh^4$ 中	Con-56、57；Hg-60；Ag-35、36；Zn-38；Cu-33、34
	2	21	45	21	40	45×10^{-6}				
		24	67.5	23~24	80	55.8×10^{-6}				
	1	20	54.7	20~22	120	50.9×10^{-6}				
		24	48.1	24	40	48.1×10^{-6}				
Pb-40	4	26	50	26	40	50×10^{-6}	EW 及 NE	NE 250 EW 250	花石山控矿断裂 F_2 西延入 $(Z\text{-}O_2)sh^4$ 中	Con-53、56；Hg-60；Au-50；Ag-57；Zn-36、37；Cu-40
	3	26	50.4	26	40	50.4×10^{-6}				
		30	80.7	28~30	120	69.9×10^{-6}				
	2	26	57	26~28	120	48.6×10^{-6}				
Pb-41	2	31	71.1	31	40	717×10^{-6}			$(Z\text{-}O_2)sh^3$ 中	Hg-40、Ag-37、Zn-35、Cu-40
Pb-42	3	34	49.1	34	40	49.1×10^{-6}	NE	250	花石山控矿断裂 F_2 西延入 $(Z\text{-}O_2)sh^4$ 中	Con-49；Hg-62；Au-51、53；Ag-38；Zn-32、34；Cu-42
	2	34	63.5	33~35	120	51.9×10^{-6}				
	1	36	44.8	36	40	44.8×10^{-6}				
Pb-43	3	38	48.1	38	40	48.1×10^{-6}			$(Z\text{-}O_2)sh^4$ 中	Au-54、Zn-33、Cu-44
Pb-44	1	38	47	38	40	47×10^{-6}			$(Z\text{-}O_2)sh^4$ 中	Con-49、Au-53、Zn-32
Pb-45	3	43	42	43	40	42×10^{-6}	NE	250	$(Z\text{-}O_2)sh^4$ 中	Hg-63、Au-56、Ag-41、Zn-31
	2	43	51.6	42~43	80	45.9×10^{-6}				
	1	42	50	41~42	80	50×10^{-6}				
Pb-46	2	45	423	45	40	42.3×10^{-6}			$(Z\text{-}O_2)sh^4$ 中	Con-47、Hg-64、Au-56、Ag-22

C　铅次生异常的规模特征（表 8-13）

只在单一测点有异常含量的点异常有 18 个（编号见表 8-13）。只在测线上有两个或两个以上测点出现异常含量的异常有 Pb-4、Pb-11、Pb-29 号等 3 个。剩下 15 个异常为在走向上有一定规模，如 Pb-9、Pb-30、Pb-32 号异常即是；在走向上有一定规模的异常中，Pb-12、Pb-18、Pb-33、Pb-36、Pb-37、Pb-38、Pb-39、Pb-42、Pb-45 号等 9 个异常在测区范围内显示均未追索完整（图 8-56）。

D　铅次生异常强度（峰值）特点（表 8-13）

在 46 个铅异常中，出现 80×10^{-6} 以上含量峰值的异常仅有 9 个，分别为 Pb-1、Pb-9、Pb-30、Pb-31、Pb-32、Pb-33、Pb-37、Pb-38、Pb-40 号。表 8-13 中后 7 个异常出现于 $(Z-O_2) sh^4$ 地层内，跨测线 1、2、3 号线，呈 NE 走向。异常浓集中心（峰值）位于 1 线 13 号点上，峰值 717.3×10^{-6}，异常在该 1 号线上的平均值为 237.8×10^{-6}。其规模向东未追索完全，又如 Pb-40 号异常，浓集中心出现在 3 号线 30 号点上，含量为 80.7×10^{-6}，在 $(Z-O_2) sh^4$ 地层上与 F_2 断裂部位吻合，异常分布多数小于 80×10^{-6}，即最低异常下限值的 2 倍值。可见，铅次生异常反映铅与元素在测区内聚集成富集体作用较弱。

E　铅元素异常与其他元素异常的关系

a　铅元素异常与金次生异常空间关系

对比图 8-53 和图 8-56 可知，在金的高背景地段形成的一定强度（浓集中心）和规模的金异常周围，有铅次生异常环绕。如 Au-32 号异常地段，周围有 Pb-21、Pb-22、Pb-23、Pb-30（西部）、Pb-28 号异常；又如 Au-50 号异常地段有 Pb-31、Pb-32、Pb-38（西部）、Pb-40 号异常环绕。这是在赋矿层 $(Z-O_2) sh^4$ 出现的现象，在 $(Z-O_2) sh^3$ 变安山岩层中未发现此现象，铅与金异常组合关系是走向或其他方向上异常的重叠关系，并不一定是浓集中心一致。

b　铅元素异常与其他元素异常组合关系

按表 8-13 所列内容，在铅次生异常地段出现其他元素异常的情形为（Pb-Con 表示铅次生异常出现电导率异常，下同）：Pb-Con28 个、Pb-Hg30 个、Pb-Au26 个、Pb-Ag33 个、Pb-Zn37 个、Pb-Cu24 个，反映测区铅异常与 Ag、Zn 异常密切。

8.7.4.7　铜元素次生异常的分布特征

按表 8-6 所列，测区铜的局部异常下限值，圈定了铜元素次生异常 44 个（见图 8-57），铜异常的特征列于表 8-14。

A　铜次生异常的分布特征

从图 8-57 中铜次生异常展布特征看，在 $D_1 l$ 花岗岩侵入体东端，北以 Cu-7 号异常到 Cu-11 异常、再到 Cu-19 号异常接 Cu-20 号异常为界，南以 Cu-4 号异常依次到 Cu-6 号异常、Cu-38 号异常、Cu-37 号异常、Cu-39 号异常、到 Cu-33 号异常为南界，呈一狭窄扇状分布，除与控矿断裂有关的 Cu-40 号，Cu-41 号异常外，有一定规模，且有明显浓集中心的铜次生异常均分布于这一扇形地带内，反映铜异常形成仍与 $D_1 l$ 花岗岩体侵入活动有关。

B　地层、构造的关系

a　与地层的关系

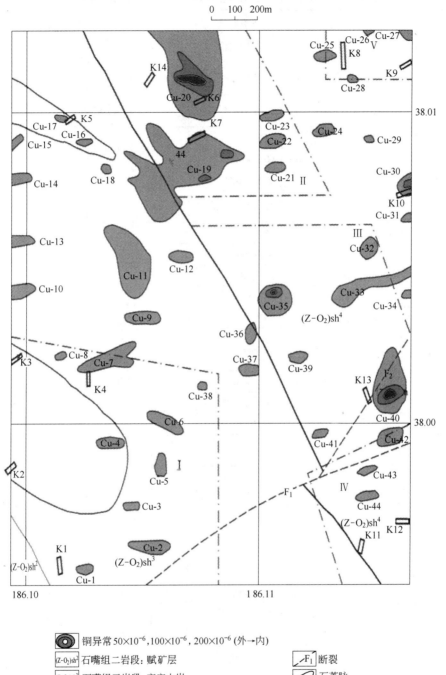

图8-57 天水市麦积区包家沟金矿地化测区地质、铜次生异常综合平面图

表 8-14　天水市麦积区包家沟金矿地化测区铜次生晕异常特征

异常编号	测线号	异常最大值		剖面异常宽度		剖面线异常值	异常平面特征		异常部位地质、矿化特征	对应其他元素异常号关系点号
		点号	×10⁻⁶	起始点	宽度/m	平均值	走向	走向长/m		
Cu-1	15	44	52.2	44	40	52.2×10^{-6}			$(Z-O_2)sh^3$ 内	Con-1、Hg-1、Au-1、Pb-1
Cu-2	13	42	52	42	40	52×10^{-6}	EW	150	$(Z-O_2)sh^3$ 内	Hg-14、Au-1、Zn-2
	12	42	60.7	42	40	60.7×10^{-6}				
Cu-3	13	39	571	39	40	571×10^{-6}			$(Z-O_2)sh^3$ 内	Ag-4、Zn-3、Pb-3
Cu-4	14	34	71.6	34	40	71.6×10^{-6}				Con-5、Ag-8、Zn-3、Pb-6
Cu-5	12	35	56.7	35~36	80	55.9×10^{-6}			$(Z-O_2)sh^3$ 内	Ag-5、Zn-4、Pb-4
Cu-6	12	32	65.7	32	40	65.7×10^{-6}	NW	近200	$(Z-O_2)sh^3$ 内	Hg-20、Au-8、Ag-20、Zn-17、Pb-7
	11	33	58.2	33	40	58.2×10^{-6}				
Cu-7	15	28	56.9	28	40	56.9×10^{-6}	NE	250	$(Z-O_2)sh^3$ 内	Con-21；Hg-5；Au-11 不重合；Ag-19；Zn-18；Pb-9、10
	14	27	66.9	27	40	66.9×10^{-6}				
	13	26	58	26	40	58×10^{-6}				
		28	54.4	28	40	54.4×10^{-6}				
Cu-8	16	27	50.8	27	40	50.8×10^{-6}			$(Z-O_2)sh^3$ 内	Au-12
Cu-9	13	24	50.1	24	40	50.1×10^{-6}	EW	150	$(Z-O_2)sh^3$ 内	Con-21、Ag-19、Zn-18、Pb-9
	12	24	53.7	24	40	53.7×10^{-6}				
Cu-10	18	22	80.5	22	40	80.5×10^{-6}			$(Z-O_2)sh^3$ 内	Con-9、Ag-12、Zn-8、Pb-12
Cu-11	14	17	51.4	17	40	51.4×10^{-6}	NW	280	$(Z-O_2)sh^3$ 内	Con-21；Hg-17、18；Au-17；Ag-9；Zn-18；Pb-9、15
	13	20	94.3	18~22	200	66.5×10^{-6}				
Cu-12	11	19	84.7	19	40	84.7×10^{-6}			$(Z-O_2)sh^3$ 内	Con-21、Ag-19、Zn-18
Cu-13	18	18	79.3	18	40	79.3×10^{-6}			$(Z-O_2)sh^3$ 内	Con-12、Hg-10、Ag-13、Zn-9
Cu-14	18	13	69.4	13	40	69.4×10^{-6}			$(Z-O_2)sh^3$ 内	Pb-17
Cu-15	18	10	52.5	10	40	52.5×10^{-6}			$(Z-O_2)sh^3$ 内	Au-24
Cu-16	15	10	52.4	10	40	52.4×10^{-6}			粗大石英脉上	Zn-12
Cu-17	16	8	55.7	8	40	55.7×10^{-6}			粗大石英脉上	Au-24
Cu-18	14	12	59.7	12	40	59.7×10^{-6}			$(Z-O_2)sh^3$ 内	Zn-12
Cu-19	13	11	63.5	11	40	63.5×10^{-6}	主NE	近500	主要位于 $(Z-O_2)sh^4$ 内,其余部分为 $(Z-O_2)sh^3$ 与 $(Z-O_2)sh^4$ 地层界线上	Con-19、20、31；Hg-19、26、27；Au-27、32、33；Ag-17、19；Zn-12；Pb-16、22
		13	56.2	13	40	56.2×10^{-6}				
	12	9	94.3	9~10	80	80.7×10^{-6}				
		12	85.6	12~16	200	71×10^{-6}				
		15	786							

续表8-14

异常编号	测线号	异常最大值		剖面异常宽度		剖面线异常值	异常平面特征		异常部位地质、矿化特征	对应其他元素异常号关系点号
		点号	×10⁻⁶	起始点	宽度/m	平均值	走向	走向长/m		
Cu-19	11	11	188.6	11～12	80	131.8×10^{-6}	主NE	近500	主要位于(Z-O₂)sh⁴内，其余部分为(Z-O₂)sh³与(Z-O₂)sh⁴地层界线上	Con-19、20、31；Hg-19、26、27；Au-27、32、33；Ag-17、19；Zn-12；Pb-16、22
	10	10	74.4	10～13	160	75.5×10^{-6}				
		13	102.9							
	9	11	101.9	11	40	101.9×10^{-6}				
Cu-20	12	1	65.7	1	40	65.7×10^{-6}	主NW	近400	(Z-O₂)sh⁴内	Con-33、34、35；Hg-27、28、29；Au-30、31、32；Ag-17；Zn-20；Pb-21、27、28
	11	3	106	2～7	240	89.2×10^{-6}				
		5	163.1							
	10	1	95	1～9	360	92.5×10^{-6}				
		5	125.4							
Cu-21	7	12	54.6	12	40	54.6×10^{-6}			(Z-O₂)sh⁴内	Hg-37、Au-39 旁
Cu-22	7	10	62.7	10	40	62.7×10^{-6}			(Z-O₂)sh⁴内	Con-37、Hg-35、Au-39 旁、Ag-17、Zn-20、Pb-30
Cu-23	7	8	63	8	40	63×10^{-6}			(Z-O₂)sh⁴内	Hg-34、Au-40、Ag-17、Zn-20、Pb-30
Cu-24	5	9	68.5	9	40	68.5×10^{-6}			(Z-O₂)sh⁴内	Con-62、Hg-36、Ag-17、Zn-20、Pb-30
Cu-25	5	3	59.8	3	40	59.8×10^{-6}			(Z-O₂)sh⁴内	Hg-32、Ag-11、Zn-48、Pb-33
Cu-26	3	1	52.3	1	40	52.3×10^{-6}			(Z-O₂)sh⁴内	Con-66、Hg-54、Ag-31、Zn-48
Cu-27	1	1	61	1	40	61×10^{-6}			(Z-O₂)sh⁴内	
Cu-28	4	5	60.3	5	40	60.3×10^{-6}			(Z-O₂)sh⁴内	Ag-30、Zn-48、Pb-30
Cu-29	3	10	63	10	40	63×10^{-6}			(Z-O₂)sh⁴内	Con-63、Hg-56、Ag-32、Zn-47、Pb-34
Cu-30	1	13	103.6	13～14	80	84.1×10^{-6}			(Z-O₂)sh⁴内	Con-60、Au-45、Ag-34、Zn-44、Pb-37
Cu-31	1	16	68	16	40	68×10^{-6}			(Z-O₂)sh⁴内	Con-58、Hg-58、Pb-37
Cu-32	3	19	59.5	18～19	80	55.2×10^{-6}			(Z-O₂)sh⁴内	Con-58、Hg-58、Ag-28、Zn-41、Pb-38
Cu-33	4	22	79.8	22～23	80	66.9×10^{-6}	NE	350	(Z-O₂)sh⁴内	Hg-53；Au-48、50；Ag-35；Zn-39、41；Pb-38、39
	3	21	55.2	21	40	55.2×10^{-6}				
	2	21	50	21	40	50×10^{-6}				
	1	20	53.3	20	40	53.3×10^{-6}				

续表 8-14

异常编号	测线号	异常最大值		剖面异常宽度		剖面线异常值	异常平面特征		异常部位地质、矿化特征	对应其他元素异常号关系点号
		点号	×10⁻⁶	起始点	宽度/m	平均值	走向	走向长/m		
Cu-34	1	22	53.5	22	40	53.5×10^{-6}			$(Z\text{-}O_2)sh^4$ 内	Hg-60、Zn-38、Pb-39
Cu-35	7	22	128.1	22~24	120	67.4×10^{-6}			$(Z\text{-}O_2)sh^4$ 内	Con-40；Hg-41；Au-50；Ag-27；Zn-22、23；Pb-31、32
Cu-36	8	26	619	25~26	80	57.8×10^{-6}			$(Z\text{-}O_2)sh^3$ 与 $(Z\text{-}O_2)sh^4$ 界面上	Con-40、Hg-43、Ag-27、Zn-23、Pb-32
Cu-37	8	28	84.8	28	40	84.8×10^{-6}			$(Z\text{-}O_2)sh^3$ 内	Con-42、Hg-44、Ag-27、Zn-24、Pb-32
Cu-38	10	29	53.1	29	40	53.1×10^{-6}			$(Z\text{-}O_2)sh^3$ 内	Con-28、Au-9、Ag-10 旁、Zn-18、Pb-9 旁
Cu-39	6	27	54.2	27	40	54.2×10^{-6}			$(Z\text{-}O_2)sh^4$ 内	Con-54、Au-50、Pb-32
Cu-40	2	30	157.9	27~31	200	81.0×10^{-6}	近SN	200	位于控矿断裂 F₂ 两侧，主要部分在 $(Z\text{-}O_2)sh^3$ 内	Con-53；Hg-61、62；Au-50 旁；Ag-37；Zn-35、36；Pb-41、42
Cu-41	5	33	55.2	33	40	55.2×10^{-6}			$(Z\text{-}O_2)sh^4$ 内	Con-50、Hg-52、Zn-24、Pb-32
Cu-42	2	33	59.2	33~34	80	57.2×10^{-6}			F₁ 控矿断裂旁的 $(Z\text{-}O_2)sh^3$ 内	Con-53；Hg-61、62；Ag-38；Zn-34；Pb-42
Cu-43	3	36	55	36	40	55×10^{-6}			F₁ 控矿断裂旁的 $(Z\text{-}O_2)sh^3$ 内	Con-49、Au-52
Cu-44	3	38	75.1	38	40	75.1×10^{-6}			$(Z\text{-}O_2)sh^4$ 内	Hg-62、Au-54、Zn-33、Pb-43

　　从表 8-14 和图 8-57 可见，在 $(Z\text{-}O_2)sh^4$ 赋矿层中，大大小小的铜异常有 19 个，在 $(Z\text{-}O_2)sh^3$ 变安山岩岩层中铜异常有 17 个，除这两地层界线上铜异常外，其余规模较大（如 Cu-20 号、Cu-33 号异常），浓集中心含量高的异常（如 Cu-20 号、Cu-35 号、Cu-30 号）均分布于 $(Z\text{-}O_2)sh^4$ 赋矿层中，沿 $(Z\text{-}O_2)sh^3$ 与 $(Z\text{-}O_2)sh^4$ 界面有 Cu-36 号、Cu-19 号异常。

　　b　与构造的关系

　　由花石山矿床西延到测区的控矿断裂 F₁ 及 F₂（图 8-57），在测区交汇处以东，有 Cu-40 号、Cu-42 号异常，而交汇处以西的 F₁ 断裂上，在测区范围内无铜异常出现。与前述元素异常反映的地质特征一样，说明两控矿断裂交汇处以东的范围硫化物矿化作用较强。

在测区西北角的粗大石英脉上,有 Cu-16、Cu-17 两点状异常,但含量低。

C 铜次生异常的规模特征(表 8-14)

只在单一侧点上形成的点异常共 29 个(如 Cu-1 号),占异常总数的 65.9%。只在一条测线上两个以上测点出现的异常,有 Cu-5、Cu-30、Cu-32、Cu-35、Cu-36、Cu-40、Cu-42 号等 7 个异常,占铜异常总数 15.91%。走向上有一定规模的异常有 9 个,编号为 Cu-2、Cu-6、Cu-7、Cu-9、Cu-11、Cu-19、Cu-20、Cu-33、Cu-34 号异常,例如规模最大的 Cu-19 号异常,异常走向跨 9、10、11、12、13 号 5 条测线。

D 铜次生异常强度特征(表 8-14)

铜大于 100×10^{-6}(2 倍最低异常下限值)浓集中心的异常有 Cu-19、Cu-20、Cu-30、Cu-35、Cu-40 号等 5 个异常(均不是点状异常),其余 39 个异常的异常峰值较低。

8.7.4.8 异常评价解释

A 综合异常的确定

测区所获各元素单一异常颇多,如第 4 章所述,几乎遍布整个测区范围。测区从找矿目的出发,以成矿元素金的次生异常为主体,确定综合异常。综合异常编号与金次生异常一致,分别为 Au-1、Au-2、…、Au-56(图 8-53 和表 8-10)。

B 综合异常的分类及结果

综合考虑异常所处地质部位是否有利成矿、成矿元素金的异常规模、强度、元素异常组合,以及对异常源体金矿化强度的计算预测结果,将金异常分为三类:

(1) 一类矿(矿化富集)异常,即地表金矿脉体的异常。该类异常的标准为:

1)具有利于成矿条件,即异常位于有利赋矿层(本区为 $(Z-O_2)sh^4$)或控矿断裂(如 F_1、F_2)地段。

2)金异常有一定规模,即非单点异常。

3)金有不小于 4×10^{-9} 或不小于 8×10^{-9} 浓集中心(峰值)。

4)有 Au、Ag、Zn、Hg、Con 的异常组合(当金有不小于 8×10^{-9} 浓集中心时,有 Au、Ag、Zn、Hg、Con 为主的异常组合)。

5)对应推测异常源体金矿化强度不小于 1t/g。

例如 Au-32 号异常,位于有利的赋矿层 $(Z-O_2)sh^4$ 地层中,异常走向近东西向,长约 300m,于测线 9 线 9 号点、10 线 8~9 号点、11 线 8~9 号点地段出现(即山坡)。该异常浓集中心值 10 线 9 号点为 18.54×10^{-9},9 线浓集中心值为 9 线 9 号点的 9.16×10^{-9},均有不小于 8×10^{-9} 的浓集中心条带,按 $A \cdot \prod \cdot$ 索洛沃夫关于机械分散晕与矿化源关系式:$M = 2.5\sigma C_{max}$,推测异常源体(金矿化脉体)矿化强度在 10 线地段为 2.5t/g 左右,在 9 线地段为 1.60t/g 左右,故定为一类异常,类似的还有 Au-29 号和 Au-33 号异常。

Au-43 号异常出露与有利的赋矿成层 $(Z-O_2)sh^4$ 地层中,有一定走向规模(EW 20m),有 Au 为 18.01×10^{-9} 的峰值中心(大于 8×10^{-9}),元素异常组合有 Au、Ag、Hg、Zn(Pb、Cu)异常组合,唯缺 Con 异常与之对应,对 1 线金峰值 18.01×10^{-9} 的地段(1 线 3 号点)计算推测,异常源体(金矿化脉)金矿化强度可达 2.7t/g,属一类矿异常,类似的还有 Au-42、Au-45、Au-50、Au-56 号 4 个异常。

划分结果是 Au-29、Au-32、Au-33、Au-42、Au-43、Au-45、Au-50、Au-56 号 8 个异常为一类异常,应予以首先检验揭露。

（2）二类异常，为金地表富集矿化或盲矿异常。一类异常前四条标准中少一条标准的列为二类异常。

例如 Au-1 号异常，金浓集中心最大值位于 16 线 44 号测点上，含量为 6.83×10^{-9}，大于 4×10^{-9}，该异常规模较大，长轴 NW 方向走向 650m，跨 10、11、12、13、14、15、16 号测线；金异常的其他元素异常组合有 Con、Ag、Zn、Hg（Pb、Cu），但异常所处的地质条件与已知矿区同类条件相比，是不利赋矿的 $(Z-O_2)sh^3$ 变安山岩层，推测矿化脉体在 16 线剖面金浓集中心处矿化强度达 1.3t/g，故列为二类异常。

又如 Au-13 号异常，金的峰值位于 18 线的 27 号点处，含量值 26.32×10^{-9}（大于 8×10^{-9}），计算推测异常脉源体金矿化强度达 3.62t/g，有 Con、Au、Ag、Hg、Pb 元素异常组合（缺锌异常对应），但异常所处为 D_1l 二长花岗岩体内，加之为单点异常，故列为二类异常。

类似 Au-1 和 Au-13 号异常的还有 Au-4、Au-8、Au-18 号，即确定测区存在 5 个二类异常。

（3）三类异常，比二类异常标准缺少一条或一条以上的异常，即比一类异常标准（前四条）至少少两条的金异常，共有 43 个异常属于此类异常，推测为金分散机械搬运零星矿化引起，是有些性质不明的异常。

例如 Au-2 异常，异常出露于 17 线 42 号点及 16 线 41 号点上，有一定规模走向，金浓集中心位于 16 线 41 号点处，金峰值 4.53×10^{-9}（大于 4×10^{-9}），但推测计算异常源体（脉体）金矿化强度为 0.7t/g，又是位于已知成矿不利的 $(Z-O_2)sh^3$ 变安山岩层中，元素异常组合只有 Au、Pb、Hg，缺少 Con、Ag、Zn(Cu) 异常对应，是为三类异常。

C 异常找矿远景区的确定

按照一类、二类异常分布，结合已知地质特点，在测区内划分了五个异常找矿远景区，编号为 Ⅰ、Ⅱ、Ⅲ、Ⅳ、Ⅴ号（图 8-58）。

Ⅰ号异常找矿远景区：西到测区西部边缘，东到测区南端，围绕 D_1l 花岗岩，露头周围主要为 $(Z-O_2)sh^3$ 变安山岩，有控矿断裂 F_1 插入远景区东南角，远景区面积 $0.6424km^2$，包含 Au-1、Au-4、Au-8、Au-13 号四个二类异常及若干个三类分散异常。

Ⅱ号异常找矿远景区：北以测区北部边界为界，西以 $(Z-O_2)sh^3$ 与 $(Z-O_2)sh^4$ 界面为界，东部边界为 1 号 8 线与 4 线和 5 线中间 13 号点的连线，南部在测区 13 号点连线为界，面积为 $0.3458km^2$，由一类异常 Au-29、Au-32、Au-33 号 3 个异常和 Au-30、Au-31、Au-39、Au-40 号等总共 7 个异常组成，远景区内为已知有利成矿的 $(Z-O_2)sh^4$ 赋矿层。推断为 EW 走向和 NW 走向金矿化脉体地段，为五个异常找矿远景中最佳找矿远景。

Ⅲ号异常找矿远景区，范围见图 8-58，该远景区所处地段为 $(Z-O_2)sh^4$ 赋矿层地段，南界以 F_2 控矿断裂为界，西以 $(Z-O_2)sh^3$ 与 $(Z-O_2)sh^4$ 接触面为界，面积约为 $0.3875km^2$，由一类异常 Au-50 号及 Au-47、Au-48 号等 3 个异常区域组成，基本上为金的高背景区，推测为控矿断裂 F_2 在本区的次级小裂隙（EW 向和 NW 向）矿化引起。

Ⅳ号异常找矿远景区，范围见图 8-58，该远景区内主要为已知的 $(Z-O_2)sh^4$ 赋矿层，包含控矿断裂 F_1 一部分。由一类异常 Au-56 及 Au-51、Au-52、Au-53、Au-54 号等五个异常组成，基本上属金的高背景区，远景区面积约 $0.1653km^2$，推测为控矿断裂 F_1 及其旁侧

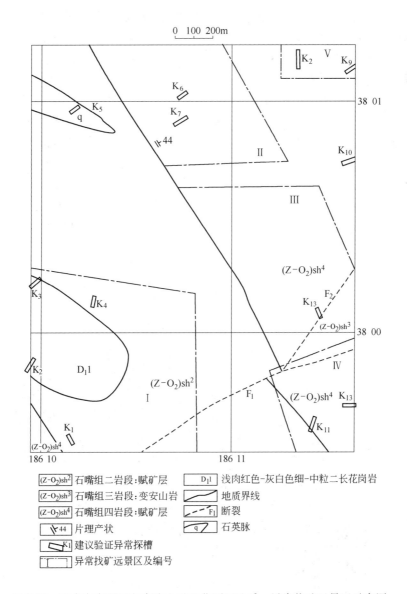

图 8-58　天水市麦积区包家沟金矿地化测区地质、异常找矿远景区示意图

小裂隙矿化引起，可能$(Z-O_2)sh^3$与$(Z-O_2)sh^4$界面亦有矿化。

Ⅴ号异常找矿远景区，由一类异常 Au-42、Au-43 号异常组成，位于测区东北角，北面和东面以测区边界为界（见图 8-58），测区内为有利的$(Z-O_2)sh^4$赋矿层，面积约为 0.057km²，为对异常未追索完整的远景区。

此外，对 Au-45 号异常地段及Ⅰ、Ⅱ、Ⅲ远景区过渡地段的 Zn、Ag、Pb、Cu 异常密集地段，找矿意义仍不能忽视。

8.8　山东招远滦家河断裂找矿预测研究

在研究区布置 11 条剖面，西区布置 5 条剖面，线号 1 ~ 9，点号 32 ~ 92。东区布置 6 条剖面，线号 1 ~ 10，点号 15 ~ 75。每条剖面长 600m，线距 200m，点距 20m，按 200m ×

20m 网度进行地电化学集成技术测量，完成面积 1.02km^2，地电提取法分析元素为 Au、Ag、As、Sb，同时采集土壤样品进行土壤离子电导率测量。地电提取采用偶极子供电方式下的偶极提取，将分析元素的阴极和阳极的地电提取含量值累加后，用 Surfer 绘图软件成图，对浓集中心明显，具有一定浓度分布，异常点有一定连续性的异常从左至右、从上至下进行编号。由于西区与东区的自然地理景观条件不同，所以地电提取元素的异常下限值也不同。西区金元素以 9×10^{-9} 为异常下限，银元素以 20×10^{-6} 为异常下限，砷元素以 4×10^{-6} 为异常下限，锑元素以 1.5×10^{-6} 为异常下限，电导率测量以 $4\mu S/cm$ 为异常下限，分别获得金异常 4 处，银异常 4 处，砷异常 1 处，锑异常 4 处，电导率异常 1 处；东区金元素以 5×10^{-9} 为异常下限，银元素以 20×10^{-6} 为异常下限，砷元素以 3×10^{-6} 为异常下限，锑元素以 1×10^{-6} 为异常下限，电导率测量以 $5\mu S/cm$ 为异常下限，分别获得金异常 4 处，银异常 2 处，砷异常 4 处，锑异常 2 处，电导率异常 3 处（图 8-59）。

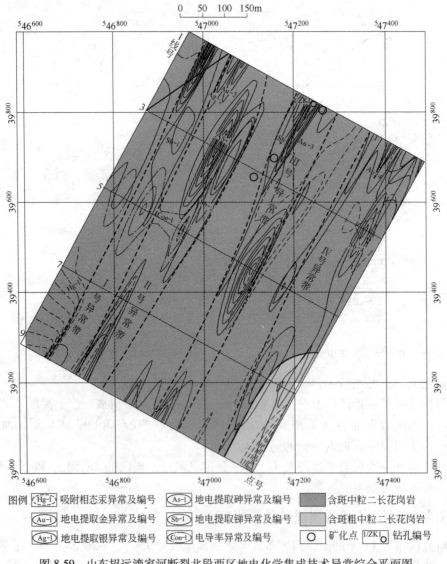

图 8-59 山东招远滦家河断裂北段西区地电化学集成技术异常综合平面图

8.8.1　西区地电化学集成技术异常特征

西区以形成线状异常为特征,其轴线与测区北东向断裂构造相平行,根据异常组合特征,划分为4个北东向的、相互平行的异常带(图8-59)。

Au-1异常与Ag-1异常相吻合,均在1线的86号点显示为峰值,Au-1异常峰值为 13.65×10^{-9},Ag-1异常峰值为 114.8×10^{-6}。异常的轴线与Sb-1异常及电导率异常的轴线平行,相距较近,形成了长约500m,宽约60m的Ⅰ号地电化学集成技术异常带。

Ag-2异常峰值为 50.08×10^{-6},位于1线的80号点处;Au-2异常峰值为 15.88×10^{-9},位于1线的78号点处;As-1异常峰值为 34.2×10^{-6},位于3线74号点处;Sb-2异常峰值为 2.5×10^{-6},位于3线的70号点处;Ag-3异常峰值为 50.65×10^{-6},位于9线的76号点处;土壤离子电导率异常峰值为 $6.72 \mu S/cm$,位于5线的72号点处。Ag-2、Au-2、As-1、Sb-2、Ag-3及电导率异常总体上较近、相间排列、轴向平行,形成了长800m、宽80m的Ⅱ号地电化学集成技术异常带,其轴向为北东向。

Au-3异常峰值为 33.38×10^{-9},位于1线的60号点处,3线的60号点处也显示为异常的高值点(9.92×10^{-9}),异常峰值的连线构成该异常的轴线,其延长方向与Sb-3、Ag-4异常构成一个长约800m、宽约80m的Ⅲ号电化学集成技术异常带。该异常与有矿化显示的构造破碎带相吻合,其轴向与构造破碎带走向一致。

Au-4异常在1线有连续7个点显示为高值异常,异常宽约140m,异常峰值为 20.12×10^{-9},与Sb-4异常吻合,轴向为北东向,组成了Ⅳ号电化学集成技术异常带。

2005年山东招金集团有限公司根据我们所提交的研究成果,在Ⅲ号地电化学集成技术异常带1线60号点附近施工钻孔1/ZK1孔327m深,3线54~60号点施工钻孔3/ZK2孔189.50m深,见到隐伏的金银矿化体,金最高品位为0.6g/t,银最高品位为4.8g/t,表明在提交的异常靶区内深部可能存在有隐伏的金矿体,值得去做进一步的地质探矿工作。

8.8.2　东区地电化学集成技术异常特征

东区地电提取元素异常及电导率异常也显示为线状特征。

Au-1异常峰值为 9.88×10^{-9},位于1线的17号点处,与3线15号点、17号点的高值异常连成异常的轴线,展布方向为北东向(图8-60)。

Au-2异常与Sb-1异常较吻合,均在1线27号点和3线25号点形成异常的峰值,Au-2异常峰值为 7.15×10^{-9},Sb-1异常峰值为 3.27×10^{-6}。与As-1异常也较吻合,As-1异常峰值为 3.4×10^{-6},位于1线的25号点处,该集成技术异常呈线状展布,轴线方向为北东向。

Ag-1、Ag-2异常与电导率Con-2、Con-3异常整体上形成一个北东向展布的长900m、宽约140m的集成技术异常带。Ag-1异常在1线的41、43、45号点处连续形成高值异常,峰值为 136.0×10^{-6};Ag-2异常峰值为 173.55×10^{-6},位于3线的51号点处,与1线的49、51号点连接成异常的轴线。电导率Con-2异常峰值为 $18 \mu S/cm$,位于5线的49号点处,Con-3异常在10线的59、61、63号点处连续出现高值异常,异常峰值为 $16.57 \mu S/cm$。该异常带内也有Au、As、Sb异常地电化学集成技术异常综合平面图显示。该集成技术异常带位于滦家河断裂与次一级断裂构造交汇部位的三角区域内。

Au-3异常峰值为 8.67×10^{-9},位于3线的63号点处,异常呈等轴状展布。Au-4异常

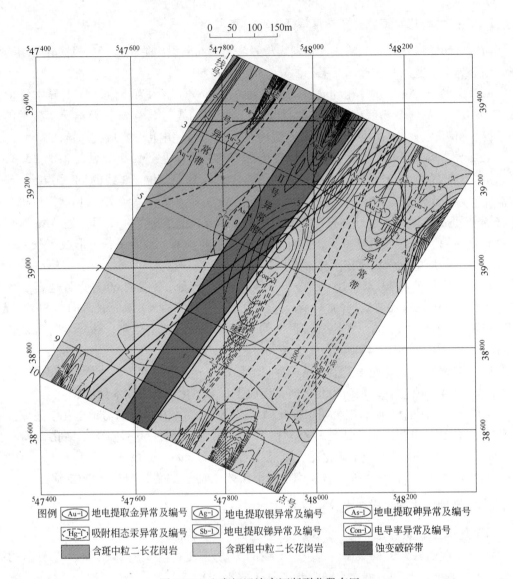

图 8-60　山东招远滦家河断裂北段东区

峰值为 22.47×10^{-9}，位于 3 线的 75 号点处，该异常范围内有电导率异常显示。

　　总体来看，该区地电提取元素及土壤离子电导率集成技术异常显示为线状特征（西区比东区更为明显），展布方向为北东向，与本区的断裂构造延伸方向一致，异常强度较大，且具有元素组合特征，吻合程度较高，认为本区断裂构造为导矿构造或容矿构造。

8.9　安徽五河金矿深部找矿预测研究

　　该测区被大片第四系外来运积物覆盖，以往物化探工作程度较低。作者受安徽五河招金矿业有限公司的委托，在大巩山金矿主矿带西侧河滩地带的一个呈北东向展布，长1000m、宽 600m 的范围内，按 $100m \times 20m$ 网度共布置了 11 条测线，除 0 线长 1300m 外，其余测线均为 600m，总长度为 7300m。作者在此测区开展了地电化学法寻找隐伏金矿的预测研究工作，在测区内发现 4 个地电提取地电提取金异常（Au-1、Au-2、Au-3、Au-4）（图 8-61）。

图例							
Q	表土	δu	闪长玢岩脉	Or	硅化带	Qau	含金石英脉
Cbisc	绿泥片岩	γδI	花岗闪长岩脉	Sqd	绢英岩	F	实测断层
Gr	变砾岩	γ	花岗斑岩脉	Qr	石英脉		物化探测线
Ap	斜长角闪岩	Fb	构造角砾岩	FsAu	含金构造蚀变带		
Ψw	蛇纹岩	Fs	构造蚀变岩	Sau	含金绢英岩		

图 8-61 五河大巩山金异常综合平面图

　　Au-1 号异常：位于测区中部，总体形态呈不规则的条带状产出，呈南北向展部，延展长度约为 900m，几乎贯穿了整个测区，异常强度为 $(20 \sim 55) \times 10^{-9}$，面积约为 $0.12km^2$，该异常有多个浓集中心，其中心强度在异常带的两端强度较高，该异常带的南端较宽，中部及北部相对较狭窄。推测该异常带可能是深部隐伏金矿体所引起，也有可能是地表深部隐伏构造所致。2004 年五河招金公司在异常中心部位施工钻孔验证见到隐伏金矿化体。

　　Au-2 号异常：位于测区的东南，总体形态呈三角形，异常强度为 $(20 \sim 55) \times 10^{-9}$，异常规模较大，面积约为 $0.03km^2$，浓集中心明显且稳定，该异常与 Hg-1 异常区域大体吻合，其异常区域比 Hg-1 异常范围小。推测在 Au-2 异常区的范围内是寻找隐伏金矿的有利部位，值得进一步做工作。

　　Au-3 号异常：位于测区西北角，总体形态呈三角形状产出，异常强度为 $(20 \sim 55) \times 10^{-9}$，面积约为 $0.015km^2$，该异常区有两个异常中心，浓集中心稳定且明显。建议在Au-3号异常浓集中心施工探槽验证。

　　Au-4 号异常：位于东北角，总体形态呈三角形，异常强度为 $(20 \sim 50) \times 10^{-9}$，异常规模较小，面积约为 $0.01km^2$，浓集中心稳定且明显。

8.10　安徽省凤阳县大庙金矿区找矿预测研究

8.10.1　工作区地质概况

　　大庙金矿区变质岩分布广泛，是燕山期以中、酸性岩浆岩活动侵入的地区。矿区内主要地层由上太古界五河群峰山李组和第四系组成，简述如下。

8.10.1.1　峰山李组（Ar_2f）

　　根据岩性特征及含矿情况，峰山李组分为上、下两个岩性段。

　　A　峰山李组下段（Ar_2f^1）

　　峰山李组下段上部为角闪斜长片麻岩夹薄层浅粒岩，岩石具混合岩化。下部为含磁铁角闪斜长片麻岩，含磁铁石榴石黑云母斜长片麻岩、磁铁角闪岩及角闪岩等。该岩性段一般含贫磁铁矿层 1~2 层，厚度大于 200m。

　　B　峰山李组上段（Ar_2f^2）

　　峰山李组上段主要由黑云斜长片麻岩、角闪斜长片麻岩组成，岩石具混合岩化，厚度大于 290m。

8.10.1.2　第四系（Q）

　　区内大面积第四系覆盖，岩性主要为砂质黏土、粉砂质黏土、粉砂土及粉砂、粗砂、砾石等，厚度在 9~28.32m。

　　矿区褶皱和断裂构造比较简单，褶皱轴线大体符合区域方向，为 300°左右，表现为南西倾斜的单斜构造，倾角在 25°~35°之间。测区范围太小，没有明显褶皱构造控制迹象。

　　据资料分析，断裂构造在区域内有一条北东走向的大断裂，断裂穿过大庙金矿区近中部。据工作区周边钻孔资料反映，断裂部位岩心破碎，节理发育，有构造角砾存在，测区南段该断裂部位有一重砂金异常，说明该北东向大断裂存在与金矿化富集有关。钻孔岩心观察发现，有倾角在 70°~75°及 40°~50°左右二组节理，节理面多由碳酸岩类及氧化铁薄膜充填。

区域内施工的钻孔中，未见有岩浆岩体，仅在东部邻近区的钻孔中，有闪长岩、正长斑岩、玄武岩、长英岩脉等，说明测区所在区域多种岩浆活动频繁。岩脉一般产于金属矿体底板之下的地层中，受构造裂隙控制。

片麻岩：主要有：（1）黑云斜长片麻岩，花岗变晶结构，片麻状构造，主要矿物成分由斜长石、黑云母、石英等组成；（2）角闪斜长片麻岩，花岗变晶结构，片麻状构造，主要矿物成分为斜长石、角闪石、石英、少量磁铁矿等，该套岩性分布广泛，在磁铁矿层的上、下部均有分布；（3）含磁铁、角闪（斜长）片麻岩，花岗变晶结构，块状、片麻状构造，主要矿物成分为斜长石、角闪石、石英、磁铁矿，另外含石榴石。

浅粒岩：花岗变晶结构，块状构造，主要矿物成分为石英及少量斜长石。部分岩石变质作用较深，石英等矿物重结晶成变粒岩。

据重砂测量及地球化学土壤测量资料显示，北东向大断裂控制金的重砂异常产出，土壤测量反映在大庙金矿区大庙地段内峰山李组中，有与 NE 向断裂产出有关的金的地化异常及其他元素异常，反映北东向断裂构造活动与金富集矿化有关。

8.10.2 找矿预测研究

在工作区投入了三种新方法（地电提取测量法、土壤离子电导率测量法、土壤热释汞测量法）的测量找矿研究工作，发现 9 个土壤离子电导率异常、25 个土壤热释汞（吸附相态汞）异常。单元素的地电提取法离子异常有：金异常 18 个；银异常 14 个；铅异常 27 个；锌异常 25 个；铜异常 21 个。共圈定了 4 个找矿远景区（其中大庙地段一个，编号Ⅰ号；侍家坝地段 3 个，编号为Ⅰ、Ⅱ、Ⅲ号），建议在大庙地段 3 号多方法测量剖面上，布设 3 个揭露推测金矿化体的钻孔，编号为 DZK07、DZK08、DZK09 号钻孔。

8.10.2.1 地电化学集成技术平面异常特征

A 土壤离子电导率异常（Con）平面特征

将大庙金矿区大庙地段土壤电导率（Con）数据圈定出 1 个异常，编号 Con1-1（图8-62）；对侍家坝地段土壤电导率（Con）数据圈定出 8 个异常，编号为 Con2-1~Con2-8（图8-63）。各个电导率异常位置、含量特征、地质特征及与其他元素异常关系见表8-15、表8-16。根据表8-15所示，除 Con2-4、Con2-7、Con2-8 异常外，其他电导率异常全部或部分与地电提取金异常吻合。

从平面特征看，大庙地段仅有 Con1-1 号异常。异常中由北（1、2 线）向南（3 线）电导率测定值突然升高，$6\mu S/cm$ 的含量带在 3 线地段出现（图8-62），由于 3 线与 2 线之间距离达 50m，中间变化不明，3 线剖面以南也不清楚，从 1、2、3 线剖面上反映（图8-62），是围绕 NE 向断裂两侧分布，在 3 线剖面上有数个 $12\mu S/cm$ 以上含量中心，这些高含量中心 SN 走向应予查明。在侍家坝地段，除 Con2-2、Con2-5 有大于 $12\mu S/cm$ 浓集中心外，其余异常浓度中心均小于 $12\mu S/cm$，其中规模又以该两异常面积最大，而 Con2-1、Con2-4、Con2-7、Con2-8 等4个异常均为单线剖面上单点异常，意义不大（图8-63及表

表 8-15　安徽凤阳县大庙金矿区大庙地段土壤离子电导率（Con）异常特征

异常号	剖面号	异常峰值		异常规模与强度					地质特征、解释	对应其他元素号
		点号	Con /μS·cm^{-1}	起始点号	宽度 /m	Con /μS·cm^{-1}	走向	走向长度/m		
Con1-1 -f -e -d -c -b -a	3	6	10.18	Con-40	400	10.13		145	位于 Ar$_2$f 地层范围内，推断为 NE 向断裂通过 13 号点。推断 b、0、5、9-14、20、26、34 号有金矿化体存在（对应金矿化体编号为 8 号、7 号、6 号、5 号、4 号、3 号、2 号、1 号）	Hg1-1 ~ Hg1-6 Au1-1 ~ Au1-3 Ag1-1 ~ Ag1-6 Pb1-1 ~ Pb1-3 Pb1-7 ~ Pb1-9 Zn1-8 ~ Zn1-10 Cu1-1 ~ Cu1-9
		6	14.48							
		11	13.23							
		13	17.29							
		21	14.88							
		26	12.15							
		30	10.82							
		36	10.23							
	2	25	4.08			4.08			位于推断的 NE 向断裂旁侧，（东侧）推断金矿化体为 4 号	
		12	4.24			4.24			离推断的 NE 向断裂西 100 多米处	
	1	21	5.68	21 ~ 23	40	4.79			位于推断的 NE 向断裂上，推断金矿化体为 4 号	
		12	5.24			5.24			位于推断的 NE 向断裂西 100 多米处	

表 8-16　安徽凤阳县大庙金矿区侍家坝地段土壤离子电导率（Con）异常特征

异常号	剖面号	异常峰值		异常规模与强度					地质特征、解释	对应其他元素号
		点号	Con /μS·cm^{-1}	起始点号	宽度 /m	Con /μS·cm^{-1}	走向	走向长度/m		
Con2-1	5	71	6.72		20	6.72				Au2-3、 Ag2-1、 Pb2-5、 Zn2-3
Con2-2 -f -e -d -c -b -a	4	6	8.2	6 ~ 7	40	7.58				Hg1-1 ~ Hg1-6、Au1-1 ~ Au1-3、Ag1-1 ~ Ag1-6、Pb2-6 ~ Pb2-11、Pb2-15、Zn2-3（但其中 a，b，c，d，e 浓集中心不与之吻合）、Cu2-4 ~ Cu2-6
		10	6.11		20	6.11				
		15	6.63	15 ~ 16	40	6.34				
	5	62	13.89	42 ~ 64	480	10.1	SN	900		
		60	11.75							
		56	17.22							
		53	12.4							
		50	14.64							
		45	12.78							
		42	10.83							
	6	2520	13.3	2520 ~ 2540	40	10.11				
		2380	6.88							
		2280	7.06							

续表8-16

异常号	剖面号	异常峰值		异常规模与强度					地质特征、解释	对应其他元素号
		点号	Con /μS·cm⁻¹	起始点号	宽度 /m	Con /μS·cm⁻¹	走向	走向长度/m		
Con2-3	4	22	6.68	21~23	60	6.31	SN	600		Hg2-8；Au2-8；Pb2-16；Zn2-4、5；Cu2-7
	5	21	7.19	21~23	60	6.92				
Con2-4	5	29	10.07		20	10.07				Ag2-5；Zn2-6
Con2-5	4	39	6.59	37~39	60	7.5	SN	600		Hg2-11、12、13；Au2-10、11；Ag2-6；Pb2-16；Zn2-6、7、8
	5	27	16.32	16~27	220					
		25	8.98							
		19	8.44							
Con2-6	4	46	6.47		20	7.03	SN	520		Hg2-15；Au2-13；Ag2-7；Pb2-17；Zn2-9、10
	5	10	8.79							
	5	15	6.88							
Con2-7	5	7	7.9		20	7.9				Hg2-15、Zn2-11
Con2-8		4	6.13		20	6.13				Hg2-16、Zn2-12、Cu2-9

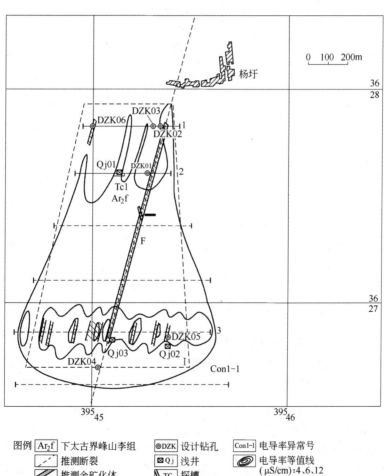

图例　Ar₂f 下太古界峰山李组　　◎DZK 设计钻孔　　Con1-1 电导率异常号
　　　／∵ 推测断裂　　⊠Qj 浅井　　◎ 电导率等值线（μS/cm）:4,6,12
　　　▨ 推测金矿化体　　\ TC 探槽
　　　▱ 村庄　　⊢⊣ 测量剖面　　⌐⌐⌐ 找金远景区编号
　　　⊢+⊣ 建议下步测量剖面

图8-62　安徽省凤阳县大庙金矿大庙地段电导率（Con）异常综合平面图

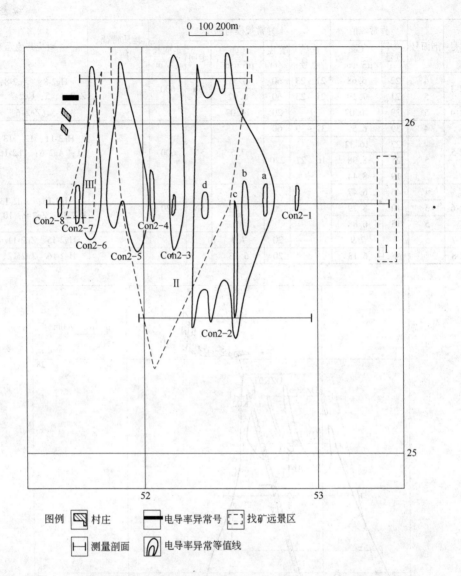

图 8-63　安徽省凤阳县大庙金矿区侍家坝地段电导率（Con）异常综合平面图

8-15、表 8-16）。多数异常与地电金和其他 Pb、Zn、Cu（尤其是 Zn）异常空间关系密切，电导率异常与金矿化及与金矿化有关的硫化物分布有关（图 8-64）。电导率异常或异常中心浓集中心部位与地电金异常空间关系密切在大庙地段尤为突出（图 8-64、图 8-65）。

　　B　土壤吸附相态汞异常平面分布特征

　　将大庙金矿区大庙、侍家坝土壤吸附相态汞数据圈定异常，大庙地段获 9 个汞异常，编号为 Hg1-1 ~ Hg1-9（图 8-66），侍家坝地段获 16 个汞异常，编号为 Hg2-1 ~ Hg2-7（图8-67）。从规模及强度相比较而言，大庙地段汞异常强度及规模均大于侍家坝地段，侍家坝地段汞异常呈单点异常，汞异常位置、含量特征、地质特征与其他元素异常对应关系见表 8-17、表 8-18。

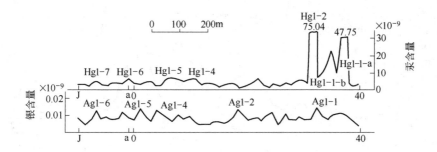

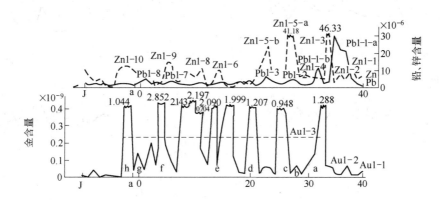

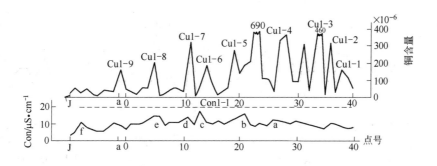

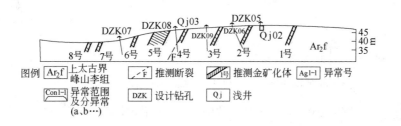

图8-64　大庙3线地电、热释汞、电导率剖面图

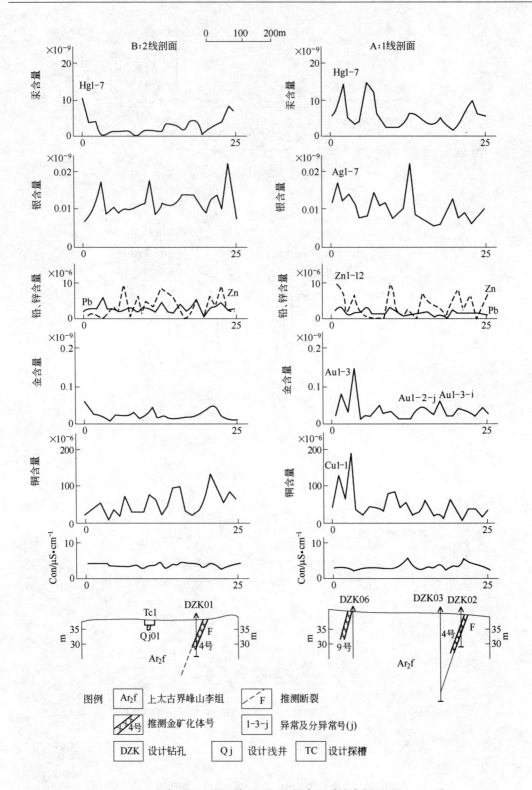

图 8-65　大庙测区地电、热释汞、电导率地质综合剖面图（1、2 线）

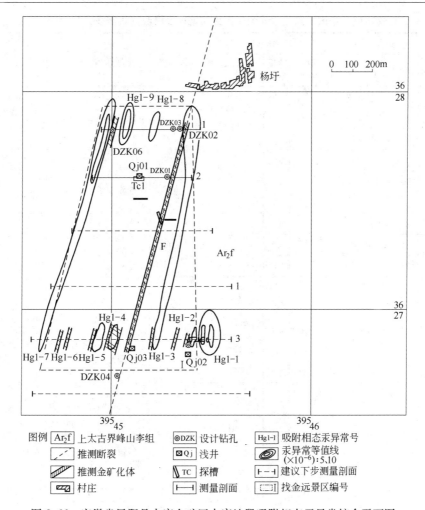

图例 | Ar_2f 上太古界峰山李组 | ◎DZK 设计钻孔 | Hg1-1 吸附相态汞异常号
推测断裂 | ⊠ Qj 浅井 | 汞异常等值线 $(\times 10^{-6})$：5，10
推测金矿化体 | TC 探槽 | 建议下步测量剖面
村庄 | 测量剖面 | 找金远景区编号

图 8-66 安徽省凤阳县大庙金矿区大庙地段吸附相态汞异常综合平面图

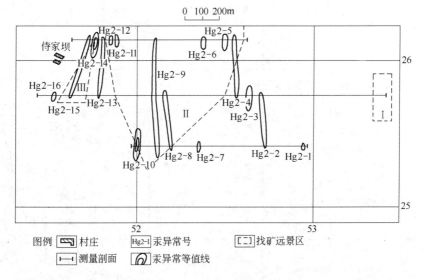

图例 村庄 | Hg2-1 汞异常号 | 找矿远景区
测量剖面 | 汞异常等值线

图 8-67 安徽省凤阳县大庙金矿区侍家坝地段吸附相态汞异常综合平面图

表 8-17　安徽凤阳县大庙金矿区大庙地段土壤吸附相态汞异常特征

异常号	剖面号	异常峰值		异常规模与强度					地质特征、解释	对应其他元素号
		点号	含量	起始点号	宽度/m	汞含量	走向	走向长度/m		
Hg1-1	3	32	75.24×10^{-9}	32~37	120	28.89×10^{-9}			位于 Ar_2f 地层内	Con1-1、Au1-2、Ag1-1、Pb1-1、Zn1-4、Cu1-2、Cu1-3
		35	22.75×10^{-9}							
		37	47.95×10^{-9}							
Hg1-2	3	30	5.39×10^{-9}			5.39×10^{-9}			位于 Ar_2f 地层内对应推测金矿化体 1 号	Con1-1、Au1-3-a、Zn1-5 边缘东、Cu1-4
Hg1-3	3	21	6.28×10^{-9}	24~25、22~25	40	6.98×10^{-9}	SN	360	南部（3 线）位于 Ar_2f 地层内，3 线剖面上对应推断 3 号金矿化脉体	Con1-1、Au1-3-d、Ag1-2、Pb1-3、Zn1-5、Cu1-5
	2	24	8.35×10^{-9}							
	1	23	9.64×10^{-9}		100					
Hg1-4	3	11	6.46×10^{-9}	10~11	40	6.26×10^{-9}			位于 Ar_2f 地层内（南部），NE 向推测断裂西侧，推断 3 线上 5 号金矿化体（多条或厚层状）上	Con1-1-d、Au1-3-e、Zn1-8 南部、Cu1-7 南端
Hg1-5	3	7	6.83×10^{-9}	6~8	60	5.91×10^{-9}			位于 Ar_2f 地层内（南部），推测的 NE 向断裂西侧，推断的 3 线上 5 号金矿化（脉）体边缘	Con1-1、Au1-3-e、Pb1-7 南部、Zn1-8 南部
Hg1-6	3	a	6.44×10^{-9}			6.44×10^{-9}			位于 Ar_2f 地层内，NE 向推测断裂西侧，推断的 3 线上 7 号金矿化（脉）体上	Con1-1、Au1-3-g、Ag1-5、Pb1-8 南部、Zn1-10、Cu1-9
Hg1-7	1	2	14.74×10^{-9}	0~3	60	9.06×10^{-9}	NE	120	位于 Ar_2f 地层内，NE 向推断断裂西侧 400~500m 处，异常北端（1 线附近）与 9 号推测金矿化脉体吻合	Con1-1-f、Au1-3-L、Ag1-7、Pb1-10、Zn1-12、Cu1-11
	2	0	10.27×10^{-9}							
	3	g	5.55×10^{-9}							
Hg1-8	1	13	5.82×10^{-9}	13~14	40	5.65×10^{-9}			位于 NE 向推测断裂西 180m 处	Con1-1、Au1-3-j、Ag1-4 北端、Zn1-8 北端
Hg1-9	1	6	14.67×10^{-9}	6~8	60	10.67×10^{-9}			位于 NE 向推测断裂西 300m 处	Au1-3-k、Ag1-6 北

表 8-18 安徽凤阳县大庙金矿区侍家坝地段土壤吸附相态汞异常特征

异常号	剖面号	异常峰值		异常规模与强度					地质特征、解释	对应其他元素号
		点号	含量	起始点号	宽度/m	汞含量	走向	走向长度/m		
Hg2-1	6	2940	5.06×10^{-9}		20	5.06×10^{-9}				Pb2-5、Zn2-3
Hg2-2	5	62	6.09×10^{-9}		20	6.09×10^{-9}	SN	450		Con2-2、Au2-4、Pb2-7、Zn2-3-g
	6	2720	7.38×10^{-9}		20	7.38×10^{-9}				
Hg2-3	5	58	7.18×10^{-9}	58~59	40	6.81×10^{-9}				Con2-2-b、Pb2-8、Zn2-3-f、Cu2-4
Hg2-4	4	4	9.58×10^{-9}		20	9.58×10^{-9}	SN	450		Con2-2、Au2-5-b、Zn2-3-f, g
	5	53	5.53×10^{-9}		20	5.53×10^{-9}				
Hg2-5	4	6	6.31×10^{-9}	6~7	40	5.67×10^{-9}				Con2-2、Au2-5、Zn2-3
Hg2-6	4	13	5.73×10^{-9}		20	5.73×10^{-9}				Zn2-3-i、Cu2-6
Hg2-7	6	2340	6.53×10^{-9}		20	6.53×10^{-9}				Con2-2、Pb2-10、Zn2-4、Cu2-6
Hg2-8	5	34	6.36×10^{-9}		20	6.36×10^{-9}	NNW			Con2-3、Pb2-12、Zn2-5、Cu2-7
	6	2180	6.7×10^{-9}		20	6.7×10^{-9}				
Hg2-9	4	27	5.27×10^{-9}		20	5.27×10^{-9}	SN	850		Con2-4、Au2-9、Ag2-4、Pb2-12、Zn2-6
	5	31	5.25×10^{-9}		20	5.25×10^{-9}				
	6	2180	9.46×10^{-9}		20	9.46×10^{-9}				
Hg2-10	6	1980	16.96×10^{-9}		20	16.96×10^{-9}				Au2-15、Pb2-14、Zn2-6、Cu2-8
Hg2-11	4	38	5.59×10^{-9}		20	5.59×10^{-9}				Con2-5、Au2-11、Zn2-7
Hg2-12	4	40	5.67×10^{-9}		20	5.67×10^{-9}				Au2-12
Hg2-13	4	42	5.09×10^{-9}		20	5.09×10^{-9}	SN	400		Con2-5、Zn2-8
	5	1760	7.38×10^{-9}		20	7.38×10^{-9}				
Hg2-14	4	44	10.78×10^{-9}		20	10.78×10^{-9}				Au2-13
Hg2-15	4	46	6.48×10^{-9}		20	6.48×10^{-9}	NE	450		Con2-6、Ag2-7、Pb2-17、Zn2-11
	5	7	5.86×10^{-9}		20	5.86×10^{-9}				
Hg2-16	5	3	5.75×10^{-9}		20	5.75×10^{-9}				Con2-8、Zn2-12、Cu2-9

从走向上看(图8-66,表8-17),大庙地段Hg1-3、Hg1-7号走向与NE向推测的断裂一致。在大庙地段,汞异常出现与金异常关系密切,而在侍家坝地段Hg2-1、Hg2-3、Hg2-6、Hg2-7等异常均不与金离子空间关系密切。大庙地段线状汞异常反映线状构造的存在,而侍家坝地段线状构造可能不发育,汞异常零星。从剖面上看,汞异常多与金异常浓集部分有关。

C   地电提取平面异常特征

a   地电提取金离子异常平面分布特征

在大庙、侍家坝两地段根据金异常下限值圈定地电金异常,在大庙地段确定3个金异常,编号Au1-1 ~ Au1-3 (图8-68);在侍家坝地段确定金异常15个,编号为Au2-1 ~ Au2-15号 (图8-69),其中Au2-2 ~ Au2-4、Au2-6号等4个异常为低值点异常,而Au1-3号为推测异常面积规模最大,由N向S,金含量增高,且在南部(3号线)有若干个浓集中心,且浓集中心强度均大于 0.05×10^{-9}。所获异常位置、含量特征、地质特征与其他元素异常的关系见表8-19、表8-20。

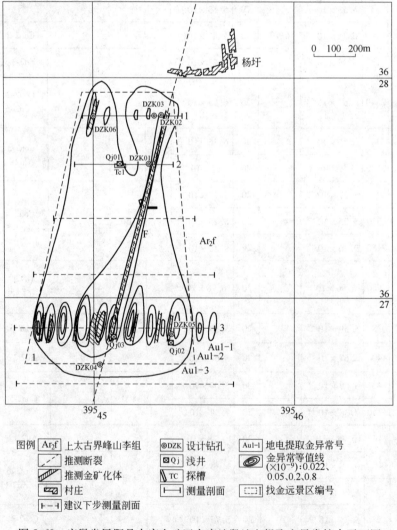

图 8-68   安徽省凤阳县大庙金矿区大庙地段地电提取金异常综合平面图

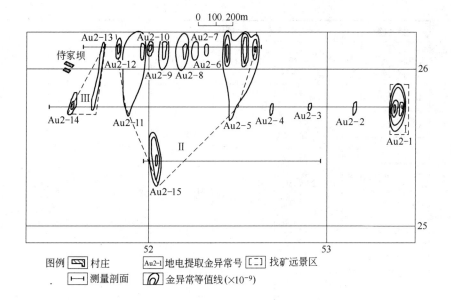

图 8-69　安徽省凤阳县大庙金矿区侍家坝地段地电提取金异常综合平面图

表 8-19　安徽省凤阳县大庙金矿区大庙地段地电提取金异常特征

| 异常号 | 剖面号 | 异常峰值 | | 异常规模与强度 | | | | | 地质特征、解释 | 对应其他元素异常号 |
		点号	含量	起始点号	宽度/m	金含量	走向	走向长度/m		
Au1-1	3	40	0.038×10^{-9}	40		0.038×10^{-9}			位于 Ar_2f^1 地层内	Con1-1、Zn1-1
Au1-2	3	37	0.068×10^{-9}	37		0.68×10^{-9}			位于 Ar_2f^1 地层内	Con1-1、Hg1-1、Pb1-a、Cu1-2、Zn1-3
-a	3	32	1.388×10^{-9}						位于 Ar_2f^1 地层内，推断 NE 向断裂东侧 320m 处，推断为 1 号金矿化脉体上	Con1-1、Hg1-2、Zn1-5、Cu1-4
-b	3	28	0.064×10^{-9}						位于 Ar_2f^1 地层内	Con1-1-a、Pb1-2、Zn1-5、Cu1-4
-c	3	25	0.948×10^{-9}						位于 Ar_2f^1 地层内，推断为 2 号金矿化脉体上	Con1-1、Pb1-3、Zn1-5、Cu1-5
-d	3	20	1.207×10^{-9}						位于 Ar_2f^1 地层内，推断 NE 向断裂东侧 140m 处，推断为 3 号金矿化脉体上	Con1-1-b、Ag1-2、Pb1-3 西侧、Zn1-5 西侧、Cu1-5

异常号	剖面号	异常峰值		异常规模与强度					地质特征、解释	对应其他元素异常号
		点号	含　量	起始点号	宽度/m	金含量	走向	走向长度/m		
-e	3	16	1.999×10^{-9}	$19 \sim 22$ $13 \sim 25$	80 280	0.038×10^{-9} 0.041×10^{-9}	NE	1150	位于 Ar_2f^1 地层内（异常南端），推断 NE 向断裂上及断裂两侧 150m 范围内，推断为沿 NE 向断裂的 4 号金矿化脉体及 5 号金矿化体（带）上	Con1-1-c 及 Con1-1-d、 Hg1-4、 Hg1-5、Ag1-3（N）、 Pb1-4、 Zn1-6 及 Zn1-8 南部、Cu1-6 及 Cu1-7 南部
	3	13	2.09×10^{-9}							
	3	9	2.197×10^{-9}							
	2	21	0.052×10^{-9}							
	1	24	0.05×10^{-9}							
		20	0.05×10^{-9}							
		17	0.065×10^{-9}							
		14	0.053×10^{-9}							
-f	3	4	2.852×10^{-9}						位于 Ar_2f^1 地层内，推断 NE 向断裂西侧 170m，推测的 6 号金矿化体	Con1-1、Ag1-5、 Pb1-8、Zn1-10
-g	3	0	0.146×10^{-9}						位于 Ar_2f^1 地层内，推测的 7 号金矿化体	Con1-1、 Hg1-6、Zn1-10、Cu1-9
-h	3	6	1.044×10^{-9}						位于 Ar_2f^1 地层内，推测的 8 号金矿化体	Con1-1、Zn1-10
-i	1	17	0.065×10^{-9}						位于推断 NE 向断裂西侧 80m 处	Con1-1
-j	1	14	0.053×10^{-9}						位于推断 NE 向断裂西侧 140m 处	Hg1-8、 Ag1-4 北端、Zn1-8 北端
-k	1	7	0.053×10^{-9}						位于推断 NE 向断裂西侧 300m 处	Hg1-9、 Ag1-6 北端、Zn1-7 北端
-l	1	3	0.161×10^{-9}						位于推断 NE 向断裂西侧 370m 处，推测的 9 号金矿化体上	Hd1-7、Ag1-7、Pb1-8、Zn1-11、Cu1-10

表 8-20 安徽省凤阳县大庙金矿区侍家坝地段地电提取金异常特征

异常号	剖面号	异常峰值		异常规模与强度					地质特征、解释	对应其他元素异常号
		点号	含量	起始点号	宽度/m	金含量	走向	走向长度/m		
Au2-1	5	98	0.601×10^{-9}	96~98	60	0.625×10^{-9}			位于推测的侍家坝1号、2号金矿化体上	Pb2-1；Zn2-1
		96	1.179×10^{-9}							
Au2-2	5	85	0.032×10^{-9}		20	0.032×10^{-9}			位于推测的侍家坝3号金矿化体上	Zn2-3-6；Cu2-1
Au2-3	5	73	0.23×10^{-9}		20	0.023×10^{-9}	NE	500		Ag2-1；Zn2-3
Au2-4	5	62	0.24×10^{-9}		20	0.024×10^{-9}				Con2-2-a；Hg2-2；Pb2-7；Zn2-3
Au2-5	4 5	1	0.521×10^{-9}	1~10	200	0.223×10^{-9}	NE	500	对应于侍家坝4~5线的4号金矿化体及4线上的5号、6号金矿化体上	Con2-2；Hg2-4、5；Pb2-9、15；Zn2-3-i，h，g；Cu2-4、6
		4	0.686×10^{-9}							
		9	0.773×10^{-9}							
		50	0.045×10^{-9}							
Au2-6	4	16	0.041×10^{-9}	15~16	40	0.033×10^{-9}				Con2-2；Zn2-3-h
Au2-7	4	18	0.038×10^{-9}	18~19	40	0.033×10^{-9}				Zn2-4；Cu2-6
Au2-8	4	21	0.077×10^{-9}	21~23	60	0.056×10^{-9}			推断的侍家坝7号金矿化体上	Con2-3；Zn2-4
Au2-9	4	27	0.119×10^{-9}	25~28	80	0.055×10^{-9}			推断的侍家坝8号金矿化体上	Hg2-9；Zn2-4、5
Au2-10	4	31	0.52×10^{-9}		20	0.052×10^{-9}				Zn2-16
Au2-11	4	33	0.132×10^{-9}	33~38	120	0.049×10^{-9}	SN	500	推测的9号金矿化体上	Con2-5；Hg2-11；Pb2-16；Zn2-6、7
	5	21	0.026×10^{-9}		20	0.026×10^{-9}				
Au2-12	4	40	0.062×10^{-9}		20	0.062×10^{-9}			推测的10号金矿化体上	Con2-5；Hg2-12
Au2-13	4	44	0.023×10^{-9}		20	0.023×10^{-9}	NE	450		Con2-6；Hg2-14
	5	11	0.026×10^{-9}		20	0.026×10^{-9}				
Au2-14	5	1540	0.089×10^{-9}		20	0.089×10^{-9}				Zn2-11
Au2-15	6	2040	1.8×10^{-9}	2020~2040	40	1.156×10^{-9}				Hg2-10；Pb2-14；Zn2-6-a；Cu2-8

按规模及强度来看，以 Au1-3 号异常最大、最强；12 个浓集中心（除 1 线 17 号点外）基本都与 Ag、Zn、Pb、Cu、Hg 等亲硫元素异常吻合（种类或多或少），但与锌元素异常关系较密切（19 个峰值点中有 17 个有锌元素异常）（表 8-19-e）。在大庙地段上，金元素异常与锌元素异常关系亦可从剖面上看出（图 8-64、图 8-65）。在侍家坝地段，从 Au2-1 号异常、Au2-5 号异常、Au2-14 号异常关系也可看出金异常与锌异常关系较密切。

b 地电提取银离子异常平面分布特征

根据大庙金矿区大庙、侍家坝地段地电提取银离子异常下限值来圈定异常；大庙地段圈出 7 个银异常，编号为 Ag1-1~Ag1-7（图 8-70）；侍家坝地段圈得 7 个银异常，编号为 Ag2-1~Ag2-7，（图 8-71）。异常位置、含两地段确定的 14 个银异常中，点状异常较多，有 9 个，分为 Ag2-1~Ag2-7 号，Ag1-1、Ag1-5 号。走向上最长的有 Ag1-2、Ag1-4、Ag1-6

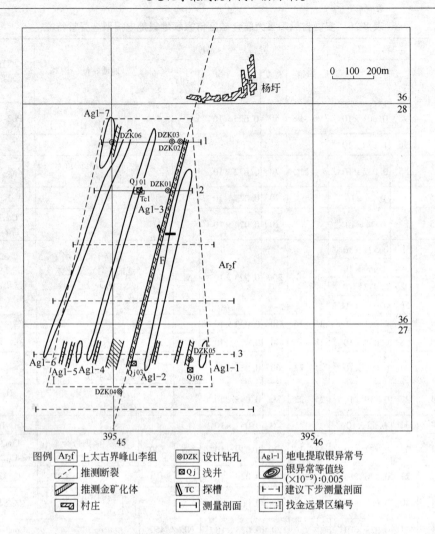

图 8-70　安徽省凤阳县大庙金矿区大庙地段地电提取银异常综合平面图

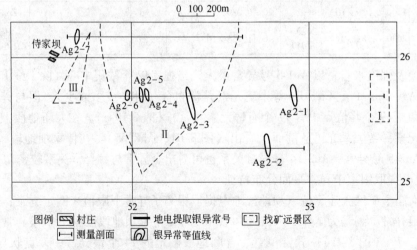

图 8-71　安徽省凤阳县大庙金矿区侍家坝地段地电提取银异常综合平面图

号，如 Ag1-2 沿推测的 NE 向断裂东侧呈 NE 向长约 900m，走向长次之有 Ag1-3、Ag1-7号。从强度上看，异常浓集中心最强的为大庙地段的银异常，如 Ag1-4 号异常最强可达 0.023×10^{-6}，而侍家坝地段的银异常最强的浓集中心出现于 Ag2-1 异常中，仅为 0.018×10^{-6}。在与其他元素空间的密切关系上，大庙地段的银异常均与多种其他元素同步出现，如 Ag1-4 号异常与电导率、热释汞、地电提取 Au、Pb、Zn、Cu 异常出现（表8-20、表8-21及图8-70、图8-71）；而侍家坝的银异常，与其他元素同步出现的种类较大庙地段少，如与其他元素同步出现较多的 Ag2-1 号异常，只有电导率、Au、Zn 元素异常（表8-21及图8-72）。以与金的关系看，大庙地段出现银异常的地段，均有金异常存在，而侍家坝地段仅 Ag2-1 号异常处出现金异常。

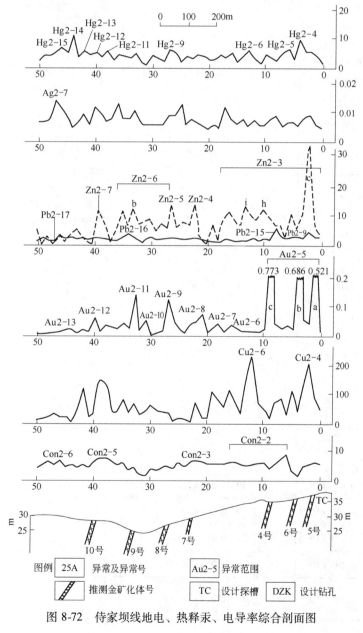

图 8-72　侍家坝线地电、热释汞、电导率综合剖面图

表 8-21　安徽省凤阳县大庙金矿区侍家坝地电提取银异常特征

异常面	剖面号	异常峰值		异常规模与强度					地质情况解释	对应其他元素异常号
		点号	含量	起始点号	宽度/m	银含量	走向	走向长度/m		
Ag1-1	3	32	0.014×10^{-6}		20				位于 Ar_2f^1 地层内推断 1 号金矿化体上盘	Con1-1；Hgl-1；Au1-1；Pb1-1；Zn1-4；Cu1-4
Ag1-2	2 3	24 18	0.021×10^{-6} 0.013×10^{-6}	22～24	60	0.018×10^{-6} 0.013×10^{-6}	NE	900	位于推断 NE 向断裂东侧 180m，推断的 3 号金矿化体上盘（3线）地层内	Con1-1-b；Au1-3-d；Pb1-3 及 Zn1-5 边缘；Cu1-5
Ag1-3	1 2	20 17	0.014×10^{-6} 0.014×10^{-6}	16～18	60	0.014×10^{-6} 0.014×10^{-6}	NE	400	位于推断 NE 向断裂（在 1～2 线）西侧 50～70m	Con1-1-e；Au1-3-i；Pb1-4；Zn1-7
Ag1-4	1 2 3	13 10 g	0.023×10^{-6} 0.012×10^{-6} 0.013×10^{-6}			0.023×10^{-6} 0.012×10^{-6} 0.013×10^{-6}	NE	1100	位于推断 NE 向断裂西侧 150～200m 处；3 线处异常位于推断的 4 号金矿化体上	Con1-1-e；Hgl-8；Au1-3-f；Au1-3-j；Pb1-7；Zn1-9 南端；Zn1-8 北端；Cu1-8
Ag1-5	3	1	0.014×10^{-6}						位于 Ar_2f^1 地层内，推断 NE 向断裂西侧 280m 处，推断的 6 号金矿化体上盘	Con1-1；Hgl-6；Au1-3-5；Pb1-8；Zn1-10
Ag1-6	1 2 3	7 3 g	0.015×10^{-6} 0.018×10^{-6} 0.013×10^{-6}	2～3	40	0.015×10^{-6} 0.0165×10^{-6} 0.013×10^{-6}	NE	1150	位于 Ar_2f^1 地层（3线）内，推断 NE 向断裂西侧 300～440m 处（N→S）	Con1-1；Hgl-9（北）；Au1-3-h；Au1-3-k；Zn1-10
Ag1-7	1	1	0.018×10^{-6}	1～3	60	0.0153×10^{-6}			位于推断 NE 向断裂西侧约 400m 处，推断的 9 号金矿化体上盘	Hgl-7 北端；Au1-3-6；Zn1-11；Cu1-5
Ag2-1	5	76	0.018×10^{-6}		20	0.018×10^{-6}				Con2-1；Au2-3；Zn2-3
Ag2-2	6	2760	0.013×10^{-6}		20	0.013×10^{-6}				Zn2-3
Ag2-3	5	46	0.013×10^{-6}		20	0.013×10^{-6}				Con2-2-d；Zn2-4
Ag2-4	5	34	0.014×10^{-6}		20	0.014×10^{-6}				Hg2-9；Zn2-6
Ag2-5	5	32	0.014×10^{-6}		20	0.014×10^{-6}				Con2-4；Zn2-6
Ag2-6	5	28	0.013×10^{-6}		20	0.013×10^{-6}				Con2-5；Zn2-6
Ag2-7	4	47	0.013×10^{-6}		20	0.013×10^{-6}				Con2-6；Hg2-15；Pb2-17

c 地电提取铅离子异常平面分布特征

将大庙金矿区大庙、侍家坝地段地电提取铅元素数据，按异常下限值（3×10^{-6}）圈定异常，在大庙地段确定10个铅异常，编号为 Pb1-1～Pb1-10（图8-73）。在侍家坝地段确定17个铅异常，编号为 Pb2-1～Pb2-17（图8-74）。异常位置、含量特征、地质特征及其他元素的异常关系见表8-22、表8-23。

表 8-22　安徽省凤阳县大庙金矿区大庙地段地电提取铅异常特征

异常面	剖面号	异常峰值		异常规模与强度					地质情况解释	对应其他元素异常号
		点号	含量	起始点号	宽度/m	铅含量	走向	走向长度/m		
Pb1-1	3	35 32	30.83×10^{-6} 11.82×10^{-6}	32～38	120	14.13×10^{-6}			位于 Ar_2f^1 地层内	Con1-1；Hg1-1；Au1-2；Au1-3-a；Ag1-1；Zn1-3；Zn1-4；Cu1-2；Cu1-3
Pb1-2	3	28	4.78×10^{-6}	27～28	40	4.21×10^{-6}			位于 Ar_2f^1 地层内，推断的1号金矿化体上盘（西侧）	Con1-1-a；Au1-3-a；Zn1-5-a；Cu1-4
Pb1-3	3 2	20 23 23	3.78×10^{-6} 6.35×10^{-6} 4.42×10^{-6}	22～24、21～23	60	4.46×10^{-6} 3.89×10^{-6}	SN	900	3线位于 Ar_2f^1 地层内；2线位于 NE 向断层东侧；3线位于推断的2号金矿化体上	Con1-1-b；Hg1-3南端；Au1-3-cd；Ag1-2；Zn1-5；Cu1-5；Cu1-6北端
Pb1-4	2	19	5.72×10^{-6}	18～19	40	4.46×10^{-6}			位于推断 NE 向断裂西侧	Con1-1；Au1-3；Ag1-3
Pb1-5	2	16	4.17×10^{-6}			4.17×10^{-6}				Au1-3；Ag1-3
Pb1-6	1 2 3	13	4.54×10^{-6}			4.54×10^{-6}			位于推断 NE 向断裂西侧150m处	Con1-1；Au1-3；Ag1-4-c
Pb1-7	1 2 3	9 8 10 6	3.88×10^{-6} 3.52×10^{-6} 3.18×10^{-6} 3.16×10^{-6}	5～6	40	3.14×10^{-6}	NE	1050	位于 Ar_2f^1 地层内（3线）距推断 NE 向断裂西侧 180～250m 处，推断的6号金矿化体上（3线部分）	Con1-1（Con1-e）；Hg1-5；Hg1-9；Au1-3-5；Au1-3-k；Ag1-4；Zn1-9；Cu1-8
Pb1-8	1 2 3	5 5 1	3.32×10^{-6} 3.16×10^{-6} 5.51×10^{-6}				NE	1050	位于 Ar_2f^1 地层内（3线）	Con1-1；Hg1-6；Hg1-9；Au1-3；（Au1-3-5）Ag1-5；Ag1-6北端；Zn1-10；Zn1-11；Cu1-11
Pb1-9	2	3	6.21×10^{-6}			6.21×10^{-6}			位于推断的 NE 向断裂西侧300m（2线）	Au1-3；Zn1-8
Pb1-10	1 2	1 1	3.26×10^{-6} 3.21×10^{-6}	0～1	40	3.14×10^{-6} 3.21×10^{-6}	SN	300		Con1-1；Hg1-7；Au1-3；Ag1-7；Zn1-12；Cu1-11

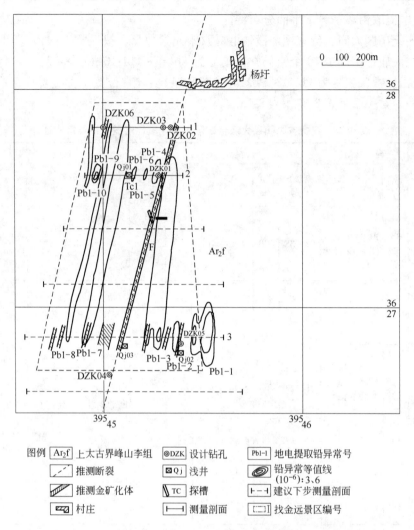

图 8-73　安徽省凤阳县大庙金矿区大庙地段地电提取铅异常综合平面图

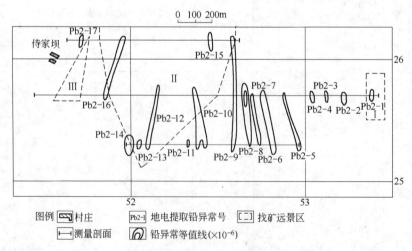

图 8-74　安徽省凤阳县大庙金矿区侍家坝地段地电提取铅异常综合平面图

表 8-23 安徽省凤阳县大庙金矿区侍家坝地段地电提取铅异常特征

异常面	剖面号	异常峰值 点号	异常峰值 含量	异常规模与强度 起始点号	宽度/m	铅含量	走向	走向长度/m	地质情况解释	对应其他元素异常号
Pb2-1	5	97	4.09×10^{-6}		20	4.09×10^{-6}			对应推测的侍家坝2号金矿和体上	Au2-1
Pb2-2	5	89	4.17×10^{-6}	89~90	40	3.78×10^{-6}			对应推测的侍家坝3号金矿体一侧	Zn2-3-a
Pb2-3	5	84	4.13×10^{-6}		20	4.13×10^{-6}				Au2-2；Zn2-3
Pb2-4	5	80	5.51×10^{-6}		20	5.51×10^{-6}				Zn2-3；Cu2-2
Pb2-5	5 6	72、 2940	3.18×10^{-6} 3.53×10^{-6}		20 20	3.18×10^{-6} 3.53×10^{-6}	NW	400		Con2-1；Hg2-1；Au2-3；Zn2-3
Pb2-6	5 6	67、 2720	3.61×10^{-6} 3.14×10^{-6}	66~67	40 20	3.49×10^{-6} 3.14×10^{-6}	NW	450		Con2-2；Zn2-3；Cu2-3
Pb2-7	5 6	63、 2660	3.03×10^{-6} 3.80×10^{-6}		20 20	3.03×10^{-6} 3.80×10^{-6}	NW	360		Con2-2-a；Hg2-2；Au2-4；Ag2-2；Zn2-3-e、g
Pb2-8	5 6	61、 2660	10.93×10^{-6} 3.80×10^{-6}		20 20	10.93×10^{-6} 3.80×10^{-6}	SN	450		Con2-2；Hg2-3；Zn2-3-f；Cu2-4
Pb2-9	4 5 6	2、 58、 2560	4.14×10^{-6} 3.36×10^{-6} 3.70×10^{-6}		20 20 20	3.73×10^{-6}	SN	800	对应推测的侍家坝6号金矿体上	Con2-2-b；Au2-5-a；Zn2-3-f、g；Cu2-4
Pb2-10	5 6	46、 2380、 2420	5.90×10^{-6} 3.39×10^{-6} 3.37×10^{-6}		20 20 20	5.90×10^{-6} 3.39×10^{-6} 3.37×10^{-6}	NW	450		Con2-2-d；Zn2-3-j；Cu2-6
Pb2-11	6	2320	3.96×10^{-6}		20	3.96×10^{-6}				Con2-2；Zn2-4
Pb2-12	5 6	35、 2080	4.62×10^{-6} 3.25×10^{-6}		20 20	3.94×10^{-6}	SN	450		Con2-3；Zn2-56；Hg2-8、9
Pb2-13	6	2020	3.33×10^{-6}	2020~2040	40	3.30×10^{-6}			对应推测的侍家坝11号金矿体上	Au2-15；Zn2-6；Cu2-8
Pb2-14	6	19、 80	5044×10^{-6}	1960~1980	40	5.41×10^{-6}			对应推测的侍家坝12号金矿体上	Hg2-10；Au2-6；Cu2-8
Pb2-15	4	8	5.61×10^{-6}		20	5.61×10^{-6}			对应推测的侍家坝4号金矿体上	Con2-2；Au2-5-c；Zn2-3
Pb2-16	4 5	34、 20	3.98×10^{-6} 5.07×10^{-6}		20 20	3.98×10^{-6} 5.07×10^{-6}	NE	450	对应推测的侍家坝9号金矿化体上	Con2-5；Hg2-15；Au2-3；Ag2-7
Pb2-17	4	46	3.41×10^{-6}		20	3.41×10^{-6}				

表8-22、表8-23及图8-73、图8-74显示，铅异常按形态分为点状异常、线状异常、条状异常、带状异常。大庙地段Pb1-2、Pb1-4、Pb1-5、Pb1-6、Pb1-9呈点状异常，侍家坝地段Pb2-1、Pb2-2、Pb2-3、Pb2-4、Pb2-11、Pb2-13、Pb2-15、Pb2-17呈点状异常。大庙地段Pb1-1、Pb1-7、Pb1-8、Pb1-10，及侍家坝地段Pb2-5、Pb2-6、Pb2-7、Pb2-8、Pb2-9、Pb2-10呈线状、条状异常。大庙地段的Pb1-1呈带状异常。从异常强度来看，大庙地段有的铅异常强度稍高于侍家坝地段铅异常，如Pb1-1号异常的峰值可达30.83×10^{-6}，而侍家坝地段峰值最强异常为Pb2-8，最大峰值为10.93×10^{-6}。两地段的铅异常绝大多数峰值含量均在6×10^{-6}以下（表8-22、表8-23），说明亲硫元素铅在大庙金矿区的矿化活动中不明显。从与地电提取金异常的关系上看，由表10-9、表10-10得知，铅异常处均存在金异常，如Pb2-2、Pb2-4、Pb2-6、Pb2-8、Pb2-10、Pb2-11、Pb2-12、Pb2-14等异常（图8-75、图8-76）。

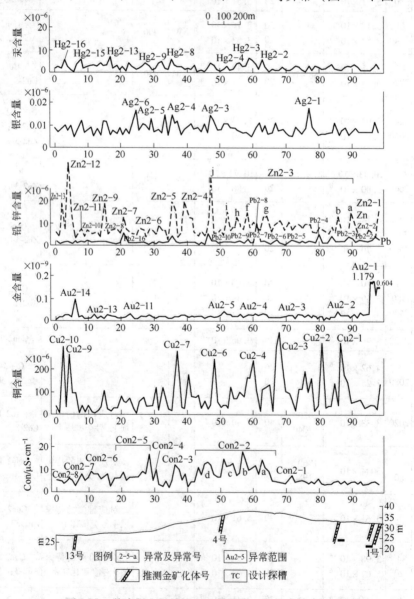

图8-75　侍家坝5号线地电、热释汞、电导率综合剖面图

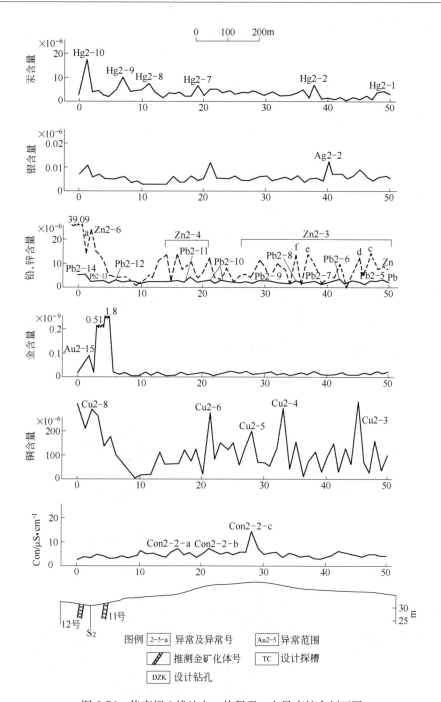

图 8-76 侍家坝 6 线地电、热释汞、电导率综合剖面图

d 地电提取锌离子异常平面分布特征

将大庙金矿区大庙、侍家坝地段地电提取锌离子数据，按异常下限值（6×10^{-6}）圈定异常，在大庙地段确定锌异常 12 个，编号为 Zn1-1 ~ Zn1-12（图 8-77）；在侍家坝地段确定 13 个锌异常，编号为 Zn2-1 ~ Zn2-13（图 8-78）。所获锌异常位置、含量特征、地质特征及其他元素的异常关系见表 8-24、表 8-25。从表 8-24、表 8-25 及图 8-77、图 8-78

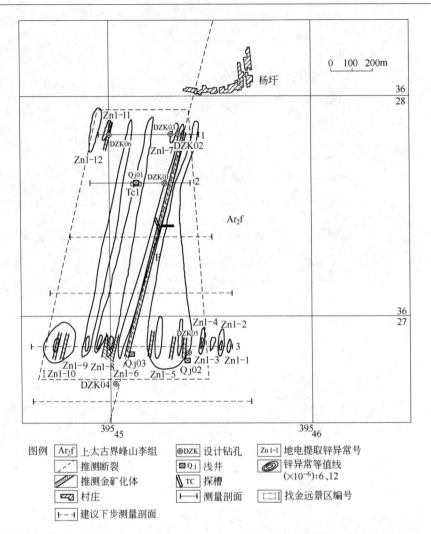

图 8-77　安徽省凤阳县大庙金矿区大庙地段地电提取锌异常综合平面图

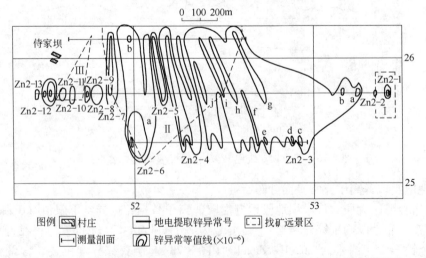

图 8-78　安徽省凤阳县大庙金矿区侍家坝地段地电提取锌异常综合平面图

表 8-24 安徽省凤阳县大庙金矿区地电提取锌异常特征

异常号	剖面号	异常峰值 点号	异常峰值 含量	起始点号	宽度/m	锌含量	走向	走向长度/m	地质特征、解释	对应其他元素异常号
Zn1-1	3	40	7.31×10^{-6}		20	7.31×10^{-6}			位于 Ar_2f^1 地层内	Con1-1；Au1-1
Zn1-2	3	38	11.31×10^{-6}		20	11.31×10^{-6}			位于 Ar_2f^1 地层内	Con1-1；Au1-2；Pb1-1；Cu1-1
Zn1-3	3	36	7.99×10^{-6}		20	7.99×10^{-6}			位于 Ar_2f^1 地层内	Con1-1；Au1-2；Hg1-1-a；Pb1-1-a；Cu1-2
Zn1-4	3	34	46.33×10^{-6}		20	46.33×10^{-6}			位于 Ar_2f^1 地层内	Con1-1；Au1-3-a；Hg1-1-b；Ag1-1；Pb1-1-b；Cu1-3
Zn1-5	1	25	8.47×10^{-6}	21~31	20	8.47×10^{-6}	SN 转 NE	1150	3 线位于 Ar_2f^1 地层，整个异常位于推断的 NE 向断裂东侧。对应 3 线推断的 1 号、2 号、3 号金矿化体	Con1-1（Con1-1-a，b）；Au1-3（Au1-3-a，b、c）；Hg1-2、3；Ag1-1；Ag1-2；Pb1-2、3；Cu1-4、5
Zn1-5	2	23	9.56×10^{-6}		20	9.56×10^{-6}				
Zn1-5	3	23	24.79×10^{-6}		220	16.55×10^{-6}				
Zn1-5		27	41.82×10^{-6}							
Zn1-6	1	22	7.61×10^{-6}		20	7.61×10^{-6}	NE	1150	3 线位于 Ar_2f^1 地层，异常与推断的 NE 向断裂吻合。与 3 线推断的 4 号金矿化体一致	Con1-1（Con1-1-c）；Au1-3-e；Hg1-3 北端；Ag1-3；Pb1-3；Cu1-6
Zn1-6	2	21	6.73×10^{-6}		20	6.73×10^{-6}				
Zn1-6	3	14	10.79×10^{-6}		20	10.79×10^{-6}				
Zn1-7	1	20	8.34×10^{-6}		20	8.34×10^{-6}			位于推断的 NE 向断裂西侧	Con1-1；Au1-3；Hg1-3；Ag1-3；Cu1-6 北端
Zn1-8	1	14	8.18×10^{-6}	13~15	20	8.18×10^{-6}	NE	1100	位于 Ar_2f^1 地层内（3 线部位），处于推断的 NE 向断裂西侧。对应 3 线推断的 5 号厚金矿化体（带）	Con1-1（Con1-1-e）；Hg1-5；Hg1-8；Au1-3-e、j；Ag1-4；Pb1-6；Cu1-8
Zn1-8	2	13	8.36×10^{-6}		60	7.45×10^{-6}				
Zn1-8	3	11	12.04×10^{-6}	8~9	40	8.88×10^{-6}				
Zn1-8		8	10.18×10^{-6}							
Zn1-9	1	9	10.74×10^{-6}	5~6	20	10.74×10^{-6}		1100	位于 Ar_2f^1 地层内（3 线），处于推断的 NE 向断裂西侧。对应 3 线推断的 6 号金矿化脉体	Con1-1-e；Hg1-9；Au1-3-f、k；Ag1-4；Pb1-7；Cu1-8
Zn1-9	2	9	7.29×10^{-6}		20	7.29×10^{-6}				
Zn1-9	3	5	15.12×10^{-6}		40	10.7×10^{-6}				
Zn1-10	3	3	8.81×10^{-6}	d~2	160	9.48×10^{-6}			位于 Ar_2f^1 地层内，对应 3 线推断的 7 号、8 号金矿化体上	Con1-1；Hg1-6；Au1-3-g、h；Ag1-5；Pb1-8；Cu1-9
Zn1-10		c	12.75×10^{-6}							
Zn1-11	1	3	7.36×10^{-6}		20	7.36×10^{-6}			位于推断的 NE 向断裂西侧，推断的 9 号金矿化体上	Au1-3-l；Hg1-7；Ag1-7；Cu1-11
Zn1-12	1	0	10.27×10^{-6}	0~1	40	9.29×10^{-6}			位于推断的 NE 向断裂西侧	Au1-3；Hg1-7；Ag1-7；Pb1-10；Cu1-11

表 8-25　安徽省凤阳县大庙金矿区侍家坝地段地电提取锌异常特征

异常号	剖面号	异常峰值		异常规模与强度					地质特征、解释	对应其他元素异常号
		点号	含量	起始点号	宽度/m	锌含量	走向	走向长度/m		
Zn2-1	5	98	15.65×10^{-6}		20	15.65×10^{-6}			推测的侍家坝1号矿化体上	Au2-1
Zn2-2	5	95	7.17×10^{-6}		20	7.17×10^{-6}			推测的侍家坝2号矿化体上	Au2-1；Pb2-1
Zn2-3 -g -h -i	4	2	33.6×10^{-6}	1~17	340	10.09×10^{-6}	南北转北东向	950	对应侍家坝推测的4线上的4号、5号、6号,5线上的3号、4号等含金矿化体。为本地段获得规模最大的锌异常,呈面状分布,在5线剖面上宽,异常面积在500000m² 以上	Con2-1、2；Hg2-1、2、3、4、5、6；Au2-2~Au2-6；Ag2-1、2、3；Pb2-2 ~ Pb2-10；Pb2-15；Cu2-1 ~ Cu2-6
		5	10.21×10^{-6}							
		10	12.75×10^{-6}							
		13	13.31×10^{-6}							
		16	11.35×10^{-6}							
	5	89	14.11×10^{-6}	46~91	920	9.1×10^{-6}				
		85	14.86×10^{-6}							
		70	10.55×10^{-6}							
		67	11.02×10^{-6}							
		63	13.67×10^{-6}							
		57	15.05×10^{-6}							
		54	12.91×10^{-6}							
		51	15.31×10^{-6}							
		45	28.45×10^{-6}							
	6	2380	11.87×10^{-6}	2380~2960（间隔分布）	20	11.87×10^{-6}				
		2440	7.92×10^{-6}		20	7.92×10^{-6}				
		2540	11.03×10^{-6}		40	9.52×10^{-6}				
		2600	9.45×10^{-6}		40	8.83×10^{-6}				
		2660	13.47×10^{-6}		20	13.47×10^{-6}				
		2700	14.06×10^{-6}		40	11.04×10^{-6}				
		2800	9.81×10^{-6}		20	9.81×10^{-6}				
		2860	12.35×10^{-6}		20	12.35×10^{-6}				
		2900	14.52×10^{-6}		80	9.32×10^{-6}				
Zn2-4	4	19	7.34×10^{-6}	22~24	20	7.34×10^{-6}	NW	900	对应推测的侍家坝,7号、8号金矿化体上（4线）	Con2-2（Con2-2~d）；Con2-3；Hg2-7；Au2-7、8；Ag2-3；Pb2-10、11；Cu2-6、7
		22	13.46×10^{-6}		60	9.02×10^{-6}				
	5	39	18.96×10^{-6}	38~42	100	11.23×10^{-6}				
		44	6.41×10^{-6}		20	6.41×10^{-6}				
	6	2240	14.21×10^{-6}	2220~2240	40	12.86×10^{-6}				
		2280	13.98×10^{-6}	2280~2320	60	10.64×10^{-6}				

异常号	剖面号	异常峰值		异常规模与强度					地质特征、解释	对应其他元素异常号
		点号	含量	起始点号	宽度/m	锌含量	走向	走向长度/m		
Zn2-5	4	26	14.69×10^{-6}	35, 36	20	14.69×10^{-6}	近 SN	500	对应推测的侍家坝 8 号金矿化体上（4 线）	Con2-3；Hg2-8；Hg2-9；Au2-9；Pb2-12；Cu2-7
	5	35	19.22×10^{-6}		40	18.15×10^{-6}				
Zn2-6	4	28	7.78×10^{-6}		20	7.78×10^{-6}	SN	950	对应推测的侍家坝 9 号金矿化体上（4 线），11 号、12 号金矿化体上（6 线）	Con2-4、5；Hg2-9、10；Au2-9、10、11、15；Ag2-4、5、6；Pb2-12、13、14、16；Cu2-8
		33	12.56×10^{-6}	$30 \sim 36$	140	8.76×10^{-6}				
		35	11.59×10^{-6}							
	5	25	8.44×10^{-6}	$25 \sim 26$	40	8.2×10^{-6}				
		31	8.7×10^{-6}	$28 \sim 33$	120	7.29×10^{-6}				
	6	1960	39.09×10^{-6}	$1960 \sim 2040$	100	20.55×10^{-6}				
		2000	23.96×10^{-6}							
Zn2-7	4	39	12.18×10^{-6}	$38 \sim 39$	40	10.65×10^{-6}	SN	500		Con2-5；Hg2-11；Hg2-12；Au2-11；Au2-12；Pb2-16
	5	20	12.66×10^{-6}	$20 \sim 22$	60	8.88×10^{-6}				
Zn2-8	5	17	8.16×10^{-6}	$16 \sim 18$	60	7.73×10^{-6}				Con2-5；Hg2-13；Pb2-16
Zn2-9	5	14	17.8×10^{-6}		20	17.8×10^{-6}				Con2-6
Zn2-10	5	9	7.72×10^{-6}		20	7.72×10^{-6}				Con2-6
Zn2-11	5	7	8.21×10^{-6}	$6 \sim 7$	40	7.28×10^{-6}				Con2-7；Hg2-15；Au2-14
Zn2-12	5	2	18.61×10^{-6}	$2 \sim 6$	100	17.02×10^{-6}				位于推测的侍家坝金矿化体 13 号号体上	Con2-8；Hg2-16；Au2-14；Cu2-9、10

可见，呈点状形态产出的锌异常有 13 个，其中大庙地段 7 个，侍家坝地段 6 个。这 13 个点状锌异常中峰值大于 12×10^{-6} 的有 3 个，如 Zn1-4，峰值为 46.33×10^{-6}。峰值为 15.65×10^{-6}，走向规模 900m 以上的（按所布设的剖面线间距勾绘所定）异常有 7 个，大庙地段有 4 个，编号为 Zn1-5、Zn1-6、Zn1-8、Zn1-9；侍家坝地段有 3 个异常，编号为 Zn2-3、Zn2-4、Zn2-6。其中，Zn1-6 号异常出现于 NE 向断裂部位，呈从北到南锌含量增高。在 1、2 号线剖面上峰值为 7.61×10^{-6} 和 6.73×10^{-6}，但到 3 线剖面峰值增到 10.79×10^{-6}，类似这种含量变化特点的有 Zn1-5 号、Zn2-6 号。呈相反含量变化趋势的有 Zn1-9、Zn2-4（表 8-25）。规模最大的锌异常出现于侍家坝地段，沿测量剖面 EW 向上最宽处达到 920m。SN 走向长 950m。呈多峰带状异常，面状产出（图 8-78），而且 SN 走向上控制尚不完全，在与其他元素异常关系上也比较密切。在锌异常里，地电提取金异常出现的有 21 个，土壤离子电导率异常出现的有 21 个，热释汞异常存在的有 18 个，地电提取铅异常存在的有 16 个，银异常存在的有 9 个，地电提取铜异常存在的有

17 个。其中有走向规模 900m 以上的 Zn1-5、Zn1-6、Zn1-8、Zn1-9、Zn2-3、Zn2-4、Zn2-6 号等 7 个锌异常，均有电导率、热释汞及地电提取 Au、Ag、Pb、Cu 异常与之对应（表 8-24、表 8-25 及图 8-64、图 8-65、图 8-72、图 8-75），说明大庙金矿区金矿化地段的硫化物中以含锌硫化物为主。

　　e　地电提取铜离子异常平面分布特征

　　将大庙金矿区大庙，侍家坝地段所确定的地电提取铜离子异常下限值$(98 \sim 200) \times 10^{-6}$圈定异常（大庙地段 95×10^{-6}，侍家坝地段 200×10^{-6}），其中大庙地段有 11 个，编号为 Cu1-1 ~ Cu1-11（图 8-79、图 8-80），侍家坝地段有 10 个，编号为 Cu2-1 ~ Cu2-10。各异常的异常位置、含量特征、地质特征及其他元素的异常关系见表 8-26、表 8-27。

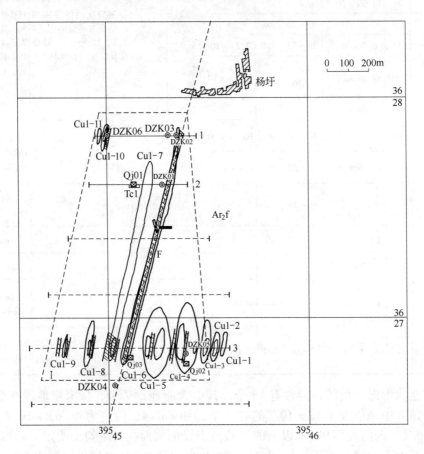

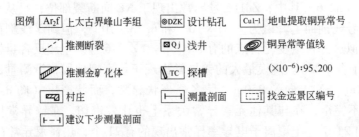

图 8-79　安徽省凤阳县大庙金矿区大庙地段地电提取铜异常综合平面图

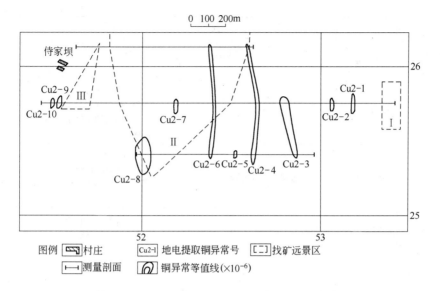

图 8-80 安徽省凤阳县大庙金矿区侍家坝地段地电提取锌异常综合平面图

表 8-26 安徽省凤阳县大庙金矿区大庙地段地电提取铜异常特征

异常面	剖面号	异常峰值		异常规模与强度					地质情况解释	对应其他元素异常号
		点号	含量	起始点号	宽度/m	铜含量	走向	走向长度/m		
Cu1-1	3	38	170.8×10^{-6}	$38 \sim 39$	40	146×10^{-6}			位于 Ar_2f 地层内	Con1-1; Pb1-1; Zn1-2
Cu1-2	3	36	342.1×10^{-6}		20	342×10^{-6}			位于 Ar_2f 地层内	Con1-1;Hg1-1;Au1-2;Pb1-1-a;Zn1-3
Cu1-3	3	34	460×10^{-6}	$33 \sim 34$	40	301×10^{-6}			位于 Ar_2f 地层内	Con1-1; Hg1-1; Au1-3; Pb1-1
Cu1-4	3	31	322.6×10^{-6}	$27 \sim 29$	60	271×10^{-6}			位于 Ar_2f 地层内，推断的 1 号金矿体上	Con1-1-a; Ag1-2; Au1-3-a、b; Ag1-1; Pb1-2; Zn1-5-a
		28	368.5×10^{-6}							
Cu1-5	3	19	292.6×10^{-6}	$19 \sim 25$	160	254×10^{-6}			位于 Ar_2f 地层内，推断 NE 向断裂东 100 ~200m 处，推测 3 线上的 2 号、3 号金矿化体上	Con1-1-b; Ag1-3; Au1-3-c、d; Pb1-3; Zn1-5-b
		23	690×10^{-6}							
Cu1-6	2	21	140.3×10^{-6}		20	140×10^{-6}	NE	950	位于 Ar_2f 地层内，NE 向推测断裂部位，3 线剖面上 4 号推断金矿化体上	Con1-1-c; Au1-3-e; Pb1-34; Ag1-3-e; Zn1-6
	3	14	189.9×10^{-6}		20	190×10^{-6}				
Cu1-7	2	16	101.7×10^{-6}	$15 \sim 16$	40	101×10^{-6}	NE	950	位于 Ar_2f 地层内，推断 NE 向断裂西侧 70 ~100m 处，3 线剖面推断的 5 号金矿化体上东侧	Con1-1-d; Hg1-4; Pb1-5; Zn1-8; Au1-3-e; Ag1-3
	3	11	329.4×10^{-6}		20	329×10^{-6}				

异常面	剖面号	异常峰值		异常规模与强度					地质情况解释	对应其他元素异常号
		点号	含量	起始点号	宽度/m	铜含量	走向	走向长度/m		
Cu1-8	3	5	216.4×10^{-6}		20	216×10^{-6}			位于推断 NE 向断裂西侧 200m 处（3线），推断的 6 号金矿化体上	Con1-1-e；Pb1-7；Zn1-9；Au1-3-f；Ag1-4
Cu1-9	3	A	171.3×10^{-6}		20	171×10^{-6}			位于推断 NE 向断裂西侧 200m 处（3线），推断的 7 号金矿化体上	Con1-1；Hg1-6；Au1-3-g；Zn1-10
Cu1-10	1	3	202.7×10^{-6}		20	203×10^{-6}			位于推测的 1 线剖面 9 号矿化体上	Au1-3-1；Hg1-7；Ag1-7；Zn1-11
Cu1-11	1	1	131.1×10^{-6}		20	131×10^{-6}			平行 Cu1-10 号异常产出	Au1-3；Hg1-7；Zn1-11；Ag1-7；Pb1-10

表 8-27　安徽省凤阳县大庙金矿区侍家坝地段地电提取铜异常特征

异常面	剖面号	异常峰值		异常规模与强度					地质情况解释	对应其他元素异常号
		点号	含量	起始点号	宽度/m	铜含量	走向	走向长度/m		
Cu2-1	5	86	306.2×10^{-6}		20	306×10^{-6}			位于推测的侍家坝 2 号含矿化体	Au2-2；Pb2-2；Zn2-3-b
Cu2-2	5	80	301.8×10^{-6}		20	302×10^{-6}				Pb2-4；Zn2-3
Cu2-3	5	67	346.1×10^{-6}	66 ~ 68	60	283×10^{-6}	NW	400		Zn2-3
	6	2860	335.2×10^{-6}		20	335×10^{-6}				
Cu2-4	4	2	206.1×10^{-6}		20	206×10^{-6}	SN	800	位于推测的侍家坝 5 号、6 号含金矿化体上（4线）	Con2-2(5线)；Hg2-3；Au2-5-a；Pb2-10；Zn2-3-i
	5	59	218.9×10^{-6}		20	219×10^{-6}				
	6	2620	294.2×10^{-6}		20	294×10^{-6}				
Cu2-5	6	2520	207.4×10^{-6}		20	207×10^{-6}	SN	800		
Cu2-6	4	12	222.1×10^{-6}		20	222×10^{-6}			位于推测的侍家坝 4 号含金矿化体上	Con2-2；Hg2-6；Pb2-8、9；Zn1-3
	5	47	239.9×10^{-6}		20	240×10^{-6}				
	6	2380	289.9×10^{-6}		20	290×10^{-6}				
Cu2-7	5	36	274.2×10^{-6}		20	274×10^{-6}				
Cu2-8	6	1960	312.9×10^{-6}	1960 ~ 2020	80	270×10^{-6}			位于推测的侍家坝 11 号、12 号含金矿化体上	Hg2-10；Au2-15；Pb2-13、14；Zn2-16
Cu2-9	5	4	254.3×10^{-6}		20	254×10^{-6}			位于推测的侍家坝 13 号含金矿体上盘	Au2-14；Zn2-12
Cu2-10	5	2	298.4×10^{-6}		20	298×10^{-6}				Con2-8；Hg2-16；Zn2-12

由表8-26、表8-27及图8-79、图8-80可知，铜异常多呈点状异常，但又多为峰值较强的异常，14个点状异常中峰值大于200×10^{-6}者有11个，如Cu1-2号异常，峰值达到342.1×10^{-6}；Cu2-1号异常峰值达到306.2×10^{-6}；有一定走向规模（走向长400m以上）者有5个，大庙地段为Cu1-6、Cu1-7号；侍家坝地段为Cu2-3、Cu2-4、Cu2-6号，这几个铜异常从走向上有从北向南异常中峰值逐渐增强的特点，如Cu1-7号异常，从测区北面的2线剖面到相对南部地线剖面，异常峰值为$(101.7 \sim 329.4) \times 10^{-6}$，又如Cu2-6号异常，从测区相对北面的4线剖面到5线剖面到测区相对南部的6线剖面，异常内异常峰值从4线的222.1×10^{-6}到5线的239.9×10^{-6}，到6线的289.9×10^{-6}。呈多峰带状异常的有Cu1-4、Cu1-5号异常两个，如Cu1-5号异常，在3线19号点和23号点出现含量为292.6×10^{-6}及690×10^{-6}的峰值，呈带状形态（图8-64）。从其他元素异常关系上看，21个铜异常中，铜异常与电导率异常吻合的有14个；热释汞异常出现的有12个；与地电提取金离子异常吻合的有14个；银异常存在的有5个；与铅异常吻合的有15个；与锌异常吻合的有19个。有一定走向规模的或呈带状铜异常，与电导率、热释汞、地电提取Au、Ag、Zn异常同步的有4个，为Cu1-4、Cu1-5、Cu1-7、Cu2-4号异常，与电导率、地电提取Au、Ag、Pb、Zn异常同步的有1个，为Cu1-6号异常。走向规模较短的Cu2-3号异常仅有锌异常出现，说明测区铜的富集与亲硫元素Pb、Zn（Au）的富集有关。

8.10.2.2　测区综合异常划分及评价

对大庙、侍家坝地电提取各元素异常，土壤吸附相态汞异常，土壤离子电导率异常平面特征分析，按照异常的规模大小、强度（以上以金为主）、各元素异常出现的吻合程度、异常出现的地质部位，参照以往地电方法找矿实践，对测区异常进行综合分类。

A　综合异常的确定

测区以找金（金矿化）为目标，按"依金找矿"的思路，依据地电提取金元素为主对综合异常进行确定（综合异常划分及分类编号与金异常号一致）。按下述标准将异常分为三类：

一类异常：有金属富矿化的异常。具有金异常与电导率异常同时出现，热释汞及地电提取的Ag、Pb、Zn、Cu元素共5种异常中有3种以上元素异常吻合，存在一定规模的Rn线性异常；金浓集中心在0.05×10^{-9}以上，有一定走向规模的金异常。有4个异常，编号为Au1-2号、Au2-5号、Au2-11号及Au1-3号中对应标明的a、b、c、d、e、f、g等异常部分（图8-68、图8-69及图8-64、图8-75），如Au1-3-e异常部分，有电导率（Con）、Hg1-4、Hg1-5、Ag1-3、Pb1-4、Zn1-6及Zn1-8、Cu1-6、Cu1-7号异常与之吻合，8个剖面异常峰值不小于0.05×10^{-9}；最强达2.197×10^{-9}，位于推测的NE向断裂两侧的Ar_2f地层中，走向规模为NE向、长1150m确定为一类异常。推测此类异常峰值地段与金富集矿化体（脉体）有关，预测了金矿化体。

二类异常：有金矿化的异常。有三种特征：第一种是有电导率异常，其余吸附相态汞及地电提取Ag、Pb、Zn、Cu元素异常中有3种以上出现，边缘带附近分布Rn异常，金的峰值大于0.05×10^{-9}者，此类异常有Au1-3号中的h、i部分，Au2-8号异常；另一种情况是没有电导率异常对应，热释汞及地电提取Ag、Pb、Zn、Cu元素异常中有一部分元素异常出现，金异常峰值不小于0.05×10^{-9}者，此种异常有Au1-3号中的j、k、l部分，Au2-1，Au2-10，Au2-14，Au2-15号等5个异常；第三种情况是：有电导率（Con）异常对应，热释汞及地电提取Ag、Pb、Zn、Cu元素异常中有3种以上元素异常出现，但金异常峰值小于0.05×10^{-9}者，此类异常有Au1-1、Au2-4、Au2-12、Au2-15号等4个异常。

二类异常中还包括一个无电导率异常出现,有其他几种元素异常部分出现,金异常峰值小于 0.05×10^{-9},但有一定走向规模的 Au2-13 号异常。此类异常共有 9 个(异常部分)。

三类异常:金分散矿化异常。此类异常特征是无电导率异常出现,热释汞和其他地电提取 Ag、Pb、Zn、Cu 元素异常出现不全,金异常峰值小于 0.05×10^{-9} 者,此类异常有 5 个,编号为 Au2-2、Au2-3、Au2-6、Au2-17、Au2-9 号异常,均属侍家坝地段。

B　异常解释评价及找矿(矿化体)预测

按照异常分类及分布位置关系,结合地质情况,将本次工作区域划分出四个找"矿"(矿化)远景区段,编号:大庙地段Ⅰ号、侍家坝地段Ⅰ、Ⅱ、Ⅲ号。

大庙地段Ⅰ号找矿远景区:面积 $0.793km^2$,其内 3 线及数百米范围位于 Ar_2f 地层上,有 NE 向推测断裂在远景区中出现,包括一类 Au1-3 号异常。远景区内由北向南金异常峰值数量有增多的趋势。金含量峰值强度有增强的趋势,异常范围有增广的倾向,共推断了 9 条金矿化体(图 8-62、图 8-66、图 8-68、图 8-70、图 8-73、图 8-76、图 8-77 及图 8-64、图 8-65)。由于本次工作原因,异常向南未予控制,而且在 3 线以北金异常含量变化特点不够明朗,建议在该远景区内及以南,加密增加 3 条测量剖面,共长 2700m 补充进行多种新方法地电-地化测量,以期了解金富集矿化变化特征。在该远景区已完成的 3 线剖面(图 8-64)布设了 DZK07、DZK08、DZK09 三个钻孔,以揭示 Au1-3 号异常在南部引起异常的金矿化体。

侍家坝地段Ⅰ号远景区:有 Au2-1 号二类异常,面积为 $0.0352km^2$,向东及南、北向未控制完整,该二类异常为双峰带状异常,最大值为 1.179×10^{-9}。剖面上(EW 向)宽 60m,平均异常值为 0.625×10^{-6},金富集明显。

侍家坝地段Ⅱ号远景区:有一类异常 2 个(Au2-5 及 Au2-11),二类异常 3 个(Au2-8、Au2-10、Au2-15),尚包含 Au2-6、Au2-7、Au2-9 异常,结合电导率异常(图 8-63)及地电提取锌异常平面特征研究(图 8-78),远景区位于 Con2-2 西侧及西部。Zn2-3 号异常西北部及西侧的 Zn2-5、Zn2-6、Zn2-7 号异常密集分布地带,电导率呈现金异常和锌异常区的北边及西部边缘分布。而电导率 Con2-2 及 Zn2-3 号呈面状异常,是否有区域所了解的岩浆岩(中-酸性)活动的频发部位,导致以含锌硫化物富集地段,且出现金的富集矿化。该远景区面积约 $0.51km^2$。

侍家坝地段Ⅲ号远景区:包括二类 Au2-13 号、Au2-14 号两个异常,面积约为 $0.038km^2$。

对大庙地段或侍家坝地段此次确定的远景区,从图 8-64、图 8-65、图 8-72、图 8-75 和图 8-76 可见,在剖面范围内均有电导率和热释汞异常峰值(或高背景点),这一控制范围内有金异常和其他元素异常存在。

此次按地电提取金离子数据的概率(格纸)图解结果,对金异常峰值不小于 0.05×10^{-9} 点处视为金富集矿化标志,在大庙地段推测了 8 条金矿化体,编号为 1 号~8 号,具体部位如图 8-64、图 8-65 及图 8-62、图 8-66、图 8-68、图 8-70、图 8-73、图 8-76、图8-77所示。在侍家坝地段推测了 13 条金矿化体(脉体),如图 8-72、图 8-75 和图 8-76 所示。

8.11　新疆金窝子金矿-210 矿区深部找矿预测研究

在矿区及其外围按测点网度 500m × 500m,即 4 个样/km²,测区面积 22.5km²。测线布置在 2000 ~ 5000m 的位置,点距为 500m,地电提取方法采用低电压(9V 干电池)偶极子供电方式下的偶极提取法,提取电极埋深 30cm,提取液为 13.6% 的稀硝酸,24h 后取出泡塑电极，晾干后送分析，分析元素为 Au、Ag、Cu、La、Th。将每个测点每种元素的阴极提取数据和阳极提取数据累加后，用 Surfer 绘图软件分别绘制 Au、Ag、Cu 异常等值线图，对浓集中心明显、具有一定浓度分布的异常从上至下进行编号，金元素以 6×10^{-9} 为异常下限，银元素以 25×10^{-9} 为异常下限，铜元素以 50×10^{-9} 为异常下限，分别获得金异常 6 处，银异常 4 处，铜异常 3 处。

8.11.1　金矿点赋存区域的地电提取法勘查效果

Au-1 号异常与 Cu-1 异常、Ag-1 异常套合较好，且与已知金矿点 210E、20 号的产出位置吻合。Au-1 异常呈不规则囊状沿北东方向展布，异常面积约 2km²，异常峰值为 15.5×10^{-9}，异常平均值为 9.4×10^{-9}，异常点 11 个，异常连续性较好，该异常与 210E 金矿点对应（图 8-81）。Ag-1 号异常呈不规则状展布，异常面积约 1.2km²，异常峰值为

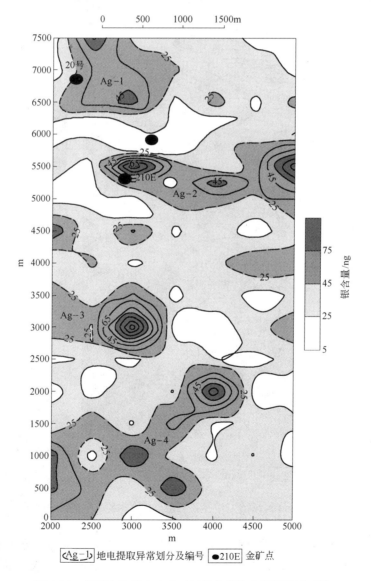

图 8-81　新疆金窝子-210 金矿区地电提取金等值线平面图

56.5×10^{-9}，异常平均值为 38×10^{-9}，异常点 6 个，该异常与 20 号金矿点对应，与 Au-1 异常的分布范围部分重合（图 8-82）。Cu-1 异常呈不规则囊状，异常面积约 2.75km^2，包含 3 个浓集中心，异常峰值为 269.28×10^{-9}，异常平均值为 76.9×10^{-9}，异常点 16 个，该异常与 20 号金矿点和 210E 金矿点对应，该异常的两个浓集中心分别与 Au-1 异常和 Ag-1 异常的浓集中心吻合（图 8-83）。

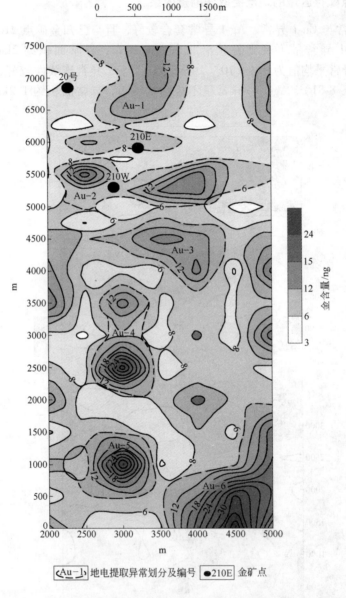

图 8-82　新疆金窝子-210 金矿区地电提取银异常等值线平面图

　　Au-2 号异常与 Ag-2 号异常套合较好，且与 210W 金矿点对应，异常的浓集中心基本上对应金矿点的位置。Au-2 号异常呈似椭圆状以近东西向展布，异常面积约 1.5km^2，包含两个浓集中心，异常峰值为 20.2×10^{-9}，异常平均值为 10.9×10^{-9}，异常点 11

个，210W 金矿点位于两个异常中心之间（图 8-81）。Ag-2 异常的 3 个浓集中心呈串珠状以近东西向展布，异常面积约 1.25km^2，异常峰值为 82.4 × 10^{-9}，异常平均值为41 × 10^{-9}，异常点 9 个，该异常的其中一个浓集中心与 210W 金矿点的赋存位置相吻合（图 8-82）。

8.11.2 已知矿点外围进行的找矿预测

Au-3 号异常位于 210W 金矿点的东南方向约 1km，形态较规整，似等轴状，异常面积约 0.9km^2，异常峰值为 16.5 × 10^{-9}，异常平均值为 11.5 × 10^{-9}，异常点 8 个，异常连续性较好；Au-4 号异常位于 210W 金矿点正南方向约 2.5km，呈哑铃状沿南北向展布，异常面积约 0.75km^2，异常峰值为 31.9 × 10^{-9}，异常平均值为 19 × 10^{-9}，异常点 3 个；Au-5 号异常位于 210W 金矿点正南方向约 4km，呈等轴状展布，异常面积约 1km^2，异常峰值为 33.7 × 10^{-9}，异常平均值为 12.5 × 10^{-9}，异常点 6 个；Au-6 号异常位于 210 金矿的东南方向约 4.5km 处，异常未完全封闭，沿北东向展布，异常面积约 2km^2，异常峰值为 41.7 × 10^{-9}，异常平均值为 19.7 × 10^{-9}，异常点 11 个（图 8-81）。

Ag-3 号异常位于 210W 金矿点的正南约 2km 处，呈等轴状展布，异常面积约 1km^2，异常峰值为 297.7 × 10^{-9}，异常平均值为 45 × 10^{-9}，异常点 5 个，该异常与 Au-3 号异常吻合较好；Ag-4 号异常位于 210W 金矿点的正南约 3.5km 处，呈不规则囊状沿北东方向展布，异常面积约 2km^2，异常峰值为 72.3 × 10^{-9}，异常平均值为 42 × 10^{-9}，异常点 10 个，Au-5 异常套合在该异常中（图 8-82）。

Cu-2 号异常位于 210W 金矿点正南，呈不规则状沿北东方向展布，异常规模较大，展布范围较宽，异常面积约 2.5km^2，异常峰值为 122.73 × 10^{-9}，异常平均值为 73.1 × 10^{-9}，异常点 24 个，Au-3 号异常、Au-4 号异常、Ag-3 号异常均套合在该异常中；Cu-3 号异常位于 210 金矿的东南方向约 4.5km 处，呈不规则状，异常面积约 1.5km^2，异常峰值为 446.61 × 10^{-9}，异常平均值为 139 × 10^{-9}，异常点 5 个，该异常与 Au-6 异常套合较好（图 8-83）。

综上所述，通过在该区进行地电提取测量，在已知金矿点赋存地段，有浓集中心明显、具有一定浓度分布、异常点较连续的 Au、Ag、Cu 异常显示，且具有元素组合特征。Au-1、Ag-1、Cu-1 号组合异常与 210E、20 号金矿点对应，Au-2、Ag-2 组合异常与 210W 金矿点对应。在已知金矿点外围发现浓集中心明显、具一定浓度分带、连续性较好、具有元素组合特征的异常两处，即 Au-4、Ag-3、Cu-2 号组合异常和 Au-6、Cu-3 号组合异常，表明该方法效果较好，说明该方法开展区域性找矿工作是有效的。地电提取方法经过改进后，方法轻便、成本低、工作效率高，完全能够胜任普查找矿工作。所以，用该方法开展区域性的地球化学普查找矿工作是可行的。

8.12 内蒙古巴彦哈尔金矿深部找矿预测研究

在地电化学提取和吸附相态汞测量方法集成技术对该区寻找隐伏金矿可行的基础上，对该区另两处进行找矿预测研究。

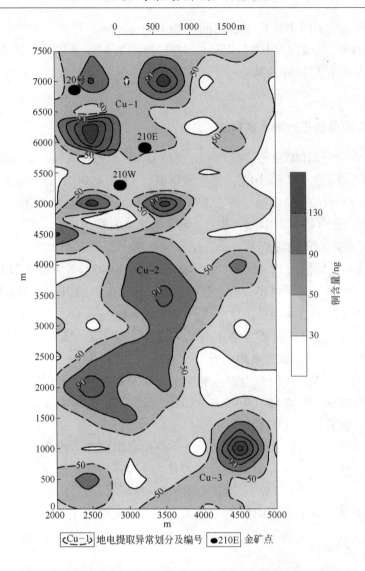

图 8-83　新疆金窝子-210 金矿区地电提取铜异常等值线平面图

8.12.1　1 号剖面线地电化学集成技术异常特征

8.12.1.1　地电化学提取异常（图 8-84）

在该线上按 20m 点距均匀布置 36 个测点，采用发电机供电，供电电压 220V，供电时间为 35h 以上，由于该区干旱的气候特征，电流在刚开始时较大，能达到 2A 左右，但 1h后，电压迅速下降为 100mA 并稳定。

在该线测出了两个明显的双峰异常和两个弱异常，第一个双峰异常位于剖面的 160 ~ 200m 段，异常强度为 $(3.5 ~ 4.6) × 10^{-9}$，异常高出背景 3.5 ~ 4.5 倍左右，背景为 $1.0 × 10^{-9}$，异常宽度为 40m；第二个双峰异常位于剖面的 300 ~ 360m 段，异常强度为 $(3.2 ~ 5.7) × 10^{-9}$，为背景（背景值为 $1.0 × 10^{-9}$）的 3 ~ 6 倍，其中异常极大值位于 300m 处，为 $5.7 × 10^{-9}$，异常宽度为 60m。在 460 ~ 500m 段，存在一个清晰的弱异常，异常强度为

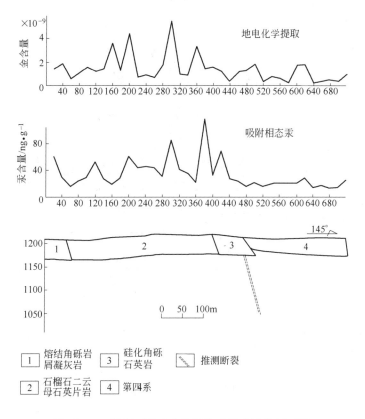

图 8-84   1 号剖面线地电化学集成技术异常剖面图

$(1.4 \sim 1.8) \times 10^{-9}$，仅高于背景值$(0.4 \sim 0.8) \times 10^{-9}$，异常宽度为 40m；在 $600 \sim 620m$ 段，也存在一弱异常，异常强度为$(1.7 \sim 1.9) \times 10^{-9}$，仅高于背景（背景值为 1.0×10^{-9}）$(0.7 \sim 0.9) \times 10^{-9}$，异常宽度为 20m。但从整体上来看，异常主要出现在该区的赋矿围岩（石榴石）二云母石英片岩的地层中。

8.12.1.2   吸附相态汞异常

吸附相态汞异常的背景为 20ng/g，以 440m 处为分界点，北侧为汞异常带，其中极大值出现在 380m 处，为 118ng/g，南侧则较平静。其异常分布同地电化学提取异常的分布一致，也是主要位于（石榴石）二云母石英片岩的地层中。

8.12.2   3 号剖面线地电化学集成技术异常特征

8.12.2.1   地电化学提取异常（见图 8-85）

在该剖面上分别测出了两个清晰的地电化学提取金异常，第一个异常分布在剖面的 $140 \sim 180m$ 段，异常强度分别为 7.82×10^{-9} 和 9.56×10^{-9}，异常高出背景 6 倍多（背景为 1.2×10^{-9}），异常宽度为 40m；第二个异常位于剖面的 $280 \sim 360m$ 段，异常强度为$(3.84 \sim 27.23) \times 10^{-9}$，是背景的 $3 \sim 20$ 余倍，异常宽度为 80m，异常极大值为 27.23×10^{-9}，位于剖面 360m 处。

8.12.2.2   吸附相态汞异常

吸附相态汞背景为 26ng/g，该线存在多处异常，$100 \sim 120m$ 处异常值为 $55 \sim 73ng/g$，

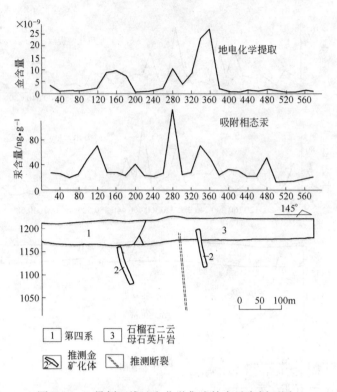

图 8-85　3 号剖面线地电化学集成技术异常剖面图

200m 处异常为 43ng/g，280m 处为异常极大值，达 123ng/g，340～360m 及 480m 处的异常分别为 72ng/g、52ng/g、51ng/g。

8.12.3　地电化学集成技术异常解释

1 线两个地电提取双峰异常与吸附相态汞测量异常对应，所对应岩石也是该区的主要赋矿围岩（石榴石）二云母石英片岩，推测该段为找寻浅隐伏金矿的最有利地段，可以进行工程验证，而 460～500m 段的地电化学提取的弱异常与该点有一断裂存在有关（如图 8-84 所示）。

3 线 260～300m 段出露有磁铁石英岩，该段亦为原土壤地球化学测量的异常中心部位，地电化学提取在 280～360m 一带的异常与吸附相态汞在 260～360m 一带的异常相对应，现场在该区附近有探槽揭露（探槽资料不详），在 280m 处的极大吸附相态汞测量异常可能是由该断裂引起的，且该异常所对应地层为（石榴石）二云母石英片岩——测区主要的赋矿围岩，故推测该段存在一浅隐伏金矿化地质体。在 140～180m 段，地电化学提取显示异常，推测在该地段存在一埋藏相对较深的金矿化地质体。推测由于 280m 处附近的断裂作用，使该段下沉后为第四系沉积物所覆盖。断裂两侧的金矿化地质体应为同一类型。这两处异常均同 2 线已知剖面矿体上所显示的地电化学集成技术异常特征相似，即地电化学提取和吸附相态汞测量均有异常显示，且异常形态清晰、完整，推测该二异常段为最佳的找矿靶位，值得进行工程验证。2002 年内蒙古有色地质勘查局根据该研究成果在 3 线 280～360m、140～180m 两个地段地电提取金异常范围内进行工程验证，找到了隐伏金矿体，获得新增推断的内蕴经济资源量（331）1000 余千克，潜在经济效益近 1 亿元左右。

8.13　内蒙古四子王旗三元井金矿区深部找矿预测

8.13.1　研究区地质概况

内蒙古四子王旗三元井金矿大地构造位于华北地台内蒙台隆阴山断隆。主体构造形式为乌拉山-大青山复背斜，呈东西向展布，核心以太古界乌拉山群片麻岩为主，测区岩浆活动频繁，多以华力西晚期中粒花岗岩为主，该区处于两组 EW、NE 向大断裂交汇处；南侧由于燕山期花岗岩大岩背的大面积侵入，在其北侧华力西岩体中产生一组 SN、NNE、NE 向导矿和容矿构造，并伴随一些脉岩的充填，后期的构造叠加对成矿热液有一定的破坏作用。三元井金矿赋存在 SN 向构造带中，西侧有高台金矿；南侧有头股、大南沟铅锌金多金属矿点；东侧有吉庆金矿。

矿区内东侧为 1/(20 万)区域重砂 Au-12 异常，出露有华力西晚期似斑状花岗闪长岩和浅肉红色中细粒黑云母花岗岩；南侧大面积燕山期钾长花岗岩岩体的侵入，使其改造形成了以 NE、SN 向为主的构造裂隙带，导致其碎裂花岗岩蚀变破碎带含矿。目前通过 1/(1万)地质测量发现两条含金地质体。

工作区被大面积出露的燕山早期岩体覆盖。岩性组成有花岗岩、角闪岩等。在矿区外围，内蒙古区测队进行了 1/(20 万)的航空磁测异常检查和地面磁测工作，目的是寻找铁矿。在固阳-新建乡进行了 1/(2.5 万)航磁测量，并提出了 5 处有价值的异常，其特点是面积大、强度高，分布于太古界地层中；在固阳-下湿壕、营盘壕-小南沟做了地磁测量工作，圈出了 γc-1、γc-2、γc-3、γc-4 等四处异常，确定了其异常梯度大而且规则的铁矿找矿远景区；在武川县庙沟乡老营河-孤石一带，通过地磁、航磁工作在太古界地层中圈出了 Co-5、Co-9 号两个异常，其形态不规则，呈锯齿状，均由磁性岩石引起。

在矿区内有 1/(20 万)水系沉积物测量异常一处，即 As-11 号异常，面积约 20km^2，呈椭圆状北东向展布，最高值为 20×10^{-9}；在外围有 1/(20 万)水系沉积物测量异常 30 多处，多数金矿、金矿（化）点均位于异常内。

根据现有 1/(20 万)的区域测量报告资料所圈出的 Cu、Pb、Zn、Ni、Co、Cr、Mo 等异常及 Au、As 等重砂异常，经过地质调查和异常检查发现了多处金及其他有色金属矿床（矿点）。根据区域成矿地质条件和矿点分布特点，并结合水系沉积物测量异常在其外围圈出了 5 处成矿远景区，其中有一预测区为：四子王旗三元井-吉庆成矿预测区。

在 1/(20 万)区域矿产图三道沟幅 Au-12 异常附近，岩浆活动频繁，多以华力西晚期中粒花岗岩为主，该区处于两组 EW、NE 向大断裂交汇处；南侧由于燕山期花岗岩大岩背的大面积侵入，在其北侧华力西岩体中产生一组 SN、NNE、NE 向导向和容矿构造，并伴随一些脉岩的充填，后期的构造叠加对成矿热液有一定的破坏作用，三元井金矿点就赋存在 SN 向构造带中，西面有高台金矿；南面有银宫山银金矿床和头股、大南沟铅锌金多金属矿点；东侧有吉庆、华山子金矿。

三元井金矿点位于三元井村附近，区内东侧靠近 1/(20 万)区域重砂 Au-12 异常，矿体位于华力西晚期似斑状花岗闪长岩和浅肉红色中细粒黑云母花岗岩的接触带中，由于处于长期风化剥蚀环境，地表多被覆盖。目前通过 1/(1 万)地质测量发现两条含金地质体。

5 号脉：属于破碎蚀变岩型，赋存于灰白色中粒花岗岩的构造破碎带中，带断续出露长 2000m，近 SN 走向，西倾 270°，倾角 70°，带宽 5～15m，地表按 100～200m 网度施工了 15 条槽探、3 个浅井，控制长度 1500m，仅南北两端工程见矿：TC5-50，5.53×10^{-6}/2.50m；TC5-69，2.79×10^{-6}/2.00m；TC5-63；1.88×10^{-6}/2.00m，中间工程约 800m 间距未见含矿地质体，主要由于蚀变带较宽，土层覆盖较厚，含矿层位不易确定，加上后期构造的改造，使工程见矿效果受到影响，其他工程均小于 1.00×10^{-6}。蚀变多以高岭土化、硅化为主，地表可见铁、锰质黑色露头。

8 号脉：位于东号村北，属破碎蚀变岩型，赋存于花岗岩的构造破碎带中，地表以 100m 网度施工 3 个探槽、1 个浅井，控制长度 300m，仅 QJ8-0 见矿，品位 2.98×10^{-6}，蚀变以硅化为主，褐铁矿化较强，走向 SN，E 倾 55°，其余均小于 0.16×10^{-6}。

8.13.2 地电化学集成技术异常特征

2005 年在内蒙古四子王旗三元井金矿区，开展了地电化学深部找矿预测评价研究，根据以往的工作情况，在三元井金矿区按 100m × 20m 测网布置 13 条线开展工作。

8.13.2.1 地电提取异常平面特征

将三元井测区 72～22 线测得的地电提取金数据，经过数字处理后取 $(2.68～6) \times 10^{-9}$ 为外浓度带、$(6～9) \times 10^{-8}$ 为中浓度带、大于 9×10^{-9} 为内浓度带，用 Surfer 软件自动成图，获得了两个地电提取金异常，编号为：Au-1、Au-2（图 8-86）。

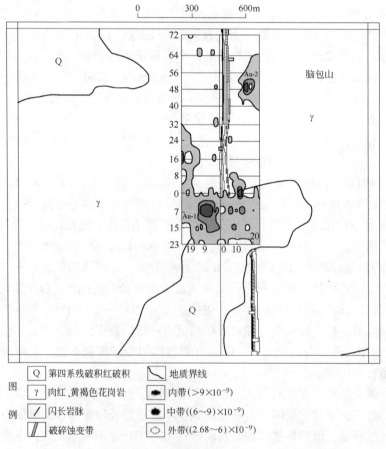

图 8-86　内蒙古四子王旗三元井金矿地电提取 Au 异常剖面图

Au-1 号异常特征：该异常位于测区 0～15 线 1～15 号测点之间，异常中心呈鸡蛋形态分布，在 7 线的 5、7 点测得 16.56×10^{-9}、16.44×10^{-9} 两个金异常高值点。

Au-2 异常特征：在 48 线的 18 点测得 4.7×10^{-9} 一个单点金异常值。

8.13.2.2 土壤离子电导率（Con）异常平面特征

把三元井测区 72～22 线测得的土壤离子电导率数据，经过数字处理后取 17～27μS/cm 为外浓度带、27～32.5μS/cm 为中浓度带、大于 32.5μS/cm 为内浓度带，用 Surfer 软件自动成图，获得了两个土壤离子电导率异常，编号为：Con-1、Con-2（图 8-87）。

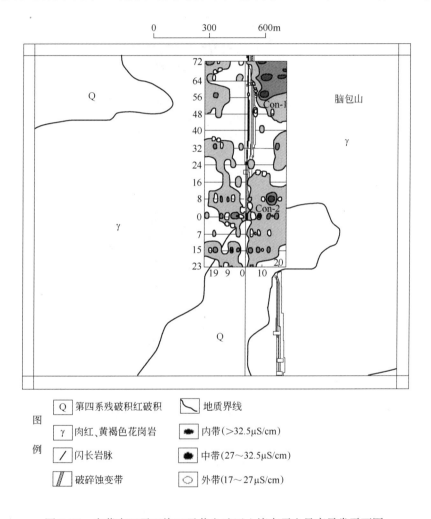

图 8-87 内蒙古四子王旗三元井金矿区土壤离子电导率异常平面图

Con-1 号土壤离子电导率异常特征：该异常呈三层楼形态分布在三元井测区东北角 72～48 线的 6～12 号测点之间，较高异常点分布在 72、64、56 线的 10、12、12 点，测得数据分别为：42μS/cm、34μS/cm、48μS/cm。

Con-2 号土壤离子电导率异常特征：该异常呈不规则状分布在三元井测区南部，异常比较零散，异常浓度集中分布在 8 线和 0 线，8 线的浓度中心在 16 点，该点的异常值为 38.9μS/cm，是异常背景的 2 倍。0 线有多处异常高点，分别位于 0 线的 14、

18 和 13 点，其异常值分别为：34μS/cm、33μS/cm、54μS/cm 三个高异常点，其中
13 点异常是背景的 3 倍。

8.13.2.3　土壤吸附相态汞异常特征

把三元井测区 72～22 线测得的土壤吸附相态汞数据，经过数字处理后取 70～145ng/g
为外浓度带、145～230ng/g 为中浓度带、大于 230ng/g 为内浓度带，用 Surfer 软件自动成
图，获得两个土壤吸附相态汞异常，编号为：Hg-1、Hg-2（图 8-88）。

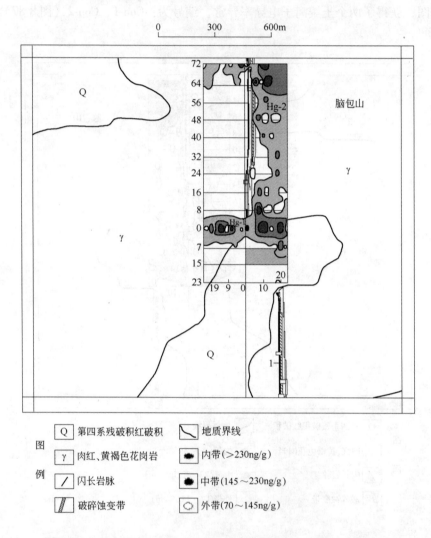

图 8-88　内蒙古四子王旗三元井金矿区土壤吸附相态汞异常平面图

Hg-1 号异常特征：该异常位于测区 0 线 21～20 号测点之间，异常呈线形分布，在 0
线的 10、12、20、7、13 点测得 483.55ng/g、336.08ng/g、441.76ng/g、393.46ng/g、
445ng/g 五个汞异常高值点。

Hg-2 号异常特征：该异常位于测区东北角 72～64 线 10 号测点之间，异常呈扇形分
布，在 72 线的 1、10 点测得 1185.82ng/g、433.67ng/g 和 64 线 12 点测得为 465.03ng/g 三
个汞异常极高值点。

8.13.3 三元井测区地电化学集成技术异常划分及评价

通过对三元井测区 72 ~ 22 线地电提取金、土壤吸附相态汞、土壤离子电导率集成技术异常平面特征的综合分析，按照异常的规模、大小、强弱、变化、吻合程度、异常出现的地质部位及其他一些地质因素，对测区异常进行综合分类。

8.13.3.1 地电化学集成技术异常分类原则

A Ⅰ类地电化学集成技术异常区

Ⅰ类地电化学集成技术异常区的划分标准是：（1）存在较强的地电提取金异常、土壤吸附相态汞异常、土壤离子电导率异常；（2）集成技术异常都具备较完整的内、中、外浓度带分布，异常规模长度达 300m，平均宽度达 150m；（3）集成技术异常均高出背景值两倍以上；（4）集成技术异常形态相似，内浓度带重合性较好。Ⅰ类地电化学集成技术异常区是寻找隐伏金矿最有利地段。

B Ⅱ类地电化学集成技术异常区

Ⅱ类地电化学集成技术异常区的划分标准：（1）存在集成技术异常，但无异常内带分布，而地电提取金异常强度分布较大、较集中；（2）集成技术异常具有一定规模，异常长度达 150m，平均宽度达 100m；（3）集成技术异常的吻合程度要好；（4）异常清晰、规整。

C Ⅲ类地电化学集成技术异常区

Ⅲ类地电化学集成技术异常区的划分标准：（1）具有集成技术异常存在，异常规模和强度都受到一定的限制；（2）异常内浓度带虽然集中，但由于其他因素的影响，异常规模小于Ⅰ、Ⅱ类异常；（3）集成技术异常形态差异较大，吻合程度较差，难圈出几种方法高值复合区。因此，在Ⅲ类地电化学集成技术异常区内寻找隐伏金矿的可能性不大。

8.13.3.2 地电化学集成技术异常评价及找矿预测

根据上述划分标准，在测区内划分出一个Ⅱ类异常区、三个Ⅲ类异常区，缺乏Ⅰ类异常区（图 8-89）。

Ⅱ类地电化学集成技术异常区：测区内的 Au-1、Hg-1 号异常分布区域为Ⅱ类地电化学集成技术异常靶区，在该区内，土壤离子电导率均无内浓度带出现，中浓度带也不太发育，但地电提取金异常和汞异常较发育，内浓度带分布有一定范围，如地电提取金异常在 7 线的单号点 5、7、9、11 点之间连续分布 4 个含量高达 10×10^{-9} 金异常，在单号 5 点金异常达到 16.56×10^{-9}，汞异常主要集中分布在 0 线，在 0 线双号点中有 8、10、12、18、20、22 六个高汞异常点，最高点为 410.78×10^{-9} 和 411.52×10^{-9}，该点是背景值的 6 倍。在异常单号点能看到 7、9、11、13、15、17、19 点之间连续分布 7 个汞含量达 400.82×10^{-9} 的高值汞异常，推测在该区深部应有一小型金矿脉存在，因此，建议应把该区作为一重点地段做适当的查证。

Ⅲ类地电化学集成技术异常区：在测区内分布三个Ⅲ类地电化学集成技术异常区，其中 Au-1 号异常分布区为Ⅲ-1 号集成技术异常区。Con-2 号异常分布区为Ⅲ-2 号集成技术异常区。Con-1、Hg-2 分布区为Ⅲ-3 号集成技术异常区。根据Ⅲ类地电化学集成技术异常特征，推测在Ⅲ类地电化学集成技术异常区内寻找金矿希望很小，不值得做进一步的查证工作。

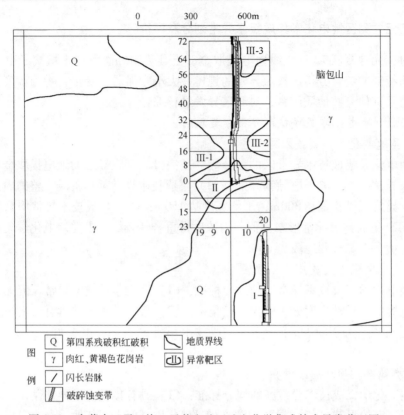

图 8-89　内蒙古四子王旗三元井金矿区地电化学集成技术异常分区图

图例
Q 第四系残破积红破积
γ 肉红、黄褐色花岗岩
╱ 闪长岩脉
▨ 破碎蚀变带
╲ 地质界线
▥ 异常靶区

8.14　广西高龙金矿深部找矿预测研究

8.14.1　矿区地质概述

矿区位于西林-百色断褶带西段南西侧的高龙穹隆核部附近。鸡公岩矿段位于矿区的东部。矿区内未见岩浆岩出露,断裂、褶皱发育,构造较复杂,沿断裂带中低温热液蚀变比较普遍。

矿区内出露的地层由新至老有中三叠统河口组 (T_2h) 和百逢组 (T_2b),下三叠统罗楼群 (T_1ll),上二叠统长兴组 (P_2c) 和合山组 (P_2h),下二叠统 (P_1),上石炭统 (C_{2+3})。河口组与百逢组以砂岩和泥岩为主,其中百逢组普遍含钙。下伏地层以碳酸盐岩为主,其中百逢组划分为九个分层 ($T_2b^{3(9)} \sim T_2b^{3(1)}$)。百逢组二分层是主要赋矿层位,黄铁矿结核较多。百逢组六分层局部含炭质较高,是次要含矿层。矿区的围岩蚀变以中低温热液蚀变现象比较普遍,蚀变的生成与分布严格受构造控制,主要蚀变有硅化、黄铁矿化、毒砂矿化、绢云母化、碳酸盐化等。矿石的矿物组成主要有褐铁矿、黄铁矿、毒砂、辉锑矿、黄铜矿、磁黄铁矿、方铅矿、闪锌矿、黝铜矿、铜蓝、磁铁矿、钛铁矿、自然金等。

8.14.2　地球化学概述

矿区岩石中 Sb、As、Hg、Au、Cu、Zn、Pb、Cd、Mo、Mn 等元素背景值含量较高,并在土壤中有富集的趋势。元素异常以 Au、Sb、Hg、As、Cu、Mo、Zn 异常组合为特征,金异常峰值分别达 600×10^{-9}、800×10^{-9}、1600×10^{-9}、2780×10^{-9}、20×10^{-9}、1000×10^{-9}、30×10^{-9}、20×10^{-9},其中尤以 Au、As、Sb、Hg 异常显著,且重叠性好,呈近同

心网状。比值特征是 As/Au 和 As/Sb 大于 1，Ag/Au 小于 1，矿区主要成矿元素金与其他元素表现了正相关的规律，其中以 Au 与 As、Sb 的相关性较好，局部地段 Au 与 As 的相关系数达 0.8 以上。元素地球化学异常明显受构造及岩性控制，与矿体关系密切。

据测量土壤中汞含量结果，汞异常指示断裂构造的存在。金与汞的异常重合往往是矿体的存在部位。观察地球化学异常，并结合异常强度、范围、形态等因素，在 MG/T_2b 界面附近 T_2b 的砂泥岩提供了对成矿有利的构造地球化学障。构造地球化学障对成矿有利，但增加了对地表地球化学调查的难度。据此，寻找金矿体，应当是行之有效的。

8.14.3 异常分析与解释

应用地电化学提取法和土壤地球化学法试验的剖面总长度为 5380m，共 10 条线，按点距均为 20m，分别采集有效物理点 279 个，其中，为排除表层干扰，土壤地球化学野外样品采集应尽可能地加大采样深度和采样量；地电化学提取法野外采样时间较长，仅南矿段 N 线大号点的 3~4 个点，在采样进行 30 多个小时时，供电导线被盗，可能使这几个点受到一定的影响，其他点均属正常。总之，各种方法数据采集质量均达到规范要求，所得异常是可靠的。为便于分析，将本次工作在研究区内发现的异常编号（图 8-90）列于表 8-28。

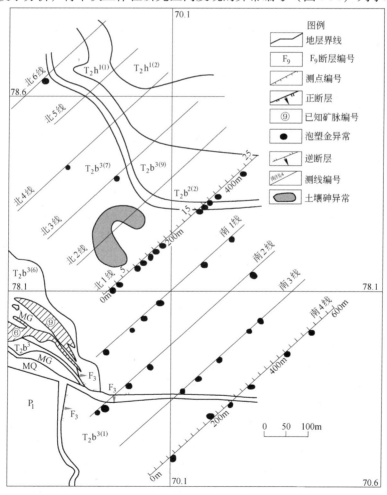

图 8-90 广西高龙金矿鸡公岩矿段东侧地电化学集成技术异常特征图

表 8-28　广西高龙金矿研究区内发现的异常编号表

异常号	位　置	地电提取异常	异常号	位　置	地电提取异常
1	南 1 线 22 号点	弱	6	北 1 线 5 号点	旁　侧
2	南 2 线 14 号点	弱	7	南 2 线 8 号点	中　等
3	南 4 线 18 号点	弱	8	南 2 线 3 号点	
4	北 1 线 5 号点	中　等	9	南区东端	零星分布
5	南 4 线 5 号点	两　侧			

8.14.3.1　2 号和 3 号异常

沿 F_9 断裂北侧的 $T_2b^{3(7)}$ 层位分布区，存在一个隐伏的弱地电提取泡塑金及土壤 Au、Ag、As、Sb 异常。2、3 号集成技术异常的发现，说明深部具备一定的成矿地质条件，推断可能存在与硅化构造角砾岩或铁锰质砂岩有关的金矿化。上覆砂泥岩层位可能有对成矿有利的构造地球化学障，金属元素离子的迁移受阻，只能沿两侧或周边环绕的断裂构造发育地段迁移至表层，并形成相对中等的化探异常特征。此外，由于本区矿床类型所限，金含量不高，品位和厚度变化大，平均品位最高是 9 号矿体（4.419g/t），这也许是隐伏金矿地球化学异常弱的一种原因。

8.14.3.2　1 号异常

距断裂带稍远些的南 1 线 21 号点深部，也有一处与上述规模相当的相对中低异常。该异常的两侧及北西侧北 1 线 6 号点～10 号点一带有地电提取金和土壤 Au、Ag、As、Sb 异常环绕。异常层位可能是 $T_2b^{3(6)}$，基本符合异常评价准则，推断炭质砂岩或破碎砂岩层位中可能存在构造地球化学障，并有金矿化。

8.14.3.3　4 号异常

北 1 线 15 号点一带，是一个浅隐伏陡产状地电化学集成技术异常地质体，具有相对中等异常特征，地电提取金和土壤 Au、Ag、As、Sb 异常显示，隐伏深度不大，可能与南 1 线 27 号点一带相连。推断这里存在断裂构造，其中可能存在金矿化，符合异常评价准则。

8.14.3.4　7 号和 5 号异常

在 F_9 断裂北侧附近，南 2 线 6 号点～11 号点一带，以及在 F_9 断裂南侧，南 3 线 6 号点～11 号点一带，南 4 线 6 号点～11 号点一带，略有化探异常显示。推断沿 F_9 断裂两侧附近存在浅部小规模金矿化地段，基本符合异常评价准则。

8.14.3.5　9 号异常

研究区北东边缘一带，为土壤银异常区，范围较大，是否与隐伏的炭质砂岩层位有关，有待进一步查证。

8.14.3.6　8 号异常

南 2 线 3 号点的地电提取金和土壤 Au、Ag、As、Sb 异常，据现场踏勘核实，该异常是由 $T_2b^{3(1)}$ 层位中的已知小矿脉引起，该小矿脉地表宽度 8m 左右，平均金品位约为 0.8g/t，深部情况尚在查证中。

综上所述，研究区内确实发现了一些可能存在隐伏金矿矿化地质条件的地段，地电化学集成技术异常信息也有所显示。但若论其规模和矿化程度，则因对此研究程度较浅（如测线间距为 100m 较稀疏，探测深度稍浅），尚难以定论。不考虑陡产状小矿脉，只考虑隐伏缓产状矿化地质体，如按每块矿石为 50m×80m×8m，矿石密度为 2.7t/m³，平均品位为 2.5g/t 计算，三个缓产状异常地质体的金矿量总潜力不会超过 200kg。如果深部确实封闭条件好，矿体厚度增大，品位增高，向南还有延伸，则金矿的找矿潜力有超过1000kg的可能。考虑到隐伏深度较大，开发利用的投入产出比，尚值得进一步论证。

8.15　广西横县南乡泰富金矿找矿预测研究

采用偶极子供电方式下的阴极提取法，按50m×20m网度布置14条剖面，每条剖面长320m，局部地段由于受到采矿工程影响。从18～45线分为两个工作区进行，西区布设在2350～2650m，东区主要布设在3500～3800m，线距50m，点距一般为20m，在地质构造条件有利地段按10m进行加密布点，完成面积共计0.2km²。

8.15.1　工程控制区的异常验证

通过地电提取测量，圈定出5个金地电提取异常带，其中，Ⅳ号异常带为边采边探区；Ⅲ号异常带Ⅲ-2异常有民采痕迹，但该异常范围远大于民采点范围，推测其深部有金矿（化）体赋存。

Ⅳ号异常带位于3500～3800m之间（如图8-91所示），为地电剖面的120～220m地段，该

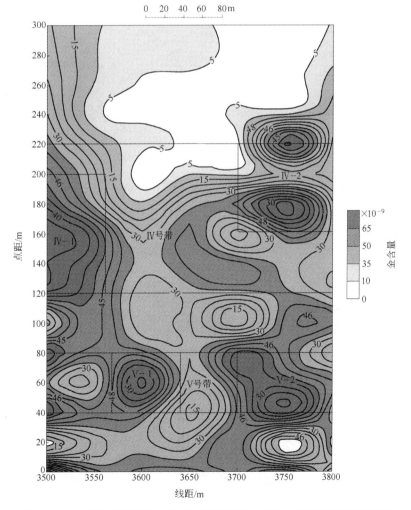

图8-91　广西横县泰富金矿23.5～26.5线地电提取金异常等值线平面图

异常带宽 100m、长 300m,金地电提取最高值为 69.18×10^{-9},最低值为 3.23×10^{-9},平均强度为 31.43×10^{-9},为金矿的富矿地段。在这一异常带中Ⅳ-1 异常和Ⅳ-2 异常为采金最佳地段。

在Ⅳ-1 异常中,金地电提取最高值为 26.3×10^{-9},平均强度为 48.6×10^{-9};在Ⅳ-2 异常中,金地电提取最高值为 67.6×10^{-9},最低值为 3.23×10^{-9},平均强度为 27.6×10^{-9}。Ⅳ-1 异常和Ⅳ-2 异常,经工程揭露,在离地表 100m 深处见到了金矿体,平均品位 5.4×10^{-6}。

Ⅲ号异常带位于 2350~2650m 之间（如图 8-91 所示）,为地电剖面的 0~80m 地段。该地段已有许多断续的采坑,但目前这些采坑已不在开采中。该异常就是位于这些断续的采坑中及其上、下边界上,其金异常强度较高,金地电提取最高值为 125.89×10^{-9},最低值为 9.55×10^{-9},平均强度为 46.4×10^{-9}。在这一异常带中,最有利地段为Ⅲ-1 异常和Ⅲ-2 异常。

在Ⅲ-1 异常中,金地电提取最高值为 61.66×10^{-9},最低值为 26.1×10^{-9},平均强度为 42.7×10^{-9};在Ⅲ-2 异常中,金地电提取最高值为 125.89×10^{-9},最低值为 31.62×10^{-9},平均强度为 84.7×10^{-9},在这一异常范围内发现有民采坑。

8.15.2　未知区找矿预测

在无工程控制的区域发现新的找金有利地段 3 处,即Ⅰ号异常带、Ⅱ号异常带（如图 8-92 所示）和Ⅴ号异常带（如图 8-91 所示）。

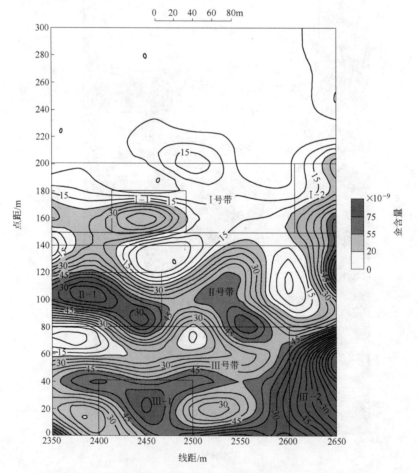

图 8-92　广西横县泰富金矿 35~38 线地电提取金异常等值线平面图

Ⅰ号异常带位于2350～2650m线之间，为地电剖面的150～200m地段，该地段植被覆盖严重，异常呈近东西向延伸，与断层带走向平行，异常带宽约50m，长约300m（因延伸方向只测量300m），金地电提取最高值为58.88×10^{-9}，最低值为2.04×10^{-9}，平均强度为16.17×10^{-9}，在覆盖严重且无矿质污染地带，有这样的金地电提取异常，说明该地带是一个较有前景的找金地段。在Ⅰ号异常带中，最具找矿前景的地段为Ⅰ-1异常和Ⅰ-2异常。

在Ⅰ-1异常中，金地电提取最高值为44.7×10^{-9}，最低值为2.04×10^{-9}，平均强度为14.5×10^{-9}；在Ⅰ-2异常中，金地电提取最高值为58.88×10^{-9}，最低值为2.29×10^{-9}，平均强度为23.2×10^{-9}。

Ⅱ号异常带位于2350～2650m之间，为地电剖面的80～140m地段，该异常带为植被覆盖，呈近东西向延伸，基本与断层带走向一致，异常带宽约60m，长约300m，金异常强度较高，金地电提取最高值为70.79×10^{-9}，最低值为4.6×10^{-9}，平均强度为32.46×10^{-9}，异常峰值较高，浓集中心明显，是一个较有前景的找金地段。在Ⅱ号异常带中，最具找矿前景的有利地段为Ⅱ-1异常。在Ⅱ-1异常中，金地电提取最高值为67.6×10^{-9}，最低值为6.61×10^{-9}，平均强度为37.2×10^{-9}，经钻孔验证见到金矿体。

Ⅴ号异常带位于3500～3800m之间，为地电剖面的40～80m地段，该异常带宽约40m，长约300m，金地电提取最高值为58.88×10^{-9}，最低值为13.2×10^{-9}，平均强度为42.92×10^{-9}。该异常带在测量时土壤受到一定污染，但该异常带有明显的浓集中心，峰值较高，成矿地质条件有利，认为是一个有前景的找金地段。在Ⅴ号异常带中，最具找矿前景的地段为Ⅴ-1异常和Ⅴ-2异常。

在Ⅴ-1异常中，金地电提取最高值为67.6×10^{-9}，最低值为13.2×10^{-9}，平均强度为39.1×10^{-9}；在Ⅴ-2异常中，金地电提取最高值为67.6×10^{-9}，最低值为20.42×10^{-9}，平均强度为43.1×10^{-9}，经槽探工程揭露，发现金矿化体，平均品位为2.063×10^{-6}。

8.16 广西兴安金石金矿找矿预测研究

工作区位于广西兴安金石金矿外围4号分散流异区，地处猫儿山花岗岩体南端外接触带的南南西侧。地质工作程度较低，4号分散流异常区位于田头口村外、小溶江以北的盘岭水系中，距沟口约3km处。出露的地层主要是寒武系的老变质岩系，岩性以变质砂岩为主，砂岩中有多处石英脉穿插。测区南东边部及测区外为奥陶系页岩、砾状砂岩、泥灰岩和灰岩。测区4线水沟中的构造变形石英脉中，见有石墨化和碳化，露头砂岩的挤压带中有明显的石墨化。随机采样的5件石英脉样品，金含量为(0.09～0.20)×10^{-9}。

根据分散流异常位置，选择靶区长500m、宽200m，测线方位330°。测网为50m×20m。测线号自南西西至北东东依次为1、2、3、4、5线；点号自南南东至北北西依次为1～26号点。测区内的地形起伏较大，相对高差大于200m。

采用的技术方法主要以地电化学提取测量法为主，辅于吸附相态汞测量集成技术。

8.16.1 地电化学提取金异常

采用发电机供电，供电时间48h，按50m×20m的网格共采取样品136个，分析了金的含量（图 8-93）。测区内未发现走向规模大于 50m 的金异常带。所发现的金异常值大于 20×10^{-9} 的点，共有 5 处，其中 4 线 21 号点及 22 号点的金异常分别达到 72.4×10^{-9} 和 44.9×10^{-9}。

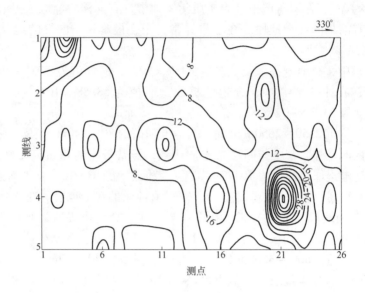

图 8-93　地电提取金异常($w(\mathrm{Au}) \times 10^{-9}$)平面图

8.16.2　吸附相态汞异常

136 个样品的分析结果如图 8-94 所示，测区内以 2 线 26 号点 ~ 5 线 3 号点一线为界，北东侧为高汞区，南西侧为低汞区。北东侧高汞区内，可分为两个区。4 线的 6 号点 ~ 18 号点一带，汞量极大值在 73×10^{-9} 左右。测区北东角，3 线 ~ 5 线的 21 号点 ~ 26 号点一

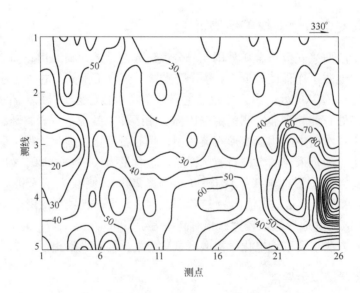

图 8-94　吸附相态汞异常($w(\mathrm{Hg}) \times 10^{-9}$)平面图

带，为全区汞含量的最高值区，并有向北北东方向延展的趋势，极大值在4线的25号点和26号点，分别为206×10^{-9}和186×10^{-9}。

根据以上的异常描述，在测区的北北东角上，具有高的金地电提取、高汞集成技术异常区。金的地电提取异常是地下存在金矿体或金矿显示，高汞异常是深部热源及浅部构造发育的综合显示，由此说明测区北东角一带具有一定深度的热源活动，且构造发育比较破碎，有利于石英脉的穿插，有石墨化，也可能有少量浸染状黄铁矿、磁铁矿或金属硫化物等存在。这些集成技术异常显示的地质信息，说明测区北北东角一带具备金矿的有利成矿条件。

8.17　广西融水县有富多金属矿区找矿预测研究

8.17.1　工作区地质概况

工作区在有富多金属矿区，位于元宝山复式倒转背斜范围。矿区的地层、构造、岩浆岩、矿化特征概述如下。

8.17.1.1　地层

矿区所见地层有二组，自下而上有：

白竹组（Pt_1b）：分两段，第一段底部为砾质白云石英片岩，上部薄层状灰绿色绢云母石英片岩夹石英变粒岩，工作区地层在该段；第二段下部为绿色含绿泥石白云石片岩，中、上部为方解石泥片岩、含方解石绿泥石石英片岩夹大理岩。

合桐组（Pt_1h）：分两段，第一段（Pt_1h^1）为薄层状灰绿-青灰色绿泥石石英片岩、白云绿泥石石英片岩夹石英变粒岩；第二段（Pt_1h^2）顶部及底部为灰色绢云母石英千枚岩夹黑色含炭绢云母石英片岩夹石英变粒岩，中部为薄层状黑灰色含炭绢云母石英片岩、灰色绢云母石英千枚岩互层。

8.17.1.2　构造

（1）褶皱：矿区位于加里东构造运动形成基本褶皱形态的元宝山复式倒转背斜北端。测区处于该构造部位。元宝山复式倒转背斜轴向SN向，所见核部地层为Pt_1b地层（图8-95）。

（2）断裂

矿区断裂活动多形成于印支-燕山构造活动期。区域里较大断层50条以上，走向NE20°~30°，倾向以NW为主，与褶皱轴平行或微交叉。区内NNE向、EW向次一级断裂发育，是矿区内控矿赋矿构造。

8.17.1.3　岩浆岩

矿区位于区域的橄榄岩-辉长岩群带内，属元古代岩浆活动的产物。加里东期有构造花岗岩浆活动，形成侵入于褶皱（背斜）轴部的元宝山花岗岩体。该岩体呈岩基产出，是由三个阶段的侵入体组成的同构造复式岩体。第三阶段侵入活动与成矿关系密切，伴有W、Sn、毒砂及多金属矿化。测区位于该侵入体北部外接触带的Pt_1b^1地层中。该岩体形成于燕山-印支构造活动期，并发育有大量断裂构造。

8.17.1.4　矿化特征

矿区所处区域见多金属矿化，矿体矿物组合为闪锌矿、方铅矿、黄铜矿、伴生黄铁

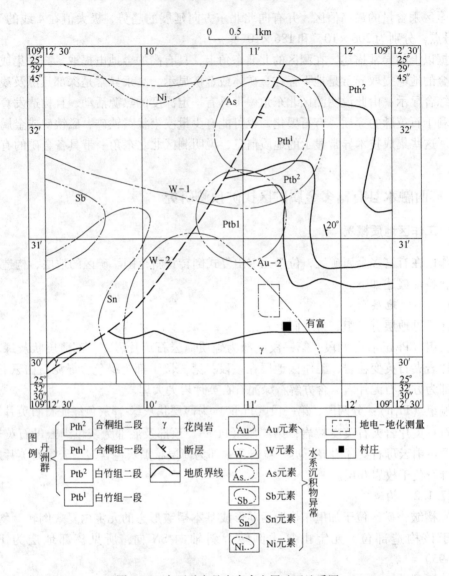

图 8-95　广西融水县有富多金属矿区地质图

矿，脉石为石英，形状为不规则脉状，长 7m，厚 3～80cm。测区内仅发现含铜黄铁矿化脉体（产状、规模不祥）。据资料报告，矿区位于确定的找矿远景区 4 号区内，1/（20 万）化探扫面工作发现 W、Au、As 等水系沉积物异常，测区位于水系沉积物 W-2 号异常范围内，同时靠近 Au-2 号异常带（图 8-95）。

8.17.2　地电、地球化学特征

工作区所处地区为低山区，气候属亚热带气候，植被较茂盛，覆盖层较厚，山坡以残破积物为主。

测到的土壤离子电导率（Con）、土壤吸附相态汞（热释汞）、地电提取 Au、Ag、Cu、Ph、Zn、W 离子等几个元素的背景值与异常下限值，见表 8-29。

表 8-29 统计分析结果表

元素名称	离子电导率 /$\mu S \cdot cm^{-1}$	热释汞	地电提取离子				
			Au	Ag	Cu	Zn	W
统计样数	132	147×10^{-9}	141×10^{-9}	87×10^{-9}	153×10^{-6}	152×10^{-6}	149×10^{-6}
背景值	7.6	140×10^{-9}	0.75×10^{-9}	2.5×10^{-9}	1.2×10^{-6}	1.3×10^{-6}	0.1×10^{-6}
异常下限	10	225×10^{-9}	3.2×10^{-9}	25×10^{-9}	3.2×10^{-6}	3×10^{-6}	0.35×10^{-6}
异常常见值	15	325×10^{-9}	4.4×10^{-9}	30×10^{-9}	4.4×10^{-6}	7×10^{-6}	
三级浓度分带值 外带	10	225×10^{-9}	3.2×10^{-9}	25×10^{-9}	3.2×10^{-6}	3×10^{-6}	0.35×10^{-6}
三级浓度分带值 中带	20	450×10^{-9}	6.5×10^{-9}	50×10^{-9}	6.5×10^{-6}	6×10^{-6}	0.7×10^{-6}
三级浓度分带值 内带	40	900×10^{-9}	13×10^{-9}	100×10^{-9}	13×10^{-6}	12×10^{-6}	1.4×10^{-6}

表 8-29 列出了确定的各元素异常常见值（统计理论值，见下述），对照各元素异常浓度带值可见，除锌元素外（钨元素不详），其余 6 个元素异常中带浓度的出现，反映了该元素的富集。

8.17.3 已知矿化体特征

矿区（工作区在内）未获得以往已经矿体（矿化体）的特征资料。仅在工作区内 0 线上见一含铜黄铁矿化脉体，0 线地表含铜黄铁矿化体地电地化特征见图 8-96。

由图 8-96 可见，在含铜黄铁矿化体部位，有电导率（Con）、热释汞（Hg），地电提取 Cu、Ag、Au、Pb、Zn、W 的异常。只有 Cu、Ag、Pb、Hg、W 于露头上方出现异常，Hg 偏露头 SE 侧出现异常，Pb 偏 NW 侧出现异常，而电导率、Zn、Au 偏离矿化露头 SE 方向出现异常。据 Hg、Ag 元素异常自峰值向 SE 方向缓展特点，预测矿化体向 SE 倾斜。对照表 8-29，各元素异常峰值中，仅有 Cu、Au、Hg 出现高于该元素常见值的特点，该黄铁矿化体露头有铜矿化，预测向下延深对应金的富集，汞反映了脉体侧硫化矿化特点。

8.17.4 数据处理方法

应用概率格纸图解方法，对各元素数据分组统计形成的概率曲线进行计算分解，得出各元素的正常场总体和异常场总体直线。在正常场总体直线上确定各元素的背景值和异常下限值，在异常场总体直线上确定各元素异常常见值（反映该元素含量富集的界值），再按各元素异常下限值的 1 倍、2 倍、4 倍的数值作为各元素异常浓度三级浓度分带值（如表 8-29 所示）。各元素数据的概率曲线及图解的正常场总体直线及异常场总体直线见图 8-97 ~ 图 8-104。

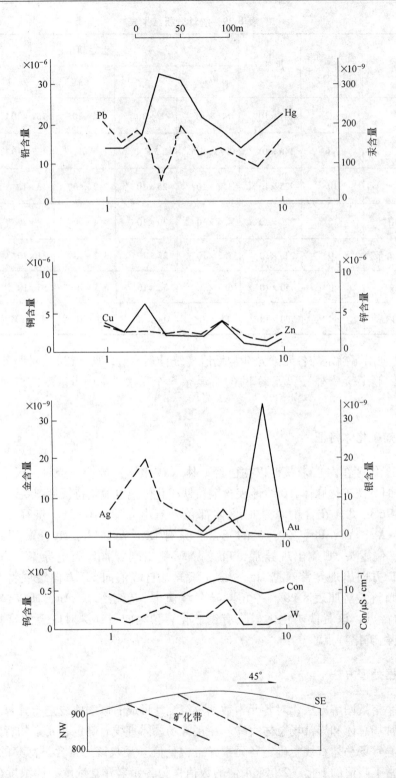

图 8-96 广西融水县有富多金属矿区 0 线已知剖面含铜黄铁矿化体地电地化剖面图

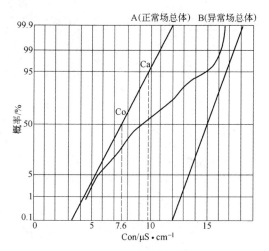

图 8-97 广西融水县有富多金属矿区电导率
数据概率分布曲线分解结果图

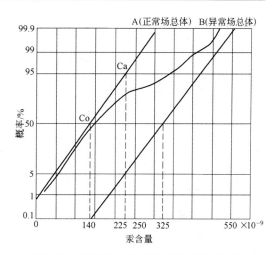

图 8-98 广西融水县有富多金属矿区土壤
热释汞含量数据概率分布曲线分解结果图

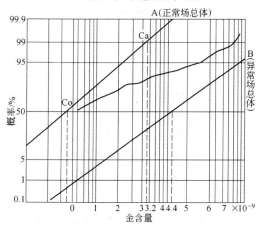

图 8-99 广西融水县有富多金属矿区地电
提取金含量数据概率分布曲线分解结果图

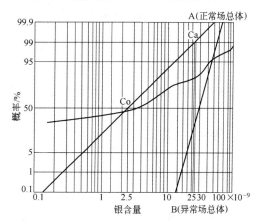

图 8-100 广西融水县有富多金属矿区地电
提取银含量数据概率分布曲线分解结果图

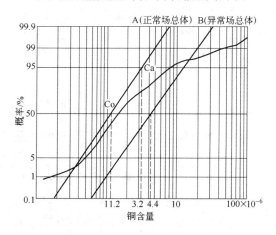

图 8-101 广西融水县有富多金属矿区地电
提取铜含量数据概率分布曲线分解结果图

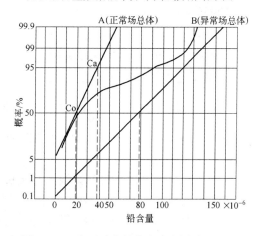

图 8-102 广西融水县有富多金属矿区地电
提取铅含量数据概率分布曲线分解结果图

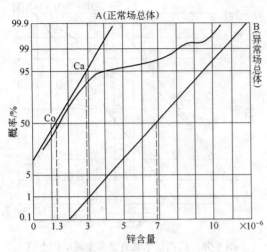

图 8-103　广西融水县有富多金属矿区地电
提取锌含量数据概率分布曲线分解结果图

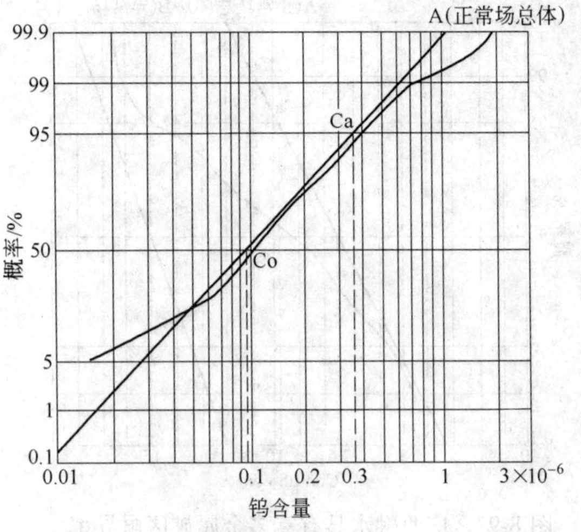

图 8-104　广西融水县有富多金属矿区地电
提取钨含量数据概率分布曲线分解结果图

对比图 8-97 ~ 图 8-104 各元素概率曲线特点及分解有以下三种情形:

(1) 当概率分布曲线只识别出一个拐点 (值 F_1), 该拐点值 $F_1 > 90\%$ 时, 意味着异常部分不足 10%, 此时只能确定正常场总体直线, 如钨 (图 8-104), 此时正常总体直线求法为:

先确定各组累计频率值 G_i 后, 按 $G'_i = G_i/F_1$ 求 G'_i, 即正常总体直线作图点, 将小于 F_1 的众多个组 G'_i 求出后, 拟合一条直线即为正常总体直线 A, A 直线与概率坐标 50% 的交点对应含量值为背景值 (C_0), 与 95% (99%) 概率坐标的交点对应的含量为异常下限值 (C_a)。

(2) 当概率分布曲线只识别出一个拐点 (值 F_1), 该拐点值 $F_1 < 90\%$ 时, 意味着异常部分大于 10%, 此时可确定正常场总体及异常场总体两直线。

1) 正常场总体直线求法:

将累计频率值 G_i 小于 F_1 的各组, 按 $G'_i = G_i/F_1$ 计算 G'_i, 求各组正常总体直线作图点, 将各组的 G'_i 拟合成一条直线, 即正常总体直线, 该直线与概率 50% 坐标交点对应的含量值为 C_0 值, 与 95% 或 99% 概率坐标相交对应的含量为异常下限值 (C_a)。

2) 异常场总体直线求法:

将累计频率值 G_i 大于拐点值 F_1 的各组, 按 $G'_i = \dfrac{F_1 - G_i}{1 - F_1}$ 求出各组 G'_i 值后, 拟合成一条直线, 即为异常场总体直线。该直线与概率 50% 坐标相交所对应的含量值, 为异常常见值, 是该元素富集的异常值。

属第二种概率分布曲线类型的有土壤电导率 (图 8-97)、土壤热释汞 (图 8-98)、地电提取金元素 (图 8-99)、地电提取铅元素 (图 8-102)、地电提取锌元素 (图 8-103)。

(3) 概率分布曲线可辨别两个拐点 (F_1、F_2, $F_2 > F_1$, 但 $F_2 > 90\%$), 意味着该元素有一个正常场总体和两个异常场总体, 但由于 $F_2 > 90\%$, 有一个异常场总体难以确定, 此时只确定出一个异常场总体。该类型分布曲线的正常场总体直线求法同 (1) (2) 两种情况，此类型异常场总体直线求法为：

将大于 F_1 值、小于 F_2 值的各组 G_i，用公式 G_i'（异常总体直线作图点）$= \dfrac{F_1 - G_i}{1 - F_1}$ 拟合成一条异常场总体直线。该异常场总体直线与分布曲线相交，而背景值、异常下限值、异常常见值同（1）、（2）概率分布曲线的情形一样，属此类型概率分布曲线有地电提取铜及地电提取银元素（图 8-100、图 8-101）。

8.17.5 找矿预测评价

8.17.5.1 多种方法异常平面特征

A 土壤电导率（Con）异常平面特征

将有富矿测区土壤电导率（Con）数据按表 8-29 列的外、中、内浓度带值圈定异常，获 5 个电导率异常，编号为 Con-1、Con-2、…、Con-5（图 8-105），根据表 8-30 是否出现异常常见值来划分强弱异常，Con-1、Con-2 为强异常，而 Con-3、Con-4、Con-5 为弱异常。从平面分布规模看，Con-2 号异常分布范围大，从测区南向北涵盖大部分地段，电导率异常出现与含铜黄铁矿化（硫化物矿化）有关。罗先熔认为：无论是矿体形成过程中还是矿体形成之后所产生的地电化学溶解及其他方式的溶解过程，这套离子群都与矿源有着一定的关系，即这些离子的来源应该是由于矿体产生电化学溶解作用或其他化学作用直接或间接转化而来，进而在地表上形成这样一套指示矿体赋存位置的离子群（罗先熔《地球电化

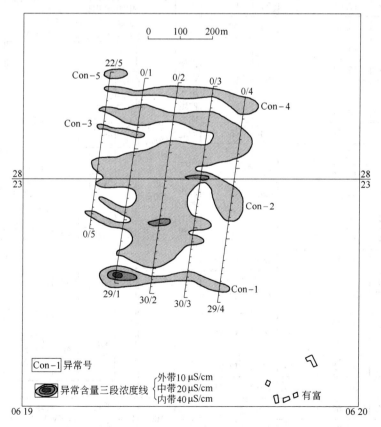

图 8-105 广西融水县有富多金属矿测区电导率异常平面图

学勘查及深部找矿》，1996 年 6 月，冶金工业出版社，56 页）。从 Con-2 号异常展布既有 NE 向特点又有近 EW 向高浓度条带分布来看，该异常地段至少预示硫化物矿化的普遍性，而高浓度近 EW 向条带预示脉状硫化物富集体。而呈条带状的 Con-1 号异常，综合其他元素异常同步出现，应推测为脉状硫化物矿化。5 个电导率异常位置、含量特征、地质特征及其他元素异常的关系列于表 8-30。

表 8-30　广西融水县有富多金属矿区土壤电导率（Con）异常特征

测区异常号	剖面号	点号	含量/μS·cm⁻¹	起始点号	宽度/m	$\bar{C}on$/μS·cm⁻¹	走向	走向长度/m	地质特征、解释	对应其他元素异常号
Con-1	1	28	52.8	27~29	60	27.63	EW	>300	位于白竹组一段地层内，推测有 EW 向矿化脉体，建议于 1 线 28、29 号点布设探槽 K₁（20~40m），预测见硫化物（Pb、Au）矿化，于 2 线 29~30 号点布 K₂ 探槽（40m）	Hg-1、W-1、Cu-1、Pb-1、Pb-2、Zn-1、Au-2、Ag-1、Ag-2
	2	28	11.31	28	20	11.31				
	3	27	12.04	27	20	12.04				
	4	27	16.72	27	20	16.72				
Con-2	5	1	12.55		20	12.55	由南至北，由东西走向变为北东走向逐渐转为东西走向的不规则状	北东走向 450m，南北跨宽近 430m	位于白竹组一段地层内，北东展布与区域背斜轴向一致，有 EW 向矿化脉体叠加。于 1 号剖面 12 号点到 2 号剖面 9 号点间见一近似 EW 走向黄铁矿化脉体，推断为硫化物矿化体普遍分布引起。建议结合其他元素异常分别于以下各处布设探槽揭露	Hg-1、Hg-2、Hg-4、Hg-7、Hg-9、Au-3~Au-12、Ag-3、Ag-5~Ag-12、Cu-2~Cu-8、Pb-3、Pb-5~Pb-9、Zn-2、Zn-4~Zn-13、W-1、W-3~W-6、W-9、W-10、W-11
		4	10.23		20	10.23				
		6	10.89		20	10.89				
		9	12.17	8~9	40	11.21				
		16	12.61		20	12.61				
	1	6	15.45	4-6	60	13.9				
		12	15.95	11~25	280	12.41				
		19	15.67							
		21	11.17							
		25	10.79							
	2	5	13.71	5	20	13.71				
		9	14.04	9~26	360	13.52				
		15	16.01							
		20	22.64							
		22	18.06							
		24	14.29							
	3	5	13.74	4~6	60	12.79				
		10	16.79	9~13	100	15.04				
		13	22.21							
		20	15.29	19~22	80	12.53				
		22	14.77							
	4	8	16.85	5~8	80	12.57				
		17	14.73	13~17	100	12.81				
Con-3	5	14	12.67	14	20	12.44	EW	100	位于白竹组一段地层内，推测为 NE（近 EW）走向黄铁矿化脉体引起	W-8、Au-10、Hg-8
	1	8	12.21	8	20					

Con-2 地质特征中布设探槽预测表：

工程号	点线号	长度/m	预测
K_3	23.5~24.5/2	20	黄铁黄铜矿化脉
K_4	17~18/1	20	Cu、Pb 硫化物矿化（含 Au）
K_5	22.5~26/4	70	多金属矿化（Ag）
K_6	9~10/2	20	黄铁黄铜矿化（Au）
K_7	3.5~6/2	40	多金属硫化物矿化（含 Au）

续表8-30

测区异常号	剖面号	异常峰值		异常规模与强度					地质特征、解释	对应其他元素异常号
		点号	含量/$\mu S \cdot cm^{-1}$	起始点号	宽度/m	$\overline{Con}$/$\mu S \cdot cm^{-1}$	走向	走向长度/m		
Con-4	5	19	11.70	19	20	11.63	EW	>400	位于白竹组一段地层内，推测为近EW向次级裂隙内硫化物矿化体（黄铁矿、铅矿化、含Au）引起	Hg-10、W-12、Pb-8、Zn-14、Au-12、Au-13
	1	2	10.77	2	20					
	2	1	11.72	1~2	40					
	3	1	10.37	1	20					
	4	1	14.79	0~2	60					
Con-5	5	21	11.57	21~22	40	10.82			位于白竹组一段地层内，推测为近NE向硫化物矿化脉引起（含Ag）	Ag-13

B 土壤热释汞异常平面特征

将工作区土壤热释汞数据，按表8-29所列的外、中、内浓度带值圈定异常，获大小规模不等的汞异常10个（图8-106），编号为Hg-1、Hg-2、…、Hg-10，除Hg-1、Hg-2号有中浓度带或以上高含量外，其余均为外浓度带的异常，其中Hg-3、Hg-4、Hg-5、Hg-8、Hg-9、Hg-10号等6个异常为单点异常，按表8-29中所列汞的异常常见值对比，Hg-3、Hg-5、Hg-8、Hg-9、Hg-10号异常峰值均低于汞异常常见值。仅Hg-1、Hg-2号规模较大，异常含量较

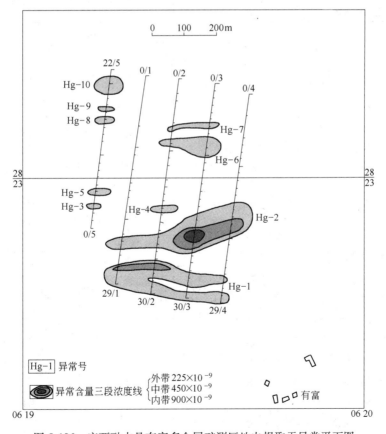

图8-106 广西融水县有富多金属矿测区地电提取汞异常平面图

强，已知黄铁矿化脉上出现汞异常特点对比，非单点异常 Hg-1、Hg-2、Hg-6、Hg-7 号应是硫化矿化脉引起。各个汞异常位置、含量特征、地质特征及与其他元素关系列于表 8-31。

表 8-31　广西融水县有富多金属矿区土壤热释汞异常特征

测区异常号	剖面号	异常峰值		异常规模与强度					地质特征、解释	对应其他元素异常号
		点号	含量	起始点号	宽度/m	$\bar{C}_{on}$	走向	走向长度/m		
Hg-1	1	27	617×10^{-9}	27~29	60	323×10^{-9}	EW	300	位于白竹组一段地层内。中夹一低值带，推测有近 EW 向裂隙控制的矿化脉体。建议于 1 线 28~29 点及 2 线 29~30 点布设 K_1、K_2（每个长 40m）槽揭露（见硫化物 Pb、Au 矿化）	Con-1、Con-2；Ag-1~Ag-4；Au-1、Au-2、Cu-1、Cu-2、Pb-1~Pb-3；Zn-1；W-1
	2	26	576×10^{-9}	26~30	100					
		30	369×10^{-9}							
	3	27	432×10^{-9}	27~30	80					
		30	479×10^{-9}							
	4	26	236×10^{-9}	26~29	80					
		29	264×10^{-9}							
Hg-2	1	24	321×10^{-9}	23~24	40	535×10^{-9}	EW转NE	>360	位于白竹组一段地层内。中夹一低值带，推测有硫化物的矿化体。建议于 2 线及 4 线 2 点布设 K_3、K_4 号槽揭露，预测见硫化物矿化体（K_3 长 40m，K_4 长 100m）	Con-2、Ag-5；Au-3~Au-5、Au-6、Cu-2、Pb-4~Pb-7；Zn-2、Zn-4；W-3、W-4
	2	23	392×10^{-9}	22~23	40					
	3	22	1682×10^{-9}	19~23	100					
	4	16	449×10^{-9}	15~19	100					
		19	789×10^{-9}							
Hg-3	5	2	284×10^{-9}	2	20	284×10^{-9}			位于白竹组一段地层内	Ag-7；Zn-5；W-5
Hg-4	2	18	359×10^{-9}	18	20	359×10^{-9}			位于白竹组一段地层内	Con-2；Cu-4；Pb-6 于边沿
Hg-5	5	4	315×10^{-9}	4	20	315×10^{-9}			位于白竹组一段地层内。建议于 1 线 18 号点布设 K_4 槽（40m）。见硫化物矿化脉体（控制走向）	Con-2；Ag-8；Cu-4；Pb-6、Zn-6；W-5
Hg-6	2	9	358×10^{-9}	9	20	283×10^{-9}	EW	100	位于白竹组一段地层内。推测为硫化物矿化脉引起（Cu、Au），建议于 2 线 9~10 号点布设 K_6 槽揭露	Con-2；Ag-11；Au-8、Au-9；Cu-4；Zn-10；W-9、W-10
	3	9	290×10^{-9}	8~10	60					
Hg-7	2	7	265×10^{-9}	7	20	267×10^{-9}	EW	100	位于白竹组一段地层内	Con-2；Cu-7；Pb-8；Zn-12；W-11
	3	6	269×10^{-9}	6	20					
Hg-8	5	14	231×10^{-9}	14	20	231×10^{-9}			位于白竹组一段地层内	Con-3；W-8
Hg-9	5	16	230×10^{-9}	16	20	230×10^{-9}			位于白竹组一段地层内	Con-2；Ag-12；Pb-9
Hg-10	5	18	264×10^{-9}	18~20	60	249×10^{-9}			位于白竹组一段地层内	Con-4；Ag-13

从平面分布特征看，Hg-1、Hg-2 号出现于测区南部，Hg-6、Hg-7 号分布于测区北段，从图 8-106 可见，从南向北反映出汞异常之间有数条汞低值带，是否反应断裂活动部位尚待下一步工作证实。但据本区矿化沿断裂通道的特点，可以推测硫化物矿化体产出导致汞异常的存在。如 Hg-3 号异常，出露于 1 线 ~4 线剖面间，走向先 EW 后转 NE 向（3 线 ~4 线），与本区周围成矿断裂 NE、NNE 向方向一致。汞异常峰值 1682×10^{-9}（22 号点/3 线），数倍于汞异常常见值，汞作为硫化物矿化体的伴生产物，可能是矿化裂隙存在的反映，可在一定程度上指示硫化脉体的存在。

C 地电提取异常平面特征

a 地电提取金（离子）异常平面特征

将工作区地电提取金数据，按表 8-29 所列该元素异常三级浓度带值绘制异常。圈定地电提取金异常 13 个，编号为 Au-1、Au-2、…、Au-13，分布见图 8-107。除 Au-1、Au-2、Au-4、Au-5、Au-10、Au-13 号等 6 个异常为单点异常外，其余 Au-3、Au-6、Au-7、Au-8、Au-9、Au-11、Au-12 号等 7 个异常为有一定走向规模的异常。从含量上看，中浓度带的异常有 Au-3、Au-4、Au-7、Au-8、Au-10、Au-11、Au-12、Au-13 号等 8 个异常，从这 8 个异常推测应有含金矿物富集。从形态看，有一定走向规模的 Au-3、Au-6、Au-7、Au-8、Au-9、Au-11、Au-12 号等 7 个异常均呈条（线）状，预测这 7 个异常反映硫化物矿化富集体为脉状，均有含金矿物富集。

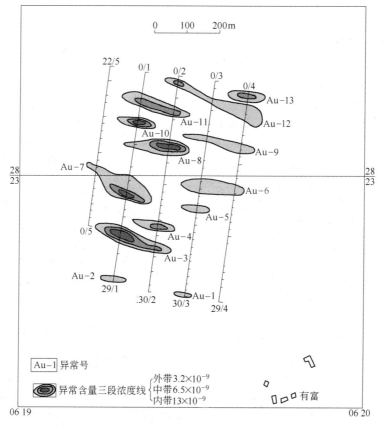

图 8-107 广西融水县有富多金属矿测区地电提取金异常平面图

　　从平面分布特点看，测区由北向南（即由远元宝山花岗岩体到近元宝山花岗岩体）金异常峰值含量略有增高。异常走向多切交测区主褶皱轴向，与次一级断裂走向近似。对照 1/（20 万）化探扫面所获的水系沉积物 Au-2 号异常中金含量特征（最高含量 17×10^{-9}、最低含量 7×10^{-9}、平均含量 11×10^{-9}）看，高于 17×10^{-9} 峰值含量的异常有 Au-3、Au-7、Au-8、Au-10、Au-11 号等 5 个异常，异常平均值高于或近 11×10^{-9} 的有 Au-3、Au-4、Au-7、Au-8、Au-10 号等 5 个异常。据此，可推测测区为水系沉积物测量 Au-2 号异常源区，测区存在含金硫化物富集的源体，结合异常形态看，应是脉状矿化体。各金异常位置、地质特征、推断解释及与其他元素异常的关系列于表 8-32。

表 8-32　广西融水县有富多金属矿区地电提取金异常特征

测区异常号	剖面号	异常峰值		异常规模与强度					地质特征、解释	对应其他元素异常号
		点号	含量	起始点号	宽度/m	$\overline{Con}$	走向	走向长度/m		
Au-1	3	30	3.54×10^{-9}	30	20	3.54×10^{-9}			位于白竹组一段地层内，EW 向矿化脉体部位，建议 K_1（40m）揭露	Hg-1；Cu-1
Au-2	1	29	5.23×10^{-9}	29	20	5.23×10^{-9}			位于白竹组一段地层内，EW 向矿化脉体部位，建议 K_2 槽揭露	Con-1；Hg-1；Ag-1；Pb-1；W-1
Au-3	1	22	26.53×10^{-9}	22~23	40	18.23×10^{-9}	NW近EW	20	位于白竹组一段地层内，推测有硫化物矿化脉体（Cu、Au），建议布 K_3 槽揭露	Con-2；Hg-2；Cu-2；Zn-2；W-3
	2	23	7.31×10^{-9}	23	20					
Au-4	2	21	10.98×10^{-9}	21	20	10.98×10^{-9}			位于白竹组一段地层内，有硫化物矿化（Cu、Au）	Con-2；Hg-2；Cu-3；W-3
Au-5	3	18	5.69×10^{-9}	18	20	5.69×10^{-9}			位于白竹组一段地层内，有硫化物矿化	Con-2；Hg-2；Hg-4；Ag-5；Cu-4；W-4
Au-6	3	15	5.15×10^{-9}	14~15	40	3.96×10^{-9}	EW	100	位于白竹组一段地层内，有硫化物矿化（Cu、Pb、Au、Ag）	Con-2；Hg-2；Ag-5；Cu-6；Pb-7
	4	14	3.53×10^{-9}	14~15	40					
Au-7	5	7	4.92×10^{-9}	7	20	11.23×10^{-9}	EW	100	位于白竹组一段地层内，推测有硫化物矿化脉（Cu、Au），建议于 1 线 18/19 点布设 K_4 槽揭露（40m）	Con-2；Cu-4，Cu-5；Pb-6；Zn-6，Zn-7；W-5，W-6
	1	17	28.77×10^{-9}	15~17	60					
Au-8	1	10	3.30×10^{-9}	10	20	10.66×10^{-9}	EW	100	位于白竹组一段地层内，推测为硫化物矿化脉（Cu、Au），建议于 2 线 9/10 点间布设 40m 长 K_6 号槽揭露矿化脉	Con-2；Hg-6；Ag-11；Cu-6；Pb-6；Zn-9；W-9
	2	10	25.34×10^{-9}	10~11	40					
Au-9	3	8	4.92×10^{-9}	8	20	4.87×10^{-9}	EW	100	位于白竹组一段地层内，反映 EW 专向脉体	Con-2；Hg-6；Zn-11；W-10
	4	8	4.81×10^{-9}	8	20					

测区异常号	剖面号	异常峰值		异常规模与强度				地质特征、解释	对应其他元素异常号
		点号	含量	起始点号	宽度/m	$\overline{Con}$	走向	走向长度/m	
Au-10	1	7	25.40×10^{-9}	7	20	25.40×10^{-9}			位于白竹组一段地层内，黄铁矿化脉	Con-3；Zn-13
Au-11	1	4	8.54×10^{-9}	3~4	40	8.14×10^{-9}	NW 近 EW	100	位于白竹组一段地层内，推测为含 Cu、Pb（Au）硫化物矿化体，建议于 2 线 3.5/5.5 点间布 40m 长 K_7 槽揭露	Con-2；Cu-8；Pb-8；Zn-13；W-11
	2	5	11.62×10^{-9}	5	20					
Au-12	2	1	6.60×10^{-9}	1	20	5.30×10^{-9}	SE 转为 EW	200	位于白竹组一段地层内，推测有含 Cu、Au 的硫化物矿化	Con-2,Con-4；Cu-8；Pb-8；Zn-12，Zn-13；W-12
	3	3	6.18×10^{-9}	3	20					
	4	4	6.09×10^{-9}	2~4	60					
Au-13	4	0	7.20×10^{-9}	0	20	7.20×10^{-9}			位于白竹组一段地层内	Con-4

测区应为含金硫化物矿化地段。据金含量大于 4.4×10^{-9} 的异常点（段）15 个统计结果：各元素异常峰值大于其常见值的主要是铜元素，有 7 个，占 53.85%，热释汞呈现异常一侧的低值（带）占 100%。其余地电提取元素异常大于其常见值的最高为铅，只 5 个占 33.3%，Ag、Zn、W 电导率均低于 30%，可见金富集（异常）明显与 Cu、Hg 有关。

b 地电提取银（离子）异常平面特征

将工作区地电提取银数据，按表 8-29 所列该元素异常三级浓度分带值圈定异常，确定银异常 13 个，编号为 Ag-1、Ag-2、…、Ag-13 号（图 8-108）。这 13 个银异常中，除有

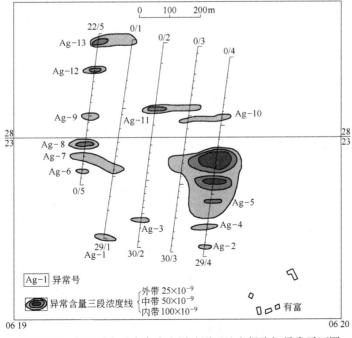

图 8-108 广西融水县有富多金属矿测区地电提取银异常平面图

一定规模的 Ag-5、Ag-7、Ag-10、Ag-11、Ag-13 号 5 个异常外，其余 8 个异常均为点异常。从含量特点看，出现异常峰值大于表 8-29 所列银元素异常常见值含量的异常，有 Ag-1、Ag-3、Ag-4、Ag-8、Ag-9、Ag-12 号等 6 个点异常，Ag-5、Ag-7、Ag-10、Ag-11、Ag-13 号等有一定规模的异常也属此列。例如 Ag-5 号异常，跨 3 号和 4 号线剖面，有 4 个峰值点，其中 3 线 16 号点含量为 40.68×10^{-9}，4 线 16 号点含量为 611.00×10^{-9}，18 号点含量为 122.30×10^{-9}，21 号点含量为 67.21×10^{-9}，异常平均含量为 110.0×10^{-9}，走向为东西走向（偏 SE），走向长 100m，但在 4 线剖面上异常带状形态宽 220m（4 线 14 号点与 24 号点间），位于白竹组一段地层内。异常走向与主背斜轴 NE 走向相交，浓度中心呈窄线状，推测有硫化物脉矿化（Cu、Au、Ag、Pb）。各元素异常位置、规模、地质特征以及与其他元素的关系如表 8-33 所示。

表 8-33　广西融水县有富多金属矿区地电提取银异常特征

测区异常号	剖面号	异常峰值		异常规模与强度					地质特征、解释	对应其他元素异常号
		点号	含量	起始点号	宽度/m	$\overline{Con}$	走向	走向长度/m		
Ag-1	1	29	32.56×10^{-9}	29	20	32.56×10^{-9}			位于白竹组一段地层内。推测为 EW 向硫化物矿化脉（Au、Cu），建议布 K_1 槽揭露	Con-1、Hg-1；Au-2；Pb-1；Zn-1；W-1
Ag-2	4	28	25.24×10^{-9}	28	40	25.24×10^{-9}			位于白竹组一段地层内，EW 走向矿化体东延	Con-1、Hg-1；Cu-1
Ag-3	2	26	31.38×10^{-9}	26	20	31.38×10^{-9}			位于白竹组一段地层内	Con-2、Hg-1；Cu-2
Ag-4	4	25	47.74×10^{-9}	25	20	47.74×10^{-9}			位于白竹组一段地层内	Hg-2；Cu-2；Pb-2
Ag-5	3	16	40.68×10^{-9}	16 ~ 18	60	110.00×10^{-9}	主走向 EW	100	位于白竹组一段地层内。推测为含硫化物矿化脉体（Cu、Au、Pb、Ag）。建议于 4 线 12.5 ~ 16 号点布设 K_5 号槽（长 70m）揭露矿化体	Con-2、Hg-2；Au-5、Au-6；Cu-2、Cu-4、Cu-6；Pb-4、Pb-7；Zn-3、Zn-4；W-3、W-4
	4	14	611.00×10^{-9}	14 ~ 24	220					
		18	122.30×10^{-9}							
		21	67.21×10^{-9}							
Ag-6	5	1	26.99×10^{-9}	1	20	26.99×10^{-9}			位于白竹组一段地层内	Con-2；Pb-5；Zn-5
Ag-7	5	3	35.25×10^{-9}	3	20	37.18×10^{-9}	EW	100	位于白竹组一段地层内。推测为硫化物矿化脉，建议于 1 线 17/18 号点布设 K_4 号槽（大于 20m）揭露	Con-2；Hg-3；Pb-6；W-5
	1	19	39.11×10^{-9}	19	20	85.58×10^{-9}			位于白竹组一段地层内，硫化物矿化	Con-2；Hg-5；Au-7；Cu-4；Pb-6；Zn-6
Ag-8	5	5	85.58×10^{-9}	5	20	41.20×10^{-9}			位于白竹组一段地层内	Con-2；Pb-6；W-7
Ag-9	5	9	41.2×10^{-9}	9	60					

续表8-33

测区异常号	剖面号	异常峰值		异常规模与强度					地质特征、解释	对应其他元素异常号
		点号	含量	起始点号	宽度/m	$\overline{C}_{on}$	走向	走向长度/m		
Ag-10	3	11	28.34×10^{-9}	11	20	29.36×10^{-9}	NE转EW	100	位于白竹组一段地层内	Con-2; Au-9; Cu-6; Zn-11; W-9
	4	9	30.37×10^{-9}	9	20					
Ag-11	2	10	79.37×10^{-9}	10	20	58.50×10^{-9}	EW	100	位于白竹组一段地层内。推断为硫化物矿化脉（附近见黄铁矿化脉）。建议2线8/9号点布设K₆槽（40m）揭露	Con-2; Hg-6; Au-8; Au-9; Cu-6; Zn-9; Zn-10; W-9; W-10
	3	9	37.63×10^{-9}	9	20					
Ag-12	5	16	64.05×10^{-9}	16	20	64.05×10^{-9}			位于白竹组一段地层内	Con-2; Hg-9; Pb-9
Ag-13	5	20	55.00×10^{-9}	20	20	42.33×10^{-9}	NE	100	位于白竹组一段地层内	Con-4; Con-5; Hg-10; Cu-9; Zn-15; W-13
	1	0	29.65×10^{-9}	0	20				脉化矿化体引起	

为了解银富集与其他元素的亲疏关系，对银异常峰值大于表8-29中所列银异常常见值的14个异常点（段）统计：出现异常的元素及其异常数为 Cu 异常 9 个，占 66.29%；Au 异常 9 个，占 64.29%；Pb 异常 8 个，占 57.14%；Zn 异常 6 个，占 42.86%；W 异常 6 个，占 42.86%；电导率 11 个，占 78.57%；Hg 异常 3 个，占 21.49%；其余 11 个为低值带，占 78.57%；出现表8-29所列的元素异常常见值的元素及百分数为 57.14% Cu、35.71% Au、42.86% Pb、7.14% Zn、电导率为 21.49%。从出现异常及出现元素异常常见值的百分数综合考虑，银的富集与 Cu、Au、Pb 等亲疏元素关系密切，结合电导率异常出现的高百分比，可以为银的富集与含 Cu、Au、Pb 的硫化物体有关，从汞低值（带）特点可能又与裂隙存在有关。

c 地电提取铜异常平面特征

将工作区地电提取铜数据，按表8-29所列铜异常三级浓度分带值：外带为 3.2×10^{-6}、中带为 6.5×10^{-6}、内带为 13×10^{-6} 圈定异常，确定出铜异常 9 个，编号为 Cu-1、Cu-2、…、Cu-9（见图8-109所示）。按表8-29所列出现铜异常常见值浓集中心的异常有除 Cu-7 号异常外的其余 8 个异常，而有一定规模（跨相邻 2 条剖面以上）的有 Cu-1、Cu-2、Cu-3、Cu-4、Cu-6、Cu-7、Cu-8 号 7 个异常。

例如 Cu-6 号异常，出现于 5 线、1 线、2 线、3 线，走向近 EW，走向长 300m，有两个中带浓度带：第一个浓集中心于 5 线 4 号点，含量为 12.43×10^{-6}；1 线 18 号点，含量为 10.92×10^{-6}；第二个浓集中心于 3 线 16~18 点间，最高含量为 7.52×10^{-6}。异常平均含量 7.40×10^{-6}，预测有 Cu、Pb、Au、Ag 硫化物矿化脉。

又如 Cu-6 号异常，测区最高铜含量出现于该异常带内，异常出现于 2 线~4 线剖面间，有两个中带浓度带的中心：一个是 2 线 9~14 号点间，最高峰值含量为 100.40×10^{-6}；3 线 12 号点，最高含量为 7.92×10^{-6}；另一个为 4 线 13 号点，含量为 7.67×10^{-6}。异常平均含量 16.45×10^{-6}，走向 EW，长 200m。在异常 SW 侧发现含黄铁矿硫化物脉体。异常走向与褶皱轴向相切，推测是含 Cu、Pb、Au、Ag 硫化物矿化脉体引起。

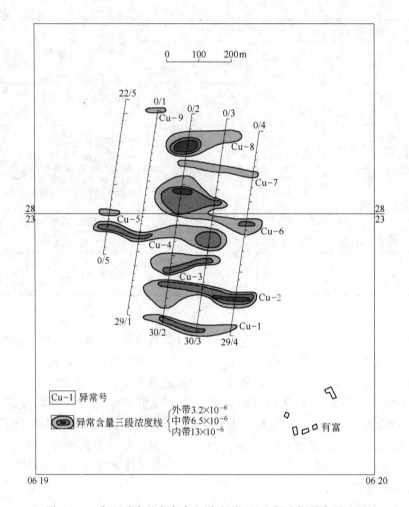

图 8-109　广西融水县有富多金属矿测区地电提取铜异常平面图

　　为了解铜元素富集与其他元素富集的关系，统计了测区内 14 个铜含量大于 4.4×10^{-6} 的异常中心（点），与其他元素出现异常常见值以上含量的百分数对应：69.2% Pb、69.2% Au、Con 为 69.2%，银为 53.85%、锌为 53.85%，钨仅为 30.06%，而汞几乎出现在异常旁的低值带。预测有铜的富集，与电导率异常出现，且多与 Ag、Au、Pb 富集有关，即与硫化物矿化有关。而低汞带出现，也预示了与裂隙出现有关。各个铜异常位置、含量、规模特征、地质特征及与其他元素关系列于表 8-34。

　　d　地电提取铅异常平面特征

　　按所列铅异常三级浓度带值，即外带 40×10^{-6}，中带 80×10^{-6}，内带 160×10^{-6}，对测区铅含量数据圈定异常，共确定铅异常 9 个，编号为 Pb-1、Pb-2、…、Pb-9 号（图 8-110）。这 9 个异常中，中浓度带异常值有 Pb-1、Pb-2、Pb-3、Pb-4、Pb-5、Pb-6、Pb-7、Pb-8 号等 8 个异常。有走向上跨相邻两条（或以上）剖面，走向具一定规模的异常有 Pb-1、Pb-4、Pb-6、Pb-8 号等 4 个异常，而 Pb-2、Pb-5、Pb-9 号为单线单点异常，Pb-3、Pb-7 号为单线宽度大于 20m 的异常。

表 8-34 广西融水县有富多金属矿区地电提取铜异常特征

测区异常号	剖面号	异常峰值		异常规模与强度					地质特征、解释	对应其他元素异常号
		点号	含量	起始点号	宽度/m	$\overline{Con}$	走向	走向长度/m		
Cu-1	2	29	9.23×10^{-6}	29	20	7.94×10^{-6}	EW	200	位于白竹组一段(Pt_1b^1)(下同),推测为EW向硫化物矿化脉体引起(Cu、Au)。建议于2线29/30号点布设K_1号探槽(40m)揭露	Con-1;Hg-1;Au-1;Ag-2;Pb-1;Zn-1
	3	30	10.91×10^{-6}	30	20					
	4	28	3.67×10^{-6}	28	20					
Cu-2	2	24	8.64×10^{-6}	24~27	80	11.46×10^{-6}	主要EW	200	位于Pt_1b^1地层内,推测为硫化物矿化脉引起(Au、Cu),建议2线24号点布设K_3探槽(20m)揭露	Con-2;Hg-1;Hg-2;Au-3;Ag-3~Ag-5;Pb-4;Zn-2;W-1
	3	24	8.7×10^{-6}	24	20					
	4	24	46.45×10^{-6}	23~24	40					
Cu-3	2	22	7.89×10^{-6}	20~22	60	6.35×10^{-6}	EW	100	位于Pt_1b^1地层内,推测为硫化物矿化脉引起(Au、Cu)	Con-2;Hg-2;Au-4;Zn-4;W-3;W-4
	3	20	7.52×10^{-6}	20	20					
Cu-4	5	4	12.43×10^{-6}	4	20	7.4×10^{-6}	EW	300	位于Pt_1b^1地层内,推测为硫化物矿化脉引起(Au、Cu),建议在2线24号点布设K_3探槽(20m)揭露	Con-2;Hg-2;Hg-4;Au-5;Au-7;Ag-5;Ag-7;Ag-8;Pb-6;Zn-6;W-4;W-5
	1	18	10.92×10^{-6}	18	20					
	2	15	3.64×10^{-6}	15~16	40					
	3	18	7.52×10^{-6}	16~18	60					
Cu-5	5	6	4.45×10^{-6}	6	20				位于Pt_1b^1地层内	Con-2;Au-7;Pb-6
Cu-6	2	9	5.88×10^{-6}	9~14	120	16.45×10^{-6}	EW	200	位于Pt_1b^1地层内,推测为硫化物矿化脉引起(已知附近有黄铁矿化)Au、Cu矿化。建议在2线9/10号点布设K_6探槽(40m)揭露,于4线12.5/16号点布设K_5探槽(70m)揭露(Cu、Pb、Au、Ag)	Con-2;Hg-2;Hg-6;Au-6;Au-8;Ag-5;Ag-10;Ag-11;Pb-5;Pb-7;Zn-8~Zn-10;W-6;W-9
		11	100.4×10^{-6}							
		13	10.39×10^{-6}							
	3	12	7.92×10^{-6}	12	20					
		14	3.43×10^{-6}	14	20					
	4	13	7.67×10^{-6}	13~14	40					
Cu-7	2	7	3.99×10^{-6}	7	20	3.70×10^{-6}	EW	200	位于Pt_1b^1地层内,硫化矿化	Con-2;Hg-7;Pb-8;Zn-12;Zn-13;W-10
	3	7	3.78×10^{-6}	7	20					
	4	6	3.34×10^{-6}	6	20					
Cu-8	2	5	36.52×10^{-6}	3~5	60	15.68×10^{-6}	EW	100	位于Pt_1b^1地层内,硫化矿化引起(Cu、Pb、Au),建议在2线4/6号点间布设K_7探槽(40m)揭露	Con-2;Con-4;Au-11;Au-12;Pb-8;Zn-13;W-11
	3	2	5.70×10^{-6}	2~3	40					
Cu-9	1	0	6.20×10^{-6}	0	20	6.20×10^{-6}			位于Pt_1b^1地层内	Ag-13;Zn-15;W-13

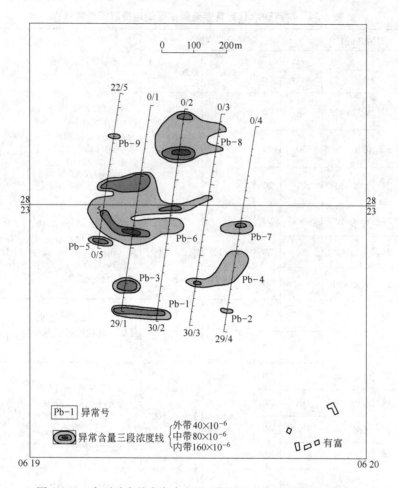

图 8-110　广西融水县有富多金属矿测区地电提取铅异常平面图

　　例如 Pb-6 号异常，跨 5 线、1 线、2 线、3 线剖面，主要为 EW 走向，长 300m，有 3 个中浓度带中心：第一个为 5 线 5 号点，含量 99.84×10^{-6}，以及 1 线 18 号点，含量 250.20×10^{-6}；第二个为 2 线 14 号点，含量 110.80×10^{-6}；第三个为 5 线 9 号点，含量 91.46×10^{-6} 以及 1 线 11 号点，含量 150.3×10^{-6}，平面形态反映三个引起异常浓集中心的脉体。该异常第二个与第三个浓集中心之间已发现黄铁矿化脉体，预示由矿化硫化脉体引起。类似的有 Pb-1、Pb-8、Pb-7、Pb-3 等，各异常位置、含量和规模、地质特征及与其他元素异常关系见表 8-35。

　　为了解铅元素富集与其他元素富集的关系，对测区内铅大于 75×10^{-6} 的异常中心（或异常段）的其他元素异常出现百分比及同元素异常常见值出现百分比进行统计（出现异常百分比/出现异常常见值百分比）：Cu69.23%/61.54%；Zn69.23%/23.08%；Au53.85%/30.77%；Ag7.69%/0；W46.15%/0；电导率 100%/23.08%；而汞（热释汞）都有低值（带）对应，常见值对应 84.62%，显示铅富集；与电导率异常相对应，多与 Cu、Zn（Au）富集有关，与银关系不够密切。与汞低值有关，预示与裂隙矿化活动有空间密切关系。

表8-35 广西融水县有富多金属矿区地电提取铅异常特征

测区异常号	剖面号	异常峰值		异常规模与强度					地质特征、解释	对应其他元素异常号
		点号	含量	起始点号	宽度/m	平均含量	走向	走向长度/m		
Pb-1	1	29	117.3×10^{-6}	29	20	121.8×10^{-6}	EW	100	位于白竹组一段(Pt_1b^1下同)地层内,推测为硫化物矿化脉(Au、Pb、Cu),建议在1线28/29号点、2线29/30点布设K_2、K_1揭露	Con-1;Hg-1;Au-2;Ag-1;Cu-1;Zn-1;W-1
	2	29	126.2×10^{-6}	29	20					
Pb-2	4	26	40.27×10^{-6}	26	20	40.27×10^{-6}			位于Pt_1b^1地层内	Con-1;Hg-1;Ag-4
Pb-3	1	26	94.77×10^{-6}	25~26	40	87.96×10^{-6}			位于Pt_1b^1地层内	Con-2;Hg-1;W-1
Pb-4	3	24	80.47×10^{-6}	24	20	61.67×10^{-6}	NE	100	位于Pt_1b^1地层内	Hg-2;Ag-5;Cu-2;Zn-2;Zn-3;W-2
	4	21	75.71×10^{-6}	18~22	100					
Pb-5	5	1	108×10^{-6}	1	20	108.0×10^{-6}			位于Pt_1b^1地层内	Con-2;Hg-3;Ag-6;Zn-5
Pb-6	5	4	99.48×10^{-6}	3~9	140	76.27×10^{-6}	主NE	300	位于Pt_1b^1地层内,推测为硫化物矿化脉(附近异常已见黄铁矿矿化脉),建议在1线18号点布设K_4探槽(20m)揭露	Con-2;Hg-3~Hg-5;Au-7、Au-8;Ag-7~Ag-9;Cu-4~Cu-6;Zn-6~Zn-9;W-5~W-7
		9	91.46×10^{-6}							
	1	12	150.3×10^{-6}	10~19	200					
		18	250.2×10^{-6}							
	2	14	110.8×10^{-6}	14~17	80					
		16	62.13×10^{-6}							
	3	12	41.5×10^{-6}	12	20					
Pb-7	4	14	81.47×10^{-6}	14~15	40	66.67×10^{-6}			位于Pt_1b^1地层内,硫化物矿体,建议在4线12.5/16号点间布设K_5探槽(70m)揭露(Pb、Ag、Cu、Au矿化)	Con-2;Hg-2;Au-6;Ag-5;Cu-6
Pb-8	2	1	141.4×10^{-6}	1~7	140	98.76×10^{-6}	EW	100	位于Pt_1b^1地层内,推测有EW向平行硫化物矿化脉存在,建议在2线4/6号点布设K_7探槽揭露(Cu、Pb、Au矿化脉)	Con-2、Con-4;Hg-7;Au-11、Au-12;Cu-7;Zn-13;W-11
		4	92.74×10^{-6}							
		6	250×10^{-6}							
	3	2	55.38×10^{-6}	2	20					
		5	45.31×10^{-6}	5	20					
Pb-9	5	16	42.71×10^{-6}	16	20	42.71×10^{-6}			位于Pt_1b^1地层内	Con-2;Hg-9;Ag-12

e　地电提取锌异常平面特征

对测区内地电提取锌含量数据，按表 8-29 所列锌的三级浓度分带值，即：外带 3×10^{-6}；中带 6×10^{-6}；内带 13×10^{-6} 来圈定异常，共确定锌异常 15 个，编号为 Zn-1、Zn-2、…、Zn-15 号（图 8-111）。从图 8-111 可见，锌元素在测区无内带异常浓度，中带浓度的仅 3 个异常，即 Zn-1、Zn-6、Zn-13 号。单线单点异常有 9 个，为 Zn-1、Zn-3、Zn-4、Zn-5、Zn-7、Zn-8、Zn-10、Zn-12、Zn-14 号。单线、异常宽度大于 20m（点距 20m）者有两个，为 Zn-11、Zn-15 号异常。Zn-2、Zn-6、Zn-9、Zn-13 号为走向有一定规模的异常，从范围及强度综合看，以 Zn-13 号最大。

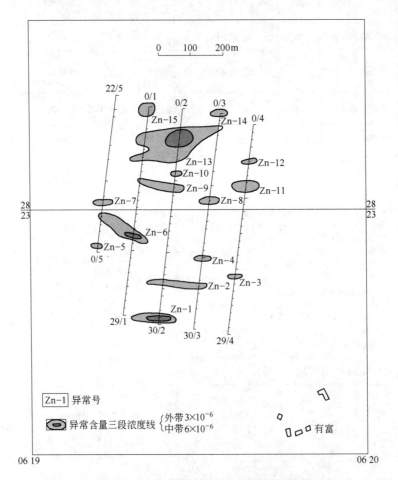

图 8-111　广西融水县有富多金属矿测区地电提取锌异常平面图

Zn-13 号异常，跨 1 线、2 线、3 线剖面，走向近 EW，长约 200m，有一个中浓度带中心，在 2 线 3 号~5 号点上，最大含量为 8.07×10^{-6}。整个异常平均含量为 4.88×10^{-6}，预测为硫化物矿化脉体（结合其他元素异常考虑）。

从异常分布范围及异常含量普遍偏低的特点看，测区内锌矿化应不明显。各异常位置、含量及规模特征、地质特征及与其他元素异常的关系列于表 8-36。

从异常规模、强度看，测区内锌异常有北部异常规模大，南部异常规模小的特点，总体呈 NNE 向展布（图 8-111）。

表 8-36　广西融水县有富多金属矿区地电提取锌异常特征

测区异常号	剖面号	异常峰值		异常规模与强度					地质特征、解释	对应其他元素异常号
		点号	含量	起始点号	宽度/m	平均含量	走向	走向长度/m		
Zn-1	2	29	10.7×10^{-6}	29	20	10.7×10^{-6}			位于白竹组一段（Pt_1b^1，下同）地层内，推测有 EW 向硫化物矿化脉引起，建议在 2 线 29/30 号点布设 K_1 探槽（20m）揭露	Con-1；Hg-1；Ag-1；Cu-1；Pb-1
Zn-2	2	24	4.34×10^{-6}	24	20	3.85×10^{-6}	EW	100	位于 Pt_1b^1 层内，推测 EW 向硫化物矿化脉引起，建议在 2 线 24 号点布设 K_3 探槽揭露	Con-2；Hg-2；Au-3；Cu-2；Pb-4
Zn-3	3	24	3.36×10^{-6}	24	20					
Zn-4	4	21	3.19×10^{-6}	21	20	3.19×10^{-6}			位于 Pt_1b^1 地层内	Ag-5；Pb-4
Zn-5	3	20	3.24×10^{-6}	20	20	3.24×10^{-6}			位于 Pt_1b^1 地层内	Con-2；Hg-2；Cu-3；W-4
Zn-6	5	1	3.06×10^{-6}	1	20	3.06×10^{-6}			位于 Pt_1b^1 地层内	Con-2；Hg-3；Ag-6；Pb-5
	5	5	3.04×10^{-6}	5	20	5.30×10^{-6}	SE	100	位于 Pt_1b^1 地层内，推测为脉状硫化物矿化体（Au、Cu），建议在 1 线 18 号点布设 K_4 探槽揭露	Con-2；Hg-4；Hg-5；Au-7；Ag-7、Ag-8；Cu-4；Pb-6；W-5
	1	18	7.56×10^{-6}	18	20					
Zn-7	5	7	3.87×10^{-6}	7	20	3.87×10^{-6}			位于 Pt_1b^1 地层内	Con-2；Au-7；Pb-6；Ag-9
Zn-8	3	12	5.08×10^{-6}	12	20	5.08×10^{-6}			位于 Pt_1b^1 地层内	Con-2；Cu-6；Pb-6
Zn-9	1	10	3.56×10^{-6}	10	20	3.82×10^{-6}	SE	100	位于 Pt_1b^1 地层内，为硫化物矿化脉引起（附近见黄铁矿化脉）	Con-2；Au-8；Ag-11；Cu-6；Pb-6；W-9
	2	11	4.08×10^{-6}	11	20					
Zn-10	2	9	3.15×10^{-6}	9	20	3.15×10^{-6}			位于 Pt_1b^1 地层内，硫化矿化脉，建议于 2 线 9/10 点布 K_6 探槽（60m）揭露	Con-2；Hg-6；Au-8、Ag-11；Cu-6
Zn-11	2	8	3.86×10^{-6}	8/9	40	3.65×10^{-6}			位于 Pt_1b^1 地层内	Con-2；Au-9；Au-10
Zn-12	4	5	3.29×10^{-6}	5	20	3.29×10^{-6}			位于 Pt_1b^1 地层内，硫化物矿化	Con-2；Au-13；Cu-7
Zn-13	1	4	3.58×10^{-6}	4/5	40	4.88×10^{-6}	主 EW	200	位于 Pt_1b^1 地层内，推测为硫化物矿化复式脉引起（Cu、Au），建议于 2 线 4/6 点布 K_7 探槽（40m）揭露	Con-2、Con-4；Hg-7；Au-10～Au-12；Cu-7；Pb-8；W-11
		7	4.1×10^{-6}	7	20					
	2	4	8.07×10^{-6}	3/7	100					
	3	2	3.62×10^{-6}	2	20					
Zn-14	3	0	8.26×10^{-6}	0	20	8.26×10^{-6}			位于 Pt_1b^1 地层内	Con-4
Zn-15	1	1	3.51×10^{-6}	0/1	40	3.38×10^{-6}			位于 Pt_1b^1 地层内	Ag-13；W-13

f　地电提取钨异常平面特征

对测区地电提取钨的含量数据，按表 8-29 所列该元素三级浓度分带值，即外带 0.35×10^{-6}、中带 0.7×10^{-6}、内带 1.4×10^{-6} 来圈定异常，确定钨异常 13 个，编号为 W-1、W-2、…、W-13（图 8-112）。

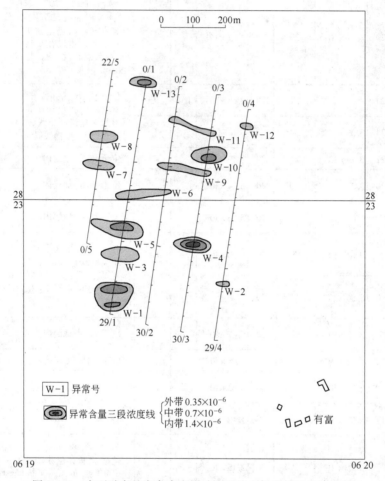

图 8-112　广西融水县有富多金属矿测区地电提取钨异常平面图

从异常平面分布看，测区南部钨异常含量较强、规模较大，而测区北部钨异常含量较低、规模较小（图 8-112），展布方向呈 NEE 向散布。

在 13 个钨异常中，单线单点的异常有 W-2、W-4、W-9、W-12、W-13 号 5 个异常。单线且宽度大于 20m（点距 20m）者有 4 个，为 W-1、W-3、W-8、W-10 号。具有走向规模的有 4 个，为 W-5、W-6、W-9、W-11 号。

例如 W-6 号异常，跨 1 线、2 线剖面，异常近 EW 走向，长 100m。1 线 14 号点含量 0.47×10^{-6}，2 线 13 号点含量 0.37×10^{-6}，平均含量 0.42×10^{-6}，呈线状形态，于 1 线和 2 线间异常范围附近已见黄铁矿化脉体，可能反映硫化物矿化脉局部伴钨（白钨矿）。

各异常位置、含量、规模、地质特征及与其他元素异常关系见表 8-37。

表 8-37 广西融水县有富多金属矿区地电提取钨异常特征

测区异常号	剖面号	异常峰值		异常规模与强度					地质特征、解释	对应其他元素异常号
		点号	含量	起始点号	宽度/m	平均含量	走向	走向长度/m		
W-1	1	26	1.28×10^{-6}	$26 \sim 28$	60	0.87×10^{-6}			位于白竹组一段 (Pt_1b^1,下同),推测为 EW 向硫化物矿化脉体引起（Cu、Au）。建议于 2 线 29/30 点布设 K_1 号探槽（40m）揭露	Con-1; Con-2; Hg-1; Au-2; Ag-1; Cu-2; Pb-1; Pb-3
		28	0.76×10^{-6}							
W-2	4	22	0.37×10^{-6}	22	20	0.37×10^{-6}			位于 Pt_1b^1 地层内,可见 Pb（Ag）矿化	Ag-5; Pb-4
W-3	1	22	0.68×10^{-6}	21/22	40	0.60×10^{-6}			位于 Pt_1b^1 地层内,反映 EW 向硫化物矿化脉局部走向	Con-2; Hg-4; Au-3; Cu-3
W-4	3	19	1.74×10^{-6}	19	20	1.74×10^{-6}			位于 Pt_1b^1 地层内,反映 EW 向硫化物矿化走向	Con-2; Hg-4; Au-5; Ag-5; Cu-3; Cu-4; Zn-4
W-5	5	3	0.35×10^{-6}	3	20	0.66×10^{-6}	EW	100	位于 Pt_1b^1 地层内,矿化脉引起,建议在 1 线 18 号点布设 K_4 探槽（20m）揭露（Cu、Au）	Con-2; Hg-1、Hg-3; Au-7; Ag-7; Cu-4; Pb-6; Zn-6
	1	18	1.26×10^{-6}	18/19	40					
W-6	1	14	0.47×10^{-6}	14	20	0.42×10^{-6}	EW	100	位于 Pt_1b^1 地层内,反映硫化物矿化脉（附近已见黄铁矿化脉）	Con-2; Au-7; Cu-6; Pb-6
	2	13	0.37×10^{-6}	13	20					
W-7	5	10	0.63×10^{-6}	10	20	0.63×10^{-6}			位于 Pt_1b^1 地层内	Con-2; Pb-6
W-8	5	14	0.44×10^{-6}	13/14	40	0.43×10^{-6}			位于 Pt_1b^1 地层内	Con-3; Hg-8
W-9	2	10	0.42×10^{-6}	10	20	0.44×10^{-6}	EW	100	位于 Pt_1b^1 地层内,硫化矿化脉引起（附近见黄铁矿化脉）,建议在 2 线 19/10 号点布设 K_6 探槽（40m）揭露	Con-2; Hg-6; Au-8; Ag-11; Cu-6; Zn-9
	3	10	0.46×10^{-6}	10	20					
W-10	3	8	0.94×10^{-6}	7/8	40	0.67×10^{-6}			位于 Pt_1b^1 地层内,反映 EW 向硫化物矿化脉	Con-2; Hg-6; Au-9; Ag-11; Cu-7
W-11	2	4	0.65×10^{-6}	4	20	0.54×10^{-6}	EW	100	位于 Pt_1b^1 地层内,硫化矿化脉引起,建议在 2 线 4/6 号点布设 K_7 探槽（40m）揭露	Con-2; Au-11; Cu-8; Pb-8; Zn-13
	3	5	0.42×10^{-6}	5	20					
W-12	4	2	0.4×10^{-6}	2	20	0.40×10^{-6}			位于 Pt_1b^1 地层内	Con-14; Au-12
W-13	1	0	0.92×10^{-6}	0	20	0.92×10^{-6}			位于 Pt_1b^1 地层内	Ag-13; Cu-9; Zn-15

D　各元素异常平面特征的综合分析

对测区 8 种元素异常平面特征综合分析可知：

测区硫化物矿化的总体展布以与区域背斜（NE 向）轴展布有关，多呈 NE—NNE 向展布，以电导率异常、锌异常、钨异常、铜异常展布最为明显；在矿化体特征上，以近 EW 向脉状矿化体产出最为明显，以 Cu、Ag、Au、Pb 等元素异常走向及高浓度带呈线状形态可以显示。这与测区次一级断裂存于背斜轴部地层中以及测区位于与成矿有关的元宝山加里东复式花岗岩体北部外接触带所在地质部位有关。

8.17.5.2　测区综合异常划分及评价

A　测区综合异常划分

对图 8-105～图 8-112 各元素空间分布，按元素异常位置吻合及走向上相连确定了 6 个综合异常（地段），编号为 1、2、…、6 号（图 8-113）。

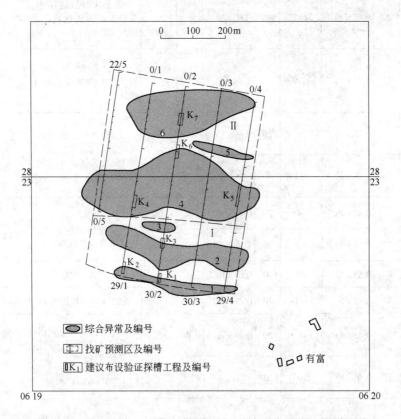

图 8-113　广西融水县有富多金属矿测区综合异常及找矿预测区图

综-1 号异常：包含 Con-1 号，Ag-1、Ag-2 号，Au-1、Au-2 号，Pb-1 号，Cu-1 号，Zn-1 号，W-1 号，部分 Hg-1 异常，呈 EW 走向，跨 1 线～4 线，推测为硫化物脉状矿体引起，据上节各元素异常平面特征中所述元素富集与其他元素关系，此异常是以 Cu、Au 矿化为主。

综-2 号异常：包含一部分 Con-2 号异常，Hg-1、Hg-2 号异常（一部分），Ag-3～Ag-6 号异常，Au-3 号异常，Pb-2～Pb-4 号异常，Cu-2 号，Zn-2 号，W-2、W-3 号异常，以找 Cu、Au 矿化脉为主。

综-3 号异常：以 Au-4 号异常为主体，包含部分 Con-2 号异常，Cu-3 号异常，以找 Cu、Au 矿化体为主。

综-4 号异常：包含一部分 Con-2 号异常，一部分 Hg-2 号异常，Hg-3 ～ Hg-5 号异常，Ag-7 号异常，Ag-5 号异常最高含量的北部，Ag-8 号异常，Ag-9 号异常两段，Ag-10 号异常，Cu-4 ～ Cu-6 号异常，Zn-6 ～ Zn-10 号异常，W-5、W-6、W-9 号异常；以找 Cu、Au、Pb、Ag 矿化体为主，已知该异常内发现黄铁矿脉体，为测区内元素异常范围规模、元素异常含量峰值较高的异常。

综-5 号异常：以 Au-9 号异常为主，包含一部分 Con-2 异常，Hg-6 号异常，Ag-9、Ag-10 号异常，Cu-7 号异常，Zn-11 号异常，W-10 号异常，无铅异常，预测以找 Au、Cu、Au 矿化脉为主。

综-6 号异常：包含一部分 Con-2 号异常，Con-4 号异常，Hg-7 号异常，Au-10、Au-11 号异常，Au-12 号异常西段，Au-13 号异常，Pb-8 号异常，Cu-8 号异常，Zn-13、Zn-14 号异常，W-11 号异常，缺银异常。为 Au、Cu 硫化物矿化脉体为主。

从规模和元素异常种类看，将综-1 号、综-2 号、综-4 号、综-6 号异常暂视为Ⅰ类；综-3 号、综-5 号由于规模小，有的异常中元素异常种类少（如综-3 号），暂划为Ⅱ类。

B 异常解释评价及找矿预测

按异常（各元素异常及综合异常）分布范围特点，将测区划分为两块相连的异常找矿远景区（段），编号为Ⅰ号、Ⅱ号（图 8-113）。

Ⅰ号异常找矿远景区：包括综-1、综-2、综-3 号异常分布地段，北测边界为 5 线 1 号点向东连 1 线 20、5 号点，依次再接 2 线 20 号点、3 线 20 号点，东止 4 线 20 号点，以找 EW 向脉状含 Au、Cu 硫化脉体为主。

区内布设了 K_1、K_2、K_3 号 3 个异常验证探槽，共长 60m（图 8-113）。

Ⅱ号异常找矿远景区：包括综-4 号异常、综-5 号异常、综-6 号异常分布地段，自Ⅰ号找矿远景区北部边界始到整个测区北侧。其中综-4 号异常西段到中段，即 5 线到 2 线间，以找 Au、Cu 硫化物矿化脉为主，东段即 3 线 ～ 4 线以找 Au、Cu、Ag、Pb 硫化物矿化脉为主。综-5 号异常找 Au、Cu 硫化物矿化脉。综-6 号异常与综-5 号异常寻找目标物类似。

测区内布设了 K_4、K_5、K_6、K_7 号 4 个探槽，总长 130m（图 8-113）。

9 结　　论

"十五"期间，我们在澳大利亚 Challenger 金矿和 Kalkaroo 铜金矿、新疆哈巴河赛都金矿、新疆哈密金矿、山东尹格庄金矿、安徽五河金矿、东北大兴安岭虎拉林金矿、吉林杜荒岭金矿、内蒙古巴彦哈尔金矿、内蒙古四子王旗金矿、广西高龙金矿、广西泰富金矿等不同覆盖条件下的不同类型的十余个金矿区分别开展了以地电提取测量法为主，土壤离子电导率测量法和土壤吸附相态汞测量法为辅的地电化学集成技术找矿的示范研究和找矿预测，均取得了良好的效果。

9.1　取得的成果

本书研究成果包括以下几方面：

（1）系统地总结了地电提取测量法、土壤离子电导率测量法和土壤吸附相态汞测量法为一体的地电化学集成技术的原理、特点、方法的运用条件，工作程序，运用于寻找隐伏金矿的效果等。

（2）通过在不同覆盖条件下的各个矿区开展了找矿的方法可行性研究试验（包括南澳大利亚第四系覆盖区、东北大兴安岭原始森林覆盖区、西北戈壁覆盖区、华东冲积平原覆盖区、草原覆盖区），结果在上述已知矿区的剖面上均测出了清晰的地电化学集成技术异常，表明利用以地电提取测量法为主的地电化学集成技术寻找上述类型的隐伏金矿是可行、有效和快速的。这套地电化学集成技术的实验成功，为今后在厚层覆盖区寻找隐伏金矿开辟了一条新途径。

（3）在对地电提取测量法、土壤吸附相态汞测量法和土壤离子电导率测量法三种方法的技术参数反复试验研究的基础上，探索和总结出了一套适合寻找隐伏金矿的最佳集成技术指标，规范了这套集成技术应用的操作步骤和相关参数。

1）地电化学测量方法技术操作规范与标准：

剖面的布设：在区域性勘查阶段以 500m×100m 网度，在详查阶段以 100m×20m 网度进行布设测量点；

元素提取器的布设：采样坑长 40cm、宽 20cm、深 30～40cm 为提取域，阴、阳极间隔 100cm，提取电极采用炭棒外套泡沫塑料块构成；

供电电压：采用偶极子低电压（9V 干电池）双极供电提取；

提取液：选择 15% HNO_3 溶液、采用 1000mL 用量为宜；

地电提取时间：48h 能清晰地显示出深部矿体异常。

2）土壤离子电导率测量法技术操作规范与标准：

样品粒度：≤147μm（100 目）

搅拌时间：1min

样品用量：1g

野外取样：B 层土壤

分析流程：称取 1g 过 147μm(100 目)筛的土壤样品放入 100mL 去离子水，用磁力搅拌器搅拌 1min，静置 30s，将电导率电极插入溶液中读取电导率值。

3）土壤吸附相态汞测量法技术操作规范与标准：

样品粒度：≤147μm(100 目)

热释温度：220℃

热释时间：5min

样品用量：0.1g

取样位置：B 层土壤

（4）在地电化学集成技术找矿可行性实验研究和方法技术条件选择性试验研究的基础上，在各个矿区进行了地电化学集成技术找矿预测，提出了具有找矿前景的地电化学集成技术异常靶区 66 个，其中有 4 个靶区经深部工程验证见到了隐伏金矿。如广西横县南乡泰富金矿 18～38 线地段的Ⅴ号地电化学集成技术异常带经槽探工程揭露，发现 5 个金矿体，平均品位 2.063×10^{-6}，计算金储量 1738kg，潜在经济价值达一亿元以上。内蒙古虎拉岭金矿经武警黄金部队在 60 线 400～440m 处的地电化学集成技术异常区施工钻孔 ZK6001 验证，发现有多条矿体存在，单矿体厚度最大为 12.52m，单样最高品位为 25.23×10^{-6}，获得新增推断的内蕴经济资源量（331）1291kg，潜在的经济效益 1 亿元左右。内蒙古有色地质勘查局在 3 线 360～280m、140～180m 两个地段地电化学集成技术异常区进行工程验证，找到了隐伏金矿体，获得新增推断的内蕴经济资源量（331）1000 余千克，潜在经济效益近 1 亿元左右。山东招金集团有限公司在Ⅲ号地电化学集成技术异常区 1 线 60 号点附近施工钻孔 1/ZK1 孔 327m，3 线 54～60 号点施工钻孔 3/ZK2 孔 189.50m，见到隐伏的金银矿化体，金最高 0.6g/t，银最高 4.8g/t。

9.2 应用前景

地电提取技术在前苏联被称为部分提取金属法，该方法是在 20 世纪 70 年代初首先由苏联学者 IO·C·雷斯等提出并发展起来，80 年代初传入中国和印度。作者 20 年来一直致力于该方法的研究和改进，逐渐发展了一套适合我国国情的较为成熟的地电提取测量方法，目前在国内、国际上都是处于领先地位。

随着找矿程度的不断深入，出露于地表及浅部易于发现和利用的矿床日趋减少，在厚层覆盖区寻找深部盲矿区已成为整个地质探矿领域的重要研究目标。作者研究的目的就是要找到一种快速、高效的寻找隐伏金矿的找矿方法。

以地电提取测量法为主，土壤离子电导率测量法和土壤吸附相态汞测量法为辅的地电化学集成技术找矿方法能以较低的成本和较快的工作效率，提供给研究人员更多的地下隐伏矿体的信息，从而带来直接的经济效益。

可以预计随着该套地电化学集成技术的不断推广，将产生更多的经济效益，为国家创造更多的财富。

参 考 文 献

[1] 罗先熔，康明，等. 地电化学成晕机制、方法技术及找矿研究[M]. 北京：地质出版社，2007.

[2] 罗先熔，文美兰，等. 勘查地球化学[M]. 北京：冶金工业出版社，2007.

[3] 王学求，谢学锦. 金的勘查地球化学理论与方法[M]. 济南：山东科学技术出版社，2000.

[4] 罗先熔. 地球电化学勘查及深部找矿[M]. 北京：冶金工业出版社，1996.

[5] 罗先熔. 吉林红旗岭铜镍矿床地电化学异常特征、成晕机制及找矿预测[J]. 吉林大学学报（地球科学版），2004，2：304~308.

[6] Luo Xianrong. Geoelectrochemical extraction method（CHIM）in exploration for concealed ore deposits[J]. Proceedings of the CRC LEME Regolith Symposia, November 2004 Adelaide, Perth and Canberra.

[7] 罗先熔. 地电化学法寻找不同埋深金矿的研究[J]. 矿物岩石，2002，4.

[8] 罗先熔. 锑矿地球电化学异常特征、成晕机制及找矿预测[J]. 地质与勘探，2002，3.

[9] 罗先熔. 内蒙巴彦哈尔金矿物、化探新方法找矿研究[J]. 黄金地质，2002，3.

[10] 罗先熔. 广西高龙金矿外围4号分散流异常的找矿评价研究[J]. 黄金地质，2001，5.

[11] 罗先熔. 大兴安岭森林覆盖区金矿土壤电导率异常特征成分的研究及找矿预测[J]. 地质与勘探，2005，2：46~50.

[12] 罗先熔. 内蒙古额尔古纳虎拉林金矿区地电化学提取法寻找隐伏金矿研究[J]. 地质与勘探，2007，3：68~73.

[13] 谭克仁，蔡新平. 吸附电提取技术野外实验研究[J]. 大地构造与成矿学，2000，24（2）：189~192.

[14] 谭克仁. 金矿地电化学新技术、新方法研究进展[J]. 黄金科学技术，2000，8（1）：23~31.

[15] 罗先熔，段冶. 我国地电提取测量法的应用现状及研究方向[J]. 桂林工学院学报，1995，15（1）：34~39.

[16] 罗先熔. 多种新方法寻找隐伏矿的研究及效果[J]. 地质与勘探，1995，31（1）：44~49.

[17] 罗先熔，王卫民，张佩华. 隐伏金矿地电化学异常形成机制及异常形态特征[J]. 有色金属矿产与勘查，1997，6（6）：364~367.

[18] 罗先熔. 地电提取法寻找贫硫化物金矿的研究[J]. 地质与勘探，1999，35（4）：42~44.

[19] 罗先熔，陈三明，杜建波，等. 地球电化学勘查法寻找不同埋深隐伏金矿的研究[J]. 矿物岩石，2002，22（4）：42~46.

[20] 罗先熔，王桂琴，杜建波，等. 锑矿地电化学异常特征、成晕机制及找矿预测[J]. 地质与勘探，2002，38（2）：59~62.

[21] 刘占元，崔爱民. 电提取过程中极化现象的讨论[J]. 物探与化探，1998，22（3）：211~215.

[22] 刘占元，崔爱民. 元素提取器周围土壤的pH值变化[J]. 物探与化探，1998，22（4）：267~271.

[23] 谢学锦，邵跃，王学求. 走向21世纪矿产勘查地球化学[C]. 北京：地质出版社，1999，160~167.

[24] 刘占元，周国华. 地电化学方法技术改进的思路与进展[J]. 地质与勘探，2002，38（增刊）：173~177.

[25] 王文龙，肖力，路彦明. 电提取离子法中离子来源深度初探[J]. 黄金地质，1999，5（1）：56~62.

[26] 王文龙，王小牛，陈祥，等. 电提取中金的配阴离子运动分析及找矿机理[J]. 黄金地质，2000，6（1）：60~64.

[27] 王文龙，肖力，路彦明. 多电极组合电提取离子法在某金矿的应用研究[J]. 黄金地质，2001，7（4）：52~55.

[28] Hoover D B, Smith D B, Leinz R W. CHIM—An electrogeochemical partial extraction method: a historical

review[J]. U. S. Geol. Surv. Open-File Rep. , 1997：35, 92～97.

[29] Hamilton S M. Electrochemical mass-transport in overburden：a new model to account for the formation of selective leach geochemical anomalies in glacial terrain[J]. J. Geochem. Explor. , 1998, 63：155～172.

[30] Smee B W. A new theory to explain the formation of soil geochmical response over deeply covered gold mineralization in arid environments[J]. J. Geochem. Explor. , 1998, 61：149～172.

[31] Leinz R W, Hoover D B, Fey D L, et al. Electrogeochemical sampling with NEOCHIM——results of tests over buried gold deposits[J]. J. Geochem. Explor. , 1998, 61：57～86.

[32] Sato M, Mooney H M. The electrochemical mechanism of sulphide self-potentials[J]. Geophysics, 1960, 25：226～249.

[33] 施俊法. 金属气相迁移新机制——金属矿床气体地球化学测量新技术[M]. 北京：中国地质矿产信息研究院出版社, 1997, 43～56.

[34] 童纯菡, 李巨初. 地壳内上升气流对物质的迁移及地气测量原理[J]. 矿物岩石, 1997, 17(3)：83～88.

[35] 吴传壁, 施俊法. 上置晕与物质的"类气相"垂向迁移[J]. 地学前缘, 1998, 5(1～2)：185～194.

[36] 王学求. 深穿透勘查地球化学[J]. 物探与化探, 1998, 22(3)：166～169.

[37] 谢学锦. 战略性与战术性深穿透地球化学方法[J]. 地学前缘, 1998, 5(2)：171～183.

[38] Alekseev S G, Dukhanin A S, Veshev S A, Voroshilov N A. Some aspects of practical use of geoelectrochemical methods of exploration for deep-seated mineralization [J]. J. Geochem. Explor. , 1996, 56：79～86.

[39] Goldberg I S. Vertical migration of elements from mineral deposits[J]. J. Geochem. Explor. , 1998, 61：191～202.

[40] 周子勇. 石油层上方重金属元素的射流晕分布及其地电化学研究方法[J]. 地质科技情报, 2001, 20(4)：39.

[41] 伍宗华, 古平, 等. 隐伏矿床的地球化学勘查[M]. 北京：地质出版社, 2000, 178.

[42] 王学求, 聂凤军. 西部荒漠戈壁区大型铜镍金矿勘查评价技术及综合示范[R]. 中国地质科学院地球物理地球化学研究所, 2003.

[43] 姜新强, 张瑞忠, 姜新德, 等. 尹格庄金矿床构造及控矿特征[C]. 林吉照主编. 山东招金集团公司矿山地质论文集, 北京：地震出版社, 2001, 173～180.

[44] 康明, 罗先熔, 庞保成, 等. 地电化学法在广西横县泰富金矿的应用效果[J]. 桂林工学院学报, 2004, 24(1)：24～27.

冶金工业出版社部分图书推荐

书　名	定价（元）
中国西部重要共、伴生矿产综合利用	65.00
贵州寒武纪早期磷块岩稀土元素特征	35.00
晶体化学在矿物材料中的应用	30.00
厚风积砂覆盖区水资源预测与优化管理	20.00
青藏高原矿产资源开发与区域可持续发展	29.00
内生金属矿床定向三等距分布成矿论及成矿预测方法	15.00
电吸附地球化学找矿法	29.00
贵州地质遗迹资源	98.00
中国东部中生代次火山岩型铜银多金属矿床	29.00
现代金银分析	118.00
工程地震勘探	22.00
冶金矿山地质技术管理手册	58.00
无机与有机地球化学勘查技术方法研究与应用（精）	49.00
岩石受力的红外辐射效应	19.00
海相火山岩与金属矿床	49.00
脉状金矿床深部大比例尺统计预测理论与应用	38.00
胶东招莱地区花岗岩和金矿床	28.00
矿物资源与西部大开发	38.00
露天边坡与山体边坡复合体稳定性分析	12.00
湘中湘南古构造成锰盆地及锰矿找矿	40.00